U0191795

天眼工程

大射电望远镜FAST追梦实录

彭勃 著

上海科技教育出版社

图书在版编目(CIP)数据

天眼工程:大射电望远镜FAST追梦实录/彭勃著.—上海:上海科技教育出版社,2021.9

ISBN 978-7-5428-7592-1

Ⅰ.①天… Ⅱ.①彭… Ⅲ.①射电望远镜-介绍-中国 Ⅳ.①TN16

中国版本图书馆CIP数据核字(2021)第177584号

责任编辑 匡志强 温润 殷晓岚

装帧设计 李梦雪

TIANYAN GONGCHENG

天眼工程:大射电望远镜FAST追梦实录

彭勃 著

出版发行 上海科技教育出版社有限公司

(上海市闵行区号景路159弄A座8F 邮政编码 201101)

网　　址 www.sste.com www.ewen.co

经　　销 各地新华书店

印　　刷 上海普顺印刷包装有限公司

开　　本 720×1000 1/16

印　　张 31.5

版　　次 2021年9月第1版

印　　次 2021年9月第1次印刷

书　　号 ISBN 978-7-5428-7592-1/N·1132

定　　价 248.00元

在 FAST 工程竣工 5 周年之际，

谨著此书，

拾忆大射电望远镜追梦者众志成城、

风雨兼程的奋斗历程，

铭记高瞻远瞩、为FAST事业呕心沥血的王绶琯(1923—2021)先生，

为FAST事业披星戴月、积劳而逝的南仁东(1945—2017)、

朴廷彝(1942—2010)、陈宏升(1938—2012)、

吴盛殷(1937—2013)、石雅镠(1964—2016)同志，

以及殉职罹难的普定喀斯特岩溶试验站青年

罗罡(1973—1995)、李维星(1973—1995)同志。

推荐语

大射电望远镜追梦人

大射电望远镜FAST项目从发起、选址、预研究，到立项、建设和运行，迄今已28年。今年已对全世界开放，开启了FAST出好成果、出大成果的宇宙探索之旅！

作为“天眼工程”全程参与者，彭勃用28万字，书FAST追梦者风雨兼程长征路、忆500米口径球面射电望远镜披星戴月600人，以亲历的往事、通俗的语言，记录FAST那群人用青春和生命打造“观天巨眼”的奋斗史，是对“中国天眼”落成5周年的深情献礼。

古往十年磨一剑　今来廿载铸天眼

叶叔华

中国科学院院士

中国科学院上海天文台名誉台长

2021年6月

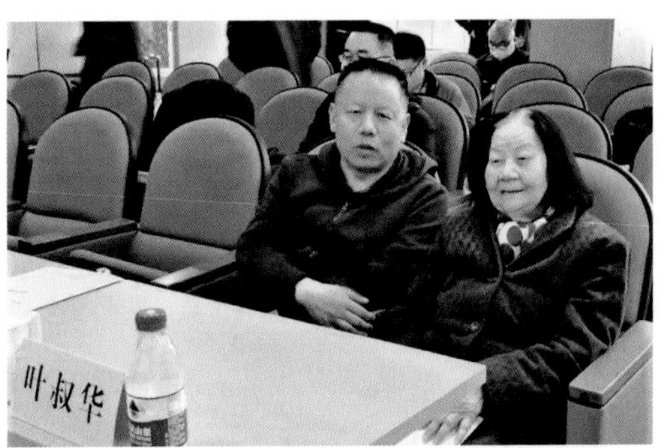

2021年4月8日，94岁的叶叔华院士与彭勃参加在上海天文台举办的SKA科学年会

序　一

“中国天眼”FAST(500米口径球面射电望远镜)的建成,是国家重大科学基础设施工程建设史上的一座里程碑,它标志着中国创新设计能力、自主制造能力、综合经济实力的显著提升,在全球大型射电望远镜的建造史上创造了新的纪录!

FAST的建造,肇始于20世纪90年代一个神奇而大胆的梦想!

那是在1993年于日本京都召开的国际无线电科学联合会(URSI)大会期间,来自10个国家的天文学家经过研讨,形成了一个共识,即建造接收面积达一平方公里的大射电望远镜阵,以深入研究宇宙起源、微波背景辐射、红移等问题,使人类对浩瀚宇宙及其奥秘有更多了解。当时,中国天文学家吴盛殷参加了此次会议,回国后便与南仁东等动议在中国建造世界第一面500米口径大射电望远镜。那时,国内射电望远镜的最大口径仅为25米,这一动议,无疑像不可触摸的梦想,看起来那么遥不可及!

FAST的建设,凝聚着众多科学家、工程师等追梦人的心血!

建造FAST的大胆设想提出后,得到了国家有关部门的积极响应,1995年成立了大射电望远镜LT中国推进委员会,以时任北京天文台副台长的南仁东研究员为主任、北京天文台的彭勃研究员为常务副主任、中国科学院遥感应用研究所的聂跃平研究员为台址评价组组长、西安电子科技大学的段宝岩教授为工程预研究组组长,形成了以南仁东同志为核心的“三驾马车”的推进骨干团队。在前后22年的漫长而艰难的预研、攻关、设计、建造过程中,从设计论证、勘探寻址、立项批复,到开工建设、工程推进等各个环节,经历了数不清的沟沟坎坎、荆棘险滩，凝聚着众多科学家、工程师艰苦耕耘、逐梦有成的心血。

到2016年9月25日FAST落成，我们实现了贵州独特的喀斯特地貌选址、主动主反射面技术、超轻型大跨度柔性索驱动与高精度动态定位技术等三大自主创新。建造完成的FAST天线成为世界最大单口径非全可动微波反射面天线，标志着我国在高精密超大型天线与超大型钢结构的设计和建造上已达到世界先进水平！

FAST的建成，具有国家战略层面划时代的重大历史意义！

“中国天眼”的三大自主创新的提出与关键技术突破，均源于国内研究团队及建造单位自己的力量：选址组先通过卫星遥感进行粗略定位，再经过现场百余次的实地考察，找到了平塘县大窝凼这一理想位置；主动主反射面制造，在经历了近百次实验后，研制出独一无二的钢索索网，攻克了索网疲劳等“硬骨头”难题，解决了光缆随动弯曲的“动光缆”问题；馈源柔索驱动与高精度动态定位系统的光机电一体化创新设计与建造，不仅使馈源及支撑系统的自重由近万吨降至30吨，造价降低1—2个量级，而且使馈源达到了毫米级的动态定位精度，实现了大型复杂机电装备系统机电耦合设计、建模、验证的突破！

建成后的FAST，在理论上具有可探索上百亿光年之外宇宙深空的能力，将为我国乃至世界天文与科学界开展宇宙起源及演化、寻找地外文明、观测脉冲星、宇宙微波背景巡视等科学研究提供装备支撑，在未来国际天文探测中发挥巨大作用；同时，也为我国高端电子装备的自主研制、智能制造提供了示范，将进一步增强我们迈向制造强国的决心和信心！

彭勃研究员的新作《天眼工程》，以系统、详实、专业、严谨的笔触，记录了FAST建造过程中的点点滴滴，以全面的档案资料、珍贵的历史图片，记载了FAST诞生的曲折历程、艰难经历，是一部介绍FAST工程的书籍，饱含着他本人对FAST工程的深厚情感！

值此书即将正式出版之际，谨致以诚挚祝贺，并希望该书能够为广大读者开阔视野、增长知识、了解工程、熟悉制造，提供更多的借鉴和帮助。

是为序。

段宝岩

中国工程院院士

西安电子科技大学原校长

2020年12月

序　二

FAST 人

2016年9月25日，媒体发布了一条轰动世界的新闻——全球最大的500米口径球面射电望远镜(FAST)在中国贵州一处偏远的大山深壑竣工！标志着中国正成为射电科学强国！国人为之雀跃，黔(贵州简称)人为之泪奔，科技界更为之欢欣！兴奋之余，人们更想知道这壮举是怎样实现的。现在，一部客观记载FAST从梦想到落成完整史实的著作《天眼工程》，饱含作者彭勃的赤诚、执着和心血，向人们娓娓叙述冉冉升起的这颗“世纪之星”的诞生历程。

我与彭勃在1995年10月上旬初识于贵阳。其时，贵州承办了有史以来规模最大、规格最高、国内外顶级射电科学家云集的国际大射电望远镜LT工作组第三次会议暨球面射电望远镜学术研讨会(LTWG-3)。彭勃是会议秘书工作的负责人，我负责后勤服务工作，我们联系十分紧密。彭勃给我的最初印象是朝气、睿智、不知疲倦的大学毕业生。几天朝夕相处，逐渐了解彭勃些许秘闻。其时的彭勃博士已是射电圈里有所作为的青年科学家。这次会议，充分展露其举足轻重的分量，令我刮目相看。也因此，我有幸接触神秘的射电天文，令人难忘的是与国内外射电天文科学超级大师们朝夕相处，聆听他们讲述奇幻的宇宙，不知不觉间大长见识。我曾请教南台长(大家对南仁东先生的称呼)和彭勃，天文学家探索宇宙的目的是什么？他们耐心地解释说，这虽是一个复杂深奥的问题，但归结起来就是探寻宇宙的奥秘，例如宇宙的诞生、生命的起源、外星生命等。这是何等重大的问题！这次LTWG-3会议，承载着人类未来的使命。会址选在贵州，注定贵州将肩挑这副重担，迎接FAST在这里诞生。四分之一世纪过去了，当年青春焕发的小伙子，现在也两鬓微霜。25年来，彭勃秉持顽强信念，与他的战友们携手拼搏，终于在地球的东方架起了人类连通宇宙的桥梁。集其汗水、辛劳和心血著就的《天眼工程》，正是这段史诗般历程的见证！

读《天眼工程》，予我感受颇深的是，20世纪八九十年代，我国社会经济发展水平还很落后，进行高科技研发的条件十分有限，大射电天文探测科学却硬是在看似无条件的窘况下开启了我国的“零”始之举。以王绶琯、南仁东、彭勃等为代表的一支老中青科学“义勇军”，凭着强烈的科学家良知与责任感，遵循科学规律，从理论研究到每项实验，把高深的射电天文理论丝丝入扣地融入一次次周而复始的实验运行。他们对解答每一个科学理论问题的一丝不苟，对每一次科学实验的精益求精，生动地书写了大射电人严谨、笃实的科学精神。

读《天眼工程》，能让我们了解很多不可思议的故事。国际射电大师们，国内的南仁东、彭勃等大科学家们，从FAST最初提出设想，到选址、论证、立项、建设经过的那些历程，已远远超出射电科学范畴。为选址，他们不论身份高低、资历深浅、年龄大小，无所畏惧、披荆斩棘、挥汗洒血，跋涉在荒无人烟的崇山峻岭；为攻克难题，他们日复一日、不分昼夜、废寝忘食，习以为常；为解决施工难题，他们不辞寒暑奋战在工地，你根本辨不出谁是科学家谁是工人。太多太多常人认为的不可能，在他们的拼搏下一一变成可能。深深感动我的正是这群卓尔不凡的科学家们坚韧不拔的奋斗精神。

读《天眼工程》，我又一次深刻理解了人类不断前进的不竭动力源泉。FAST的设想，既是FAST人的创举，同时也吸取了前人的很多智慧和成果，如当时世界最大的美国阿雷西博305米单口径射电望远镜的成功经验，在其基础上，又开拓了很多独具匠心的新思路。书中披露的喀斯特洼地台址、索驱动馈源支撑、反射面主动变形三大独创技术，彰显了FAST的新高度。当然，还有诸多不胜枚举的新元素。这些新思路、新元素为FAST在新时代为人类探索宇宙奥秘提供了强大的新动能。今年8月，据媒体报道，美国阿雷西博射电望远镜反射面盘被一条断裂的辅助钢缆砸出一道30米长的裂口，美国国家科学基金会开始计划停用这台运行57年、直径305米的望远镜。这是国际科学界的憾事和灾难！然而，国际射电科学的长征不会止步，中国FAST的诞生，可告慰阿雷西博。学习前人，超越前人，凸显了FAST人敢为人先的创新精神。

读《天眼工程》，我看到了FAST人的聪明智慧和博大胸怀。科学无国界，闭门难造车。FAST是贵州的、中国的，最终是人类的。FAST人自始至终，都在国际和国内两个范畴进行你中有我、我中有你、不分我你的研究攻坚，书写了史无前例的科学传奇。过去的25年，不，其实更长的岁月里，遍布世界五大洲的知名射电科学家和与之相关的有识之士，连续不断地被吸引参与FAST的论证、研究和建设。他们中不乏诺贝尔奖获得者，有的从始至今一直以各种方式与FAST人共同工作，在FAST的研制和运行中发挥了重要作用。在国内，上自中央、国家有关部委，下至省、市直到最基层的农民百姓，凡涉及者，无不迸发出极大的热情，全力支持FAST，尤其是与项目直接关联的高校、国家机关、企业、部队乃至基层组织，形成了紧密的联动机制，构成了集合智力、人力、财力、物力等的综合奋战平台。有了这样的机制和平台，就可以攻无不克、战无不胜。这些独特优势，彰显了FAST人开放包容的协作精神。

读《天眼工程》，我被感动到热泪盈眶。可以毫不夸张地说，FAST凝聚了我国老中青三代科技精英的心血。他们本可以拥有比当下更高的报酬、更舒适的生活、更显赫的名声……然而，他们从开始的披荆斩棘到现在默默坚守在人迹罕至的偏僻山凹大窝凼，毫不动摇。我曾多次听说，国外数家顶级科研机构以优渥的条件，邀请南台长、彭勃等去工作，但他们都婉言谢绝了。令人痛心的是，我们崇敬的南仁东先生将宝贵生命也奉献给了人类的射电事业，还有两位贵州优秀青年罗罡、李维星不幸殉职。彭勃从来不谈自己，然我也有所闻，像他这样大有作为的科学家，是很多国外科研机构青睐的对象，但他从未动过念头，几十年植根在祖国的大地，把美好的青春献给了FAST。凭着他的这份痴情，我断言，彭勃此生定与祖国和世界的射电科学厮守。欲成大业，若无FAST人所具备的这种舍名弃利的奉献精神，是万万不可能的！奉献精神是FAST人给予我们的最宝贵财富！

作为一个贵州人，我由衷地感谢FAST人！FAST落户贵州大窝凼，瞬间将这块曾经的瘠疠之地抬举到世界舞台，让贵州这个边远省份成为世人瞩目的国际天文学术中心。贵州要抓住这个梦寐难求的机遇，不负FAST人的心血，后发赶超，实现贵州人民追求幸福生活的愿望。

花点时间读《天眼工程》，我相信读者会被FAST人彰显的精神风貌所触动而引发思考，不断在科学及社会经济发展的崎岖山路上不畏艰险地攀登，去达到一个又一个光辉的顶点。

何崇远

贵州省人民政府原副秘书长

2020年12月

前　言

什么是宇宙？四方上下曰宇，古往今来曰宙。

射电望远镜是人类探索宇宙的有力工具，可以向我们揭示数十亿甚至上百亿年前的宇宙图像。

1993年，在日本京都举行的国际无线电科学联合会（URSI）大会上，包括中国在内的十国天文学家联合倡议：在地球电波环境被彻底毁坏之前，看一眼宇宙原初模样。为了解宇宙起源、探测引力波，甚至寻找地外文明，拟建造新一代大射电望远镜阵列LT［Large Telescope，后在1999年多伦多会议上正式定名为平方公里阵列SKA（Square Kilometre Array）］，投资估算为1—10亿美元。LT/SKA计划体现了科学家的想象力，同时具有很大的风险，是个投资巨大、技术复杂、没有广泛国际合作难以实现的大科学工程。

1994年，由中国科学院北京天文台南仁东牵头，组织中国参与大射电望远镜的国际合作，从跟踪国际大科学工程计划、争取LT落户中国的初衷，逐渐推进为建造大口径小数目望远镜的技术路线图，即大射电望远镜LT中国方案KARST（Kilometer-square Area Radio Synthesis Telescope）。我们学习美国阿雷西博（Arecibo）1000英尺（305米）大射电望远镜建造及半个世纪运行的经验，集成十余家大学和科研院所多学科交叉的智慧，在1994年启动LT喀斯特洼地选址，1995年提出馈源舱索驱动创新设计、线状及面阵馈源技术，1997年发明主动反射面创新技术等，提出建造KARST先导单元即一台300—500米口径射电望远镜的设想，逐步发展并于1998年完善形成了500米口径球面射电望远镜FAST（Five-hundred-meter Aperture Spherical radio

Telescope)项目。

历经近十年的研究讨论和技术攻关,2007年7月10日,FAST立项建议书得到国家发改委批复。2011年3月25日,FAST工程在黔南布依族苗族自治州平塘县克度镇大窝凼洼地正式开工。

2016年9月25日,被誉为“中国天眼”的FAST落成竣工。习近平总书记专门发来贺信。大射电“版图”因FAST落成而填补中国空白! FAST人用青春、智慧乃至生命打造了地球新地标“中国天眼”!

2020年1月11日,FAST工程通过了国家验收!

2020年12月,创造了诸多重大科学发现的美国阿雷西博射电望远镜,经历了57年风雨,包括飓风和地震频繁袭扰,因连续受损和年久失修,不幸坍塌,悲壮谢幕。几乎与此同时,FAST在快速射电暴的研究成果入选《自然》2020年十大科学发现。“中国天眼”FAST正在传承和续写大射电望远镜的光荣与梦想!

大射电望远镜FAST概念问世至竣工,跨度20多年。FAST参与者,无论是设计者、建设者还是支持者,都有令人难忘的经历,都有可以流芳的故事。

2015年10月初,在国家天文台郝晋新副台长和我陪同下,科技部国际合作司参赞尹军、国家遥感中心主任廖小罕一行考察了FAST工程的建设情况,溯源我国参与SKA国际合作、孕育出FAST项目的“丐帮”传奇,以探讨大科学装置国际合作的中国道路。与FAST建设初期相比,当时的道路交通条件已大有改观,从贵阳到FAST台址平塘县大窝凼洼地仅需3个多小时车程。曾任贵州省科技厅副厅长的廖小罕参与过大射电望远镜LT的选址协调。他感叹道:世界第一的大望远镜即将梦圆贵州,20多年的酸甜苦辣可以公之于世了。他建议我撰写FAST的历史。我犹豫地回应说,实在太忙,退休后再写吧。他深情地劝道:FAST创造史是地方参与者及国内外合作者的辛劳簿,是对当今年轻一代的励志篇,你作为SKA和FAST元老,有义务进行宣介。

其实,在中国大射电望远镜LT/FAST酝酿、提出、预研究、立项和建设期间，我与媒体有过许多接触。FAST从酝酿至立项的13年，为寻求理解和支持，我自愿接受媒体追踪和采访，目的是大力宣传，赢得领导和公众的理解和支持。FAST工程5年多的建设时期，面对前无古人的技术挑战、现场的艰苦环境、工程坎坷的进度和经费问题，还有人情世故等方面的考虑，我对待媒体的态度日益谨慎。FAST建设初期，国际著名杂志《自然》(*Nature*)和《科学》(*Science*)的记者不停追踪，甚至打我手机约谈，我均婉言谢绝或上交给南仁东，也就有了那张南仁东戴着红色安全帽接受《自然》采访的工作照。FAST竣工后，国内外媒体报道频繁不减，不再满足于对望远镜表观震撼的描述，也不再满足于道听途说和不自洽的推测。为此，我也花费了很多的精力。现在要写书，不是任务更艰巨？

然而，要书写经得起历史检验的FAST历史，需要FAST参与者的直接"参与"，我责无旁贷。于是，从2015年11月起，我利用旅途、节假日，开始了断断续续、碎片化的写作。2017年写作的内容，年底因故电脑丢失，不得不重新补写。

在北京奥林匹克公园与爱子冠辰健走时，也是父子谈心交流、谈天说地的家庭时刻。他对我写FAST历史的第一反应是：老爸还没老到要写回忆录吧？我回答说，当年意气风发的青年，如今已年过半百。长期繁忙，使我记忆力渐衰，回忆录就不必等退休了。我们父子俩还讨论了可能的几个书名。

不幸的是，FAST工程首席科学家南仁东已于2017年离世。我写这部FAST研制回忆，展示FAST事业背后的故事、那群FAST追梦人，既是为了告慰南仁东等FAST先驱们，也算是对FAST通过国家验收、FAST落成5周年的一份献礼吧。

2020年10月，本书成稿时大约22万字，暂定名为《大射电追梦人》。但不断浮现的峥嵘岁月，令我难以止笔。我就继续随性写作，陆续征求FAST项目团队及主要合作单位的部分相关创始成员、预研究骨干和建设主力们的反馈，每月更新一次。

值此FAST落成5周年之际,《天眼工程——大射电望远镜FAST追梦实录》正式面世。本书共500页,耗时5年半(恰好与FAST建设工期相同),以28万字书写了FAST从酝酿发起至建设运行28年的"心路",我也"跨界"当了回作家。在此,我由衷感谢本书写作过程中FAST事业同志和家人亲友的鼓励和建议,上海科技教育出版社编辑们的严谨和耐心!

本书中引用了许多资料,其中不少是内部的会议记录、报告等,无法作为参考文献列出。书中使用的图片,大部分都注明了来源。还有些图片源自FAST研制及合作单位或个人,包括FAST工程团队黄琳、杨清亮、袁维盛、吴文才、陈如荣、张蜀新等,20多年过去了,对应不上(或分不清)拍摄者了,在此谨表感谢和歉意。

"伟大的事业都始于梦想,梦想是激发活力的源泉,中华民族是勇于追梦的民族!"FAST事业追梦者的奋斗故事是值得我们永远铭记的。2016年8月,时任科技部副部长阴和俊考察FAST工程时,同样鼓励"有故事的人"写FAST历史。我期待更多FAST项目志同道合者,无论是贵州省州县镇村,发改委、科技部、国家自然基金委和中国科学院相关职能部门支持者,还是高校、研究所和企事业单位的FAST参与者,大家都来讲述各自的亲身经历,多角度追寻大射电望远镜FAST成就世界第一的筑梦足迹。

28年的记忆,难免有遗漏、失误和主观之处。我诚恳邀约读者朋友们对发现的不足之处不吝批评指正,以便本书再版时及时改正和完善。

2021年6月

北京、贵州及国内外旅途上

目　录

FAST背景

天文学是以观测为基础的自然科学，寻求人类关注的一些根本问题的答案：宇宙和生命是如何起源，如何演化的？我们是谁？我们从哪里来？广袤宇宙是否有人类的兄弟？地球之外是否有其他理性文明社会？

自古至今，无数先辈怀揣着对星空的“好奇”而不断求索，留下许多珍贵的记录和成就。

4500年前，埃及金字塔建筑的方位反映了恒星（自身发光发热的天体，如太阳）的位置。

4000年前，中国记录到彗星和日食，英格兰建立巨石阵来理解冬至和夏至。

3400年前，埃及开始使用日晷计时，把一年分成365天。

2400年前，古希腊的亚里士多德（Aristotle）指出地球和天体是球状的。

450年前，波兰的哥白尼（Mikolaj Kopernik）指出地球和其他行星都在围绕太阳运转。

400年前，德国的李普希（Hans Lippershey）利用玻璃透镜发明光学望远镜，意大利的伽利略（Galileo Galilei）用自制的望远镜观测到月面有环形山、土星有光环和木星有卫星，标志着现代天文学的开端。

100年前，美国的哈勃（Edwin Hubble）发现河外星系，确认宇宙在膨胀，天文学涉及的尺度扩展至整个宇宙。

近年来，随着科学技术的发展，天文学取得了众多突破性成就，特别是射电天文学的出现，为我们打开了观察宇宙的全新视角。

1.“不可见”的宇宙

千百年来，人们主要通过可见光（人眼能直接看见的光）波段观测宇宙，而来自宇宙天体的辐射实际覆盖了整个电磁波谱。地球的大气层在保护人类生存环境（阻挡或减少高能射线、小天体袭扰地球）的同时，为地面望远镜观测宇宙预留了两个“窗口”。

一个是历史悠久的光学窗口，在可见光波段“看”宇宙。另一个是仅发现90年的射电窗口，在无线电波段“听”宇宙。广播、电视、手机等无线电信号和可见光本质上都是电磁波，在真空中以光速传播，区别在于波长相差百万倍左右。

1932年，在频率20兆赫兹（波长约14.6米），美国贝尔实验室的卡尔·央斯基（Karl Jansky）意外发现了来自银河系中心的无线电辐射，标志着射电天文学的诞生，开启了无线电“目光”（射电望远镜）研究天体辐射的新领域，揭秘光学“不可见”的宇宙。

图1.1展示了位于大熊座方向、距离地球1200万光年（光在真空中走一年的距离为1光年，也就是9.5万亿公里）之遥的M81星系群的2张照片，分

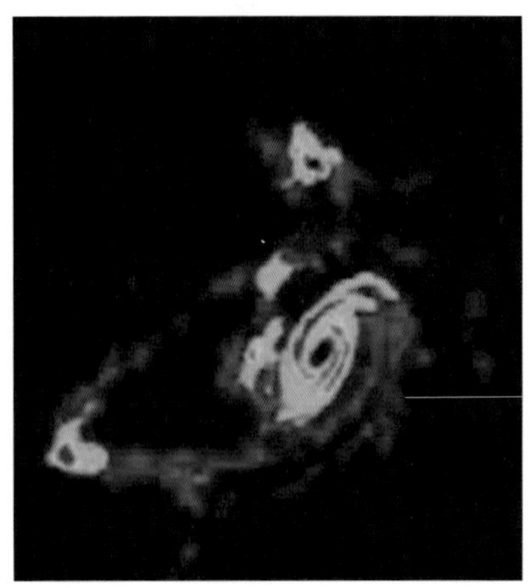

图1.1　M81星系群照片：光学（左）和射电（右）

别是在光学与射电波段拍摄的。光学照片展现的是3个孤立星系，每个星系与我们所在的银河系类似，大约拥有千亿颗恒星或“太阳”。射电照片则揭示出这三者之间存在一定的关系。也就是说，射电观测能“看到”光学不可见的星系之间微弱的联系，提供宇宙天体的“全息照片”。

射电天文学发展的90年间，成就了20世纪60年代四大天文发现：类星体、脉冲星、星际分子和宇宙微波背景辐射，深刻地影响了人类对自然的认识。在10项与天文相关的诺贝尔物理学奖中，半数与射电天文学结缘，显示了这一新兴学科强大的生命力。

2. 射电望远镜

射电天文观测的常用设备是射电望远镜。传统射电望远镜形同卫星接收天线，包括三个基本部分（见图1.2左）：汇聚宇宙无线电信号的反射面（一般是抛物面），采集和记录信号的馈源（如喇叭）与接收机，对准目标天体的指向与跟踪装置（使天线进行水平、俯仰运动）。集成了天线、无线电、电子通信、计算机等高新技术的射电望远镜，构成了观察无线电宇宙的“眼睛”、

图1.2　曾经的世界最大射电望远镜。左：德国埃费尔斯贝格射电望远镜（抛物面，直径100米）。右：美国阿雷西博射电望远镜（球面，直径305米）

倾听宇宙的“耳朵”。

反射面和指向跟踪装置比较直观，大家也容易理解。反射面就是通过反射天体的辐射，使之汇聚到一点或者线的装置；而指向跟踪装置则负责调节射电望远镜的指向，使之能够跟踪天体，进行持续观测。接收机是怎么工作的呢？接收机的功能是把天线接收到的天体电磁波经过处理，转变成便于记录的信号。射电信号的处理，包括放大、变频、检波、滤波、定标等，根据观测目的不同而采用其中一部分或多部分步骤。处理后的信号，被传送到望远镜的终端显示和记录。

射电望远镜有两个主要性能指标：灵敏度和分辨率。灵敏度是设备探测微弱信号的能力，也就是能看多远或多暗的天体目标，用最小可检测功率流量密度表征。分辨率是区分相邻天体即两个彼此靠近点源的能力，也就是能看多清楚或多精细，用天线方向图的半功率波束宽度表征。无论是灵敏度还是分辨率，都与射电望远镜的口径密切相关，口径越大，灵敏度越高，分辨率越高。

来自天体的无线电信号极其微弱。流量密度为1央斯基的射电源辐射到地面，每平方米的功率只有100亿亿亿分之一瓦特！相当于神舟飞船上的手机信号传播到地面时的强度。打个比喻，射电天文学诞生至今约90年，全世界射电望远镜收集的能量全部加起来，还翻不动一页纸。如此微弱的信号要被观测到，就需要超高灵敏度的射电望远镜。也就是说，如果想“阅读”遥远宇宙的信息，读“天书”，就需要大型射电望远镜。

射电望远镜分为两种——单天线望远镜和望远镜阵列。单天线望远镜又分为可动和不可动两种，以能不能改变天线指向区分。

由于自重会超过材料结构极限而难以支撑，全可动射电望远镜口径最大只能到大约100米，如直径100米的德国埃费尔斯贝格射电望远镜（Effelsberg），直径110米的美国绿岸射电望远镜（GBT）。不可动单天线望远镜的口径上限则高得多，FAST落成前不可动（固定）望远镜的霸主是直径305米的美国阿雷西博射电望远镜（图1.2右）。

单天线射电望远镜面临两大困难：一是受口径限制，“集光”面积做不大，分辨率也不够高；二是视场内目标不能像光学天文望远镜那样“一次成像”，只能一点一点扫描，灵敏度低且效率不高。

20世纪50年代，澳大利亚的克里斯琴森（Wilbur Norman Christiansen）教授靠多个天线，组成不同基线的双天线干涉仪。克里斯琴森测出了太阳图像就没继续研究此技术。英国天文学家赖尔（Martin Ryle）通过移动双天线获得不同基线长度。利用地球自转，干涉仪在不同方位观测到足以反演出天体图像的大量傅里叶分量。赖尔还利用剑桥大学计算机发展了完整的观测与处理方法，发明了综合孔径技术，成就了天文观测方法的重大突破，因此获得1974年诺贝尔物理学奖。

综合孔径系统由多组干涉仪组成，“集光”面积是所有天线面积之和，比单个天线大得多。分辨率是反比于最长基线，比单天线可以提高若干个数量级，为射电天文发展提供了新途径。现今世界上有很多大型阵列射电望远镜，例如荷兰韦斯特博克综合孔径射电望远镜（WSRT）、美国的甚大阵（VLA）以及欧洲和美国的甚长基线干涉网（VLBI）。

为回答天文学重大基本问题和前沿课题，无论是望远镜阵列还是单天线望远镜，观测能力都与时俱进，综合性能伯仲难分。

单天线望远镜在灵敏度方面易于形成优势，有相对长的科学寿命。其优势可以说在于发现新现象和新天体。例如澳大利亚64米帕克斯射电望远镜发现了类星体，阿雷西博射电望远镜发现了脉冲双星和第一个系外行星系统，英国76米洛弗尔射电望远镜发现了引力透镜现象。而阵列的优势在后随研究，对已发现目标做精确成像。21世纪，大射电望远镜王者是“单镜”FAST，以及即将启动建造的“复眼”SKA（平方公里阵列）。前者在灵敏度方面占先，后者在分辨率方面占优。

造价方面，FAST是目前单位接收面积造价最低的望远镜，大约为每平方米1000美元，而现今相似工作波段的阵列，例如美国的VLA，造价是每平方米10 000美元。不能简单地说，小天线组成阵列就能够降低造价。例如，我国25米天线造价为800万元，用它组成和FAST相同接收面积的阵列至少需要11亿元，昂贵的数据相关处理与传输等费用估计会在3亿元以上（尚未计入）。美国阿雷西博射电望远镜被评为人类20世纪十大工程之首，排在阿波罗登月工程之前。阿雷西博射电望远镜的造价总投资相当于人民币10亿元，但其灵敏度不到FAST的一半。可以说，FAST以创新的工程概念，突破了造价与口径的立方关系，开创了廉价建造巨型单天线射电望远镜的新模式。

3. FAST是什么

FAST英文单词的本意是“快”，隐含“领先”。在此特指“500米口径球面射电望远镜”（Five-hundred-meter Aperture Spherical radio Telescope）英文字头的组合，作为中国大射电望远镜项目名称。

FAST项目基本内涵是：利用贵州喀斯特洼地铺设约500米口径球冠状主动反射面；发明主动变形技术，由促动器控制，在观测方向形成300米口径瞬时抛物面聚焦天体电磁波，以实现宽频带和全偏振性能；馈源舱采用光机电一体化轻型索驱动结构支撑，舱内配置二次稳定平台，形成钢索“机器人”，在馈源与反射面之间无刚性连接情况下，实现馈源接收机指向与跟踪；使用现代测量与控制技术，完成主动反射面和馈源在空间的精确定位。

简单地说，FAST 可看成是新一代改进型阿雷西博射电望远镜。

FAST有多大?

对于FAST的大小，不同的人，即便是FAST团队成员，其表述都不尽相同。通俗地讲，FAST的面积相当于30个足球场，体积相当于地球人人均可以分到4瓶茅台酒。

我曾让新入职的赵清核算一下FAST的大小，估算如下:

把FAST看成半径300米的西瓜，切一刀，形成切面直径500米的球冠。

如果R为球半径，r为球冠对应切面半径，H为相应球冠高(图1.3)。从中学几何知道，球冠(表面、截面)面积及体积分别是:表面积$S = 2\pi RH$，截面面积$S_p=\pi r^2$。

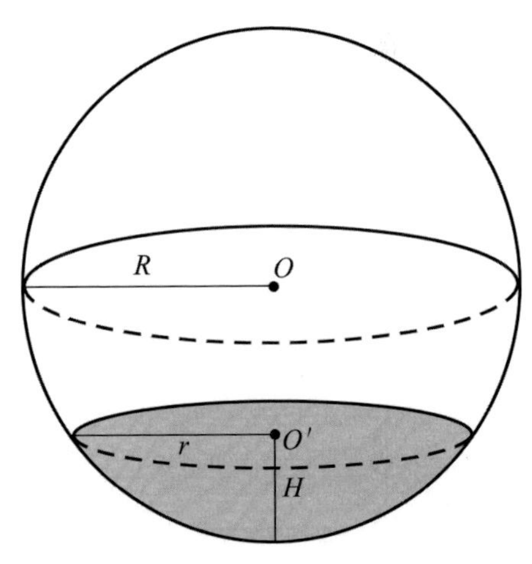

图1.3 FAST 球面几何参数图

FAST 巨型反射面球半径R=300米，球冠半径r=250米。球冠高$H=R-\sqrt{R^2-r^2}$=134.17米。球冠表面积S=252 902.23平方米，球截面(500米直径切面)面积S_p=196 349.54平方米。

FAST反射面相当于多少个足球场呢?

一般地，足球场长度在90—120米，宽度45—90米。按国际足联通用标准规格，足球场地长105米、宽68米。一个标准足球场面积就是7140平方米。

FAST 反射面表面积相当于35.4个足球场($S/S_{球场}$)，而其投影切面面积(球截面)相当于27.5个足球场($S_p/S_{球场}$)。

近似地，我们说，FAST反射面大小相当于30个足球场。

如果用FAST这口“大锅”可以煮多少酒呢？这是球冠体积问题。

我们知道，球冠体积 $V=\pi H^2(R-H/3)$，FAST这口“大锅”容积达14 436 586.29立方米！

FAST这口“锅”是“架”在贵州的。煮酒就煮地方特色的吧，全世界每人可分到4瓶茅台酒。煮酒论英雄，即便是酒仙畅饮，也会醉了?!

再称一下FAST的体重？大约1.3万吨！

FAST的主要部件有：FAST巨型反射面，结构重量近8600吨；6个百米高塔，合计约2700吨；钢索、减速机、卷筒、馈源舱及舱停靠平台，约400吨。

4. FAST有啥用

多个单位共同努力，国家投入巨额资金，建成FAST这样体量巨大的地标性设施，目的是什么？或者说，FAST有啥用？作为地面最大的单天线射电望远镜，FAST以天文观测为主，将为我们带来一系列突破性的科学进展。通过中性氢巡视，FAST可以探索宇宙起源和演化。通过精确测定毫秒脉冲星的到达时间，FAST可以检测引力波。利用FAST观测星际分子，可以探索宇宙生命起源。利用FAST搜索星际通信，可以寻找地外文明。FAST还将主导国际甚长基线VLBI网，为天体超精细结构成像。FAST还可以参与国际深空探测器的定轨、遥控和通信领域的科学合作。

中性氢

氢在元素周期表中排第一位，是宇宙中最古老、最简单和最丰富的元素，以氢原子、氢离子、氢分子或与其他元素组成分子的形式广泛存在，质量占宇宙重子物质质量的76%，是星系（如我们所在的银河系）中恒星形成的原料。氢原子在基态有两个超精细结构能级。1944年，荷兰射电天文学家范德胡斯特(Hendrik van de Hulst)预言,星际物质中,中性氢原子碰撞,不同取向电子之间的能级跃迁可以在频率1.42吉赫兹(波长21厘米)辐射出电磁波。此预言1951年被观测证实,成为射电天文重要探测谱线。

不同距离的21厘米背景辐射,揭示了宇宙起始即大爆炸后的黑暗时代、早期物质分布、天体诞生及其演化等信息。通过对中性氢强度和速度分布观测,人类首次认识了银河系的旋臂结构,获得了河外星系不可见介质分布和动力学图像,提供了暗物质存在的关键证据等。在FAST立项建议书中,中性氢是五大核心科学目标之一,期待探索星系形成与演化、暗物质和暗能量本质等重大问题。

以FAST超高灵敏度、高效率进行中性氢巡天,对宇宙空间中性氢云分布的探测,可以探索宇宙起源和演化,寻找宇宙物质低峰扰动空间分布,研究空洞形成,寻找暗星系及其中恒星延缓形成机制,探讨星系点亮、星系成团等问题。通过独立或干涉测量,在揭示宇宙原初性质和精确宇宙学领域做出特色工作。

FAST还可以用于探测邻近天体的中性氢,研究例如银河系中的高速云、塞弗特星系和星暴星系中的中性氢、中性氢云吸收线、低面光度星系、富气体不规则矮星系、贫气体椭圆星系和气体剥离机制等科学问题。

脉冲星和计时阵

1967年,英国天文学家安东尼·休伊什(Antony Hewish)和他的研究生乔斯林·贝尔(Jocelyn Bell Burnell,图1.4)在狐狸座发现了辐射周期性电波(周期1.33秒、宽度0.04秒)的未知天体。那是贝尔在120米的记录纸带上“捡到”的0.5厘米“大小”的特殊信号,只有十万分之一的发现机会!他们曾认为这是“外星人”发的联络信号,在记录纸上标注其为“小绿人”(Little Green Man,LGM),当时的报纸上也曾这样称呼。

其实,那种奇怪的天体是由中子为主构成的快速自转的“星星”,叫中子

图1.4 脉冲星发现50年之际，乔斯林·贝尔(中)与英国天文学家迈克尔·加勒特(Michael Garrett)和彭勃在76米洛弗尔望远镜前合影

星。中子星被认为是大质量(8—25个太阳质量)恒星“死亡”时的产物，半径约10公里，质量比太阳稍重。像太阳这样的普通恒星半径约70万公里，重达2000亿亿亿吨，自转一圈约一个月。中子星如此致密的星球(每立方厘米容纳上亿吨质量)，自转周期在毫秒至10秒级，最快一秒钟转700多圈，实在惊人。中子星有超强的表面磁场(超过地球磁场10万亿倍)。在快速转动的强磁场作用下，星体磁极辐射出射电波，并且随星体绕自转轴转动。当它的射电辐射掠过观测者时才能接收到，表现为周期性脉冲，像海洋中指路的航标灯，因此得名脉冲星。由于自转周期极其精准，脉冲星被认为是宇宙中最精确的钟。

脉冲星是20世纪60年代的四大天文发现之一。脉冲星和脉冲双星的研究证认了中子星及引力辐射，分别荣获了1974年和1993年诺贝尔物理学奖。脉冲星的研究还证实了太阳系外行星系统的存在。

脉冲星是极端物理条件下的实验室，是“星际介质的探针”，并有可能提供新的时间标准和导航系统。

地面4台天线可以对天体一次性“拍照”成像，天上4颗卫星就可以为地面目标提供导航。全球卫星定位系统（GPS）是在天文定位、综合孔径技术的基础上发展起来的。GPS利用导航卫星进行钟差和伪距测量，24颗卫星分布于6个轨道平面，轨道高度距地面约2万公里，解决了地球附近的定位、导航和授时问题。而未来，脉冲星可以起到这些卫星的作用。

对多个毫秒脉冲星的到达时间进行精确测定，组成一个高精度脉冲星计时阵，能建立独立于原子时的新时间标准。在天空飞行器上，对一组毫秒脉冲星实时观测，可不依赖人工信标而确定飞行器空间坐标及速度，实现自主导航。这样的定位精度不随远离地球而下降，可以作为潜在的导航技术。

FAST可提供高时间分辨率和高瞬时灵敏度，是探测脉冲星和激变射电星的理想设备。鉴于FAST高灵敏度及多波束大天区覆盖优势，如果每天24小时全部用于观测脉冲星，理论上，一年就可发现约5000颗新脉冲星，远超全世界已知脉冲星总数。

FAST有可能将毫秒脉冲星的数目增加至上千颗。当更多新发现的毫秒脉冲星加入国际脉冲星计时阵，可实现新时间标准的突破。2020年3月，我们发表了FAST观测球状星团脉冲星的搜寻与计时新成果：在武仙座M13中发现新脉冲双星，M92中探测到其第一对脉冲双星！

星际分子与地外生命

天文学的突破性成就之一是探测和发现了羟基（OH）、一氧化碳（CO）等数十种星际分子，发现了巨大的分子云和脉泽源。这些星际分子，昭示着宇宙中水和有机分子的分布。FAST观测波段有羟基（OH）、甲醇（CH_3OH）

等十多种和太空生命、生命环境及恒星演化相关的分子谱线，可以探索宇宙生命起源。

利用FAST搜索星际通信，可以寻找地外文明。大量太阳系外行星（迄今已发现超过4500颗）和地外水（木卫二冰壳下、火星南极和土星上水冰）的发现，以及地球生命环境极限（几百摄氏度高温海底热液、千米深度地下岩层中的生命存在）被不断改写，地球之外存在生命的可能性不断得到支持，SETI（地外智慧生物搜寻）活动不断升温。光速极限使得恒星星际旅行遥不可及，寻找地外"人工"无线电信号成为我们与地外文明唯一可行的通信方法。

人类将SETI搜索频率集中在1—3吉赫兹范围，尤其是21厘米中性氢线（HI）与18厘米羟基线（OH）之间。因为氢（H）与羟基（OH）结合成水（H_2O），因此这一窄频带又称为"水洞"。水对地球生命是最基本的，地外文明社会的工程师可能会和我们想到相同的频率窗口，可能也会自然地通过水洞寻找同类。

美国搜索地外文明的凤凰计划不断扩大类日恒星样本，专用设备艾伦望远镜阵列也已建成。FAST高分辨率微波巡视（HRMS）以1赫兹分辨率扫描1—3吉赫兹内的20亿个频率通道，诊断识别微弱的空间窄带讯号，有比凤凰计划高得多的灵敏度。用FAST搜寻可能的星际通信，目标数至少增大5倍，成功概率更大。如果天线是无方向性的，阿雷西博射电望远镜搜索距离达18光年，可观测12颗恒星。FAST搜索距离将达28光年，可观测1000颗恒星。

文明发展至今，数学、物理、化学、天文、地球与生命科学在宇宙中交融，人类通过深空探测研究太阳系天体演化，探索生命起源，揭示空间环境对人类生存的影响，寻找可能的地外家园。FAST正是人类探索原恒星、行星和生命起源的有力工具之一。

快速射电暴

FAST在新科学前沿如快速射电暴观测方面表现不凡。快速射电暴是宇宙中出现的短暂、猛烈的无线电波爆发，持续时间在毫秒量级，却能释放出相当于太阳一天内辐射的能量，或者说与地球上数百亿年的发电量总和相当。2020年5月，国家天文台研究员朱炜玮等人在国际期刊发表了利用FAST探测、结合机器学习对海量数据搜寻发现的第一个快速射电暴FRB 181123。其爆发发生在约85亿年前，展示了FAST“盲寻”发现、人工智能处理数据和认证遥远快速射电暴的优势。

FAST作为一个多学科研究平台，拟回答的问题不仅是天文的，也是面对人类与自然的。它在日地空间环境研究、国家安全等方面发挥着不可替代的作用。

FAST作为威力巨大的被动雷达，可以直接截获飞行物的静电放电、反射和本身的发射信号；可以观测电离层对卫星和射电源信号的闪烁，研究电离层不均匀的时空结构，服务军民用通信、卫星定位；可以观测行星际闪烁和法拉第旋转现象，探测日冕物质抛射事件，了解太阳风的行星际传播，服务太空天气预报。

秉承从Copy（复制）到Lead（领先）需要Great Leap forward（跨越）的FAST精神，预期FAST将在发现奇异品种脉冲星、探测低频引力波、中性氢巡天揭秘暗能量暗物质等方面提供重大科学机遇，成为诺贝尔物理学奖的摇篮，开启与地外智慧生命“对话”的新途径，终结人类在宇宙中的孤独。

5. FAST简历

1993年，多国共同组建工作组，推动大射电望远镜LT项目。

1994年，北京天文台组建大射电望远镜课题组（简称LT课题组），旨在争取LT落地中国。

1994年，启动大射电望远镜选址。

1995年，提出(阿雷西博改进型射电望远镜)馈源舱轻型索拖动创新。

1997年，提出巨型反射面主动变形创新。

1998年，孕育出SKA中国方案KARST先导单元——500米口径球面射电望远镜FAST项目的完整概念(图1.5)。

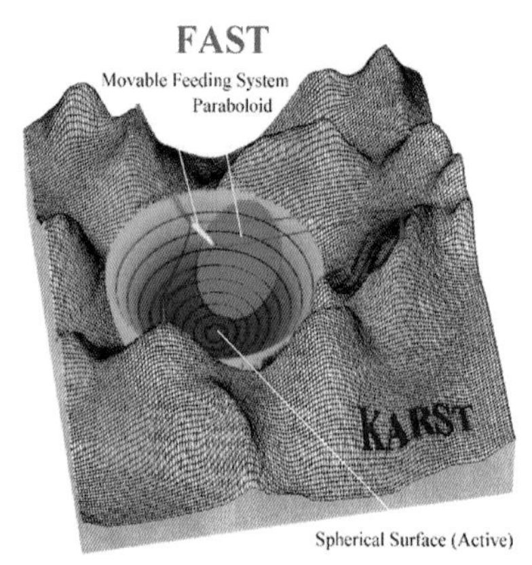

图1.5　KARST先导单元FAST概念示意图(聂跃平、朱博勤制作)

1999年，获得中国科学院创新工程首批重大项目支持。

2005年3月，在国家自然科学基金委(联合)重点项目、中国科学院重要方向性项目的支持下，启动了在北京密云的FAST整体模型MyFAST的建造。

2007年7月10日，FAST立项建议书得到国家发改委批复。FAST望远镜台址定址在贵州省黔南布依族苗族自治州平塘县克度镇金科村大窝凼洼地，需要由27个汉字才能够定位的、无线电宁静的、偏远的喀斯特岩溶地貌地区深处。

2011年3月，中国科学院和贵州省人民政府联合批复了FAST项目开工报告。3月25日，FAST工程在大窝凼洼地台址正式开工。

2016年9月25日，历时5年半共计2011天，FAST工程如期竣工。FAST源自中国科学院国家天文台参与国际平方公里阵列SKA望远镜合作，先于SKA十年建成。“中国天眼”FAST与“美国天眼”阿雷西博射电望远镜相比，观测天区范围、深度均大一倍多，综合性能提升约10倍！

经过22年的艰苦奋斗，大射电望远镜FAST终于屹立在山地公园省、绿色黔南州(图1.6)。FAST人完成了大科学工程国际领先的伟大“长征”，圆了三代中国天文人的世界第一梦！大射电望远镜世界版图因FAST而填补了中国空白！

2017年10月，中国科学院新闻发布会公布FAST首批成果：以编号J1859-01又名FP1-FAST#1（自转周期1.83秒，距地球1.6万光年）为代表的6颗脉冲星。这是脉冲星发现50年后，中国射电望远镜首次探测到新脉冲星。毫无疑问，FAST将会带来更多科学发现，不断地产生惊喜！

2021年4月，FAST对全球科学家开放观测申请，共同推动天文新进展。

风雨兼程27年，多学科交叉的FAST大科学工程项目，凝聚了老中青科技人集体智慧、心血和汗水，贵州省州县镇村、国家科技主管部门（中国科学院、科技部、国家自然科学基金委和国家发改委）等持续支持，数十家企业数

图1.6　FAST建设时钟（彭勃、张莹设计）。逆时针方向，从左上至右上分别是：2011年开工前FAST大窝凼洼地实况，2012年台址开挖，2013年反射面圈梁施工，2014年反射面索网编织和馈源索驱动支撑百米高塔建设，2015年反射面单元面板铺设，2016年馈源与接收机安装和主体工程完成。中间图是FAST望远镜全景

千建设者们辛勤付出，还有国内外天文人和3600万贵州人的关注和耐心。

FAST 已成为自主创新和国际大科学工程合作的成功典范、探索宇宙奥秘的科学重器和人类的新地标。世界最大单口径射电望远镜FAST与最大综合孔径射电望远镜SKA将共同主导21世纪射电天文观测研究，为人类探索宇宙提供重大发现的新机遇。

立项驿站

FAST从概念提出到获取国家立项，集合了众多科学家的心血研究。许多有志之士四处奔走、逐步推进，才有了现在的“中国天眼”。这段立项旅程，我们一步一个脚印走过，为“中国天眼”确定了有力的国家“靠山”。

1. 从平方公里阵SKA到中国天眼FAST

FAST的概念来自30年前，我国天文学家积极参与国际大射电望远镜项目，立志在中国建设世界领先的射电观测设备，大胆创新、小心验证，终于形成了建设500米口径球面射电望远镜的计划。

(1) LT与SKA

20世纪80年代末、90年代初，苏联（俄罗斯）特殊天体物理天文台的尤里·帕里斯基（Yuri Parijskij）教授，荷兰射电天文研究基金会（NFRA）的中性氢科学专家罗伯特·布劳恩（Robert Braun）博士，射电天文科学及技术方法专家德布勒因（Ger de Bruyn）教授，天文数据处理专家扬·诺丹（Jan Noordam）博士，英国曼彻斯特大学的VLBI专家彼得·威尔金森（Peter Wilkinson，图2.1右）教授等，几乎同时提出建造新一代大射电望远镜LT的设想，通过不同距离中性氢探测早期宇宙即“宇宙第一缕曙光”。印度国家射电天体物理中心的戈文德·斯瓦鲁普（Govind Swarup，图2.1左）教授当时正在推进大

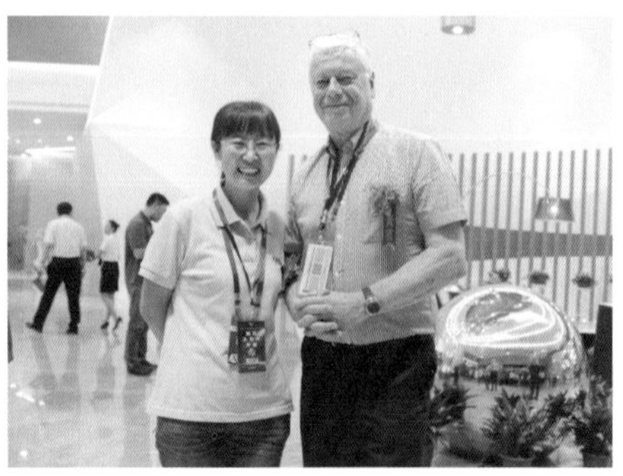

图2.1　左:2015年戈文德·斯瓦鲁普与彭勃在印度浦那;右:2016年彼得·威尔金森与张海燕在刚开业的黔南州平塘县克度镇星辰天缘酒店大堂

米波射电望远镜阵GMRT项目(2000年落成),致力于低造价中等口径(45米)天线组阵技术,也是LT主要倡导者。

不得不哀叹,人类日益增多的空间活动正在对地面天文学产生负面影响。2020年4月23日,在美国肯尼迪航天中心,太空探索技术公司(SpaceX)以可回收火箭技术,成功实施了一箭60星。这家公司的星链(Starlink)计划将陆续发射约12 000颗小卫星。欧洲一网公司(OneWeb)推出"卫星互联网"计划,以无线代替光纤的10万量级卫星群,实时绕地球运行或卫星"铺天",这些都将"遮挡"天文学家们的视野。此外,卫星的反光、通信波段电磁辐射,以及与天基望远镜碰撞等,都会带来不可预知的问题。

科学界的共识是,在地球无线电环境被彻底毁坏之前,利用大射电望远镜LT回溯宇宙的原初,理解宇宙的结构和演化。如果失去这个机会,人类就只能到月球背面去建造类似的大射电望远镜了。

第一篇大射电望远镜LT的国际论文题目是中性氢阵(The Hydrogen Array,简称HIA),作者是曼彻斯特大学的彼得·威尔金森教授。这篇文章综述了大射电望远镜LT的核心科学目标、可能的技术路线和对未来计划的思考。中性氢阵将致力于宇宙早期观测及星系演化,科学清晰地指向回溯宇宙历史,接收面积相当于100面100米口径单天线或14个阿雷西博型305

米口径单天线来组成综合孔径望远镜阵！威尔金森说，“宇宙的全部历史是用微弱的21厘米氢谱线写成的，要阅读它需要非常灵敏的望远镜。”

当时，地球上只有一面100米直径的射电望远镜，即德国于1972年完成的埃费尔斯贝格100米抛物面望远镜。第二个100米级望远镜，美国绿岸110米椭圆面望远镜，则在2000年才完成建设。地球上也只有一个300米级望远镜——1963年建成的美国阿雷西博305米射电望远镜。

大家可以感受到天文学家的想象力和承担技术风险的胆量，胆大如斗！

1993年5月，荷兰射电天文学家理查德·斯特罗姆（Richard Strom）首次访问中国。参加在西安举办的国际天文学联合会学术研讨会IAUC 145后，他顺访北京天文台（国家天文台前身）。在其合作者、北京天文台马骬研究员陪同下，斯特罗姆到王绶琯院士（北京天文台名誉台长，天文界尊称王先生）家拜访，讨论密云综合孔径射电望远镜（MRST）后续发展。

斯特罗姆通报了荷兰等国正在酝酿的下一代大射电望远镜 LT计划。王绶琯先生明确表示，中国应积极参与LT，这对中国天文学发展是个机会。当时，王绶琯先生提议由南仁东负责LT中国推进。

我有幸参加了这次“家庭会议”。一个月后，我出访荷兰，开始了与斯特罗姆近30年的大射电望远镜FAST方面的合作。

1993年8月，在日本京都举行的国际无线电科学联合会（URSI）大会上，澳大利亚、加拿大、中国、德国、法国、印度、荷兰、俄罗斯、英国和美国等国的射电天文学家，联合组建了大射电望远镜工作组LTWG，荷兰射电天文研究基金会的罗伯特·布劳恩博士任主席（他现任SKA总部科学部主任）。

1997年，澳、加、中、印、荷、美六国签订协议备忘录，共同推动LT技术研发。1998年，大射电望远镜工作组在加拿大卡尔加里举行会议，要为LT取个名字。1999年，LT正式更名为平方公里阵列（Square Kilometre Array，简称SKA）。

2000年，在英国曼彻斯特举行的国际天文学联合会大会上，包括中国在内的11国共同签订了成立平方公里阵列推进委员会（ISSC）的协议，消息在报纸上发表（图2.2）。报纸左侧列出了SKA可能技术方案，中国推进的KARST名列榜首；右侧是SKA各国代表在英国曼彻斯特大学焦德雷班克天文台的76米洛弗尔望远镜前合影留念，记录下了射电天文界这一历史性时刻。

SKA是新一代大型射电望远镜的代表，我国作为项目首倡者之一，一直在积极参与并争取项目落地中国。

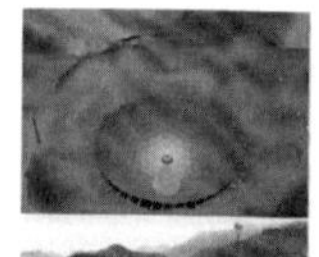

Options for the stations of the SKA, from the top:
A set of large (>300m) spherical reflectors;
A large (>200m) reflector with the receiver supported by an aerostat;
An array of small (<10m) parabolic dishes;
A fixed planar (electronically phased) array;
An array of spherical (>10m) refracting lenses.

Astronomers Sign International Agreement to Plan Square Kilometre Array

Leading astronomers from Europe, North America, Asia and Australia will today sign an agreement jointly to plan a huge new radio telescope, the Square Kilometre Array (SKA), which will come into operation in the middle of the next decade. The General Assembly is an ideal opportunity to inaugurate the next stage of development of this truly global project.

The signing ceremony will take place at 17:30hrs in the Bragg Lecture Theatre in the Schuster Building at the end of the joint session on 'Future Observational Multi-Wavelength capabilities in Astrophysics' organized by the Working Group on Future Large Scale Facilities (WGFLSF) and IAU Division XI (Space and High Energy Astrophysics). The last part of the programme is a round-table discussion about the process of international co-operation and coordination.

Radio astronomers regard the SKA as a paradigm for the organization of future global astronomy projects. The SKA was the first radio astronomy project to have been 'born global' following the guidelines for successful international collaboration discussed at the 1994 IAU General Assembly in The Hague. The current concept has grown out of discussions over the past six years within the URSI/IAU Large Telescope Working Group and the OECD Global Science Forum. An International SKA Steering Committee (ISSC) has now been constituted to promote and to oversee the planning of the project. The signing of a formal Memorandum of Understanding will establish the ISSC for a period of five years. The signatories will be:

Prof. Ron Ekers: Australian SKA consortium
Dr. Don Morton: Herzberg Institute of Astrophysics, Canada
Prof. Ai Guoxiang: National Astronomical Observatory, PR China
Prof. Rajaram Nityananda: National Centre for Radioastrophysics, TIFR, India
Prof. Harvey Butcher: European SKA Consortium
Dr. Jill Tarter: United States SKA Consortium

At present 24 leading institutions in ten countries have agreed to pool their research and development efforts, with each individual institution concentrating on only a part of the overall design. Their shared aim is to reach agreement on the fundamental design of the SKA by 2005 and to begin construction in 2010.

In order to achieve its ambitious astronomical goals, the design of the SKA will integrate computing hardware and software on a massive scale in a revolutionary break from current radio telescope designs. The SKA is a challenging project, and as Ron Ekers of the Australia Telescope National Facility says:

"Designing, let alone building, such an enormous technologically-advanced instrument is beyond the scope of individual nations, or even small groups of nations. The SKA is therefore being planned from the outset as a truly-global telescope project."

The SKA will be a uniquely sensitive instrument. Its collecting area will be 50 to 100 times larger than today's biggest radio imaging telescopes, the VLA and the GMRT, and 200 times larger than the pioneering Lovell Telescope at Manchester University's Jodrell Bank Observatory (which can be visited during the General Assembly).

The idea of the SKA sprang from radio astronomers' desire to detect the faint 21-cm emission from atomic hydrogen in structures formed soon after the Big Bang, and in the galaxies which developed from these structures. As ISSC member Peter Wilkinson (University of Manchester) says:

"One square kilometre is not just a convenient round number—it arises naturally from a desire to image the hydrogen gas in distant galaxies with 0.1 arcsecond resolution".

Radio astronomy has been crucial in discovering phenomena such as quasars, pulsars, gravitational lenses, superluminal motion and the cosmic microwave background. It has led to three of the five Nobel prizes awarded for work in astrophysics, including all those awarded for observational work. Major advances in knowledge can be expected from a new radio telescope with the sensitivity of the SKA.

Radio telescopes have a big advantage over those operating at most other wavelengths, because they can see through cosmic dust. This dust often prevents optical telescopes seeing into star-forming regions and the centres of galaxies. The latest sub-millimetre results from SCUBA on the James Clerk Maxwell Telescope show that dust can even obscure entire galaxies at visible wavelengths. Radio telescopes have another advantage in that they can be combined in arrays to produce images with the highest resolution in all branches of astronomy. On completion the SKA will, therefore, be the world's premier instrument for astronomical imaging.

Members of the SKA ISSC at last week's SKA Technical Workshop held at Jodrell Bank Observatory.

The SKA's superb resolving power- which could extend to one milliarcsecond- and exceptional image quality will also provide crucial new information on the formation and early history of stars, galaxies and quasars unaffected by obscuring dust. Its enormously high sensitivity will mean that, for the first time, objects in the early Universe can be studied in detail in the radio range. The SKA is thus the perfect scientific complement to the large optical (e.g. CELT, ELT, OWL), infrared (NGST) and millimetre wave (ALMA) telescopes currently being planned.

A 6-page explanatory brochure about the SKA, written by the ISSC, has been widely distributed during the General Assembly. The full current science case for the SKA, and an electronic version of the brochure can be obtained from the SKA Web site at http://www.ras.ucalgary.ca/SKA

Peter N. Wilkinson
University of Manchester
Jodrell Bank Observatory

图2.2　2000年8月英国报纸记录SKA会议，左侧是中、加、美、荷、澳5种SKA工程概念图，右侧是会议代表合影

（2）从KARST到FAST

大射电望远镜LT初期，国际上提出了诸多可能的技术路线，大体可以归纳为大口径小数量（LDSN）、小口径大数量（SDLN）两大类。前者由中国

和加拿大科学家倡导，后者由荷兰、美国和澳大利亚等国的科学家倡导。

中国科学院北京天文台VLBI专家吴盛殷作为中国天文界代表参加了1993年的URSI会议。回国后，吴盛殷向北京天文台射电天文研究室并通过国内会议通报了国际大射电望远镜LT计划的基本内容。王绶琯院士非常支持我们开展LT中国选址和科学目标准备。威尔金森提及的美国阿雷西博型望远镜组阵引起我们关注。但是，大口径望远镜太贵，阿雷西博射电望远镜可观测天区范围的局限性（头顶上方左右各20°天空范围“宇宙窄带”）也需要设法改进。

1993年底，我参加了大射电望远镜LT荷兰研讨会。大会语言竟然是荷兰语，我完全不懂。会议主持人是莱顿大学的乔治·米利（George Miley）教授，也是我在荷兰射电天文台NFRA（现称ASTRON）的导师德布勒因的合作者。他接受了我的“抱怨”，将会议语言“切换”为英语。我当时参与了德布勒因和米利联合主持的荷兰低频射电巡天项目WENSS，并以第一作者发表了其第一篇欧洲期刊论文。

那是我参加的第一次LT计划专题研讨会，切身感受到了中国与国际射电天文的巨大差距，也隐隐约约“看到”未来中国发展的机遇——大跨越，至少需要1—2代人全力以赴的努力才能实现。

1994年，我从荷兰回国后，与南仁东组建了北京天文台大射电望远镜课题组（简称LT课题组）。目的是争取把多国合作投资的国际大射电望远镜建在中国，并积极承担天线、机械装置、接收机等部件的生产、装配和调试等，以提升我国天文学乃至基础科学研究整体显示度。课题组成员涵盖米波天文组、密云米波运转组和星系宇宙学组几个人，大都是兼职的，南仁东建议我任课题负责人。我们首先启动了LT中国选址，主要考虑隔离性、可及性和经济性，初步候选台址区域是甘肃、新疆、四川、内蒙古和广西等平坦地貌地区。

LT课题组的第一笔经费，源自中国科学院北京天文台重点项目，2万元人民币。

1996年初，我们置办了大射电望远镜首批"家当"，台式计算机、打印机和L型移动办公桌椅一套，供秘书专用。"借用"北京天文台实验楼的密云米波运转组办公室的东北角，约1/6房间空间，作为LT课题组"办公室"。

我们课题组的运行相当规范，例如，定制LT中国推进委员会信封，信封上打印国内外寄送地址和人名，发送自制的新年贺卡。

在北京天文台《天文通讯》上，LT课题组及时发布LT计划国内外进展。至于宣传给决策层，一般通过内部"交换"渠道，每天在中关村北京天文台传达室取送件，发送给中国科学院相关领导，包括许智宏副院长、竺玄秘书长、基础局钱文藻局长、数学力学与天文处王宜处长等；中国科学院院国际合作局办公室、遥感所、力学所、数学与系统科学所等；还有科技部基础司邵立勤副司长、国际合作司办公室，国家自然科学基金委张存浩主任、数理学部汲培文和国际合作局办公室等。这样"交换"，均可以方便地送达。

合作单位一般是由朱丽春以平信或挂号信寄送，包括西安电子科技大学、北京大学、南京大学、北京师范大学、上海天文台、紫金山天文台、云南天文台、南京天文仪器研制中心等，以及相关企事业单位，如中国航天工业总公司23所、电子工业部14所和39所等的大射电望远镜研究团组，及时保持LT研究进展的沟通和信息宣传。

周会持续25年+

每周一下午一点半，LT课题组召开周会，有事则长，无事则短。总结上周工作、讨论和安排下周任务，逐步推进国内外LT计划。

参加周会的有：吴盛殷、马弭、颜毅华、徐祥、邱育海（1995年），朱丽春（1995年），朱文白（1996年）和平劲松（1997年）等。身为副台长的南仁东台务繁忙，LT周会情况常常是我去他办公室汇报。

LT课题组会基本在北京天文台实验楼二层会议室举行。会议室布局记得是，一圈沙发环绕三面又半（靠门处是玻璃墙），玻璃门在东北方向。会议室没有桌子，沙发之间有个玻璃茶几。这里其实是北京天文台的贵宾接待室，欢迎外宾、领导和合作单位来访，包括第一位贵州省领导——分管科技的龚贤永副省长。

新上任不久的路甬祥常务副院长第一次考察北京天文台，也是在此会议室与李启斌台长、南仁东副台长以及我们青年骨干座谈，落实北沙滩新办公区的筹备。我记得，路院长风尘仆仆地走进会议室，一落座就开门见山，浙江口音的普通话，明确表示：我是有备而来的，带着院里的支持（经费）来天文台……

感谢路甬祥院长，他长期关注和支持FAST预研究、立项至开工建设。

与其他课题组或天文台领导会议冲突时，我们只能“打游击”。一般是借用三层中国科学院卫星通信公司（由北京天文台创建）总部的会议室，其实配置更好，有圆形会议桌。或者在米波天文课题组机房兼办公室（微生物所三层307室），只是Vax计算机机器噪声有些大；还有密云米波运转组的办公室。办法总比困难多！

1998年初，北京天文台从中关村整体搬迁到北沙滩，也就是后来发展起来的奥运村天地科学园。LT课题组周会在北沙滩延续。一般地，我们使用二层中部会议室，即现在A座232室。

国家天文台会议室统一管理后，我们先在A208，后在A408会议室，方便FAST周会在北京、贵州大学FAST公寓、黔南州平塘县FAST台址三地视频进行。

每周一下午一点半，周会25年+如一日，例行召开。

虽有诸多人事变迁，但周会持续汇集了两代FAST人的集体智慧！

对新疆、甘肃和内蒙古等地台址进行初选后，考虑到国际竞争，澳大利亚具有地广人稀、天文学发展好、文化语言与西方通用等优势（南非2003年才加入竞争），我们主动放弃对平坦地貌的LT中国选址，聚焦云贵高原喀斯特地区，致力于打造利用喀斯特洼地建造阿雷西博型大射电望远镜 LT阵列中国路线图。同时，联合中国科学院遥感应用研究所，与聂跃平（当时在中科院遥感所做博士后）等人探讨，启动了对贵州喀斯特洼地台址的专业性选址。

1995年7月，在北京天文台密云射电天文观测站，也是中国第一个综合孔径射电望远镜MSRT的观测基地，LT课题组主办了大射电望远镜工程方案酝酿研讨会。由吴盛殷、颜毅华负责邀请一批国内微波、电子和天线专业及企事业单位的相关专家，共商大射电望远镜LT中国推进大计。

西安电子科技大学茅於宽教授、王家礼副教授，原航天工业总公司23所熊继衮研究员、谢胜斌高工，原电子工业部14所郭燕昌研究员，以及电子工业部22所、贵州083基地等单位代表大约30人参会，针对射电望远镜结构和性能，如轻型索拖动线馈源构想、大型天线支撑结构等建言献策。

1995年10月，北京天文台和贵州省科委联合主办国际大射电望远镜工作组第三次会议（即LTWG-3）暨球面射电望远镜国际会议（图2.3）。8个国家和地区的专家相聚贵州，研讨大射电望远镜技术方案。

在LTWG-3上，西安电子科技大学段宝岩博士等人从降低造价的角度，提交的阿雷西博望远镜改进型的馈源轻型支撑即无平台钢索驱动概念，被国际学者评价为“大胆的创新”。LTWG-3会议代表们还对贵州省

图2.3 1995年10月,国际大射电望远镜工作组第三次会议暨球面射电望远镜国际会议在贵州花溪宾馆召开

普定县、平塘县喀斯特地貌LT候选台址进行了考察,确认它们是适合建造大射电望远镜的“家园”。

1995年11月,由LT课题组发起,在北京天文台中关村总部,贵州省科委、中国科学院遥感所、西安电子科技大学、南京大学、北京大学、北京师范大学、贵州国营083基地、中国科学院南京天文仪器研制中心、电子工业部14所、电子工业部39所和电子工业部22所等15家单位,组建了大射电望远镜LT中国推进委员会。这是一个自发成立的民间科研合作联盟,目的是协调全国天文、地学、电子工程等相关学科的研究,了解国际LT动态,调整中国策略,推进LT工程概念向阿雷西博型倾斜。在北京天文台举办了LT中国推进委员会成立暨第一次学术年会,确定了委员会的组织体系(图2.4)。

图2.4　1995年在北京天文台中关村三层报告厅，LT中国推进委员会成立暨第一次学术年会成功举办：南仁东在主持会议，邱育海在黑板板书

北京天文台副台长南仁东任主任、我为常务副主任，贵州省科委主任朱奕庆、中国科学院遥感所田国良副所长为副主任。

下设若干工作组，核心人员主要有：

马珥（北京天文台）、郑兴武（南京大学）为科学目标组组长；

聂跃平（中科院遥感所）、邱育海（北京天文台）为台址评价组组长；

段宝岩（西电）、颜毅华（北京天文台）为工程预研究协调组组长；

巫怒安（贵州省科委）、李纪福（贵州省科委）为地方协调组组长。

中国科学院副院长徐冠华院士、基础局钱文藻局长、国际合作局葛明义局长，科技部基础与高新司副司长邵立勤、国际合作司，国家自然科学基金委数理学部天文学科主任汲培文、国际合作局等有关领导，北京天文台名誉台长王绶琯院士、台长李启斌应邀出席。

会后，我们形成了国际大射电望远镜（LT）争建建议书（图2.5）。

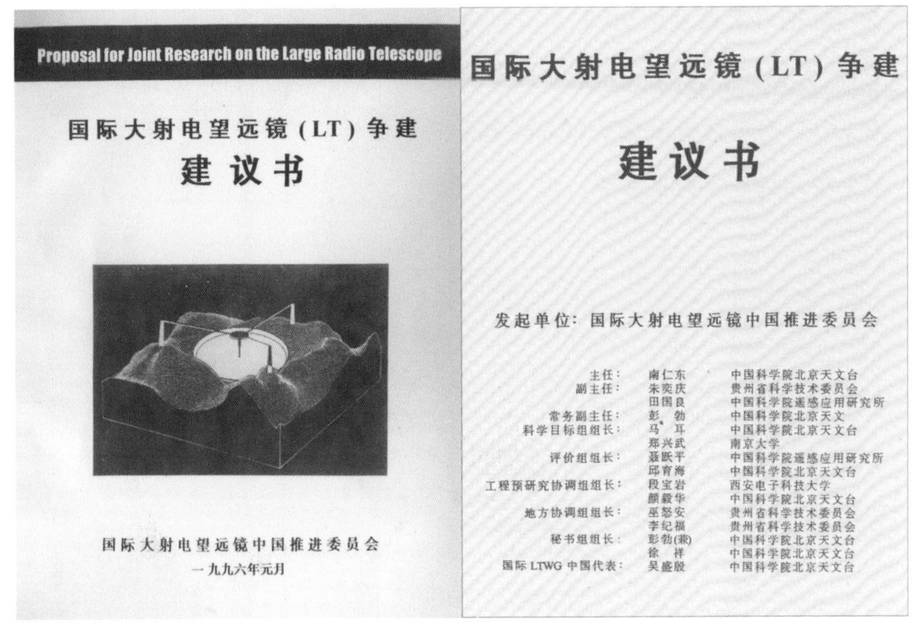

图2.5　国际大射电望远镜(LT)争建建议书

1996年1月，在英国高灵敏度天文学会议上，中国科学院北京天文台吴盛殷和我介绍了大射电望远镜中国选址，特别展示了近400个洼地数据库，以支撑LT中国方案KARST——以karst地貌洼地，建设大口径小数量阿雷西博型望远镜。

《科学》“大跃进”启示

1995年11月，美国《科学》出版了中国专刊，首次报道和评价LT中国行动：“望远镜的山谷，天文学家梦寐以求投资亿万美金，在相对闭塞的中国贵州大片喀斯特洼地中，建造国际射电天文台”。其封面标题是“大跃进”(A Great Leap Forward)，也给了我启示。

射电天文诞生近90年了。其观测设备望远镜的主要性能指标(灵敏度)随时间提升符合一个生存发展走势,即利文斯通线(Livingstone Curve,图2.6)。它记录着从雷伯(Grote Reber)自制世界第一架射电望远镜以来,射电望远镜进步的里程碑。

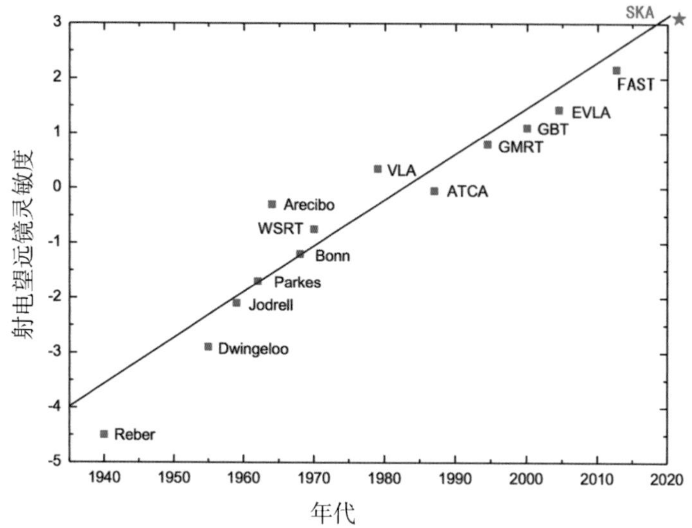

图2.6　射电望远镜发展线——利文斯通线(我们加上了中国身影FAST)

我曾询问国际天文学联合会(IAU)前主席罗纳德·埃克斯(Ronald Ekers)教授,他是如何发现射电望远镜灵敏度这个规律的。他说是“无意中”。并告诉我,还有些人,包括原苏联的帕里斯基教授,也有类似的发现。

令我感到遗憾的是,图上那么多表示望远镜的“黑点”,发达国家、发展中国家都有,却没有一个属于中国!

为什么呢?中国的望远镜一直是效仿(“copy”)国外的,自然也就难以登榜和超越。在射电望远镜发展里程碑图(我称之为“世界版图”)标上中国印记,是作为中国天文工作者的愿望和责任。要有前瞻性布局,要把握现在！也就是，一定要参与大射电望远镜SKA国际合作。

SKA项目要有中国身影，哪怕是“独立大队”。

我们的雄心可以再大些：在SKA事业发展中，建议在中国研制一台处于领先（Lead）地位的中国射电望远镜，也就可以在“世界版图”先标上中国计划的“黑点”，作为一个目标。再卧薪尝胆去“跨越”，梦想能成真。

在1998年3月英国皇家天文学会的月会上第一次介绍FAST完整概念时，我在望远镜世界版图空白处，打出中英文混合句：从“Copy”到“Lead”需要“Great Leap”，也就是从模仿到领先需要一次大跃进。皇家天文学会刊物*The Observatory*约我把那次演讲写成论文，可惜我实在太忙，只能“任性”地婉拒了。但该杂志还是把我和邱育海的演讲主要内容整理在会议纪要中并发表，也是对FAST完整概念公之于世的第一次记载。

这后来演化为：追赶、领先、跨越的FAST精神，并在地方演绎生根。

2014年7月，时任贵州省委书记赵克志考察FAST建设现场，听取了国家天文台副台长郑晓年关于工程进展的报告后，即兴发言：贵州发展要发扬FAST精神，做到追赶、领先和跨越。黔南州委书记龙长春进一步称之为“新时期黔南精神”，也是大科学工程与地方发展默契合作的真实写照。

公交车颠出大射电名号KARST

KARST是我在北京天文台和家之间奔波时，乘坐公交车颠簸出来的大射电望远镜LT中国概念名号，既是Kilometer Area Radio Synthesis Telescope的字头组合，正好也是喀斯特地貌的英文全称karst。

KARST名号的诞生，是当时北京交通和生活的见证。北京天文台总部坐落在中关村礼堂路东，我家在太平路某干休所，相距约25公里，主要靠公共汽车上下班。乘车、转车、堵车时间加起来，单程得两小时。我一般早上6点半离家，晚6点离台，笑称披星戴月的“行者”。春夏秋三季，我偶尔也会骑车上下班，沿颐和园北宫门运河南下，一路风景还不错。有时会经历“沙尘暴”、漫天“柳絮”，但很难想象会有北京今天的“雾霾”。

上下班路上时间很长，可以思考很多问题。

1996年春的一天，下班后，我离开中关村微生物所三层米波天文与LT课题组的机房，也是我们项目组的办公室，房间号好像是307。照例是先上320路公交车，坐到木樨地站下车，换乘1路公交到公主坟，再换乘308路公交车。一路上，我都在琢磨怎么给我们的大射电望远镜起个名。3—5个字母为宜，少了怕与其他项目重名，多了又不方便记忆。

在公主坟转盘堵车时，我已把喀斯特洼地的概念和LT项目“匹配”得差不多了：K代表公里（Kilometer），A是面积（Area）或阵列（Array），R是射电（Radio），S是综合（Synthesis），T是望远镜（Telescope）。这样，岩溶地貌喀斯特的英文karst，就变成Kilometer Area（Array）Radio Synthesis Telescope的字头组合，也就是SKA项目内容的完整表述了！

我迫不及待地想快点到家，但那天308路公交车似乎特别慢。

308路到太平路站时，天很黑，一直下着毛毛雨。下车后，凭借路熟，我一路飞奔到家。进家门就直奔电话机，先拨转外线。打通时任北京天文台副台长南仁东的电话，有些激动地把Kilometer square Area（Array） Radio Synthesis Telescope的首字母组合KARST告诉他，并就“A”指代单词的选择征求他的意见。

他同样兴奋地说：嗯，这个好，真好！喀斯特（KARST）台址，KARST=平方公里面积综合孔径射电望远镜，LT落户中国贵州看来是天时地利了！

1996年8月，在美国巴尔的摩举行的国际天文学联合会IAU S179大会上，我介绍了大射电望远镜LT中国方案KARST，建议利用喀斯特洼地作台址、建造轻型索拖动馈源阿雷西博改进型大口径望远镜阵，以追求低造价LT方案。该报告写成论文后正式发表(Peng & Nan，1998)。那次去美国，我和陈建生院士同居一套公寓房，有幸聆听了他对中国天文特别是射电天文现状和未来的分析与评述，感受到少壮派院士的奋斗热情与责任心。

12月23—24日，北京天文台召开了LT中国推进委员会第二次学术年会。会议主要内容为洼地选址及数据库建立(中国科学院遥感所聂跃平)、固定球面望远镜性能若干思考(北京天文台邱育海)、馈源的计算机驱动和控制(西安电子科技大学段宝岩)、混合馈源研究及模型实验建议(原航天工业总公司23所熊继衮)、多线馈系统及其无色散传播(原电子工业部14所杜耀维)、相控阵馈源优点(原电子工业部14所华海根、郭燕昌)、相控阵馈源应用可能性(西安电子科技大学茅於宽)、LT工程电离层观测(原电子工业部22所黄昌理、吴健)、探测暗弱射电源的波束开关方法(北京大学罗先汉)、面阵馈源及多束模式建议(北京天文台吴盛殷)等。南仁东对大家的报告给予了积极的肯定以及进一步研究的建议。会上组建并加强了工程预研组，对反射面结构、宽带馈源、近焦场分析、线馈源、馈源无平台驱动、控制、二次反射面及相应馈源等技术进行探索和科学目标预研。

这次会议还提出了建造KARST先导单元的构想，即依托贵州喀斯特洼地作为台址，建造一台KARST探路者望远镜，以验证国际大射电望远镜LT中国方案KARST的可行性。同时，这个先导单元可以独立于LT，应该有相应的科学目标。LT课题组对酝酿中的先导模型建议了三个方案：单球面射电望远镜、指向北天极的球冠(片)阵、双球面射电干涉仪，并提出了相应经费和实验需求。

1997年初，LT课题组连续几次周会，聚焦KARST先导单元概念，即阿雷西博改进型球面望远镜，逐步细化了先导单元主要性能指标，包括观测频段和口径。

频率范围与LT一致就行，口径多大合适？

当时，世界最大射电望远镜单口径是美国阿雷西博望远镜，口径大约305米，照明口径约200米，最大天顶角约20°。KARST先导望远镜应与其整体性能相当甚至更高，才具有吸引力，也才可能获得国家立项。天文学上要有新发现，首先望远镜灵敏度应尽量高，也就是天线接收面积要尽量大。显然，望远镜有效口径要大到使灵敏度提升一倍，科学上才会有较大收益！20年甚至更久难以被其他新望远镜赶超，才有望产生好成果和大成果。我坚持要做望远镜口径最大的文章，希望“当一回老大，而且要当世界老大”，这样才更可能得到国家支持。但也不能“贪”，贪到经费难以支持，政府难以批准，也就没有了可行性。

同时，还要比阿雷西博射电望远镜探测的范围更广些。王绶琯先生在给南仁东和我的信（图2.7）中说，“天顶角能实现多大？天顶角问题太重要了。一线成功机会都应认真挖掘。”王绶琯院士提出，先导单元要比阿雷西博射电望远镜观测天区范围大，看更广袤的宇宙。在这里简单科普一下，地球上任何人头顶上方的宇宙都称作“天顶”。偏离天顶的角度称作天顶角，决定了望远镜观测的天区范围。

在LT课题组组会小结时，我建议：KARST先导单元有效口径先考虑300米，以实现灵敏度提升2倍；天顶角至少30°或更大，符合王绶琯先生要求。其实只有在大约60°的天顶角时，我们才可观测到银心。

一周后，吴盛殷在组会上介绍了他的计算结果，给出单天线天顶角、口径和跟踪观测时间的关系图。KARST先导单元有效口径如果要达到300米，整体口径就要到519米，才能有30°天顶角。如果继续扩大到40°天顶角，先导望远镜口径就要560米！

就这样，我们的初步技术指标是：KARST先导单元口径520米，照明口

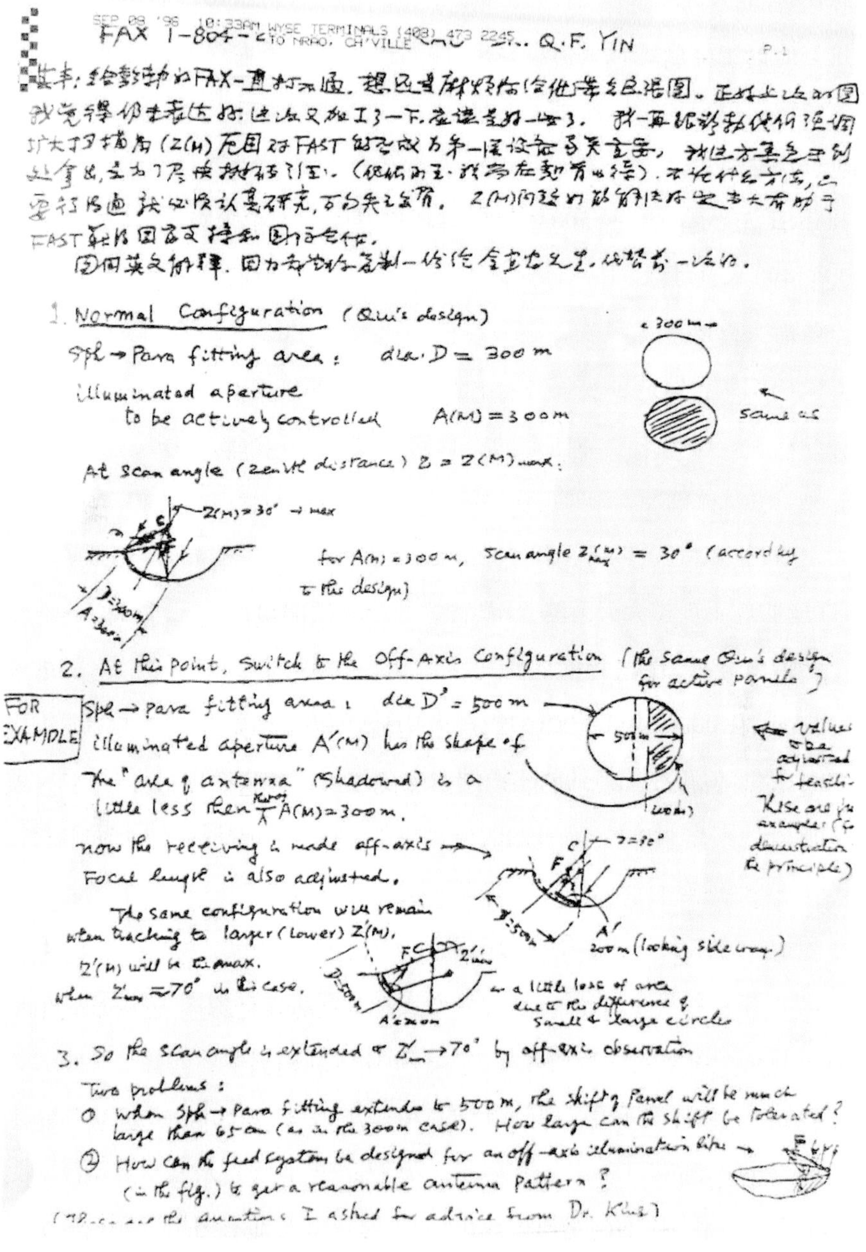
SEP 08 '96 10:33AM WYSE TERMINALS (408) 473 2245

FAX 1-804- TO NRAO, CH'VILLE ... Q.F. YIN　P.1

[illegible] FAST [illegible]

1. Normal Configuration (Qiu's design)

Sph → Para fitting area: dia. D = 300 m

illuminated aperture to be actively controlled　A(M) = 300m

At scan angle (zenith distance) Z = Z(M)max:

Z(M) = 30° → max

for A(M) = 300m, scan angle $Z^{(M)}_{max}$ = 30° (according to the design)

2. At this point, switch to the Off-Axis Configuration (the same Qiu's design for active panels)

FOR EXAMPLE

Sph → para fitting area: dia D' = 500 m

illuminated aperture A'(M) has the shape of the "area of antenna" (shadowed) is a little less than A(M) = 300m.

now the receiving is made off-axis →

Focal length is also adjusted.

The same configuration will remain when tracking to larger (lower) Z'(M).

Z'(M) will be the max.

when Z'max = 70° in this case.

a little loss of area due to the difference of small & large circles

A' 300m (looking side way.)

Values to be adjusted for feasibility. These are just examples (for demonstration the principle)

3. So the scan angle is extended to Z'max → 70° by off-axis observation

Two problems:

① When Sph → Para fitting extends to 500m, the shift of panel will be much larger than 65 cm (as in the 300m case). How large can the shift be tolerated?

② How can the feed system be designed for an off-axis illumination like → (in the fig.) to get a reasonable antenna pattern?

(These are the questions I asked for advice from Dr. Kus)

图 2.7　王绶琯院士关于扩大FAST天顶角的建议手稿

径300米，最大无损天顶角30°。偏照或减小照明口径，可以获得更大的天顶角。研究生苏彦进行了初步分析，照明口径减小至大约200米，也就是与阿雷西博射电望远镜口径差不多时，可以探测到银河系中心。这对LT中国选址提出了新要求——贵州洼地不仅要选大的，而且还要足够深。我就暂定KARST先导单元口径500米。届时根据实际洼地台址情况，口径最好是520米，490米也可以。

虽然大窝凼洼地可安置更大口径的望远镜，我个人更期待520米甚至560米整体口径，但造价所限，FAST立项建议书明确:KARST先导单元FAST口径500米。10年后实际建造的是反射面圈梁口径500米，观测时口径近490米。在馈源偏照、灵敏度有少许损失的情况下，天顶角达40°。随着接收机技术发展，FAST应尽早（2025年）配置性能卓越的相位阵馈源，使FAST能够进一步扩大天区覆盖、具备快速巡天的能力。

1997年4月，瑞典查尔姆理工大学电子工程系的佩尔-西蒙·希达尔（Per-Simon Kildal，1951—2016）教授来华，访问南京、北京、西安等 LT工作小组，介绍了他正在主持的阿雷西博射电望远镜馈源更新项目，探讨双反射面馈源设计在LT中国先导单元的应用可能。大射电课题组博士后平劲松参与了LT双反射面馈源仿真的初步探索。北京天文台LT课题组随即启动与查尔姆斯理工大学在双反射面馈源方面的合作。

6月，综合贵州洼地台址、馈源轻型支撑及固定球反射面等预研究成果，形成项目初步方案。为方便起见，我给KARST方案先导单元起了个临时代号，“凑出来”恰好是500米口径球面射电望远镜（Five-hundred-meter Aperture Spherical radio Telescope）英文字头缩写——FAST，是基于贵州洼地台址、索拖动馈源支撑的阿雷西博改进型LT先导单元基本构想，经中、英文匹配而成。

我发电子邮件征求LT课题组成员（南仁东、吴盛殷、马骃、邱育海、颜毅华、徐祥、朱丽春等)的意见,进一步完善此临时名称,得到了包括正在日本访学的南仁东在内的大家普遍赞同。

大家聚齐再面商时,讨论过是否要加上无线电(radio)这个单词,使中英文完全对应。考虑简洁,我个人还是喜欢不要加。作为概念,简单、近似就可以。

图2.8 FAST徽标

同时,以南仁东为主,朱丽春和我参与了KARST先导单元项目徽标设计(图2.8)。现在,500米口径球面射电望远镜FAST中英文名字和徽标,在国内外已经是家喻户晓了。

FAST名号诞生

FAST这个名称是我在由北沙滩的家到办公室(约10公里)的往返班车上"琢磨"出来的,当时北京天文台开班车的司机王跃光与我住同一小区。

有过KARST命名经验,我又一次进行"英文－中文循环迭代":先将F(500米,Five-hundred-meter)与T(望远镜Telescope)组合,则英文FT对应中文"500米望远镜"(Five-hundred-meter Telescope)。

接下来是在中间加上些"关键词":S(球面,Spherical),组成FST,对应中文"500米球面望远镜";再补充个修饰词R(射电,Radio),组成FSRT,中文对应"500米球面射电望远镜"。中文表述清晰了,但英文读起来不流畅,于是补个A(口径,Aperture),组成 FASRT,中文对应"500米口径球面射电望远镜",展开来是Five-hundred-meter Aperture Spherical Radio Telescope。省略修饰词 Radio,中文保持不变,就成了 FAST(Five-hundred-meter Aperture Spherical Telescope)——英文字面上是独立单词“快”,隐含“追赶”,甚至衍生“超”或“领先”的“雄心”。

国际上称FAST为“野心勃勃的计划”——就这点而言,倒是暗合了大射电望远镜LT倡议的初衷!

北京天文台邱育海提出反射面主动变形设想时,我也提出FAST代号不久。FAST字母A也可以是Active(主动),但此创新那时尚未被完全认可,也就没有改FAST的内涵和初衷。

2006年的FAST立项建议书上,考虑中英文严格对应,省略的英文radio又被重新“捡回来”,小写,不纳入大写的英文项目名称。2016年9月,《中国国家天文》杂志FAST落成专刊中,《给大射电起个名儿》一文也对此进行了详细介绍。

2. 三院士黔行

为了获得天文界泰斗对大射电望远镜项目的理解和支持,1997年夏,吴盛殷、聂跃平和我陪同王绶琯、叶叔华、陈建生三位中国科学院院士到贵州,访问安顺地区普定县、黔南州平塘县,实地考察大射电望远镜预选台址,一路宣介天文学。

1997年5月31日,王绶琯先生一行抵达普定县,受到时任县委书记张义刚、县长付京的热情接待。在喀斯特岩溶站会议室,中国射电天文奠基者一行,与安顺地区行署及普定县领导进行LT情况交流(图2.9)。王绶琯、叶叔华、陈建生三院士对普定县的辛苦付出,对大射电选址取得的初步成果给予了充分肯定。

6月1日,王绶琯、叶叔华、陈建生三院士一早出发,风尘仆仆地赴普定

图2.9　1997年5月31日，王绶琯（右三）、叶叔华（右二）和陈建生（左三）三院士，以及聂跃平（右一）、吴盛殷（左一）和彭勃（左二）在普定进行大射电望远镜选址交流

县尚家冲洼地进行选址踏勘（图2.10），再驱车200公里到黔南州平塘县。

晚上的平塘县城热闹非常。县政府大礼堂挤满了干部、群众和学生（图2.11）。叶叔华院士首先讲话，谈了在黔的感受。她由衷感谢地方政府和群

图2.10　1997年6月1日，叶叔华（右一）、陈建生（右二）、聂跃平（左三）、彭勃（左一）在普定县尚家冲洼地考察与探讨

图2.11　1997年6月，王绶琯、叶叔华、陈建生三院士等一行在平塘县政府大礼堂进行天文科普和大射电望远镜知识讲座

众对天文事业的关注和支持，并且谈天说地，展望了中国乃至贵州天文发展的美好愿景。随后，我做了一小时的射电天文及大射电望远镜LT计划的科普报告。那时，现场使用投影仪，用的是透明胶片。

夜宿平塘县委招待所时，已是晚上10点左右了。我把一直“尾随”、没来得及交流的美女记者引导到叶叔华院士住处，让她去采访德高望重的女科学家。

第二天早餐时，叶叔华院士当众“抱怨”说，不知道彭勃是LT导演还是演员。我只有笑纳她老这份“责怪”，这也一直鞭策我与FAST同行。

王绶琯、叶叔华、陈建生三院士考察了平塘县洼地FAST候选台址。王佐培副县长等人手持镰刀，亲自在前开路！这一幕，让一群从大城市来的科学人，真切地体验到了课本上的真理：世上本无路，走的人多了，便有了路。

途中遇阵雨，王佐培副县长请专家们“享用”预备好的滑竿。因为即便是小雨，贵州的路都很滑，寸步难行。(2016年2月9日，我到王绶琯先生家拜年时，他深情地回忆起20年前与叶叔华院士乘滑竿的那次经历，感慨贵州百姓对天文学家的那份周到与厚爱。)

王绶琯、叶叔华、陈建生三院士贵州之行，考察了喀斯特洼地台址群，还与台址区域附近的村民、普定县和平塘县城居民、省州县领导进行了广泛接触，感受到我们的大射电望远镜事业，在国际“竞争”中，不仅拥有台址特色这份地利，还深得民心、广顺民意。

后来，普定县领导到北京天文台汇报大射电望远镜选址工作时，拜访了王绶琯院士，请王绶琯先生为尚家冲洼地题字，凿刻在洼地垭口的山石上(图2.12)。人们到普定候选洼地台址，一眼就能看到王先生亲笔手书的“普定县尚家冲”6个大字。

图2.12 1997年王绶琯院士亲笔手书的“普定县尚家冲”凿刻在洼地垭口山石上

为了大射电望远镜选址，普定人、平塘人，乃至全体贵州人，践行了“集中力量办大事”的中国优势。普定县在付京县长领导下，3个月修通了县道直达尚家冲洼地的柏油路，9月建成了一个三星级宾馆，迎接10月到来的LTWG-3代表们。这是中国速度！

1995年、2000年和2005年三次国际会议，代表们均到尚家冲洼地进行了大射电望远镜候选台址考察。斯特罗姆、聂跃平和我三人，立项前访问贵州十多次。每次约一周，基本是台址踏勘和进行无线电环境检测。既有节省经费方面的考虑，又有北京与贵阳航班少的因素。

2016 年小年那天的上午，在黔南州首府都匀市，我参加了与黔南州天文局、平塘县关于贵州省旅游发展大会筹备及FAST竣工活动的协调。平塘县一位干部发言时，深情地提到1997年平塘大礼堂那次讲座：20年前，我有幸听过叶院士和彭博士的天文知识讲座。那时的我，还在平塘上小学，天文讲座让我终身受益。

这样的“直白”，公众认可，就是FAST人长期坚持的“核”动力啊！这样的惊喜，对我来说无异于意外获得民间大奖！

自酝酿发起时，FAST项目就得到了天文泰斗、贵州人民的理解、支持与呵护！

3. 四院士推荐

大射电望远镜项目推进之初，王绶琯院士就提出：拟建造的大射电望远镜，不仅要比阿雷西博望远镜的口径大，而且可观测的宇宙天区范围还要更广。这样的大望远镜，性能将介于全可动和固定式望远镜之间，开创建造巨型射电望远镜的新模式。

1997年夏，我们在王绶琯院士家中商量中国LT项目推进工作，邱育海提到的球面主动变形设想得到了王先生的欣赏，因为这样就能实现从地面上改正球面望远镜的球差，进而实现比阿雷西博射电望远镜更大的天顶角，甚至达到两倍。

反射面主动变形技术中涉及上千点实时控制问题，王绶琯先生专门咨询了自动控制专家杨嘉墀院士，得到了肯定的答复，虽然当时还没有先例。

在王绶琯、叶叔华、陈建生三院士贵州台址考察基础上，效仿国家863计划立项的经验，王绶琯先生与我谋划起草了一封院士联名推荐信，拟呈请中国科学院院长、国家科委主任和国家自然科学基金委主任，寻求经费支持。

王绶琯先生专门联系了陈芳允、杨嘉墀两位院士，讲明原委，寻求支持。王绶琯先生与他们不仅有长期合作，平时还经常走动。我分别去他们家中征求意见，对院士推荐信草稿逐一修改、再确认，再到家中逐个获得签名。

那时，我们只有在天文台办公室（兼计算机房）才有电脑（台式的）、喷墨打印机。推荐信的形成（包括签字）还是颇费了些周折。

我先去了陈芳允院士家。那是个炎热的夏天，知了鸣叫此起彼伏。我“打的”去的，“面的”，比夏利轿车便宜，空调效果也差些。

我拜访陈芳允院士是选在他午休后。他住在黄寺大街上一个简朴的平房院落里。在会客厅，陈芳允先生询问了大射电望远镜项目国内外情况以及一些技术与科学问题，叮嘱我们要通过国际合作，借鉴和学习先进技术、宝贵经验。再叮嘱我们，要选好台址，用好这个中国特色，确保望远镜的运行安全。他仔细阅读了一页半A4纸的推荐信草稿，用中华牌铅笔圈改了几处。我再“打车”回到中关村，在北京天文台本部的办公室，用台式电脑修改推荐信，再用喷墨打印。

然后，我去拜访杨嘉墀院士。杨嘉墀先生的家就在中关村，是一栋木地板的老楼，俗称“院士楼”，离北京天文台很近。我骑自行车，在中关村“筒子楼”中、树荫下穿梭，到了杨嘉墀先生住的那栋旧楼。

杨嘉墀先生逐字逐句地阅读了推荐信，也看了陈先生手改的少许意见。同样地，他关切地询问了大射电望远镜项目基本情况和关键技术，鼓励我们的主动反射面创新、馈源支撑创新，特别关注了巨型反射面上千点的控制、大跨度高精度的舱索柔性系统的控制难点等。杨嘉墀先生也用笔修改了两三处，说这样表述更准确。我再回到北京天文台本部，用电脑修改、打印。叶叔华先生远在上海，不方便找她审签。王绶琯先生就让我去找陈建生院士。

陈建生院士给我的印象是:评述直率、尖锐,人称“少壮派”。记得陈建生院士曾问我:大装置能够做的科学目标有很多,请你告诉我,哪些是只有FAST才能做的呢? 其实,这也就是(在问)建造FAST的必要性。陈建生院士对中国大科学装置“唯一性”(unique)的追问,使大射电望远镜FAST科学目标的凝练更具特色。

王绶琯先生说,陈建生对FAST很了解,推荐信他会支持的。你也不用这样跑了,“我先签名,陈建生会签的”。

王绶琯先生第一个签名,陈建生、杨嘉墀、陈芳允先后签了各自的大名!FAST人也更加压实了一份信任和责任。

杨嘉墀、陈芳允先生签名之前,我把先生们圈阅的旧稿一起送达,他们两位都很满意,并祝愿FAST能够获得国家的支持。

陈芳允、杨嘉墀、王绶琯、陈建生四院士对FAST项目的推荐信就此诞生了! 从四院士推荐信的产生过程,可以深深感受到“大佬”们对大型科技基础设施科学目标凝练、关键技术创新和可行性的关注。承载着四院士对FAST项目的严谨与担当,我们FAST人20多年来更是殚精竭虑、毫无懈怠。

1998年2月,时任中国科学院院长路甬祥在四院士FAST项目推荐信上批示(图2.13),明确支持FAST作为国家大科学工程候选项目。半年后,FAST被遴选为中国科学院知识创新工程重大项目,也是天文界唯一获得批准的首批重大项目。

1999年,国家知识创新工程启动。中国科学院作为试点部门,改革了中国科学院天文台系统,组建了中国科学院国家天文观测中心,2001年更名为国家天文台(北京天文台为国家天文台总部)。艾国祥院士先后担任国家天文观测中心主任、国家天文台台长。

国家天文观测中心创建了包括大射电望远镜实验室在内的国内七大实验室。已卸任北京天文台副台长的南仁东,成为大射电望远镜(FAST)实验

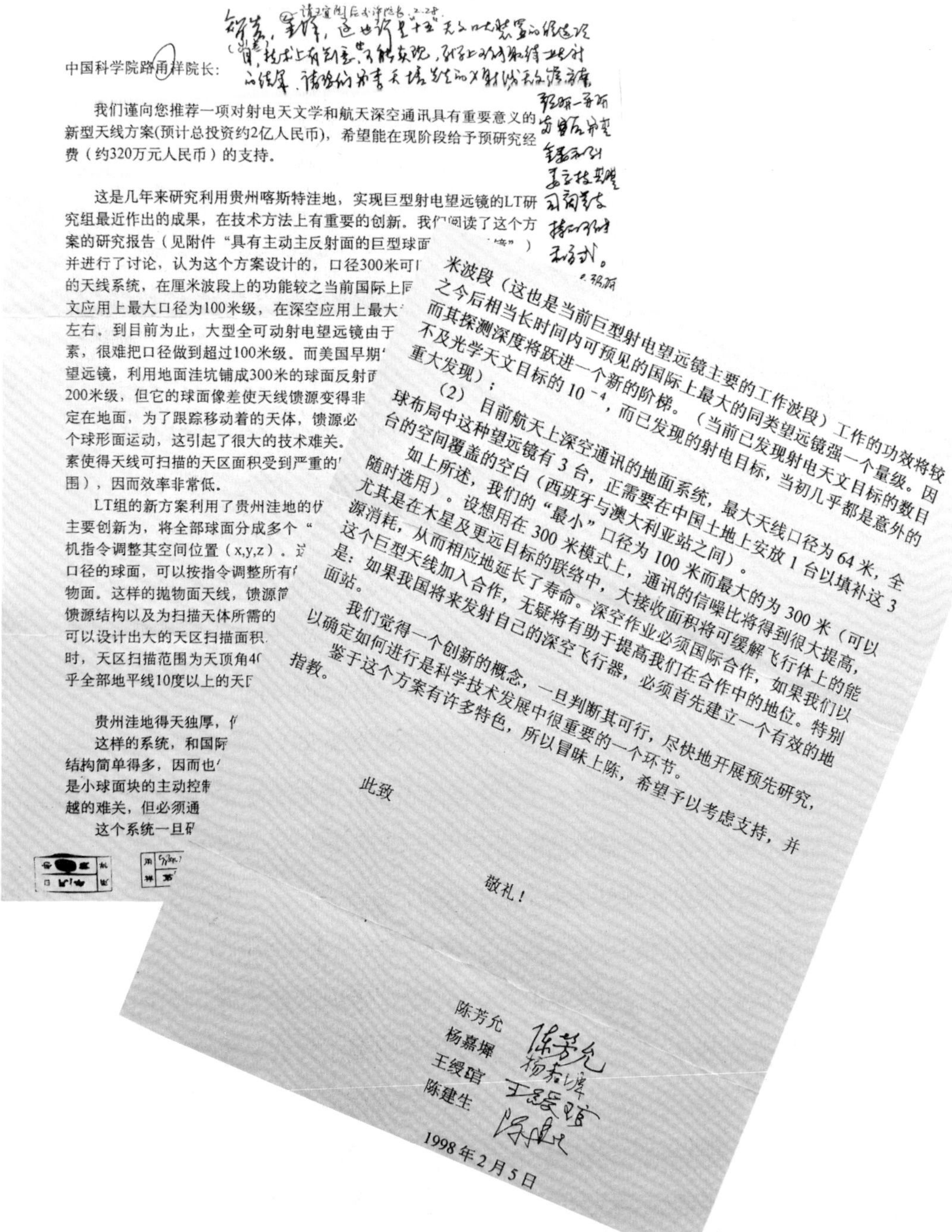

中国科学院路甬祥院长：

我们谨向您推荐一项对射电天文学和航天深空通讯具有重要意义的新型天线方案(预计总投资约2亿人民币)，希望能在现阶段给予预研究经费（约320万元人民币）的支持。

这是几年来研究利用贵州喀斯特洼地，实现巨型射电望远镜的LT研究组最近作出的成果，在技术方法上有重要的创新。我们阅读了这个方案的研究报告（见附件"具有主动主反射面的巨型球面……"）并进行了讨论，认为这个方案设计的，口径300米可……的天线系统，在厘米波段上的功能较之当前国际上同……文应用上最大口径为100米级，在深空应用上最大……左右。到目前为止，大型全可动射电望远镜由于……素，很难把口径做到超过100米级。而美国早期……望远镜，利用地面洼坑铺成300米的球面反射面……200米级，但它的球面像差使天线馈源变得非……定在地面，为了跟踪移动着的天体，馈源必……个球形面运动，这引起了很大的技术难关。……素使得天线可扫描的天区面积受到严重的……围），因而效率非常低。

LT组的新方案利用了贵州洼地的优……主要创新为，将全部球面分成多个"……机指令调整其空间位置（x,y,z）。这……口径的球面，可以按指令调整所有……物面。这样的抛物面天线，馈源……馈源结构以及为扫描天体所需的……可以设计出大的天区扫描面积……时，天区扫描范围为天顶角40……乎全部地平线10度以上的天……

贵州洼地得天独厚，……

这样的系统，和国际……结构简单得多，因而也……是小球面块的主动控……越的难关，但必须通……

这个系统一旦研……

米波段（这也是当前巨型射电望远镜主要的工作波段）工作的功效将较之今后相当长时间内可预见的国际上最大的同类望远镜强一个量级。因而其探测深度将跃进一个新的阶梯。（当前已发现射电天文目标的数目不及光学天文目标的 10^{-4}，而已发现的射电目标，当初几乎都是意外的重大发现）；

（2） 目前航天上深空通讯的地面系统，最大天线口径为 64 米，全球布局中这种望远镜有 3 台，正需要在中国土地上安放 1 台以填补这 3 台的空间覆盖的空白（西班牙与澳大利亚站之间）。

如上所述，我们的"最小"口径为 100 米而最大的为 300 米（可以随时选用）。设想用在 300 米模式上，通讯的信噪比将得到很大提高，尤其是在木星及更远目标的联络中，大接收面积将可缓解飞行体上的能源消耗，从而相应地延长了寿命。深空作业必须国际合作，如果我们以这个巨型天线加入合作，无疑将有助于提高我们在合作中的地位。特别是：如果我国将来发射自己的深空飞行器，必须首先建立一个有效的地面站。

我们觉得一个创新的概念，一旦判断其可行，尽快地开展预先研究，以确定如何进行是科学技术发展中很重要的一个环节。

鉴于这个方案有许多特色，所以冒昧上陈，希望予以考虑支持，并指教。

此致

敬礼！

陈芳允

杨嘉墀

王绶琯

陈建生

1998 年 2 月 5 日

图 2.13　四院士 1998 年 FAST 项目推荐信

室主任(首席科学家),当时只有创新岗位4个编制。2005年,国家天文台首席科学家岗位竞聘时,我接任国家天文台大射电望远镜实验室主任。

有了创新工程重大项目这第一笔资金400万元,FAST项目步入了关键技术的试验研究阶段。近十年的FAST项目概念与工程方案预研究,完成了选址、馈源舱索驱动及其精调平台、索网主动反射面的研究,于2006年完成FAST整体模型MyFAST的建设并成功进行中性氢观测。

4. 科学目标与团队汇聚

1995年11月,我们发起并牵头组建了LT中国推进委员会,聘请北京天文台星系和宇宙学研究室马骃研究员、南京大学郑兴武教授作为科学目标组组长,负责大射电LT/FAST科学目标国内征集。

北京大学、南京大学、北京师范大学以及北京天文台等单位积极参与。北京大学吴鑫基教授撰写了脉冲星观测科学目标,南京大学郑兴武教授、北京师范大学孙锦教授和孙艳春博士撰写分子谱线观测研究,北京天文台吴盛殷副研究员、蔡正东博士和南仁东研究员等准备了VLBI观测研究,北京天文台张喜镇研究员和我准备了连续谱巡天和射电变源搜寻等。

另外,为FAST科学目标的形成,北京大学吴月芳教授在分子谱线、吴鑫基和乔国俊教授在脉冲星方面作出了贡献。参与者还有上海天文台蒋栋荣研究员、钱志翰研究员、梁世光研究员,云南天文台苏步美研究员,紫金山天文台曾琴研究员及新疆天文台(当时是乌鲁木齐天文站)人员。国防科工委科技委陈芳允院士、中国空间技术研究院童铠院士和余玉材博士等提交了深空探测方面应用课题。

在参加LT学术年会的过程中,FAST科学目标和技术创新日趋完善,主要受益于我们与英国、荷兰、加拿大和美国等科技人员广泛和深入的交流。以中英合作为例,中英FAST项目交流与互访期间,焦德雷班克天文台台长莱恩和MERLIN天文台台长威尔金森等人，对脉冲星、中性氢研究和以FAST作为VLBI最大的单元（网主）等提供了诸多建设性意见。

1997年，LT课题组招聘了第一个博士后平劲松。1998年接收第二个博士后吴江华。在科学目标组起草FAST科学目标的同时，平劲松、吴江华、朱文白和我及时与荷兰射电天文台斯特罗姆沟通，使得FAST科学目标英文版几乎同时形成。这样的国内外紧密合作与积累，成就了FAST立项建议书的重要组成部分——FAST科学目标。

1998年4月23日，FAST科学目标组联合组长郑兴武发给马驵一份传真，标题是“500米口径主动球面望远镜（FAST）的科学目标”。内容涵盖：活动星系核（VLBI观测）、银河系脉泽和河外星系超脉泽（羟基、甲醇、甲醛等十多条分子谱线）、脉冲星（当时国际发现不到1000颗，现已增至3000颗）、激变射电星、地外文明搜索、深空探测飞行器测控与通信等方向。

FAST立项后，2009年，北京大学刚毕业的两位博士岳友岭、钱磊，到大射电望远镜实验室来找工作。苦于无编制、缺经费，南仁东当时表示：要不了，算了吧。我坚持说，毕竟是北大的，科学观测准备也需要有基础积累，可以先来做博士后，再找入编机会。南仁东说：反正我不要。那就一个跟你，一个跟金乘进。

事实上，钱磊、岳友岭基础扎实，默默耕耘。最后，他们还是作为南仁东的博士后做了出站报告。出站后，岳友岭、钱磊均成为FAST科学部的王牌“特工”，分别在脉冲星和谱线观测方面，为利用FAST开展早期科学观测进行了大量基础性工作，包括软件pipeline准备。钱磊、岳友岭还为FAST“出光”奠定了科学观测和数据处理基础，功不可没。

在FAST尚未完全建成的情况下，FAST科学部成员对部分球面和抛物面进行了成型张拉，甚至利用无线电干扰监测馈源、FAST低频140—280兆赫兹馈源，进行了几次试观测，以测试望远镜接收链路，观测结果逐步趋好。

FAST科学部成员还有：2004年回国的张承民博士，作为首席科学家助理，辅助南仁东开展国际合作，特别参与组织了2006年的FAST立项国际咨询与评审会议。2009年，作为FAST科学部主任，我们引进了朱明博士（在FAST团队有两位朱明，完全同名同姓，这是年长些的那位，俗称大朱明）。

大朱明曾作为加拿大代表，长期负责夏威夷麦克斯韦亚毫米波望远镜运行。另外一位称为小朱明，是FAST主动反射面系统骨干成员，曾挂职平塘县副县长，续写FAST与地方发展的命运共同体。

2011年，新引进在美国工作的李菂博士，聘为FAST项目科学家，负责申请并主持科技部973项目“射电天文前沿和FAST早期科学”。随后，李菂成功入选国家千人计划。2018年6月，由FAST工程经理部提名，李菂被任命为FAST首席科学家，接替病故的南仁东。

这些FAST科学人，聚焦FAST核心科学目标，特别是脉冲星和中性氢方向，为FAST的早期科学研究和运行进行了积极准备。

5. FAST完整概念公之于世

在英国驻华使馆科技参赞保罗·维特曼（Paul Wuetsman）先生帮助下，受英国粒子物理与天文研究理事会（PPARC，现在改称科学与技术基础设施委员会STFC）的邀请，1998年3月8—15日，科技部基础司邵立勤副司长、国家自然科学基金委员会数理学部天文学科汲培文主任、北京天文台邱育海和我四人组成中国射电天文代表团，赴英开展大科学研究项目的交流与合作，我是代表团团长。

我们一行抵达伦敦希思罗机场时，受到意外礼遇：一辆超长轿车，像电影里的豪华礼宾车在迎候！我们入住的酒店在离英国首相官邸唐宁街10号不远处的街道斜对面，还配备了伦敦本地华人向导兼翻译高爱萍女士随行。

参访伦敦PPARC总部时，我们与天文部主任保罗·默丁（Paul Murdin）

教授、合作司司长彼得·弗莱彻(Peter Fletcher)博士等人座谈,交流中英大科学工程项目、科学基金运作与管理经验等。

参访英国皇家天文学会时,我们会见了主席马尔科姆·朗盖尔(Malcolm Longair)教授等(图2.14),在上百人规模的皇家天文学会月会上发表演讲。正是这次的英国皇家天文学会月会,我们第一次将FAST完整概念介绍给国际。

我和邱育海先后介绍了FAST完整概念和主动反射面创新设想,得到与会者热烈反响和广泛关注。在提问环节,我们感受到英国同行在科学目标、创新技术等方面与FAST合作的意愿和前景。

在剑桥大学我们参观了卡文迪什实验室,与理查德·希尔斯(Richard Hills)、安东尼·休伊什(诺贝尔奖得主)、戴维·格林(David Green)等沟通讨论、共进午餐,是盒饭哦。

离别剑桥大学之前,我们拿出事先准备的FAST主动反射面论文稿,当

图2.14　1998年在英国皇家天文学会,汲培文(右一)、邱育海(右三)、彭勃(左三)与主席朗盖尔(中)合影

时还是喷墨打印件，恳请休伊什教授审阅、指正，并帮助推荐在国际刊物上发表。

到PPARC总部、英国皇家天文学会和剑桥大学考察访问之后，赶上周末，我们参观了白金汉宫、温莎城堡，逛了中国城。邵司长慨叹：天文学家厉害啊。我跟领导出访，从来没有像FAST代表团这样的"厚待"，有诺贝尔奖得主全天陪同。我笑答，那是中国FAST项目的魅力！

离开伦敦后，我们造访了曼彻斯特大学焦德雷班克天文台（JBO），参观了第二次世界大战后最大单天线望远镜76米洛弗尔射电望远镜。在JBO学术报告厅，我做了巨型射电望远镜FAST完整概念的报告，76米洛弗尔望远镜总设计师伯纳德·洛弗尔（Bernard Lovell）爵士与会，并兴致勃勃地参与了讨论。

会后，我们与彼得·威尔金森、安德鲁·莱恩（Andrew Lyne）、罗尔夫·斯潘塞（Rolf Spencer）等进行了广泛和深入的交流。交流内容涉及：贵州的喀斯特洼地台址、美国阿雷西博射电望远镜的局限、FAST索拖动无平台馈源舱支撑技术、FAST主动变形反射面技术等创新。重点交流了FAST核心科学目标、FAST先进馈源接收机中英合作的机遇等。

此次访英，得到科技部基础研究和高新技术司、国家自然科学基金委数理学部、中国科学院基础局和国际合作局、英国驻华使馆及PPARC等单位的大力协助和支持。

集成了主动反射面、光机电一体化无平台索驱动馈源舱、贵州喀斯特洼地台址"三大创新"的FAST完整概念，就这样在国际首次现身说法、寻求合作。

写到此处，我意识到，对国内同行正式介绍FAST完整概念（图2.15），是我们从英国回国后约一个月。

情 况 通 报

北京天文台办公室编　　1998年4月8日

LT中国推进取得重大进展
科学家提出“500米口径主动球面望远镜(FAST)建议”

在4月7日举行的LT第三次学术年会上，我国科学家提出了在贵州建造一台口径为500米的主动球面射电望远镜作为LT的第一步的建议。

国际无线电科联93年京都大会上，澳、加、中、法、德、印、荷、俄、英、美等10国射电天文学家联合倡议，筹划建造接收面积为1平方公里的巨型射电望远镜(LT)。它的灵敏度将比目前世界上最大的望远镜高2个数量级。给中国天文学乃至整个科学领域带来了极好的机遇。我们在两年前成立了大射电望远镜(LT)中国推进委员会，提出了利用中国贵州喀斯特洼地，建造球反射面即Arecibo型天线阵的KARST工程概念。为进一步推进 LT ，与会学者又提出了利用贵州喀斯特地形先造一个射电望远镜单元的 FAST 方案。

FAST即500米口径球面望远镜，是利用500米口径喀斯特洼坑，，将铺设在上面的球反射面造成可由计算机实时调整方位的小球面块。在300米有效照明口径范围内根据目标位置，实时将各个小球面块的方位进行调整，使拟合成一个旋转抛物面。这使得焦点上免除了球面像差，极大地简化了馈源，从而能用抛物面馈源照明和焦面阵技术来实现宽带、偏振及多波束(巡天和多目标)观测。其工作频率将(连续)覆盖200—5000MHz。由于洼坑大达500米，天区覆盖面积得到了很大的扩充。

FAST方案，不仅克服了Arecibo型天线的最大缺陷：天区覆盖小；还使馈源及支撑系统的重量减轻近1—2个量级，总造价远低于通常结构的100米天线。而其接收面积比现有和计划中的世界最大全可动单天线提高近一个量级。

与会学者对FAST方案的可行性进行了充分的论证。低造价，高性能是FAST在技术方案上追求的目标。目前国际上大型射电天文望远镜造价为有效接收面积每平方米2000—10000美元。如果能在技术方案上有重大革新和突破，以每平方米250美元的造价建造FAST，造价降低约10倍，将只需约两千五百万美元。

在黔南发现的为数众多的喀斯特洼地群，及良好的电波环境，为FAST提供了极其适宜的台址；FAST对Arecibo型天线的重要创新在于主反射面面板的主动性，现代自动控制技术使其成为可行，馈源及其支撑系统的简化，将FAST对天体和航天器的跟踪更加容易，天区范围几乎达全天。

图2.15　1998年4月，大射电望远镜第三次学术会议正式提出FAST完整概念

1998年4月7—9日，在北京天文台新总部127会议室（现A123），举行了LT中国推进委员会第三次学术年会暨FAST项目委员会第一次学术年会（图2.16）。

基于北京天文台联合中科院遥感所的喀斯特洼地选址、西电馈源舱索驱动、北京天文台主动变形反射面技术三大创新设想，我们正式提出，把500米口径球面射电望远镜（FAST）作为中国LT先导单元的完整概念。认证了其中的主要关键技术：贵州喀斯特洼地台址、主动球反射面和光机电一体化馈源索支撑。同时，将LT中国推进委员会重组为FAST项目委员会，设立了FAST科学目标、主动反射面、馈源、馈源支撑、航天器测控与通信、接收机技术以及选址等课题组（见图2.17）。

第三届大射电望远镜(LT)学术年会·会议日程

4月7日

9:30 开幕式　主持人 彭　勃 ⇒
1 LT进展及本年会的任务　南仁东
2 贵宾发言(国家科学技术部,中科院,国家自然科学基金委等)
3 FAST方案初步建议　邱育海

12:00 工作餐

13:30 球面射电望远镜工程概念进展　主持人 南仁东 ⇒
4 馈源系统的无平台支撑　段宝岩
5 一种可行的LT单元馈源系统的支撑方案　翟建祥
6 LT混合馈源研制进展　谢胜斌
7 球反射面分区合成孔径的研究　李国定
8 双反射面馈源系统　平劲松
9 台址评估　聂跃平
10 射电望远镜的功能与天体演化学的进展　罗先汉

18:00 会议聚餐

4月8日

9:00 FAST项目建议　主持人 段宝岩 ⇒
11 FAST的提出及访英汇报　彭　勃
12 FAST的科学目标　马　耳
13 深空飞行器的测控与通讯　童　铠
14 FAST的几何参数及电波环境保护　吴盛殷

12:00 工作餐

13:30 FAST技术路线探讨(1)：主要技术课题　主持人 南仁东
18:00 晚餐
19:30 FAST技术课题初评　主持人 彭　勃

4月9日

9:00 FAST技术路线探讨(2)：项目建议书　主持人 南仁东
13:30 FAST项目的组织酝酿及确定、可能的国际合作
16:30 闭幕

图2.16　第三届大射电望远镜学术年会日程

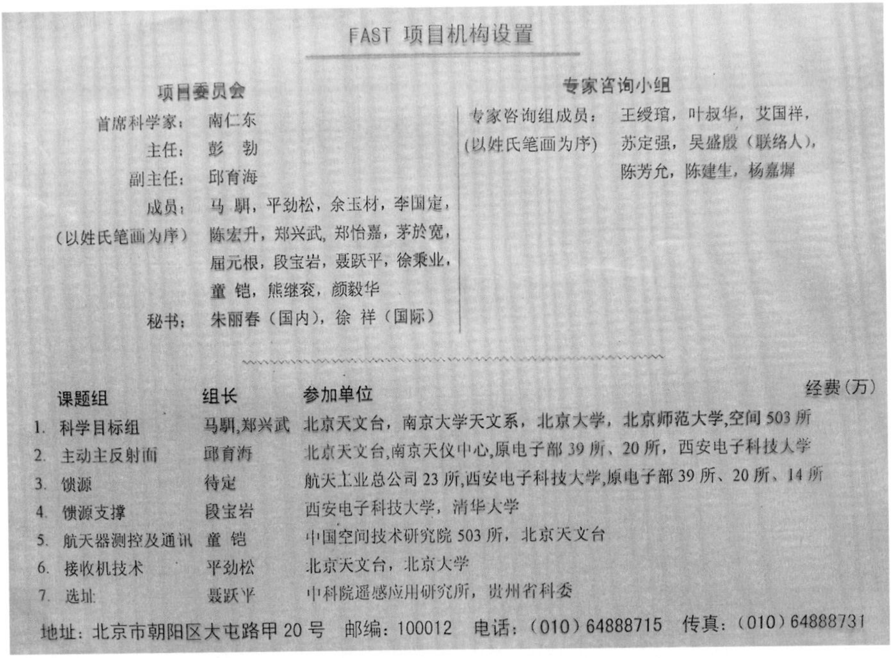

FAST 项目机构设置

项目委员会

首席科学家：南仁东
主任：彭　勃
副主任：邱育海
成员：（以姓氏笔画为序）马　騆，平劲松，佘玉材，李国定，陈宏升，郑兴武，郑怡嘉，茅於宽，屈元根，段宝岩，聂跃平，徐秉业，童　铠，熊继衮，颜毅华
秘书：朱丽春（国内），徐　祥（国际）

专家咨询小组

专家咨询组成员：（以姓氏笔画为序）王绶琯，叶叔华，艾国祥，苏定强，吴盛殷（联络人），陈芳允，陈建生，杨嘉墀

	课题组	组长	参加单位	经费(万)
1.	科学目标组	马騆,郑兴武	北京天文台，南京大学天文系，北京大学，北京师范大学,空间503所	
2.	主动主反射面	邱育海	北京天文台,南京天仪中心,原电子部39所、20所，西安电子科技大学	
3.	馈源	待定	航天工业总公司23所,西安电子科技大学,原电子部39所、20所、14所	
4.	馈源支撑	段宝岩	西安电子科技大学，清华大学	
5.	航天器测控及通讯	童　铠	中国空间技术研究院503所，北京天文台	
6.	接收机技术	平劲松	北京天文台，北京大学	
7.	选址	聂跃平	中科院遥感应用研究所，贵州省科委	

地址：北京市朝阳区大屯路甲20号　邮编：100012　电话：（010）64888715　传真：（010）64888731

图2.17　FAST项目机构设置(原始投影仪透明胶片)

学术年会在继续

1998年10月，在北京天文台中关村本部，召开了中英FAST项目合作暨FAST项目委员会第二次学术会议，重点讨论了FAST反射面主动变形方案、宽带馈源和中国–英国联合设计FAST接收机等。

1999年4月6—8日，FAST项目委员会第三次学术年会在国家天文观测中心北沙滩总部127会议室召开，部署FAST各技术团组重点工作，借中国科学院创新工程首批重大项目设立的契机，启动FAST关键技术实验。

2002年，全国性单位参与的FAST学术年会终止，转入技术专题咨询研讨会。

2008年，FAST工程建设院省领导小组组建并召开第一次会议，并且联合任命了FAST工程经理部。

随后，以FAST工程年会、FAST工程经理部月度会议和每周工程例会形式，推进FAST项目可行性研究、初步设计和工程建设。

6. FAST立项N次

FAST项目从酝酿到国家立项，历经北京天文台重点项目（2万元）、中国科学院重点项目（5万元）、科技部（100万元）、创新工程首批重大项目（400万元）、国家自然科学基金委交叉重点项目（300万元）至国家发改委立项批复（6.27亿元），我们度过了13年天文“丐帮”生涯。

FAST项目的国家立项一波三折。

2000年7月5日，中国科学院基础科学局发布关于调查“十五”期间拟立项大科学工程项目通知。7月12日，国家天文观测中心大射电望远镜实验室提交了项目建议表格：500米口径球反射面射电望远镜（FAST），建设周期6年，工程预算约3.6亿元。

主要技术指标是：望远镜口径500米，有效口径300米，工作频率0.3—8.8吉赫兹，最大天顶角50°（争取60°，但会损失有效面积），馈源指向精度4角秒，反射面表面精度4毫米。我们的建议上报给了中国科学院基础科学局数学力学天文处李和娣处长。

FAST第一本立项建议书（图2.18）是在同年8月形成的，提交给了科技部。那是2000年8月，在英国曼彻斯特大学焦德雷班克天文台进行完FAST专题交流访问，我们（包括清华大学电子工程系李国定教授、工程力学系任革学博士，邱育海和我）从英国回到北京。

飞机刚落地，一开手机，就接到南仁东电话：“可算通了，你快点儿来办

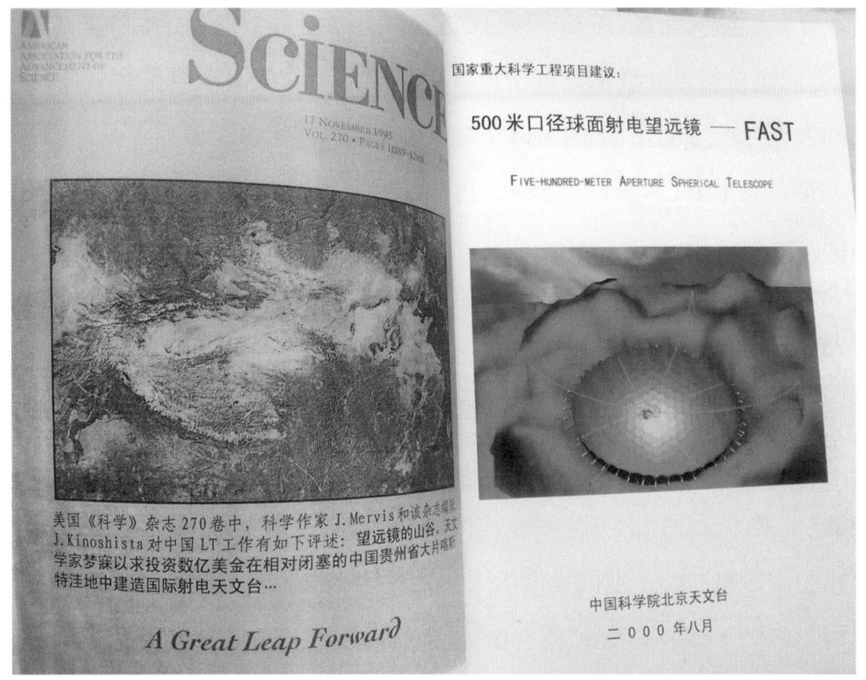

图2.18　2000年FAST第一本立项建议书

公室吧。科技部正式征集国家重大科学工程建议了，明天要交。”看来他是一直在拨打。

好消息?！无暇顾及旅途疲劳，还有时差，我从机场直奔北沙滩的办公室。

在前期工作基础上，我们分头更新、再合稿，忙到半夜，形成了FAST第一本立项建议书。写得还真“快”(fast)！

我在给科技部基础司周文能处长的邮件中，概述了国家大科学工程建议：500米口径球面射电望远镜——FAST，主要科学目标是中性氢21厘米辐射、甚长基线网威力巨大台站、脉冲星、寻找地外智慧生命和深空探测等。同时指出，FAST天顶角超过30°时，将采取偏置照明至50°，这时天空覆盖可达70%，最高工作频率8.8吉赫兹。

建设方案和内容包括：望远镜台址、主动反射面(穿孔薄铝板，反射面精度4毫米)、馈源支撑(舱重30吨,配置直径6米Stewart平台,承载3吨接收机,空间定位精度4毫米)、电子设备、测量与控制,以及观测基地。建设规模和投资为4.88亿元,工期为启动之日起6年。

第二天早上,不到8点,我就到了科技部,把FAST立项建议书面呈基础司邵立勤副司长。

邵立勤,观其名就知道是位勤政干部,白天很难在办公室找到他,不是开会就是出差。用他自己的话说,"坐飞机就像坐公交车一样"。平时早上7点半左右,他就到办公室了,只有那段时间可以在办公室见到他。他一边翻看一边说,本子看上去不错,要多少钱?我答,还是给周文能(处长)的那个数,减少不了,真的需要那些钱。他笑答,那就先这样吧。

相比国家"九五"期间批准的天文大科学工程郭守敬望远镜LAMOST项目的2.35亿元,FAST项目"第一次"预算投资已算得上是"胆大包天"了!

2002年,我们向国家计委提交"500米口径球面射电望远镜——FAST"建议400字(图2.19)。

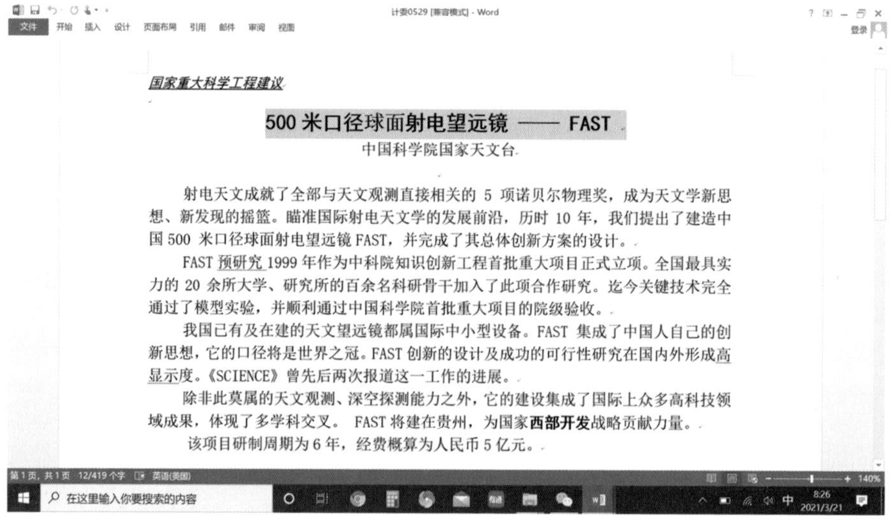
国家重大科学工程建议

500米口径球面射电望远镜 —— FAST

中国科学院国家天文台

射电天文成就了全部与天文观测直接相关的5项诺贝尔物理奖，成为天文学新思想、新发现的摇篮。瞄准国际射电天文学的发展前沿，历时10年，我们提出了建造中国500米口径球面射电望远镜FAST，并完成了其总体创新方案的设计。

FAST预研究1999年作为中科院知识创新工程首批重大项目正式立项。全国最具实力的20余所大学、研究所的百余名科研骨干加入了此项合作研究。迄今关键技术完全通过了模型实验，并顺利通过中国科学院首批重大项目的院级验收。

我国已有及在建的天文望远镜都属国际中小型设备。FAST集成了中国人自己的创新思想，它的口径将是世界之冠。FAST创新的设计及成功的可行性研究在国内外形成高显示度。《SCIENCE》曾先后两次报道这一工作的进展。

除非此莫属的天文观测、深空探测能力之外，它的建设集成了国际上众多高科技领域成果，体现了多学科交叉。FAST将建在贵州，为国家**西部开发**战略贡献力量。

该项目研制周期为6年，经费概算为人民币5亿元。

图2.19　2002年FAST立项建议400字

2004年,我们再次提交FAST建议,应中国科学院要求,把天文界提出的三个大科学工程"打包"成一个,包括艾国祥院士团队提出的空间太阳望远镜SST、李惕碚院士团队提出的硬X射线调制望远镜HXMT,还有我们提出的500米口径球面射电望远镜FAST。

南仁东和我在国家天文台A座二层东侧第二间办公室,约20平米房间,花了中午一个多小时,字斟句酌地完成了约500字的立项申请。我们把预算稍微上调了一点:约5亿元人民币。这可真是一字一(百万)金啊!

2005年9月23日,由中国科学院组织,在中关村客座公寓召开"FAST国家重大科学工程立项项目建议书(内容)评审会"。大射电望远镜实验室提交了6个报告,包括:FAST立项建议书总体(南仁东)、FAST台址初步评估(彭勃)、主动反射面(王启明)、馈源支撑(朱文白)、测量与控制(朱丽春)、接收机(金乘进)。评审专家包括:苏定强、黄克智、欧阳自远院士,段广洪、何香涛、吴鑫基、冯正和、吕善伟教授,梁世光、申仲翰、韩京清、许可康、赵永恒、吴健、史生才研究员等。国家发改委沈竹林副处长,中国科学院李志刚秘书长、张杰局长、黄敏处长、郝晋新处长等出席。

基于西电、清华和北理工等与国家天文台合作研制的实验模型,馈源舱索驱动首推6塔支撑方案。基于同济大学、南京天仪中心等与国家天文台合作研制的刚性分块主动反射面模型试验,主动反射面推荐了索网方案。

由于项目属于异地建设,离不开地方政府的大力支持,我们建议增加贵州省人民政府作为中国科学院的共建部门。这需要在FAST立项建议书上加盖贵州省人民政府公章。

2006年3月20日,国家天文台大射电望远镜实验室起草了中国科学院、贵州省人民政府共建FAST项目的协议(讨论稿),发给贵州省科技厅,全面征求贵州省人民政府及相关部门、黔南布依族苗族自治州和平塘县的意见,最终由中国科学院院长和贵州省省长签署生效。

5月30日，在北京紫玉山庄召开了FAST立项建议书修订会。参加人员包括中国科学院综合计划局和基础局三位处长郑晓年、黄敏和郝晋新，国家天文台领导及大射电望远镜实验室主要成员，对FAST项目建议书进行了梳理和修改。

6月18日，在贵州省科技厅召开中国科学院与贵州省合作协调会，由大射电望远镜贵州地方协调组办公室主任、贵州省科技厅厅长于杰主持。中国科学院郑晓年处长、郝晋新处长，中国科学院昆明分院张状鑫院长和解继武处长，国家天文台严俊常务副台长，大射电望远镜实验室前主任南仁东、主任彭勃，以及贵州省人民政府办公厅、贵州省科技厅、贵州省发改委等相关部门，黔南布依族苗族自治州和平塘县的相关领导参加，共同补充、完善中国科学院和贵州省人民政府共建FAST项目协议内容，部署近期需要密切合作的主要工作。

8月31日，中国科学院常务副院长白春礼与贵州省代省长林树森联合签署了《中国科学院与贵州省人民政府共建国家重大科技基础设施500米口径球面射电望远镜协议书》，并作为《FAST立项建议书》的必要附件纳入。

9月14日，在国家天文台召开了FAST项目建议书经费讨论会。参加人员有中国科学院郑晓年、黄敏和郝晋新三位处长，国家天文台副台长严俊、王宜，科技处处长薛随建和大射电望远镜实验室南仁东、彭勃等，对经费专题调整，总投资6.88亿元。

虽然，当时领导提醒性警告过我们，估计8—10亿元都不够。还是领导有预见性啊！可是，我们还是不能报那样的经费数，大家都明白的。

一周后，FAST立项建议书由中国科学院呈报给国家发展和改革委员会。

立项建议书争分夺秒

2006年9月下旬的一天，我“打飞的”，当天往返北京和贵阳！

坐最早航班由北京飞抵贵阳，到醒狮路上的贵州省科委时已过中午。按照预约，办理好必要的手续，下午3点左右赶到省政府。

在省政府办公厅，进行了公函交接，转批、制作，并印刷中国科学院与贵州省人民政府联合申报文件。

FAST院省共建文件当天印刷，盖章时已是下班的点儿了。感谢掌管公章的老先生，当时问了姓名，时间久了，没记住，抱歉！老先生接到了我离开国家天文台前通过贵州省科委转给省办公厅的预约，知道有件大事儿，急需省府大印！

老先生告诉我，他从报纸和新闻上知道些FAST的情况，比如世界最大、肯定比黄果树还出名的名片之类的说法。他不仅耐心等候我和省政府办公厅秘书（也不记得姓名了，非常抱歉！）履行各种程序，盖章时，还非常认真地、一页一页地在联合文件上用力按齐缝盖章，生怕政府大印盖得不清晰。我在旁边配合，一页一页地晾晒盖好省政府大印的文件。事实上，这位老先生也是FAST项目的贡献者、支持者！

赶上最晚航班回北京。到家已是凌晨了，又是一次（跨省）披星戴月！

在贵阳我就预约了中国科学院重点实验室处的郑晓年处长，第二天一早在风林绿洲门口、院部班车点前交接文件。最后，我把盖完章的联合申请文件，当面交给了中科院重点实验室处的侯宏飞副处长。当天，中国科学院就向国家发改委高新司提交了FAST立项建议书。

FAST项目一路坎坷，但一路也真是“快”！

11月10日，受国家发改委委托，中国国际工程咨询公司（简称中咨公司）高技术业务部马超英副主任、陶黎敏处长、汪志鸿工程师等相关负责人，部分专家如中国建筑科学研究院设计大师张维嶽、中咨公司研究员余柯、电子工业部39所研究员杨成林、北京航空航天大学教授何国瑜、兵器五院李温兰等考察密云MyFAST模型（图2.20）。参观了MyFAST的反射面背架、面板、主索、下拉索、节点、促动器、地锚和排水装置、应变仪和应变片布线等；察看测量基准、促动器运动实验；考察全站仪测量墩、面板、节点和靶片，还有馈源平台和馈源接收机、馈源支撑实验、控制室、测量控制平台和仪器。

图2.20　2006年11月10日，中国国际工程咨询公司余柯（左）和彭勃（右）在密云FAST整体模型现场讨论

11月15—17日，国家发改委高新司刘艳荣副司长、创新能力处沈竹林副处长，贵州省包克辛副省长，省科技厅于杰厅长、苟渝新副厅长，省发改委卢达昌副主任、方廷伟处长，中国科学院基础局金铎局长、天文与数学力学处郝晋新处长，综合计划局郑晓年处长，国家天文台王宜副台长，大射电望远镜实验室南仁东、彭勃，中咨公司高技术业务部马超英副主任、高技术处陶黎敏处长和部分专家到贵州，参加FAST立项评估筹备工作会议。部分人员还考察了FAST候选台址平塘县的大窝凼洼地。

11月21—23日，受国家发改委委托，中咨公司在北京中工大厦对FAST项目建议书进行专家评估。评估专家组由6位中国科学院和中国工程院院士、8位设计大师和相关领域知名专家14人组成。

FAST共建方——中国科学院和贵州省提交了四个报告(图2.21),分别是:FAST项目总体(严俊报告),项目科学技术概念、建设方案和关键技术(南仁东报告),项目建设投资估算和运行费用测算(彭勃报告),项目共建部门情况(于杰报告)。

其中的新研制关键设备合作单位主要包括:哈尔滨工业大学、清华大学、西安电子科技大学、同济大学、解放军信息工程大学、北京理工大学、中国科学院遥感应用研究所和英国焦德雷班克天文台。

11月30日,根据FAST评估会上中咨公司所提要求,我们提交了经过整理的评估会上专家所提问题、建议和项目组成员的解答与说明文档。

12月,大射电望远镜实验室与中计信公司、中国中元国际工程公司和中国电子工程设计院下属世源科技工程有限公司交流,商讨FAST项目建议书"换皮"(戏称,封面换成有编制资质公司盖章的,而主体内容是大射电望远镜实验室人员编写的)和可研报告合作及初步报价。

图2.21 2006年11月22日FAST立项评估会,彭勃作报告

12月1日上午，在国家天文台，王宜副台长，南仁东、彭勃和大射电望远镜实验室部分成员与中计信公司进行会谈。中计信孙董事长和总工介绍了公司情况。希望立项建议书包装和可研报告一起做，主要参与土建、预算等工作。对于可研报告，主要的工作程序包括，FAST项目组按清单提供资料，完成初本后交流修改，其中涉及数字的都由编制单位形成可研报告。编制单位和FAST项目组一起参加可研报告的评审。可研报告编制一般需20个工作日。

12月4日下午，彭勃、朱丽春和张海燕去中元国际工程公司（简称中元公司），与其下属工业一所孙放所长和罗工会谈。

12月5日上午，孙放所长在粗看了我们FAST项目建议书后，表示建议书包装方面的主要工作在土建、公用、投资估算、总平面布置图方面，时间约1周，费用在10万元左右，还可进一步商量。

12月5日下午，南仁东、彭勃、朱丽春和张海燕前往中国电子工程设计院下属世源科技工程有限公司（简称世源公司），与王部长和朱工会谈。12月6日上午，朱工在粗看建议书的基础上，认为还需在配套、投资规模上修改，12月7日上午朱工来电话告知，世源公司初步报价为20万元。我们表示超过预期，朱工表示经费可以再商量。

2007年1月，大射电望远镜实验室张海燕发送FAST用户调查表，咨询国内用户意见。1月30日，根据立项建议书专家评审意见，中国科学院在院部召集了FAST项目经费缩减讨论。贵州省发改委卢达昌副主任、方廷伟处长，中国科学院综合计划局吕永龙副局长、郑晓年处长，基础局郝晋新处长，国家天文台严俊常务副台长、王宜副台长以及大射电望远镜实验室南仁东、彭勃等参加。

2007年3月29日，在中咨公司会议室，我们与马超英副主任、陶黎敏处长交流了立项建议书评估后的工作。立项建议书需要找有资质的单位编写，需要尽早准备可行性研究报告，甚至要考虑初步设计报告准备等一系列工作。

马超英、陶黎敏提醒大射电望远镜实验室，可行性研究报告中，科学目标和意义部分需要比建议书更充实些。需要结合国内现状展开，明确5年、10年要干的工作。重点在实施方案上，如详勘、土木工程及地基要求等。工程量要更准确，如：电从哪儿来？路从哪儿修进去？水和气的来源等。观测站建设的房屋是什么结构？几层？都要尽量详细。工程方案有些可作为非标设备报，报送时明确要签什么样的合同。如接收机部分，需明确哪些英国做、哪些中国自己做。设备可以打捆，如反射面可作为一个整体与合作单位签订非标设备合同等。

初步设计报告包括了土木工程，要有土木工程设计图纸，选有土木工程资质的单位。可研报告、初步设计报告建议考虑用同一家有资质的公司做。

其实，三个月前，按立项程序，张海燕、朱丽春、朱文白和我寻找并实地考察了多家有建议书编制资质的单位，包括王宜副台长提供的LAMOST项目建议书编制单位。

通过与三家单位艰苦谈判，以10万元人民币与中元国际工程公司合作，完成了FAST立项建议书"换皮"。

我们合作密切和顺利，可行性研究报告、初步设计报告也选用了同一家公司。

2007年4月，建设内容调整后的立项建议书得到中国科学院和贵州省人民政府的联合批准，再次上报国家发展和改革委员会。中国科学院经办节点负责人是中国科学院基础科学局郝晋新处长、计划局郑晓年处长。一年后，他俩同时被任命为国家天文台副台长。

5月，由中国科学院射电天文联合开放实验室协调，举办了FAST项目用户调查会，相关信息纳入立项建议书。最后确认，FAST项目按照6.4亿元

(国家发改委投资申请)加贵州2000万元共6.6亿元报，随后向中国科学院李志刚秘书长作了汇报。

7月10日，国家发改委原则同意将FAST项目列入国家高技术产业发展项目计划(发改高技[2007]1538号文件)，批复经费为6.27亿元。其中，国家投资6亿元，贵州省人民政府配套支持1998万元，其余经费由项目法人单位国家天文台自筹。这成为国际天文界的重大喜讯，醒目张贴在SKA网站告示天下(图2.22)。

当时，大家都希望申请到国家大科学工程项目。实际情况是，谁申请成功，谁就要准备赔钱。不仅需要贴补建设经费缺口，还要自筹运行经费。这是我国大科学工程起步时期的尴尬！

FAST人走的路还算幸运。国家天文台只是“赔了些钱”，因为我们对FAST项目的大力宣传，获得了领导的重视、群众的了解。建设经费的大缺口，主要由国家发改委替我们“赔”，而运行费则因我们的前辈 LAMOST项

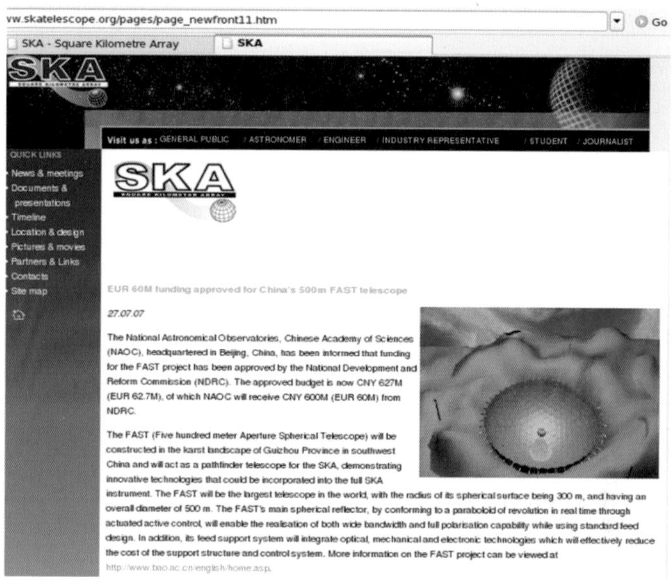

图2.22　2007年7月FAST获得中国政府立项的喜讯同期公布在SKA网站

目等争取到了财政部的专项渠道支持，FAST及以后的大项目就搭上了我国大科学工程改革、完善的便车。

13年风雨兼程，FAST项目由LT课题组及相关的研究所和高校联盟组成的“游击队”，“修成正果”，成为了国家立项的“正规军”。

7. 立项额外国际评估

根据中国科学院院长办公会要求，作为具有国际影响力的大科学工程候选项目，虽然经过了国内专家的评审，但在FAST立项建议书提交国家发改委之前，还需要组织国际同行专家进行评估，以获得国际认可，减少创新风险。

2006年3月，在北京友谊宾馆，中国科学院基础科学局主办了FAST项目国际咨询与评估会（图2.23）。会议由国家天文台承办，大射电望远镜实验室学术秘书张承民、行政秘书杨影负责会务。张承民曾长期留学国外，主要从事脉冲星理论研究。杨影是英语本科毕业，工作效率非常高。

中国科学院基础科学局局长张杰院士主持开幕式，并以中国科学院的

图2.23　2006年在北京友谊宾馆召开FAST立项建议书国际咨询与评估会

名义，聘请美国国立射电天文台台长鲁国镛（Fred Lo，美籍华人，2016年底病逝）、上海天文台名誉台长叶叔华院士为国际评估委员会联合主席。特别聘请以下17人组成FAST立项国际咨询与评估专家委员会：

国际天文学联合会（IAU）主席罗纳德·埃克斯（澳大利亚科学院院士、澳大利亚国立射电天文台ATNF前台长）

澳大利亚ATNF的理查德·曼彻斯特（澳大利亚科学院院士）

美国阿雷西博天文台台长罗伯特·布朗（Robert Brown）

荷兰射电天文台NFRA前台长、SKA国际组织秘书长威廉·布劳（Wilhelm Brouw，天文数据和图像处理）

荷兰射电天文台理查德·斯特罗姆（射电星系及望远镜技术方法）

SKA项目办公室主任理查德·斯基利奇（Richard Schilizzi，欧洲VLBI联合研究所创始所长）

SKA总工程师彼得·杜德尼（Peter Dewdney，加拿大自治领射电天文台前台长）

英国曼彻斯特大学教授彼得·威尔金森（SKA项目提出人之一）

德国MT Aerospace公司总工程师汉斯·卡歇尔（Hans Karcher）

德国斯图加特大学教授约尔格·施莱克（Jorg Schlaich，皇家工程院院士）

日本横滨大学教授石井一夫（结构专家）

中国工程院院士沈世钊（哈尔滨工业大学，结构专家）

中国科学院院士欧阳自远（地学专家）

中国工程院院士周勤之（上海机床研究所，机械专家）

中国科学院院士黄克智（清华大学）

国际宇航科学院通讯院士郭宝柱（中国航天科技集团公司科委副主任）

专家委员会对FAST科学目标、技术指标、总体方案、可行性、项目管理及人员配置、投资和工程进度、望远镜建成后运行计划等进行了全面评估。

考虑FAST项目的诸多创新和技术挑战，主要科学目标大多在频率5吉赫兹以下，国际咨询与评估专家委员会建议：把FAST计划工作频率上限X波段（8.8吉赫兹，同阿雷西博射电望远镜）作为升级目标。

在建议书撰写过程中，考虑到我们是第一次主持天文大科学工程的“普通人”，我专门咨询了中国天文界第一个大科学工程——光学LAMOST项目总经理赵永恒，学习他们的研制经验。大射电望远镜实验室把频率验收指标进一步降低为3吉赫兹，仅聚焦脉冲星和中性氢两大科学目标。

这里特别坚持了SKA科学初衷：打造中性氢观测阵列，核心科学是探测早期宇宙即宇宙第一缕光。

专家评估委员会形成了简要和详细两个报告。简版（中英文）提交给中国科学院，得到路甬祥院长批示（图2.24），作为FAST立项建议书附件，上报国家发改委。评估意见详细版本对FAST科学和技术方面待完善细节给出了中肯意见，直接交大射电望远镜实验室并转合作团队继续优化，指导可行性研究、工程建设和望远镜设备安全运行。

评估意见可以概述为：

FAST的巨大口径，加之安静的电波环境，将在其工作的波段给出史无前例的高灵敏度。例如，可以使星系中性氢巡视距离达到红移0.7，对暗能量状态方程提出约束，进而帮助理解星系演化。通过观测脉冲星，可研究验证广义相对论、引力波探测以及极端条件下的核物质。将极大增加脉冲星样本数目，发现奇异类型天体。

FAST的高灵敏度可用于精密计时测量，以及探测引力波等，为新科学发现和突破天体物理学前沿热点问题提供重要手段。

作为国际前沿设备，FAST将激励、吸引并培养天文学家和工程师，为未来大科学工程提供科技队伍。还将以其非凡的设计吸引广泛国际合作与交

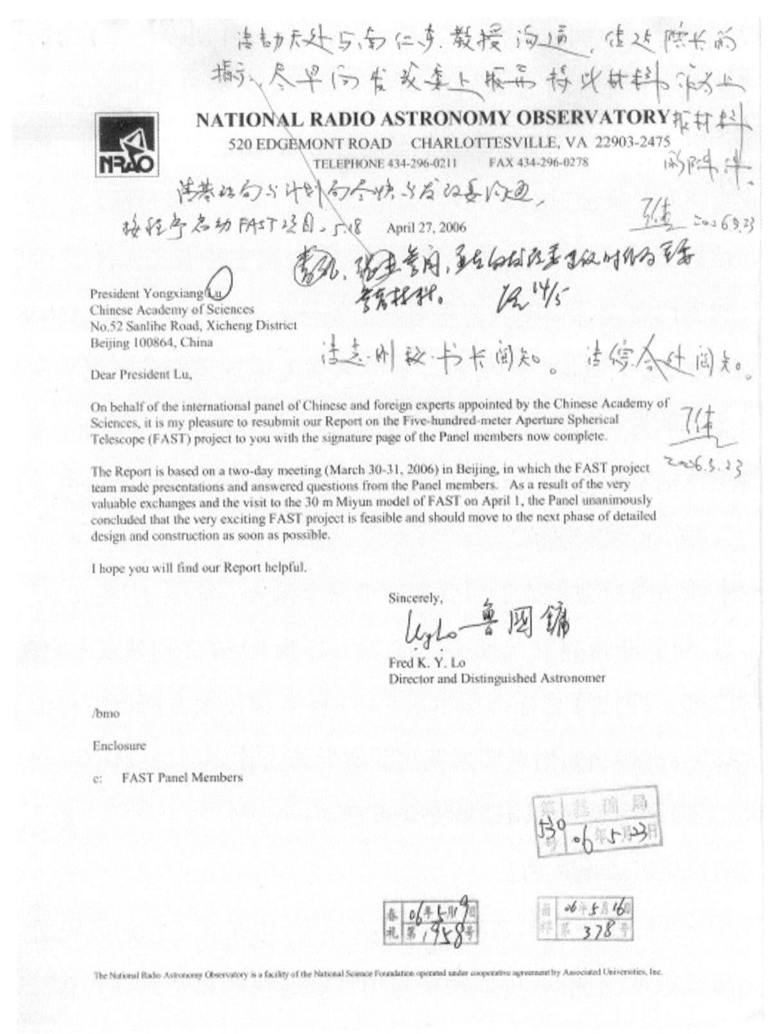

NATIONAL RADIO ASTRONOMY OBSERVATORY
520 EDGEMONT ROAD CHARLOTTESVILLE, VA 22903-2475
TELEPHONE 434-296-0211 FAX 434-296-0278

April 27, 2006

President Yongxiang Lu
Chinese Academy of Sciences
No.52 Sanlihe Road, Xicheng District
Beijing 100864, China

Dear President Lu,

On behalf of the international panel of Chinese and foreign experts appointed by the Chinese Academy of Sciences, it is my pleasure to resubmit our Report on the Five-hundred-meter Aperture Spherical Telescope (FAST) project to you with the signature page of the Panel members now complete.

The Report is based on a two-day meeting (March 30-31, 2006) in Beijing, in which the FAST project team made presentations and answered questions from the Panel members. As a result of the very valuable exchanges and the visit to the 30 m Miyun model of FAST on April 1, the Panel unanimously concluded that the very exciting FAST project is feasible and should move to the next phase of detailed design and construction as soon as possible.

I hope you will find our Report helpful.

Sincerely,

Fred K. Y. Lo
Director and Distinguished Astronomer

/bmo

Enclosure

c: FAST Panel Members

The National Radio Astronomy Observatory is a facility of the National Science Foundation operated under cooperative agreement by Associated Universities, Inc.

图 2.24 2006年FAST立项建议书国际评估意见

流，这也是项目成功建设和运行的保证。

具体意见还包括：

考虑FAST科学目标优先级和最终技术指标时，要关注它的三个独特之处：巨大接收面积、极端电波安静台址和大天空覆盖。使用多波束接收机，至少覆盖700—1500兆赫兹的工作频率，对中性氢和脉冲星进行大规模巡视应该有最高科学优先级。

令人兴奋的课题还有：搜索第一代天体、巡视河外超脉泽源、高精度脉冲星计时和高灵敏度甚长基线观测；河外源的法拉第旋转以探测银河系及河外星系磁场；研究单个脉冲星来决定长期计时和辐射性质，脉冲星和双星演化，建成"脉冲星计时阵"探测引力波和建立脉冲星时间标准；系外行星探测。

望远镜结构总体误差的汇集应根据两个关系完成：效率、指向精度作为频率和天顶角函数，表面精度（均方差）应接近2毫米。需进一步审视能多机同时工作的接收机配置和焦面排列。

FAST科学优先级处在700—5000兆赫兹范围，至少在其科学生命最初几年，在这些优先领域能有出色的科学贡献。波段下限由中性氢HI红移约为1定义，其上限由银心处脉冲星搜寻的要求来设定。

国际评估专家组称赞大射电望远镜实验室建设"电波环境安静区"的举措，并鼓励继续对电波环境进行不间断监测，长期有效控制电磁波干扰。同时要抑制来自望远镜各系统自身的电波干扰，例如，所有计算机都应采取屏蔽措施，至少在1公里区域，要将外来高压电线埋入地下。专家组同时建议，需要充分考虑数据获取与储存、数据传输和处理、数据存档和虚拟天文台等，以及（国际经验表明）恰当的不可预见费用约为25%。

从美国刚落地北京的中国科学院副秘书长兼国际合作局局长、中国科学院院士郭华东，直接赶到友谊宾馆，感谢专家们辛苦的工作，为FAST国际评估会收官。

2012年，国际天文学联合会大会首次在中国召开。时任国家副主席习近平出席大会开幕式并致辞，提到中国正在建设500米口径球面射电望远镜等大科学项目。

其间，按照中国科学院领导指示，在国家天文台组织召开了"会中会"，那是又一次"额外"国际咨询评估，专门针对"有争议"的索网反射面工程关键技术，也就是“索疲劳”问题进行国际征询和评估。

国际评估组组长是荷兰天文学家斯特罗姆，他是FAST项目国际元老，参与了项目酝酿、选址、科学目标和接收机研讨等。这次“额外”国际评估，为继续实施索网反射面排除“干扰”，提供了国际咨询和专业担当。

8. 立项后的建设准备

中国科学院与贵州省级层面的密集合作，主要是在FAST国家立项前后。大射电望远镜FAST项目“大会战”那些事儿，堪称大科学工程院省合作的典范。除了上文提到的作为共建单位共同完成FAST国家立项工作，在后续的环境评估与土地预审工作上，中国科学院与贵州省也紧密配合，为FAST建设准备好条件。

2006年，贵州省、黔南州、平塘县环保局签署了《开放建设项目环境保护业务咨询服务登记表》，准备上报国家环保总局，并作为FAST立项建议书附件。2007年7月FAST立项批复后，中国科学院和贵州省立刻转入FAST项目可行性研究报告的深度准备。

2007年8月8日，中国科学院郑晓年处长，国家天文台严俊台长、大射电望远镜实验室彭勃主任，与贵州省发改委卢达昌副主任、方廷伟处长，省科技厅苟渝新副厅长、田维民处长等，在贵阳讨论了中国科学院与贵州省人民政府共建机制、可研报告合作安排等FAST立项批复后的工作计划。双方在工程建设领导小组、工程建设领导小组办公室、FAST工程经理部及其办公室（工程办）组成等方面充分交流并达成一致，明确了2007年的目标、FAST贵州基地建设规划、建设资金缺口筹措等重要工作。

（1）FAST可行性研究“大会战”

我们与中元公司合作，进行FAST可研报告编写。

2007年10月19日，FAST可研报告编写交流会在密云射电天文观测站举行。中元公司孙放、董晓家、张同亿等一行首先考察了FAST整体模型MyFAST，与大射电望远镜实验室成员在现场交流，并在密云观测站会议室集中座谈，由我主持。加深可研报告编写组对FAST项目及工程复杂性、环境艰苦等的理解。

10月29日—11月2日，FAST可研报告编写组主要成员孙放、颜力源、陈景来等赴黔考察和现场交流，对台址区进行踏勘，入住平塘县城了解基本情况。聂跃平、郑勇、钱宏亮，王启明、朱丽春、金乘进、王弘和我等同行。此行与贵州省州县镇先后召开五次交流座谈会，均由大射电望远镜实验室主任彭勃主持，形成了四个工作会议纪要、一个整体情况通报。

中元公司在黔工作3夜3天；国家天文台在黔4夜4天（严俊台长、中科院基础局天文处郝晋新处长第四夜加入），贵州省发改委（卢达昌副主任、张晓萍副主任、方廷伟处长、沙爽）、省国土厅、省环保局、省测绘院，黔南州发改局，平塘县委书记严肃、常务副县长李应明，县科技局、发改局、交通局、克度镇政府等参加，就环保、土地、土石方造价、道路、供电、测绘等进行了广泛咨询和交流，形成了贵州省州县镇、中元国际工程公司和FAST团队的大合作。

10月29日，编写组半夜到达并住在贵阳。

10月30日，赴洼地现场考察。

上午8点，由贵阳乘坐省发改委面包车去平塘县。12:40到达平塘县大窝凼洼地，在洼地南面临时基地吃工作午餐。随后，换越野车考察洼地北面道路。从大窝凼北面开始考察观测站拟建站址、洼地整体结构、洼地内居民、落水洞、洼地内盘山路、工程堆渣场所可选地等。从洼地南面返回临时基地吃晚餐。约晚上8点驱车至克度镇旅馆住宿。

10月31日，考察洼地周边给、排水情况，并与平塘县相关部门现场交流。

上午8:15，由克度镇乘面包车出发，首先考察了克度变电站：目前供电能力2兆瓦,35千伏;10千伏电已送FAST台址大窝凼。其后,经牛角村从大窝凼南路前往六水村察看水源,中途换乘越野车,考察了2处出露水塘,现场交流FAST可能给水源。最后,乘越野车前往大窝凼排水隧道泄洪端——水淹凼考察;在临时基地午餐。

下午3:20,在克度镇政府会议室,与县相关部门(道路、供电、通信、国土、水利、环保等)进行情况通报及工作交流。平塘县发改局表示,大窝凼12户人家需什么时间前迁出,希望国家天文台提前告知,因为搬迁前需先修路、盖新房。平塘县环保局表示,FAST工程对植被的破坏是暂时的,可以恢复,没有污染,环评报告可以做,需有资质的单位编写,县环保局将积极支持。

关于生活饮用水,中元公司提出需水质分析详细资料。最好采用地下水,但地下水也有被污染的可能,因为克度镇民用水基本没有进行污水处理。聂跃平表示,克度镇不会有大的工业发展,涨水后水置换能力很强,地下水与暗河相通,用的是相同的水,仅是明流暗流之分。目前镇上饮用水,用的是上游河水。随后,大家在镇政府食堂晚餐。晚9:30,到达并夜宿平塘县城。

11月1日,回贵阳,进行工程当地询价及测绘座谈。

上午9点从平塘县城乘面包车出发返贵阳,中午1点直接到贵州省发改委午餐。

下午2点,在省发改委一楼会议室,与当地工程建设财务、测绘专家就工程土石方等当地询价以及工程测绘问题交流;贵州省建筑施工相关预算专家在结合贵州省建筑工程预算定额及贵州地区基价(1998)、目前贵州市场价格后,对洼地土石方开挖造价估计50元/立方米。考虑FAST总经费限制、土石方开挖规模和施工环境,在座谈会上形成的共识是不低于40元/立方米。(这与FAST立项建议书中咨公司评估时国家天文台报价完全一样,也是FAST可行性研究报告草稿中国家天文台给出的报价。)

另外，专家对平塘建筑物造价建议2000元/平方米，至少是1700元/平方米，这与FAST立项建议书中咨公司评估时国家天文台报价也一样。对4级碎石路造价至少70万元/公里。

下午中元公司人员回京，晚上严俊台长、中科院基础局天文处郝晋新处长到贵阳，与国家天文台人员住贵阳。

11月2日，上午8:40，在贵州省发改委一楼会议室，郝晋新处长、严俊台长及FAST实验室在黔人员，与贵州省发改委卢达昌副主任、方廷伟处长、沙爽，省环保局、省国土厅人员座谈，共商FAST台址环境评估、土地预审具体工作。计划2个月内，共同完成FAST环境评估和土地预审国家批复。另外，郝晋新处长提出从贵阳要一块地建射电天文基地，卢达昌副主任、方廷伟处长表示要跟贵阳市商量，希望先看贵州大学地点是否可行。

当天中午11:40，赶到贵州大学，与陈叔平校长、贵州大学理学院交流情况并共商合作事宜。我们先参观贵州大学新近成立的物理天文中心，与贵州大学理学院进行了情况交流。此访主要目的是商谈贵州大学能否提供十余亩土地，供中国科学院在贵州大学建立贵州射电天文台。我们还希望贵州大学为FAST可行性研究报告的环境评估、土地预审提供专业人员具体办理在黔事宜。

与贵州大学合作初步意向如下：贵州大学提供土地，国家天文台申请中科院“十二五”园区建设经费，建造约200人规模办公实验楼，设立贵州射电天文台。对贵州大学新成立的物理天文中心，建议更多考虑技术方向，要符合FAST建造、运行需求，同时为未来院省共建天文系做准备。

严俊台长提出，可参考国家天文台与哈尔滨工业大学（简称哈工大）合作那样，有个正式协议。郝晋新处长要求大射电望远镜实验室尽快起草该协议。关于环境评估与土地预审、与贵州大学合作的纪要，郝晋新处长要求发给中科院计划局郑晓年处长。下午2:40，我们离开贵州大学去机场，返京。

随后，中元公司与国家天文台合作，全力以赴地编写了可行性研究报告初稿。

2008年2月，FAST可行性研究报告提交国家发改委。不久，由贵州省发改委方廷伟出面约请，方廷伟与中国科学院郑晓年、国家天文台严俊和我同行，到国家发改委刘艳荣副司长办公室，汇报FAST项目可研报告进展，国家发改委沈竹林处长参加。对于FAST建设经费缺口，拟由国家发改委、中国科学院和贵州省人民政府三家分担。

3月20—21日，在北京国谊宾馆，受国家发改委委托，中咨公司对国家重大科技基础设施——500米口径球面射电望远镜（FAST）项目可行性研究报告进行了专家评估（图2.25）。

专家组由中国科学院院士、设计大师和相关领域资深专家9人组成。中国科学院综合计划局、基础科学局，贵州省发改委、省科技厅、黔南州及平

图2.25　2008年3月，南仁东在FAST可行性研究报告评估会现场汇报

塘县等相关领导，大射电望远镜实验室及其合作单位同事共58人参会。

评估专家组先后听取了国家天文台台长严俊、FAST项目总工程师兼首席科学家南仁东、贵州省发改委副主任张应伟介绍FAST项目可研进展情况，对项目可研报告内容进行质询和答疑。FAST团队相关成员均做了详细记录和一一答复。

专家组认为，FAST项目可行性研究充分，技术方案没有风险，建议尽快进行初步设计和开工建设。建议贵州省考虑在当地打造科普配套项目。

2008年春夏，贵州振华天通设备有限公司总工吴鹏对密云MyFAST模型进行考察，跟踪FAST项目。大射电望远镜实验室王启明陪同，建议振华公司做防腐工艺试件，并在大窝凼洼地做五种材料（氨基、氟碳、环氧、硝基、浸锌）实验。佐敦涂料（Jotun Coatings）技术经理和销售经理也到密云站考察，了解FAST未来在贵州的工作环境状况，针对性考虑油漆方案，还推荐了一家钢结构公司：上海川崎重工。

8月20日下午，大射电望远镜实验室在平塘县召开了FAST台址详勘和土石方开挖工作专家咨询会，由我主持。按国家工程勘探规范，结合初勘和洼地1:1000地形图成果，确定的详勘工作主要内容为：工程地质测绘、钻探、超声波测试、取样及室内实验、地微震实验、井下电视、压水实验、现场荷载实验、现场直剪实验等，并明确了洼地土石方开挖前后均需进行场地环境安全评估。

10月31日，国家发改委批复FAST项目可行性研究报告。12月26日，在黔南州平塘县克度镇大窝凼洼地FAST台址，中国科学院和贵州省人民政府举行了FAST工程奠基仪式（图2.26）。詹文龙副院长、蒙启良副省长，以及中国科学院李志刚秘书长等国内相关合作单位同事，贵州省发改委、黔南州和平塘县等地方政府的领导参加活动。

图2.26　2008年12月26日FAST工程奠基(左),奠基碑后来移至FAST工程指挥部前(右)

(2) 环境评估与土地预审

2007年11月,经贵州省发改委方廷伟处长协调,由贵州省环科院承担FAST环境评估工作,指定付向阳负责,明确使用环评表代替环评书。大射电望远镜实验室高级工程师王弘负责与付向阳对接。环评表最终需提交给国家环保总局。

王弘完成了土地使用申请和大窝凼洼地台址的环境评估准备。特别是与贵州省平塘县国土局、黔南布依族苗族自治州国土局、贵州省国土厅和贵州省发改委合作,完成了FAST项目土地预审申请表、土地预审申请报告书相关内容收集、整理和填报。同时,王弘与贵州省环科院签署了环境评估工作合同,合作完成FAST工程环评表及生态专题报告。

11月8日上午,在朋友帮助下,我预约了国家环保总局相关专家为FAST环评提供咨询,并且与贵州省发改委方廷伟处长、省环保局徐卉高工、国家天文台严俊台长、王弘高工一起访问了国家环保总局。

在公务审批大厅,我们见到国家环保总局环评司郑工,先呈上FAST项目简介、立项建议书的国家发改委批件，以及FAST可行性研究报告草稿。方廷伟介绍了FAST国家立项情况和需要咨询的环评事宜。严俊回答了郑工对FAST基本情况的询问。我展示了FAST项目三张PPT和阿雷西博射电望远镜建造过程图片。

郑工表示，FAST这样的项目国家环保总局以前没有经历过。这样的国家重大项目不好委托贵州省环保局审批。关于FAST环境评估定位在什么行业，郑工难以判定。他打电话给梁处长商量后，决定让FAST项目组一人随郑工去处里，与梁处长共同商定。严俊台长让我去见梁处长。

在国家环保总局6楼办公室，我向梁处长展示了FAST项目三张PPT和阿雷西博射电望远镜建造过程图片。梁处长、郑工对射电望远镜的行业定位有几个选项：机械、电子工程、电磁辐射、社会类。查阅相关行业分类国家环境保护规定后，确定FAST行业为"冶金机电"。郑工表示，应委托具有"冶金机电"甲级资质的、信誉好的环境评估单位编写FAST项目环境影响评估报告书。

我确认了FAST项目是需要评估书而不是评估表，并请郑工建议几个可选单位，郑工表示可以上网查，北京、贵州或任何其他地方的环境评估单位都可以。我留给郑工联系方式，并邀请环评司到国家天文台密云站参观。郑工留下了FAST项目简介、立项建议书的国家发改委批件。

我回到审批大厅，同国家天文台领导及方廷伟、徐卉商量下一步工作。徐卉明确贵州省只有2家甲级资质环境评估单位，但是行业定位在社会、水利类，不符合国家环保总局对FAST项目的环境评估要求。网上查阅发现北京有"冶金机电"甲级资质的几家环境评估单位，"信誉好"的，在最后选择前最好打电话请教郑工，同时请教工作流程。

徐卉留下了郑工的手机号码，并建议，与受委托编写环境影响评估报告书的单位考察贵州台址时，最好能够摄像并出光碟，争取国家环境评估中心的专家和评估会议不用再到贵州考察台址，以节省时间和经费开支。

徐卉、方廷伟表示，在FAST项目环境评估上保持联系，徐卉还会在北京再停留2天。

随后，国家天文台大射电望远镜实验室与贵州省发改委合作进行了FAST项目环境评估准备。

环境评估所需要提供的材料主要有：环境现状监测（大气、水、噪声方面）资料，由贵州省环科院在地方政府的配合下完成。

堆土场、生活污水、移民、道路的实施方案，由中元公司按照大射电望远镜实验室需求来设计总图、编写可研报告草稿，方便从中摘录相关图表。同时，由贵州省发改委高新处沙爽与平塘县协调移民搬迁方案。

FAST工程为新建项目，周围无工业污染源，原有污染源主要为大窝凼村民的生活污水和生活垃圾。所在地因没有污水处理设施和河流，生活污水随意倾倒，渗入地下，对地下水造成一定的污染影响。大窝凼也无生活垃圾堆场，居民产生的生活垃圾随处堆放，对生态和环境卫生有一定污染影响。

供水是自建水源。拟选距FAST台址3公里的六水村中心区地下暗河露水头（图2.27）作为项目水源地。为保证水源的可靠性和安全性，对暗河露水头需进行清理，加高水堤，并加盖水源保护屋。FAST项目日用水量约为53立方米。拟在FAST观测基地综合楼处建给水站，取水口仅设置维护房屋和提升泵，取水口处标高为822米，综合楼处标高为1020米。给水处理拟采用微絮凝直接过滤工艺。

排水采用雨污分流制，FAST观测基地生活污水量约每天38立方米，经污水处理站集中处理后，全部用于农业灌溉或绿化。

拟建生活污水处理站，污水处理规模为每天50立方米。生活垃圾将分类收集，集中清运至克度镇垃圾场。

施工期开挖土石方约180万立方米，弃方将全部运至指定的堆场堆放。

图2.27　六水村中心区的地下暗河露水头(摄于2010年12月26日)

绿化主要布置在FAST观测基地的综合楼四周及停车场周边,种植当地树木和花草。其他建设用地内的植被应尽量保留。

FAST项目用地预审应上报国土资源部组织预审。提出预审的时间是在项目建议书批复后,可行性研究报告批复前,由项目法人单位中国科学院国家天文台提出用地预审。预审程序是建设用地单位向省国土资源厅提出预审初审申请,由省国土资源厅受理,提出初审意见,转报国土资源部。

内容包括:拟建设项目的基本情况,拟选址情况,拟用地总规模(即拟征用土地总面积),并说明充足理由。拟用地现状,由国家天文台提供用地规划图和平面布置图,对用地现状进行调查核实,结合土地利用现状图进行计算,平塘县国土局进行核实。土地利用总体规划确定的规划用途,因FAST项目用地时未纳入土地利用总体规划,需调整规划。补充耕地方案或耕地开垦费的落实情况,涉及占用耕地的,要提出补充耕地的方案,由用地单位(国家天文台)自行补充,自己开垦同等质量和数量的耕地补充;或者委托其他部门开垦耕地或采取耕地指标转换(购买耕地指标)进行补充,贵州省耕地开垦费最低标准为8000元/亩,占用基本农田的,按耕地开垦费最低标准的2倍向被委托补充耕地开垦的单位缴纳耕地开垦费,耕地开垦费应纳入项目征地总费用。

由县级国土部门出具是否符合土地利用总体规划的审查意见,标注项目用地范围的土地利用总体规划图复印件及相关图件,作为报国土资源部预审的建设项目,还需出具使用地(黔南州、平塘县)土地利用总体规划图。建设项目对规划实施影响评估报告,由国家天文台委托有资质或预审机关认可的单位编制。修改规划的听证会纪要及相关材料,由平塘县国土局组织听证,并提供有关资料。

FAST项目总用地42.44公顷。占用耕地19.52公顷(合294.75亩),其中基本农田234.3亩。土地预审应提交的材料主要有:

建设项目用地预审申请表,由平塘县国土局提供资料,国家天文台大射电望远镜实验室编写。

土地利用总体规划的审查意见,由平塘县国土局提供,黔南州国土局签署意见。

建设项目用地(州、市)土地利用总体规划图及相关图件,由平塘县国土局提供,国家天文台报国土资源部预审。

大射电望远镜实验室又补充了基准网5个测量点的用地,相应地修改了建设项目土地利用总体规划。

在贵州省发改委协调下,国家天文台委托贵州省国土资源规划院编制规划实施影响评估报告,委托贵州省土地整理中心编制土地复耕方案。均需要黔南州平塘县国土局提供相关材料。

大射电望远镜实验室王弘负责并办理省建设厅规划处《建设项目选址意见书》程序。《建设项目选址意见书》由平塘县、黔南州、贵州省逐级上报,在进行征地申请时，先送交省国土厅，再上报国土资源部。

按环保总局有关文件要求拟好公告发布稿，分别在平塘县政府、克度镇、项目所在的村寨等居民相对较集中的地方张贴。公告期间无个人或团体对本项目提出反对意见。

公众参与调查表共发放120份，其中个人100份，团体(单位)20份。调查区域为平塘县城、克度镇、金科村、大窝凼。调查对象为所在村寨住户、学校师生、干部、城镇居民、农民以及其他人员；县、乡镇人民代表、政协委员、群众团体、学术团体或居委会代表。团体单位有县、乡镇范围内的单位，包括村委会、镇党政部门、县有关单位等。

结果是：个人调查问卷共收回97份，包括各种年龄段、各种类别职业、各种文化程度等的人群，清楚本项目的占81%，赞成本项目建设的占98%，认为本项目建设有利于本地区经济发展的占97%。团体调查问卷共收回18份，清楚本项目的占56%，赞成本项目建设的占100%，认为本项目建设有利于本地区经济发展的占100%。

2008年，FAST工程建设土地预审和环评报告进入了审批程序。

2月18日，黔南州平塘县国土局将FAST项目土地预审报告送达贵州省国土厅。

21日，FAST建设项目环境影响报告报送国家环保总局。

26日，国家环保总局给出“报批申请受理通知书”，委托贵州省环保局进行初审。国家天文台总部在北京，虽然方便，但王弘还是坐公交车跑了N趟国土资源部。

7月18日，国土资源部下发《关于贵州省平塘县500米口径球面射电望远镜项目建设用地预审意见的复函》，原则同意通过用地预审。

10月31日，国家发改委批复FAST项目可行性研究报告(发改高技[2008]2878号)，并将FAST项目列入国家高技术产业发展项目计划。

2009年，贵州省黔南州平塘县人民政府实施并完成了对FAST台址大窝凼洼地中12户居民的搬迁。

贵州省人民政府支持配合完成了环境评估和土地审批，为FAST建设准备好基础条件。

技术攻关“三大战役”

500米口径球面射电望远镜FAST,源自大射电望远镜LT即今天的SKA国际合作,起步于LT中国选址,发明了主动反射面技术、馈源舱索驱动技术(图3.1),由中国科学院、国家基金委和科技部等持续支持,在全国相关科研院所“三大方面军”广泛合作下,风雨兼程地完成了FAST关键技术的攻关,为FAST工程建设奠基。

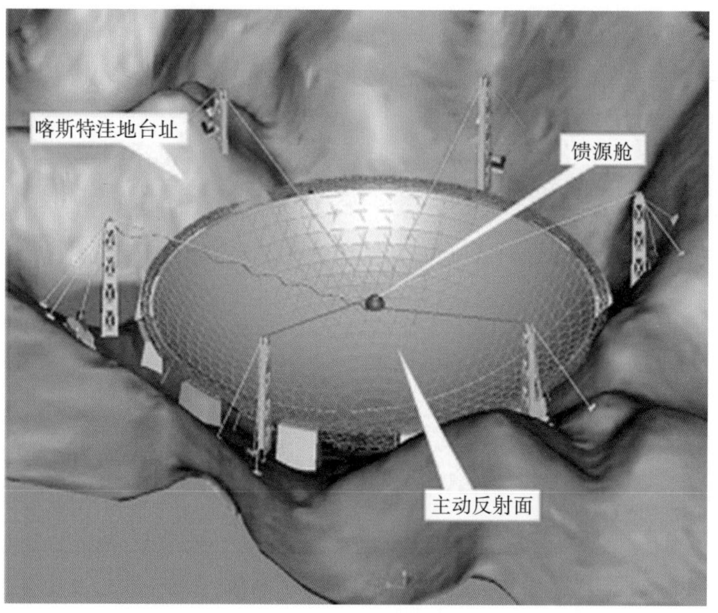

图3.1　FAST三大创新示意图:洼地台址、主动反射面、馈源舱索驱动

1. 给FAST找个家

大射电望远镜FAST坐落在贵州省黔南布依族苗族自治州平塘县克度镇金科村大窝凼洼地，由28个字才能定位的贵州群山深处。这是我们为FAST精挑细选的家。

（1）FAST家境

FAST所在地克度镇隶属于黔南布依族苗族自治州平塘县。2005年，平塘县行政区域面积2799平方公里，辖9个镇、10个乡。2005年末，总人口30.73万人，少数民族人口17.04万人，人数较多的少数民族有布依族、苗族。主要矿产有煤、铁合金等十余种；生产总值7.24亿元，财政总收入5029万元，其中地方财政总收入3709万元，农民人均纯收入1650元。

克度镇位于平塘县境西南部，海拔高度845米，东与通州镇鼠场乡相连，西与塘边镇为邻，北与惠水县、南与罗甸县接壤。全镇总面积129平方公里，辖8个行政村，92个村民小组，5154户22 504人。布依族、苗族等少数民族占总人口的21.3%。粮食作物主要有玉米、小麦、高粱等，经济作物有茶叶、油菜、烤烟等，矿产资源主要有煤、重钙石、紫砂陶、高岭土等。2006年，克度镇的财政总收入108万元，人均纯收入2154元。

大射电望远镜FAST台址周围只有一个金科村。金科村位于克度镇东南面，东与罗甸县董架乡、西与克度镇罗良村、南与塘边镇新建村、北与通州镇鼠场乡相连。全村总面积13.7平方公里，辖11个村民小组，560户2483人，其中绒蹦组28户142人、牛角组48户196人、拉同组41户196人、抹茫组76户325人、沙坪组78户343人、顶灿组23户103人、庙坪组50户230人、拉力组52户236人、绿水（六水）组62户297人、刘家湾组45户186人、然路组57户273人。全村有耕地面积1775亩，其中田850亩，土925亩。

大窝凼洼地台址位于金科村所在地的东北约1.3公里，东经105°51′31″，北纬25°39′12″。FAST工程建设项目用地按土地利用现状分类：农用地41.83公顷，建设用地0.54公顷，未利用地0.07公顷。农用地中耕地19.65公顷（其中水田2.58公顷，旱地17.07公顷），林地17.01公顷，牧草地5.17公顷。

大窝凼洼地由一大一小两洼地组成，小洼地位于大洼地北侧，之间被一梁状山脊分隔，隔梁顶标高928.5米。大洼地底部为平坦稻田，底标高840.9米，稻田外围为缓坡旱地，东面、南面斜坡中部以上变成阶梯状石崖陡壁和陡坡，西面变成陡坡，有12户村民居住。小洼地底标高为889.5米，底部为竹林，外围为缓坡旱地，东侧斜坡中部以上为石崖陡壁，其余为陡坡，无住户。

大小洼地边壁在标高840.9到980.0米之间，组成了相对闭合的大窝凼洼地，标高980米以上不闭合。东、南、西、北四面各有一个垭口，其中东垭口标高1095.9米，经垭口通向丁家湾；南垭口标高1003.1米，为大窝凼的主要出入口，与毛石公路相连；西垭口最低，标高981.2米，翻过垭口进入另一底标高940.6—953.1米的哑铃形洼地；北垭口标高约1050米，通向热路、底笋。大窝凼地形剖面形态近似“U”形，水平方向断面形状比较规则，近似圆形。FAST台址大窝凼是个闭合型峰丛洼地（图3.2），四周由5个较大山峰环抱而成。最高峰位于洼地南东东侧，峰顶高程1201.2米，地形最大高差360.3米。峰顶最大直径约800米，洼地面积50万平方米。若取洼地深度125米，高程为966米，则此高程以下的洼地形状规则，直径达550米，面积约23万平方米，符合建设500米口径球面射电望远镜的地形要求。

地史上，贵州经历山盆期的多次地质构造运动后，地块已趋稳定。贵州的喀斯特地貌（峰丛洼地）格局也在此时形成。洼地出露地层为石炭系、二叠系、三叠系碳酸盐岩，岩性以石灰岩和白云质灰岩为主。贵州省黔南州平塘县大窝凼、安顺市普定县尚家冲等峰丛洼地，是经后期地质运动抬升而成。其岩土工程特点是：洼地边坡稳定，基岩抗压强度高，总体稳定。

图3.2　2005年的FAST台址原貌和村民房屋

据当地农户口述,20世纪80年代开挖饮水井时,大窝凼洼地底部可见地层上部基本是黏土、下部为泥夹石。由于碳酸盐岩可溶,在漫长地史演变中,沿“节理”等破碎带形成了地下溶洞、地下河、地下管道等空洞(图3.3),给工程建筑物带来潜在隐患。

探明大窝凼洼地环境状态、地下空洞和其他不良地质现象,是确保FAST长期安全运行的前提。勘查基本结论是:受川黔经向构造体系的羡塘-克度向斜、沫阳弧构造体系的大井褶皱断裂和晚期新华夏系线型构造控制,伴生有北西向、近东西向和北东向三组线型构造。大窝凼区内构造相对简单,洼地内地层分布呈二元结构。上部为第四系松散堆积物,下部为中三叠系垄头组白云岩、灰岩。

第四系松散堆积物进一步可划分为:斜坡地带的古崩塌泥石混杂堆积

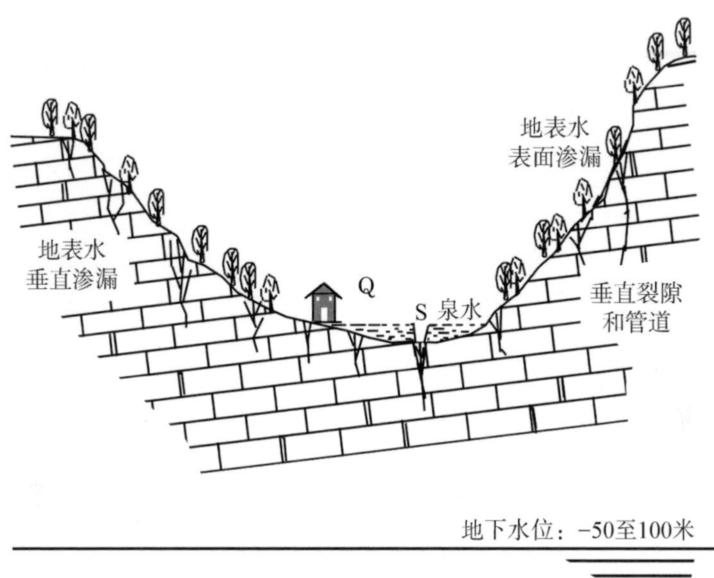

图3.3　大窝凼水文地质剖面示意

物(厚度20—30米),洼地平缓底部的黏土、泥夹石土(厚度约15米)。由于基岩岩溶发育强烈,导致洼底岩体连续性和均匀性较差。台址区有一定数量岩溶塌陷和小型崩滑灾害分布,发现了新近岩溶塌陷9处。

FAST台址所在区地表水体少见,岩溶地下河管道发达。流经FAST台址的摆郎河在平塘县航龙一带落入地下向南径流,最后从罗甸县董架乡大井和小井流出地表。大小井地下河自北向南径流,大窝凼属大井地下河系。

大井地下河系主管道起于航龙,经高务、打多至大井,平水期流量20—30立方米每秒,枯季流量6.6立方米每秒。大小井地下河系是霸王河的源头,在蚂蚁寨注入濛江,属珠江水系。

区内地下水径流方向为自北向南,径流形式表现为:碎屑岩或不纯碳酸盐岩分布区,地下水主要沿不同成因发育的裂隙呈分散流状径流;纯碳酸盐岩出露区,地下水多以管道流形式集中径流。

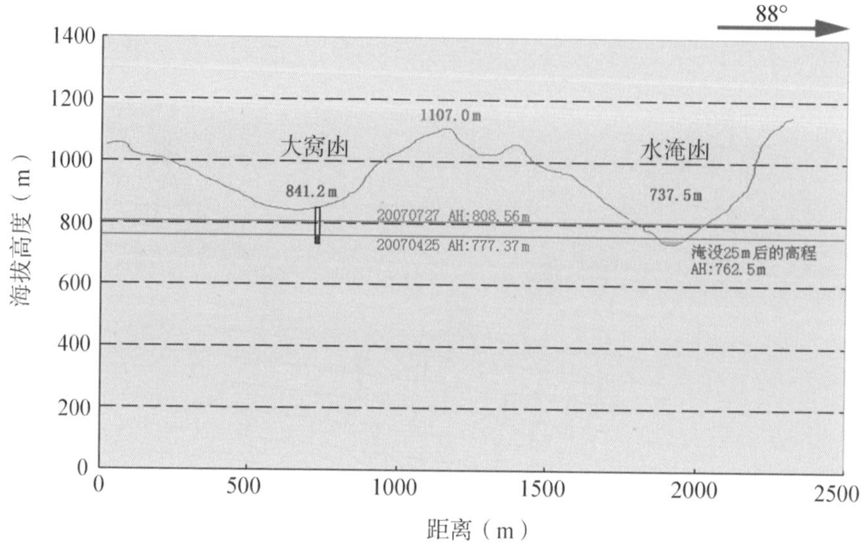

图3.4　2007年9月平塘县大窝凼与水淹凼水位

FAST台址大窝凼洼地是岩溶水溶蚀型洼地。其地下水可分为碳酸盐岩溶洞裂隙水和松散岩类孔隙水两类，均由大气降水补给。地表水部分顺坡而下，部分渗入浅表地层中，之后汇集于洼地底层，经由地下溶洞向东流入高务737洼地底地下暗河。洼地底岩溶水以管状流方式排泄，排泄口高程约818米。

初步了解，大窝凼大雨积水约1米，3小时内积水可消退。专家分析认为：深埋水即地下暗河不影响大窝凼表面汇水，与洼地淹没无关。

2006年7月至2007年8月，对初勘时4个钻孔和1个水文孔进行人工水位监测（图3.4），数据采样间隔分别在3小时、1天、3天和5天不等。初步结论是，大窝凼洼地表层潜水是洼地积水的来源，洼地地下水系稳定埋深大于60米。同时，我们判断大窝凼与水淹凼（FAST台址洼地排水隧道泄洪区）地下河之间应无联系。

我们还咨询当地居民以了解24小时洼地地表淹没高程，用于推算目前大窝凼洼地地表汇水及排泄能力。为FAST初步设计中横井开口大小提供依据。考虑50年一遇,洼地排水设计粗估要有排泄4万—5万方水的能力。因此建议:大窝凼排水隧道约长1.2公里,断面1.8×1.8米,水速3米/秒(每小时可排3.5万方水)。隧道可打在开挖后的洼地下部。同时,对竖井(洼地天然漏水洞)需加强保护,如加盖、拓宽等,使得排泄能力满足要求。

大窝凼洼地总体稳定、地基稳定性良好,适于选作FAST台址。

(2) FAST台址怎么选中平塘?

经常会被人问到,大射电望远镜台址为什么会选在贵州?为什么会选中平塘县的洼地?简短答复就是:因为贵州感情留人,平塘洼地千里挑一。我们在自然地理、地貌发育控制因素、洼地形态特征、选区水文地质、工程地质、资源环境以及电磁宁静情况等诸多方面,进行了多学科的台址综合评价。

27年前,大射电望远镜LT选址初期,中国科学院遥感所聂跃平博士和我是老搭档。时常日行三百里,颠簸七八小时,晕车呕吐欲断肠。民间流传的谚语:贵州天无三日晴,地无三尺平,人无三分银。我们这些FAST选址人都能证明,这些谚语完全正确。

首先,"天无三日晴"。选址途中,不用说三天不下雨,一天雨晴交错也是家常便饭。贵州的城市、乡村都非常干净,至少比我居住的北京干净。一个重要因素应该是贵州经常被"雨淋",相当于天然"淋浴"了。

无论雨水大小,道路都很湿滑,使人们行走变得困难。每次到贵州,几乎没有不摔跤的。特别是在洼地,时常摔个"屁蹲儿",秒变衣衫褴褛。FAST台址的老观测室有我存放的旅游鞋。两次造访之间,看守兼勤杂"总管"、大窝凼的原住民老杨都会热心地帮我洗刷干净。非常感谢!

其次,"地无三尺平"。贵州的庄稼地里大多种玉米,因为它好"养活"。选址期间,错过饭点时,我们曾以玉米充饥。未经允许地"采摘"玉米这样的绿色食品，把路上或者坡上的石头堆作为天然“灶台”，捡拾些树枝、秸秆为柴，就可以露天烧烤新鲜玉米了。黑糊糊的玉米，抹黑了嘴也染黑了手，也是难得的返璞归真，我们也真的“穿越”回到了原始社会。

最后，“人无三分银”。选址时想要改善生活，一般是中午前往附近的农民家。当地百姓会热情地招呼你到家里坐，吸烟、喝茶甚至吃饭。他们拿出家里最好的东西招待我们这些不认识的客人，甚至包括节日期间才动用的家禽。通常用一把被柴火烧糊的黑色水壶，装满水、放进茶叶、加上鸡蛋，一起烧煮（图3.5）。还挺“绿色节能”！自家鸡蛋当然很鲜美，茶水却浓得发苦。这是因为我们喝的是雨水茶。

贵州虽雨水多，但是喀斯特地貌却存不住水，属于“工程性缺水”。老百姓一般都是接雨水，加上明矾饮用。浓茶是为了去土味。课本里面写过的场景，FAST选址人都切身体验到了。

图3.5　在农民家：喝雨水茶，吃雨水烧煮的柴鸡蛋

白天，我们在山路上颠簸。到洼地勘察时，“县太爷”手执镰刀为我们开路，百姓为我们抬柴油发电机。科学工作者、地方干部和群众共同架设起简易天线，进行无线电环境监测，那都是志愿者提供的无偿劳动哦！

在查询频谱信号过程中，偶尔能接收到周围乡镇对讲机和小灵通的信号。不仅能收听到交警的“保密”对话，偶然还能听到情侣打情骂俏。这份“热闹”，对于来自北京、深入偏僻山区、疲劳奔波的科技人员，我们这些地理、天文、频谱、地质通吃的专业杂家，算是“言情”直播吧。

虽然理查德·斯特罗姆（我们有时戏称他为“老鬼子”，也称“老李”）不能直接欣赏，但他能被突然出现的开心笑声和表情所渲染。他请求我们翻译，一起“享受”这份孤独中的电波传情。

选址“酒博士”

我们这支遥感天文人白天爬山喝雨水、晚上土酒解乏。既有道不尽的艰辛，也有少见的欢愉。

晚上，一般是回到县城，在县委招待所入住。那是当地最好的旅馆，但也只有一个专门为我们临时配置的淋浴喷头，供大家轮流冲洗。

洗去征尘，大家便围坐一堂，与县委、县政府、县人大和县政协四家班子的领导们喝土酒、听民歌，谈天说地。有啤酒（要提前预订），也有白酒（如安酒）。我事先约定一条规矩，只求公平。喝啤酒的找（地质）聂博士，喝白酒的找（天文）彭博士，啤酒白酒都喝的找（“鬼子”）李博士（理查德·斯特罗姆）。

我们是客，更是未来“金主”，县领导们也就遵从此规了。大家推杯换盏，交心交友。第二天早餐，“县太爷”感慨地总结：天（文）博士、地（学）博士，原来都是酒博士。因为本地“英雄”大都“牺牲了”，外来科学家们还都

“逍遥”。

外来的FAST人真的是以“土酒解乏”,再精力充沛地投入到新一天的选址,继续翻山越岭。三博士都是酒博士的传言,从民间至省州县,30年了尚在流传。昔日的“县太爷”们,升迁至省领导或省直部门者众多,还都保持着对FAST项目的关注和支持。这也是当年人间豪情的延续吧。那段艰辛、那份豪情,当事者们想必终生难忘。

2. 大射电LT/FAST选址方面军

大射电望远镜选址时间跨度13年,以中国科学院遥感应用研究所为先遣队,在贵州省科技厅的组织下,在省州(地)县镇村政府的长期支持下,由贵州省普定县喀斯特岩溶试验站、贵州省地矿局、贵州省无线电监测中心、贵州大学(原贵州工业大学)、贵州省山地环境气候研究所和中国科学院国家天文台人员联合完成。对喀斯特地形地貌、工程地质、水文地质、无线电环境、电离层信息、山地气候、洼地几何、资源环境、人口密度、交通条件和可及性等方面,开展了多学科台址综合调查和协同研究。先后经过中国科学院遥感所、贵州大学两轮独立选址,形成了以黔南布依族苗族自治州平塘县克度镇金科村大窝凼为代表的10个优选台址清单,后来外扩至17个洼地。再对排序第一的候选台址——大窝凼洼地进行米字型岩土工程初勘,对大窝凼洼地中心4平方公里区域实施了1:1000地形测绘工作。最后经过国内外团队联合测试以及专家论证,选定黔南州平塘县克度镇金科村大窝凼洼地为FAST台址。

(1) 中国科学院遥感应用研究所“遥感侦察班”

国家天文台与中国科学院遥感应用研究所(简称遥感所)在大射电望远

镜项目上的合作持续了20多年。

1994年，为争取国际大射电望远镜LT即平方公里阵SKA落户中国，需要寻找300公里大范围的电磁波宁静区作为望远镜的台址。刚组建的大射电望远镜课题组只有3—5人，差不多都是兼职的。既要在甘肃、新疆、内蒙古等地寻找平坦地貌，又要在贵州、广西、云南等地寻找偏远荒芜的丘陵和喀斯特地形，人手捉襟见肘。

考虑到澳大利亚、美国等台址竞争者地广人稀，文化与生活环境国际化程度更高，天文实力也更强等因素，我们LT项目课题组践行“有所为有所不为”的原则，主动放弃在中国寻找平坦地貌的大射电望远镜台址。

1994年夏，南仁东、吴盛殷和我从中国科学院北京天文台（中关村）打出租车，造访了中国科学院遥感应用研究所。

那是我第一次到北郊，也就是北沙滩。当时，北沙滩属北京偏远郊外，只有两家中国科学院科研单位，距离北京天文台大约10公里。当时一般不堵车，“面的”（一种便宜的出租车，多为座位较多的“长安”面包车）得开20分钟才能到。我们这群穿凉鞋和大裤衩的天文人，造访了北郊偏僻的地学遥感人，开启了大射电望远镜LT/SKA中国选址实质性合作。

通过南仁东的同学、中国科学院院士、遥感所所长郭华东，北京天文台联合中国科学院遥感所，奔赴喀斯特发育强烈的贵州省，寻找与美属波多黎各阿雷西博305米射电望远镜台址类似的地貌。

喀斯特是地质发育岩性“丘陵”状地貌，因水而成，但不积存水，是自然界的“抽水马桶”。据说，喀斯特地貌由一位斯拉夫区域地质学家茨维奇（J. Cvijic）发现，而名字则来自当地的喀斯特高原。为降低大型球反射面望远镜的建造成本，需要利用天然喀斯特洼地群作为台址，在300公里范围建20—30个阿雷西博型望远镜，这是中国大射电望远镜项目“三大创新”之一。

贵州省黔南州独山县的“帅哥”聂跃平，那时刚到遥感所做博士后。他曾经在贵州省地矿局工作，“诱导”我们到贵州选址。1994年夏，瘦高个聂跃平“独闯”贵州，去了洼地发育集中的普定县和平塘县，成了大射电望远镜LT/SKA贵州选址“先锋官”。

1994年起，遥感所聂跃平、魏成阶和朱博勤等地学专家，还有几位研究生和助手，结合遥感技术，在贵州进行了长期、艰苦的喀斯特洼地台址踏勘和地质地理学综合调查(图3.6)。以贵州为中心，在1000公里范围内寻找SKA外围点，进行洼地普查，以地理编码的高精度卫星数据和全省区1:250 000数字高程模型为基础，以GPS为辅，遥感图像处理软件和数据库软件为平台，开展定性和定量工作。

他们以区内1:25 000航空照片及1:10 000地形图为基础，应用“3S”(遥感RS、地理信息系统GIS、全球定位系统GPS)技术、现场考察和勘查等方法，在喀斯特地貌发育良好的贵州南部，找到大量适合建造直径300—500

图3.6　FAST台址踏勘，左起：聂跃平、彭勃、王佐培和朱博勤

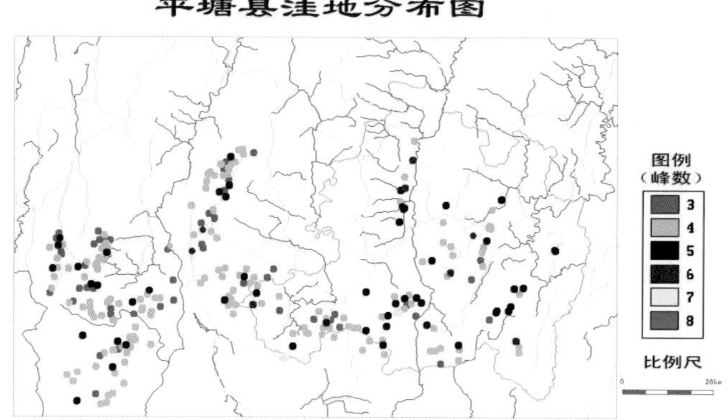

图 3.7　贵州省黔南州平塘县大射电望远镜候选洼地台址分布，圆点代表洼地，圆点颜色代表洼地山峰数

米的大射电望远镜候选洼地，平塘县洼地分布如图3.7所示，包括了洼地环绕的山峰数量。

1995年底，聂跃平、朱博勤等人建立了近400个候选洼地的地形地貌形态基本数据库。其入选条件包括：洼地有较规则的形态，椭圆度小于1.5；较完整封闭，周围至少有3个山峰环绕；峰与峰对向距离大于300米；洼地深度大于100米。这一数据库包括七类主要可查询信息：长轴方位、长短轴比、洼地深度、环绕峰数、直径、地理坐标、峰顶海拔。

依据这个数据库，在1996年1月的曼彻斯特国际高灵敏度射电天文大会上，我做了大射电望远镜中国选址报告。回答问题时，给大家留下了"贵州遍地是洼地，随处可建望远镜"的印象。报告在该会议文集发表，也成为国际第一批发表的SKA选址报告。

之后，遥感所对典型洼地进行了1∶10 000精度三维图像与球冠状天线拟合分析，优选出若干适合建造大射电望远镜LT/FAST的候选洼地。先后进行了数据采集和编辑、矢量-栅格数据转换及等值线插值，生成数字地形模型。以数字高程模型影像为基础进行相对高程分类，叠加数字地形模型网格和高程分类图像，实现喀斯特洼地的三维显示(图3.8)。

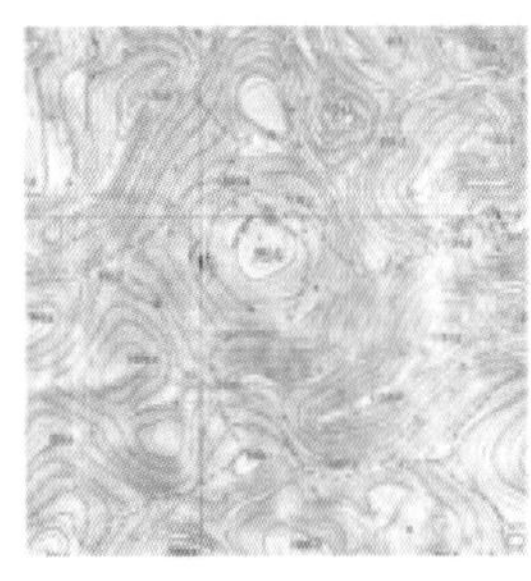
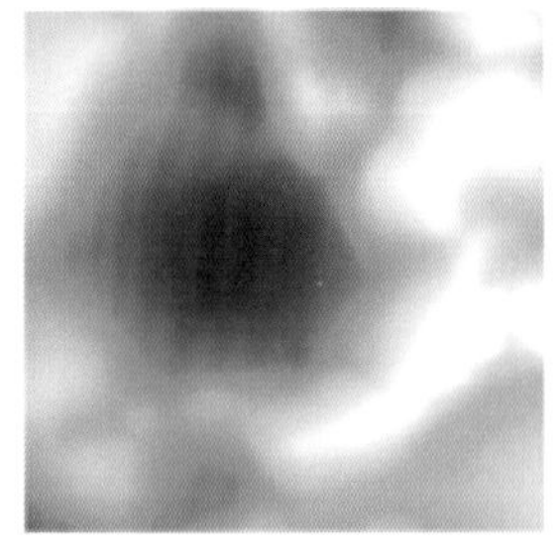
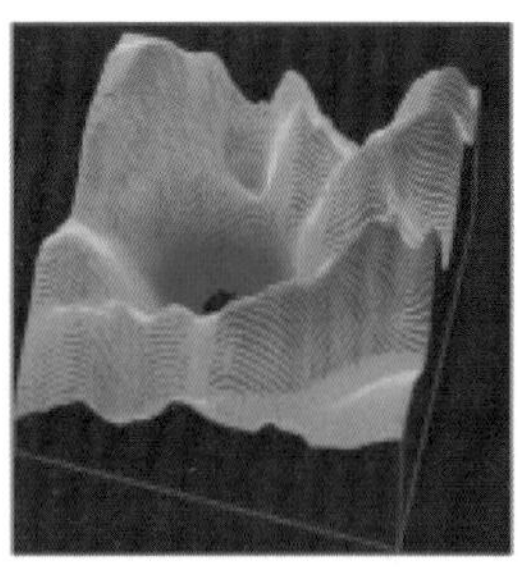

图3.8　FAST台址大窝凼洼地地形、数字地形模型、三维图像

然后，我们研究了重点洼地的数字地形图与FAST球冠拟合、若干重点洼地高分辨率数字地形模型图像。综合遥感和野外工作、基于1∶2000地形图，考虑球半径、圆心夹角、球底高程及球心平面坐标等及其组合变化（图3.9），编写了FAST球面与洼地的高分辨率三维拟合程序，获得天线在洼地中的最佳位置和最大有效口径，开发了估算相应开挖和填方量的仿真和动态演示软件。还对洼地与FAST球面之间的土木工程、馈源支撑塔分布等进行了初步分析。不仅满足了大射电望远镜FAST的要求，还为SKA落户中国奠定了良好的选址基础。此轮选址还对候选区电磁波环境、气象、地震、资源环境、工程地质与水文地质及社会发展状况等进行了分析评价，对周围水系进行了初探。中国科学院北京天文台吴盛殷、邱育海、南仁东、张喜镇、田文武、朴廷彝、颜毅华、康连生、陈宏升、苏彦、李建斌和我，在阵列构型、电波

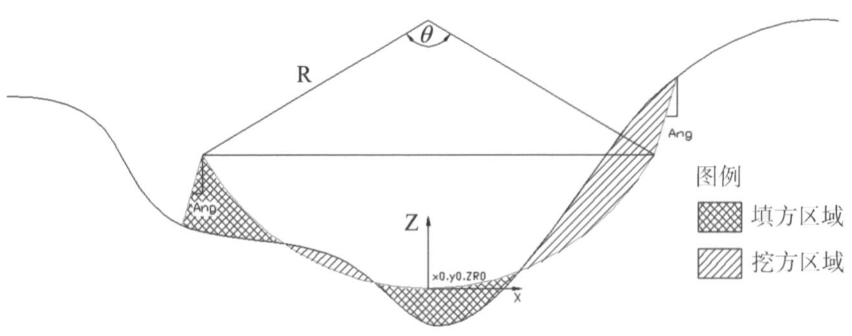

图3.9　FASTV挖填方计算模型

环境、电离层等科学方面予以指导和合作研究。

1998年初，北京天文台从中关村搬迁至北郊“中国科学院天地科学园区”，两家大射电望远镜最早合作的单位成了邻居！曾几何时，我们用3.5寸软盘、光盘“人工”传递选址数据和图像，现在成了邻居单位之间的往来，倒是省了出租车费。

十多年来，我们一起跋涉在贵州的绿水青山之间。考察最近居民点规模、周围植被状况、洼地耕地等，还向候选洼地附近村寨的农民打听雨雪、冰雹、雷电、洪涝等小气候情况，以这些民间信息作为参考，因为气象站一般只设至县城，乡镇还没有能力建设气象站。

据统计，平塘县的平均气温约16.9℃，年最高气温38.1℃、最低气温−7.7℃。降水年均1200毫米，集中在4—10月，占全年约85%。无霜期年均312天。1980—1999年，年均结冰9天，约50%在冬季。90%以上下雪日为零星小雪，落地即化；10%为中雪，年均0.8次。雷暴及闪电年均60天，多为云间放电，年均64次。1961年至1999年近40年，年均降雹0.6次。降雹路径主要在大塘、通州、鼠场、白龙一带。其余年份出现冰雹雹粒较小(玉米或黄豆粒大)，降雹时间短、密度小。

(2) 普定县喀斯特岩溶试验站“县大队”

1994年初夏，在贵州省科技厅(原省科委)李纪福处长帮助下，中国科学院遥感所聂跃平博士访问普定县喀斯特岩溶试验站，开始了在普定县大射电望远镜洼地的大射电望远镜选址。

普定县的优势是，拥有一支本地化岩溶专业队伍，包括大学刚毕业的学生。1994年7月，喀斯特岩溶试验站站长辛访明(2015年病逝)带领团队，在贵州省科委支持下，按照北京天文台的选址要求，开始了艰苦而卓有成效的大射电望远镜选址。

1994年11月，荷兰射电天文学家斯特罗姆与我在聂跃平及贵州省科委巫怒安、李纪福、潘洁等陪同下，造访了普定县，在地学和无线电环境两方面开展工作。踏勘了十来个候选洼地，对其中8个进行了电波环境检测。事实上，这也是国际大射电望远镜LT/FAST首次电磁波干扰电平测试。

当时，中国没有适合野外工作的电磁环境监测便携设备。国际援助的选址设备只能请好朋友斯特罗姆从荷兰带到北京，再转运到贵阳。这台无线电干扰监测设备，是颜毅华在海牙参加国际大射电望远镜第二次工作组会议时，代表中国提出并申请到的国际援助。

半年后，在英文期刊上，我们发表了贵州大射电望远镜选址测试初步结果。这也是国际大射电望远镜LT/SKA的首次专业性选址报告。

1995年2月，北京天文台两位高级工程师朴廷彝、康连生赶赴贵州，继续使用荷兰便携电磁环境接收机，在贵州候选洼地进行无线电环境的接力监测。同时，朴廷彝、康连生还对岩溶站年轻人进行了现场技术培训。随后，贵州青年扛起天线架、背着接收机、抬着汽车电瓶，翻山越岭地在候选台址架设备，对一个又一个大射电候选台址进行电磁环境巡测。

不可思议的是，1995年，普定县县长付京急中生智地“憋出”个用飞机选址的办法。付京居然找到安顺双阳飞机制造厂副总工程师、贵州通用航空有限公司总经理范月明，使用运-11飞机，在普定县飞了一天，完成航拍。付京还求助于贵州师范大学地理系何主任，请他组织专家帮助分析，按照天文台需求，与中科院遥感所合作编写初步选址方案，结果三天搞定！

岩溶试验站青年们测完安顺普定县候选洼地，又马不停蹄地赶往黔南州，对平塘县候选洼地进行巡测。一轮监测用时差不多接近四星期。他们吃的是自带干粮，喝水靠军用水壶。所幸的是，时常会被热心的村民邀请到苗家山寨家中，吃一顿正常午餐。这才可以享用农民自家腊肉、酸菜和包谷饭。当看到选址队员被山岩磕碰出血的伤口时，村民还会翻箱倒柜地找出自制的止血草药，给队员敷上。

大射电选址工作由贵州省科委协调，县领导和喀斯特岩溶站年轻人配合，对安顺地区、黔南州至贵阳之间的上百个候选洼地进行踏勘，对其中数十个重点洼地进行了数字地形建模（图3.10右），还对十余个洼地进行无线电环境监测。喀斯特岩溶试验站历时200昼夜、行程1万公里，从154个候选洼地中筛选出了99个，又进一步遴选出可及性良好的30个洼地，为大射电望远镜提供了第一批候选台址，包括龙场乡的手扒岩、磨雄大冲，猫洞乡张子云、喊甲等洼地。在百公里范围大体形成椭圆形分布，其代表是尚家冲（图3.10左）。

岩溶试验站与遥感所魏成阶、聂跃平等人合作，撰写了关于在贵州省选择大天文望远镜工程场址的报告。报告的基本结论由北京天文台颜毅华博士提交到在海牙举办的第二届大射电望远镜工作组国际会议LTWG-2上。LTWG-2会议纪要这样记载：合适的地形，例如中国贵州的喀斯特洼地，对阿雷西博型大射电望远镜概念是至关重要的。

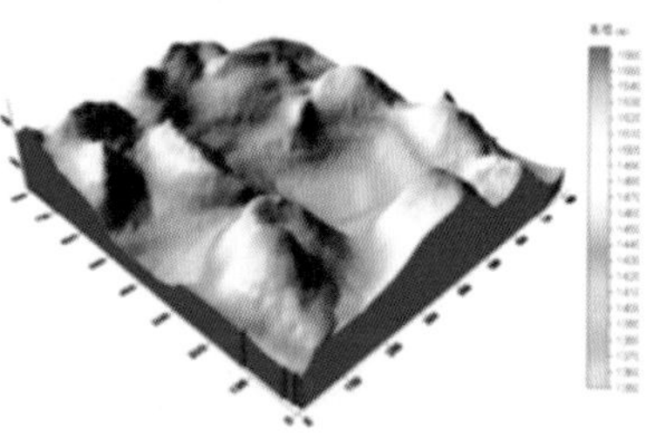

图3.10　贵州省安顺市普定县尚家冲洼地及其三维地形图

日复一日，就是这样一群贵州青年，在候选台址附近村民支持下，为大射电望远镜事业“铺路”，开展基础性工作，默默地付出辛劳、青春乃至生命。1995年，岩溶站两位年轻人李维星、罗罡在考察候选台址时，不幸意外遭遇车祸去世。

饮水思源，勿忘历史。无论是运行FAST望远镜的技术团队，还是使用大射电出成果的科研人员，都应铭记那些为大射电事业作出贡献甚至献出生命的同志。

(3) 贵州(工业)大学“博士团”

2002年，在俞健副厅长、苟渝新处长的推动和支持下，贵州省科技厅与国家天文台大射电望远镜实验室共同出资，为了准备SKA中国台址申请以及不遗漏任何可能的FAST最佳台址，也为专业性独立验证遥感所前期贵州选址的正确性，开始了大射电望远镜第二轮贵州选址。贵州工业大学(2004年合并入贵州大学)喀斯特环境与地质灾害实验室的宋建波、刘宏、王文俊、向喜琼等博士承担了这一任务。

按照SKA选址条件及申请报告要求，以宋建波为首的第二轮贵州选址联盟，详细调查、研究了大射电望远镜候选台址区的完整基础信息，主要涉及政治稳定性、经济基础、交通条件、电力供应、光纤通信、数据传输、人口分布、自然灾害和台址环境及几何参数、射频干扰、频谱保护和区域发展愿景等，还提供了周边环境、地理分布、气候、电离层、对流层等物理条件测量值和相关信息、极限值等统计数据，以及教育基础、机场等信息。

结合贵州省1∶200 000地质图、1∶10 000地形图逾4000张，先后遴选出直径300米以上的洼地，形成贵州重点洼地数字地形图近400个。再根据峰-峰间距、洼地深度、球冠张角等，进行球冠拟合，得到最佳口径、长短轴和最小土石方开挖量，遴选了约70个优选洼地进行野外踏勘。

“博士团”把遗传算法应用于对数螺旋线洼地布局，以1∶10 000地图开展地形分析，从大约750个洼地中，选出了60个候选洼地(图3.11)，包括核心区0.75公里半径内10个，中央区12.5公里半径环区5个，外围区150公里半径环区25个，边缘区3000公里半径环区10个，以及“冗余”候选洼地10

图3.11　黔南州平塘县的打多洼地

个，均纳入了SKA中国选址报告。

那一轮再选址，几乎是专职的，持续3年半之久。贵州大学选址"博士团"购买了一台专用越野车，走遍了贵州省的平塘、紫云、惠水、罗甸、荔波、普定、镇宁、安龙、册亨、盘县、兴义和关岭等地（图3.12），颠簸在人烟稀少的乡间。披星戴月的贵大人、天文人合作，把青春与理想永久地镌刻在了崎岖

图3.12　2004年7月29日，贵州（工业）大学博士刘宏（右一）、研究生高云河（中间戴草帽）和西南交通大学教授程谦恭（左一）在FAST台址大窝凼南垭口

陡峭的土路、狭窄坑洼的乡野石子路上。

候选台址区域稳定性评价涉及：地震强度、地震历史记录详细调查，区域大型断裂性质研究。对于重点洼地台址，还涉及岩石抗压强度等力学性质，周围地表、地下水系的水取样的分析试验等。

2004年6月，选择球半径300米、拟合口径520米、球冠张角120°进行三维地形拟合（图3.13），按挖填方率和开挖量优化分析，得到FAST洼地台址10个，后来又增加了7个。

按优先排序，它们是：平塘县大窝凼、镇宁沙锅堡葫芦冲、平塘县鸡窝冲、亨县坡马力马家窝头、平塘县甲谈、荔波岜马、平塘县六水737、镇宁小新哨、荔波王蒙、安龙么塘野猪湾、盘县银子洞、普定县尚家冲、织金县务仆王家麻窝、平塘县摆深坨、紫云出水洞997、盘县石垭口、普安白沙牛屎冲。

平塘县大窝凼名列第一，可谓是十（县）里挑一（县）。

2005年，贵州选址“博士团”将大射电望远镜候选台址三维仿真及参数优选方法，应用到FAST台址大窝凼洼地台址参数优选及挖填方量计算。同时，他们还考虑了人工边坡稳定性、馈源支撑六塔分布等问题。

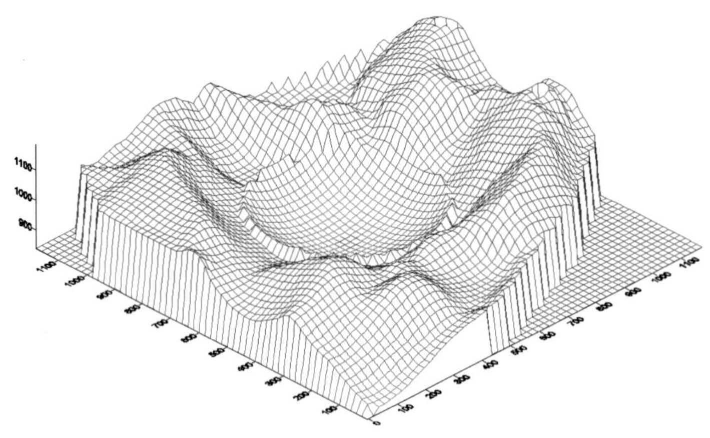

图3.13　贵州（工业）大学对FAST台址大窝凼519.6米口径球冠拟合三维图

惜别爱车

我曾与贵州大学选址“博士团”同吃同住同行。在野外跋涉时，有的地方只能手脚并用、匍匐前进，尽可能少带随身物品。雨伞是不带的，却带塑料袋，下雨时保护图纸和单反相机。2003年8月的贵州很是干旱。头晕有中暑感觉时，就在玉米地休息一会儿。由于早把水喝完了，一路上没遇到泉眼可以取到水，后来在陡坎下找到一个脸盆大小的水坑，灌了水继续前行。洼地调查后一段时间里，刘宏时不时感到腹痛，大便时竟有了蛔虫。他吃了锥形的打虫药糖果（俗称宝塔糖）就好了。同样地，王文俊也吃了打虫药。选址时上山下地、穿林过水，皮肤有点瘙痒。经当地人推荐，大家洗澡时用硫磺香皂，离开望谟时竟慢慢地不痒了。

那辆陪伴选址“博士团”行走于贵州苍茫大地上的坐骑——长城塞弗越野车，新车不到四年就不得不报废了。“博士团”成员们以泪洗面，感恩长城塞弗，与爱车悲壮惜别！

我个人还要特别感谢那辆越野车，是它载我多年后再回平塘县城，送我到玉水河，漫步平塘桥、重饮土酒，再次入住平塘县唯一宾馆——县委招待所。那次，我没让联系地方政府，悄悄地进入老城。依旧是天文、地学博士，不一样的是没外宾，没有县领导。与大射电望远镜选址团队7年后故地重游，逐梦续梦，一生当一次世界老大！

为了完成SKA中国选址报告，选址“博士团”联合贵州省无线电监测中心、贵州省山地环境气候研究所、普定县喀斯特岩溶试验站和国家天文台及相关地方政府部门等，深度开展了各自相关工作和外业采集。还经历了贵州选址“博士团”的办公室通宵达旦、贵州—北京之间电子邮件汇总这样的多学科“大会战”汇编，先形成中文版本，再翻译成英文。我再与斯特罗姆对英文报告进行了总编、完善。

王文俊的夫人钟慧、刘宏的夫人李大敏、办公室主任刘琳芳女士等也参与进来，帮助做插图、翻译文档、整理资料等。现实版的FAST事业“贤内助”！特别是在2005年春节期间，大家（及小家庭）为大射电望远镜拼了，甚至用坏了鼠标。

2005年12月31日，携带大射电望远镜SKA中国台址报告，斯特罗姆从北京“打飞的”将其送至荷兰SKA项目办公室。

SKA项目办公室主任理查德·斯基利奇是欧洲联合VLBI研究所（JIVE）创始所长，也是中国射电天文人的好朋友，对中国VLBI体系的建立和发展，特别是对以叶叔华院士为首的团队，包括上海天文台和新疆天文台，提供了实质性帮助，包括人才培养和设备支持。

射电天文朋友圈中，有两个理查德，我们均与其结下了深厚的友谊，成为“铁哥儿们”！他们都是2016年9月FAST落成典礼的特邀国际嘉宾。

2006年初，FAST选址尘埃落定，黔南州平塘县大窝凼洼地成为最终台址。当时安顺市市长慕德贵专程到北京，在南仁东和我（共用）的办公室坐等结果。慕德贵似乎听到些什么风声或有预感，当然是为争取大射电台址落户普定县做最后努力。我们进行了诚恳的交流和沟通。对安顺特别是普定县为大射电望远镜LT中国选址作出的重要贡献，我们向慕德贵市长表达了诚挚的感谢，缅怀了李维星、罗罡两位选址途中牺牲的普定岩溶站热血青年。

选址是按照科学标准遴选的，需要经过专家评选，每人一票集体决策。无论是选择普定县还是选择平塘县，都要经得住历史检验，接受世人拷问。结合台址无线电宁静环境、可及性等诸多因素，选址评审专家组建议了平塘县大窝凼、镇宁沙锅堡葫芦冲、平塘县六水737、普定县尚家冲四个核心洼地。后三个洼地开挖量是排名第一的大窝凼洼地的2—3倍。

最终，平塘县的大窝凼洼地成为FAST最佳候选台址。

（4）贵州省无线电管理局"军分区"

1999年至2005年，国家天文台射电天文高级工程师朴廷彝和康连生，多次与贵州省无线电管理局、普定县喀斯特岩溶试验站等单位合作，对安顺市普定县尚家冲洼地、黔南州平塘县的候选洼地进行长期定点电磁环境监测。

不仅监测了偏远寨子附近的大射电望远镜候选台址，还监测了村寨与邻近乡镇、乡镇与邻近县城、县城与其州（地）首府，以及至贵阳之间无线电环境，考察其随距离的变化。斯特罗姆、聂跃平和我三人组合入住贵州饭店时，在饭店和贵州省科委楼顶，还监测了省会贵阳的电波环境，形成与偏远地区的比较。

贵州省无线电管理局（省无线电管理委员会办公室，简称省无委）夏跃兵局长亲自带队下乡，常规队员（简称无委人）有孙建民、罗滔、李德航、雷磊、李家强、徐文刚和张庆等。他们带上专业的无线电监测设备，甚至配置了无线电环境监测车，到偏远村寨执行大射电望远镜电磁波干扰情况监测。无委人为大射电望远镜选址风餐露宿、安营扎寨（图3.14）。这样的准军事化团队，堪称大射电选址"军分区"。

2004年10月，在黔南州平塘县领导和克度镇百姓支持下，国家天文台联合贵州省无线电管理局和黔南无线电监测中心，在SKA中国台址核心选区（现FAST台址大窝凼洼地）开始了一年多的无线电干扰环境监测。

从贵州平塘县至罗甸县省道S312克度段的牛角，至FAST台址大窝凼洼地，有一条乡间土路，被我们称为"牛—大"（牛角—大窝凼）路，现在已经改造为柏油路了。当时，只有越野车、农用车辆能够勉强通行。时任平塘县副县长王佐培及其继任者张智勇，带领当地百姓以工代赈。据说用了大约

图3.14　贵州省无线电管理局监测车及野外生存帐篷

20万元，购买必要的材料、炸药，扩建了这段7公里的乡路，极大地方便了电磁波环境测试设备的通行，以及国内外专家、领导对候选台址的考察。

其实，雨季特别是遇到大雨时，牛角附近还是会常常被淹，因为那里有成片的农用地，地势低，有出水洞，排水不畅。那样的情形，我们FAST选址人均遭遇过，大家只能弃车，蹚水先行通过。设备车辆再后随跟进。

在FAST台址大窝凼洼地南垭口的西南侧，平塘县政府专门修建了约120平方米的临时电磁波环境监测室，为监测设备和国内外人员遮风挡雨，提供休息、用餐及办公场所，是一个"多功能厅"。

这使我想起，北京密云不老屯镇——我国第一个综合孔径射电望远镜MSRT所在地，也有个临时平房，是个有围墙的小院，被我们密云射电人称为"老观测室"。平塘县克度镇大窝凼的这个就叫"FAST老观测室"吧。它接待过国内外著名天文学家和工程技术专家，是FAST第一批观测的控制室，见证了大射电望远镜FAST和SKA的共同成长。但愿FAST人能一直爱护、使用和保护好它，与它共命运。

2005年,国际大射电望远镜执行委员会第13次会议ISSC-13在贵阳召开。省无委监测车也转战至普定县尚家冲洼地,执行SKA台址长期监测任务,同时恰好接受国际专家对SKA中国选址工作的现场检验和指导。

省无委还承担了SKA中国选址核心技术报告——SKA台址无线电干扰环境一年监测结果分析、相关评估报告的中文编写。他们自筹经费,配置了R&S公司HL033和HL050对数周期天线,使测试天线达到两组,通过射频开关选择垂直极化和水平极化。选用性能更高的低噪声放大器、高性能频谱分析仪E4440A,提高了监测系统的灵敏度。他们开发了SKA无线电干扰监测专用软件,实现自动监测、自动安排监测任务、24小时连续监测。

无委人建立了监测数据库,并且实时处理,按照SKA无线电干扰监测国际协议要求,绘制了相关图表,对数据实行了双硬盘镜像备份。省无委主动联系相关企业为大射电事业作贡献,通过网络使候选台址监测系统与贵州省无线电监测站控制中心连接,实现了远程控制。

2005年6—7月,荷兰专家罗伯特·米勒纳尔(Rob Millenaar)和博乌·席佩尔(Bou Schipper)驻场FAST台址大窝凼洼地,获取6个星期日夜联测的无线电环境大数据。图3.15展示了FAST观测基地“老观测室”的监测设备。

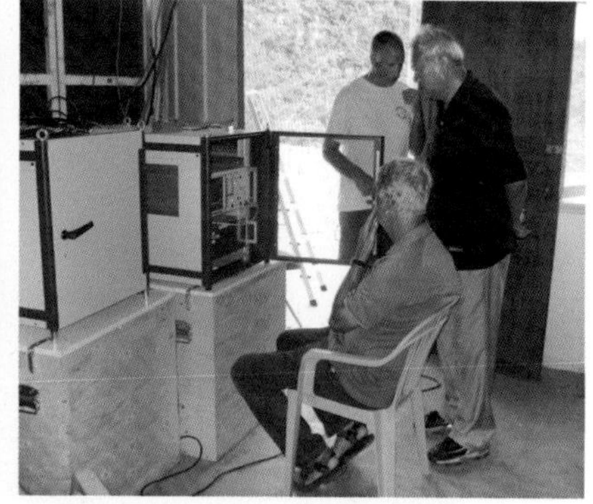

图3.15 黔南州平塘县大窝凼FAST台址电波监测现场,左起:雷磊、罗伯特·米勒纳尔、朴廷彝、李建斌、老杨在室外安装设备(左图);罗伯特·米勒纳尔、博乌·席佩尔和朴廷彝在室内监测(右图)

孙建民、罗滔、李建斌比对分析了国际SKA无线电环境监测和校准小组观测的数据。

(5) 贵州省山地环境气候研究所“小分队”

2003—2005年，贵州省山地环境气候研究所(简称山地气候所)承担了“大射电望远镜(FAST/SKA)贵州首选台址气候研究”项目，是第二轮贵州选址的重要组成部分。

在所长吴战平带领下，莫建国、宋国强、帅士章等山地气候所人，联合贵州省气象台于俊伟、孙纳卡，贵州省气象装备中心万和华等，利用历史资料，分析贵州全省气候特征分布情况。在核心区大窝凼洼地内部和周边，建立7要素自动气象站，进行系统的持续一年的小环境实测(图3.16)。

山地气候所人获取了核心洼地及周边各气象要素的观测资料，如：温度、相对湿度、气压、雨量、风向、风速、太阳辐射、蒸散量、露点温度。针对性地研究了台址周边气象要素的时空分布规律，按季度开展了局部气候监测

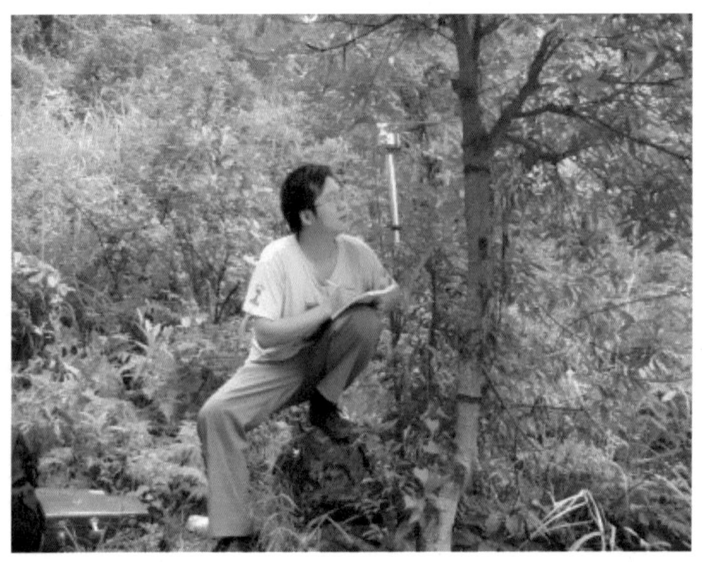

图3.16 贵州省山地气候所人在FAST台址大窝凼流动气象站观测现场

和统计研究。先后分四次进行野外实地小气候考察和观测，我实际参与其中一次。

山地气候所人和天文人获取了四季代表月（1月、4月、7月、10月）的短期实测气象资料，同时平塘、罗甸两地的气象台站配合开展了对比观测。大窝凼洼地1月坡面气温随高度的变化是：各时刻气温随高度一致递减，递减率为1.3—1.9℃/100米，各层最大日较差达4.9℃以上。洼地逆温现象明显，清晨由于冷空气堆积达到极致，海拔870米以下呈现出明显强逆温现象。以8点为例，最大递增率可达1.5℃/100米，各层最大日较差达2.4℃以上。

为详细摸清大窝凼洼地坡面各高度的气温日变化情况，在7月的野外小气候考察中，山地气候所人和天文人增设了7个点进行加密观测。由于受复杂环境的影响，洼地各时刻气温变化波动性比气象台站要大得多。

在实地小气候考察、气象要素及其时空分布观测基础上，山地气候所人和天文人对克度镇金科村局部气候、雷电、凝冻、水汽含量等情况进行了专题分析。特别是，对贵州冰雹天气灾害风险、冰雹主要移动路径的分析，为大射电望远镜FAST台址选择提供了重要参考。

2008年1月12日，贵州省受到50年罕见的大面积雪凝天气影响，灾害波及范围广、持续时间长，造成贵州电网、通信设施等严重受损。贵州基本上全省有冻雨，冻雨下来时是雨，遇到凝结物就变为冰，结冰速度可以达到1分钟1厘米。1月27—30日，平塘县大射电办公室在台址区进行了现场考察。由于国家天文台大射电望远镜实验室的高度关注，2月21日，平塘县两位副县长带队来京通报情况，带来照片。大窝凼候选台址的灾情较轻，但这也提醒我们在望远镜设计时，一定要考虑极端天气的风险以及防御措施。

山地气候所的选址工作成果还包括植被状况、水体状况、污染状况，这些不仅纳入了SKA中国选址报告，也纳入了FAST立项建议书。

(6) 勘察与测绘"黔军"

平塘县大窝凼洼地、普定县尚家冲洼地，分别由二叠系和石炭系灰岩组成。岩石坚硬，抗压强度高，工程地质条件良好。但由于灰岩的可溶性，在洼地底部常形成落水通道，并向地下水面（深50米以上）排泄。据贵州省地矿局1:200 000水文地质调查报告和多年实地考察，平塘县大窝凼、普定县尚家冲洼地内和地下50米无大型溶洞和地下河发育。

2005年，为进一步查明大窝凼洼地岩溶水渗流途径及其岩溶顶板稳定性，贵州地质工程勘察院、贵州省建筑工程勘察院对大窝凼洼地进行了间接地质勘察。这些贵州本土勘察人采用高密度电法和三维地震勘探结合的地球物理探测技术，初步探测了FAST台址区岩土结构特征、表层带岩溶水分布。

高密度电法又称高密度电阻率法，集中了电剖面法和电测深法的特点，用高密度电法仪获取地下信息。三维地震勘探则在一定面积采用地震信息方法，立体了解地下地质构造情况，以提供剖面、平面和立体地下地质图构造图像。三维地震勘探提高了地震勘探精确度，对地下地质构造复杂多变的地区更为有效。

贵州省建筑工程勘察院、贵州地质工程勘察院分别完成了"大窝凼洼地顶板电法勘探""平塘县大窝凼FAST/SKA台址选取高密度电阻率法勘探"。完成电探12个剖面12条共计708个测点，充电点2个。充电电位梯度剖面6条121个测点，高密度电阻率剖面7条600个测点。

2006年1月12日，国家天文台大射电望远镜实验室在北京中关村客座公寓主持召开"FAST候选台址勘探专家咨询会"，对电法探测结果进行专家评估，为综合勘探进行咨询。专家建议，以FAST台址大窝凼洼地为中心，呈"十"字形布置勘探线，各长1000米，布设约20个钻孔，以揭示洼地地下岩土工程和水文地质概况。

作为FAST候选台址工程水文地质综合初探先导，2月10—14日，中科院遥感所聂跃平、朱博勤和我，会同贵州省勘察设计专家，到FAST台址候选区实地踏勘，重点是初探大窝凼洼地周边水系。经过三天的野外工作，我们获取了大量相关数据和现场照片。

2月20日，我在大射电望远镜实验室周会上做了工作汇报，并建议从洼地垭口修一条到达底部的简易土石路，以方便钻探设备进出现场和维护施工人员安全。27日，在国家天文台437会议室，对比贵州地质工程勘察院和贵州省建筑工程勘察院投标文件，专家组建议，以查清区域水文地质条件和重大地质灾害隐患为主，推荐贵州地质工程勘察院承担该项目。

2006年3月，通过招投标，贵州地质工程勘察院在平塘县大窝凼洼地里进行米字钻探，查看地下溶洞、暗河分布，以及工程建设时地锚需要的基岩层情况。由于经费限制，在大窝凼洼地内布设21个钻孔(图3.17)，中心孔计划深度150米。但是，打到113米深度时，钻头很容易打坏，表明碰到了基岩。

6月20—21日，FAST台址区工程水文地质初探完成了现场验收。验收

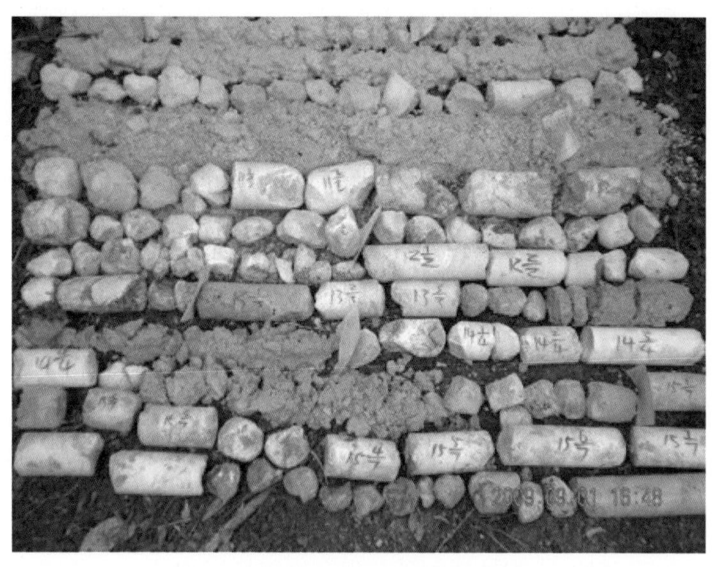

图3.17　2006年台址勘察岩心取样

专家组认为:该勘察项目采用工程地质、水文地质的测绘、钻探、物探(EH-4、跨孔电磁波、单孔超声波等)、钻孔注水试验、地下水连通试验、室内岩样、土样试验以及水质分析等综合方法,完成了要求的勘察任务和设计工作量。初步查清了该区岩溶发育分布规律。

大窝凼洼地岩层面倾向与坡向相反或相交,整体稳定性良好,存在的小规模崩塌体及危岩可以通过工程措施解决。大窝凼勘探深度内无大规模的水平岩溶管道或溶洞发育,不会产生大的岩溶塌陷。大窝凼属大井地下河系,六水属小井地下河系,两者无水力联系,洼地地下水位埋深大于70米,回流淹没洼地可能性不大。造成洼地淹没的原因不是深部地下水上升,而是大气降水和表层松散孔隙水汇入洼地的水量超过落水洞的消水能力。

大窝凼洼地由二叠系灰岩夹砂岩组成,砂岩形成局部隔水层。其底部有泉水露头,泉水性质为裂隙管道水。专家建议,利用现有钻孔,采用自动监测仪开展地下水位动态监测,分析降雨与地下水位变化的关系。

2007年底,贵州省第一测绘院两次去大窝凼现场,确认已有国家基准测点情况。

2008年,贵州省第一测绘院承担了FAST台址区域中心范围4平方公里1:1000高精度地形测绘工作(相当于水平方向精度10厘米),并经贵州省测绘质量检测站检查合格,在半径750米范围地形测量比例尺达1:500。相关工作成果的验收会在平塘县克度镇政府的会议室进行(图3.18)。考虑到以后还会使用此会议室,我就安排了些工作经费,把会议室简单改造了,包括粉刷和配置投影仪等。

2009年6月,贵州地质工程勘察院承担了FAST台址详勘任务。详勘主要目的为获取以下相关信息:岩土设计参数依据,松动危岩体,水文地质条件,岩溶洞隙,场地抗震类别,斜坡及人工边坡。

采用地形测绘、工程地质测绘获得台址现场详细地形地质图;取样及室

图3.18 在平塘县克度镇政府会议室召开的FAST台址地形精测验收会

内试验测试岩石各种力学指标；钻探查明场地地层、岩性、岩溶洞隙发育情况、破碎带，验证前期高密度电法、跨孔电磁波CT成像、EH-4测试发现的异常点；钻孔超声波测试测定岩石破碎情况；钻孔剪切波测试岩石力学性质；地微振测试场地稳定性；压水试验岩石渗水性质；现场载荷试验岩石力学性质；现场直剪试验岩石力学性质；孔锚杆抗拔试验得出岩土抗拉强度。对场地进行了综合性岩土工程勘探，查明场地岩土工程性质，为工程建设打下良好基础。

钻探范围：500米口径反射球面及其沿口、斜拉塔柱基础、可能产生滑坡的切方边坡地段。控制性钻孔进入稳定岩石不小于5米，预计孔深15—55米。

根据岩土工程详勘相关规范，详勘分布25米间隔约440个钻孔。包括在半径750米范围，打4个剖面、反射面圈梁位置布置了一圈钻孔。还在约10处边坡布孔勘察，重点是了解边坡稳定性。在远处的馈源支撑塔位置、观测基地等也进行了钻孔勘探，对堆积层则还要往下打孔5米深。鉴于经费紧张，结合初勘时已有的十字形分布的20个孔，在反射面区域中、高部适当减少钻孔数目，并尽可能利用施工期间开挖揭露和锚固钻孔资料。实际打了315个钻孔，钻探总进尺约8675米，为FAST工程建设探明了地质结构。

FAST台址大窝凼洼地地形起伏性大，岩性复杂，均匀性差，发育有岩溶洞隙，斜坡面上零星分布的松动岩块易产生小规模的塌落，场地及地基的复杂程度等级均为二级，按《岩土工程勘察规范》规定，岩土勘察等级为甲级。

贵州地质工程勘察院、贵州省建筑工程勘察院还在台址周边进行了1∶2000土地利用、森林覆盖、地表水系、地质构造、第四纪地质、不良地质现象详查。采用遥感、地理信息系统和全球定位系统，结合岩土工程勘探、地球物理勘探等技术和方法，对大窝凼洼地进行了望远镜台址综合评价，寻求FAST工程建设与望远镜台址环境的最优组合。

这些贵州本地企事业单位，为500米口径球面射电望远镜FAST在贵州建设做了大量野外、基础性工作，堪称贵州本土勘察与测绘“黔军”。

3. 馈源索驱动研究方面军

FAST巨型望远镜反射面与馈源之间无刚性连接，我们创新性地提出了轻型索驱动馈源舱支撑，以降低馈源支撑整体重量和结构尺寸，进而减少对望远镜电波的遮挡。采用了光机电一体化设计，包括支撑塔、索驱动装置、馈源舱、舱停靠平台四大部分，使用并联机器人进行二次精调，以实现馈源的高精度指向与跟踪，成为FAST项目的三大创新之一。方案的提出、发展，贯穿了大射电望远镜FAST技术创新和设计全过程，集成了天文、机械、结构、电气、通信、测量、控制等十几个相关学科专业，是大科学工程产学研合作的成功典范。

1999年5月，在北京召开索驱动方案审议校核会，结果为：“索支撑方案，大概是不可避免的，原则上看不出有不可逾越的技术风险，需通过计算机仿真研究及缩尺模型实验来回答方案中的技术难点问题。”为使指向误差控制在0.1个束宽，馈源中心误差需要小于4毫米，对望远镜增益造成1%损失；当馈源轴与反射面轴交角约1°时，增益下降0.4%，旁瓣电平增加0.5分贝，这些均可忽略。观测过程中，通过调整索长来控制馈源舱的位置与姿态。由于索拖动结构的柔性、驱动滞后以及各种干扰等因素，难以一次实现馈源的空间精确定位，馈源舱内拟安装Stewart稳定平台作二次精调。

为降低技术风险，西安电子科技大学索驱动方案和清华大学移动小车方案双线进行(图3.19)，并分别由北京理工大学和清华大学为各个方案提供Stewart二次精调平台。历时13年预研究，西电和清华大学的大射电望远镜团组建立了大约10个一次支撑系统、若干个二次支撑系统的试验模型，辅以中国科学院数学与系统科学所、中国科学院力学所、德国达姆施塔特工业大学(TUD)和国家天文台的支持合作，完善了FAST馈源舱支撑方案并进行了模型试验研究。

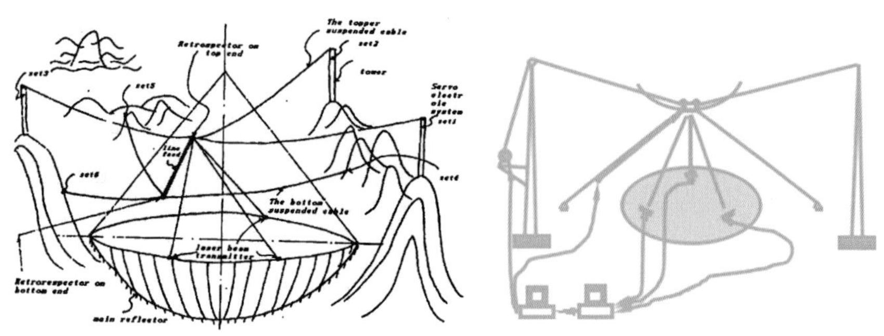

图3.19　西电馈源索支撑优化概念(左)，清华移动小车平行索道方案(右)

(1) 西安电子科技大学“机电先遣队”

1995年7月4—6日，北京天文台召开射电天文、微波、机械和结构专家咨询会，为10月举行的贵州LT国际会议做技术准备，第一次把大射电望远镜计划和可能的技术路线介绍给国内相关领域同行。从英国利物浦大学完成博士后研究回国不久的段宝岩等人，酝酿了一个轻型馈源无平台支撑(又称馈源舱索驱动)方案。

那时，阿雷西博305米望远镜正在进行第二次升级改造，将一个重40吨(配重25吨)、约40米长的“线馈源”改造为重99吨、跨度22米的“双反射面”，以改正球差，更加高效地汇聚来自宇宙的电磁辐射。随后，阿雷西博望远镜又配置了低频7波束馈源阵列和多个频段的接收机，重量不到1吨。如果“照搬”阿雷西博望远镜的馈源支撑系统，KARST计划的馈源支撑系统结构重量将达上万吨，大射电望远镜的工程难度及昂贵的造价将会令人望而却步。

1995年10月2—6日，在大射电望远镜LTWG-3国际会议上，段宝岩博士领导的西安电子科技大学大射电团组正式提交了用3根百米高塔悬挂并驱动的数百米长的钢索来拖动“线状馈源”，以实现望远镜馈源的指向与跟踪的方案(图3.20)。悬索支撑机构以其特有的结构简单、惯性小、运动速度快、载荷自重比高及工作空间大等优点，备受关注，被与会国际专家评价为“大胆的创新”。王绶琯院士非常关注和支持馈源无平台支撑设想。因为在百米高空减重，对降低大口径望远镜造价是至关重要的，甚至关乎项目的可行性。

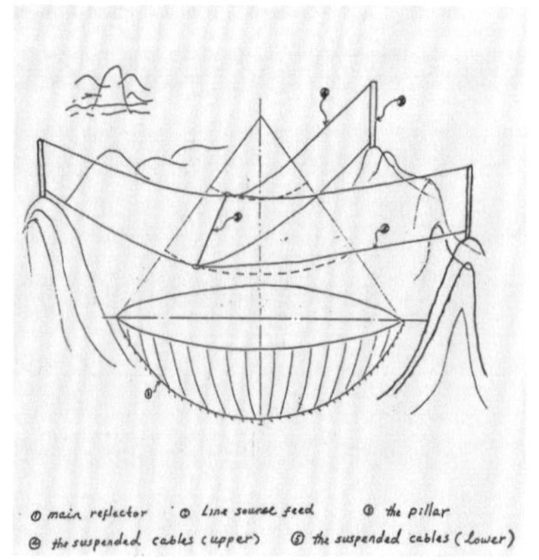

图3.20　LTWG-3 会议上段宝岩报告馈源无平台支撑设想及其第一张示意图

一个月后,在北京天文台召开的LT中国推进委员会成立暨第一次学术年会期间,我与段宝岩探讨了索驱动馈源方案定位问题。记得我们是在从北京天文台往中科院招待所方向走的路上,电子工业部第39研究所的沈泉博士同行。我询问:有风扰动和索振动时,公里尺度的悬空索定位误差会有多大呢?10厘米?5厘米?甚至1厘米?年轻气盛的段宝岩皱眉想象着,用手比画着回答:"没问题……差不多……那不行。"我说:那就需要有多次调整才能满足天文观测了。当时,还不清楚怎样实施二次或多次调整。

1996年在法国里尔的国际无线电科学联合会(URSI)会议上,段宝岩报告了细化的方案。随后,西电大射电团队开展了3塔(后演变为6塔)的柔性索驱动理论探索和技术研发。

段宝岩博士领导的西电大射电望远镜团组,堪称大射电望远镜(FAST/SKA)轻型馈源舱索驱动技术方案"先遣队",先后在LT概念关键技术构想、理论建模、模型试验、方案设计和仿真实验等方面,进行了长期、系统性探索和国内外广泛合作。

西电FAST馈源舱支撑结构主要包括:塔、悬索、馈源舱和二次精调Stewart平台。由悬索及附属设备如驱动电机与滑轮,实现对馈源舱的驱动以及一级粗调定位和指向功能,由Stewart平台完成减振、二级精调定位和指向功能。

西电大射电望远镜团组先后建造了室内外试验模型。为确保50米缩尺模型的成功,先制作了100:1的5米索支撑与驱动试验模型(图3.21),对方案的静力学分析、结构设计及通信控制方案进行试验。然后,在西电新、老校区各建造了一个50米6塔支撑索驱动模型(图3.22)。

老校区的50米非严格10:1缩尺馈源支撑平台试验模型,用6个水泥塔支撑12根钢索拖动一个馈源舱,有背拉索平衡体系,配备了北京理工大学研制的二次稳定Stewart精调平台。北理工及西电的大射电团组先后研制

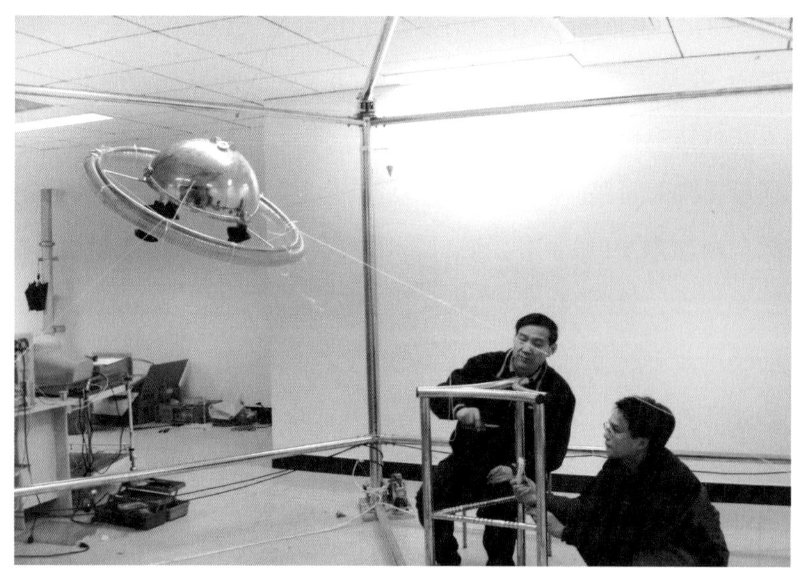

图3.21　段宝岩在西电5米馈源支撑模型前指导研究生王建文

图3.22　西电新老校区LT50米馈源支撑水泥6塔模型,配置北理工及自研的Stewart稳定平台

了二次调整模型,以及开发相应控制算法,进行风阻尼设计与试验等。这是第一个机构完整的FAST索驱动模型样机。

2001年,在西电“FAST 50米索支撑模型试验”中,国家天文台大射电望远镜实验室与郑州解放军信息工程大学LT团组合作,通过多台全站仪构建了一整套无接触式馈源位姿实时测量系统。

馈源动态测量系统由三台TCRA1101型全自动全站仪构成。全站仪是全站型电子速测仪的简称,由电子测角、电子测距和数据自动记录等系统组成,测量结果能显示、计算和存储,是能与外围设备交换信息的测量仪器。

在西电模型现场建立了高精度测量坐标系,确定了测量坐标系与控制坐标系之间的参数转换,完成了测量系统的安装调试和检测。以5赫兹采样频率实现了对馈源舱位置和姿态的动态跟踪测量,以及馈源运动开环、闭环控制系统的实时数据传输。研发了全站仪快速、动态跟踪测量功能的内置软件,控制多台全站仪同时进行动态测量的数据采集和通信等控制软件,用于数据处理、坐标转换和差分预测的计算软件及数据格式转换和通信软件等。

2006年,在新校区,西电大射电团组建立了以塔高、塔位置、舱索连接点、平衡重等为设计变量的舱索优化模型。对该50米严格按10∶1缩放的索支撑粗调模型,搭配自研Stewart精调平台,进行了天顶角由35°提高到60°后的索力优化、全站仪测量系统的测角和测距误差的研究等。

美国、英国、德国、荷兰和澳大利亚射电天文学家和相关技术专家纷纷访问西电,现场考察模型试验并进行研讨。西电大射电团组还赴美国阿雷西博天文台、英国焦德雷班克天文台进行访问交流。段宝岩博士甚至专程到美国康奈尔大学访学了2个月。

2006年1月,大射电望远镜实验室启动了华侨大学郑亚青团组的“FAST馈源索支撑的机构学研究”。华侨大学FAST团组分别于5月、11月和12月提交了三份技术研究分析报告。一年后,郑亚青团组提交了“绳牵引并联机构的研究概况和对FAST馈源索支撑相关问题的看法”。

2006年2月16日,大型射电望远镜专家咨询会在西安电子科技大学机电科学与技术研究所会议室召开。与会专家包括:中国航空工业第一集团公司第623研究所姚起杭研究员,西安交通大学建筑工程与力学学院江俊教授,西北工业大学力学与土木建筑学院邓子辰教授,西北工业大学航天学院李新国教授，华侨大学机电及自动化学院郑亚青博士，解放军信息工程大学测绘学院骆亚波硕士。西电大射电项目组成员包括机电工程学院叶尚辉、段宝岩、陈建军、仇原鹰、赵克、陈光达、保宏、米建伟、汤奥斐、訾斌、段学超、王建文、崔传贞、杜敬利、牛海军等。

仇原鹰报告了西电团组已做的工作，取得的进展以及存在的主要问题；陈光达在5米模型现场介绍了模型运行情况，并实地演示了增加下拉索和增加一圈水对提高扭转刚度、控制结构振动的试验。

专家针对模型的特点与问题，对已完成的理论分析、数值仿真、结构改进等方面的工作进行了分析与讨论，认为：西电大射电团组过去十余年做了卓有成效的工作，解决了许多关键理论与技术问题，完成了大量模型试验。增加一圈水的方案可增加质量阻尼、消耗能量，有助于抑制振动。但增加的重量为馈源舱重量的2/3，索张力增加较多，在激励初始阶段，导致振动幅度比不加一圈水时的幅度高，有负面效应出现。增加3根下拉索的方案可实现增加扭转刚度、抑制振动的目的，有望满足工程需求。下拉索每个吊重0.3公斤，比馈源舱重量6公斤小一个数量级。试验结果表明，增加下拉索方案明显优于增加一圈水方案。

专家建议西电FAST团组在下拉索结构上可考虑增加阻尼器，进一步增加抑振效果；对下拉索的振动控制效果从振动幅度、衰减时间等方面给出进一步的量化结果；增加对力的检测，以便对模型进行深入分析与试验；进行索疲劳强度的深入研究工作等。

在当天举行的华侨大学与西电的双边合作会议上，郑亚青做关于绳牵引机构自由度、工作空间、结构刚度的报告，关于西电6索牵引500米大射电模型的工作空间和结构刚度的分析报告。经讨论后，双方达成以下共识：

增加被动下拉索十分有效地抑制了初位移引起的馈源舱振动。下一步可设法用鼓风机对运行中的5米模型馈源舱进行干扰，测量对比纯6索模型和增加被动下拉索模型的振动情况。增加对力的检测,以便对模型进行深入分析与试验。

美国国家标准及技术研究所的并联柔索机器人已用于机加工,其动平台尺度在厘米级,索的长度在米级,动平台运动精度估计在0.01毫米量级。从尺度对比上看,FAST米级尺度的动平台可以达到厘米级定位精度。并联柔索机器人加工过程中会与工件发生作用,产生振动,其振动抑制方法应当对FAST模型有借鉴价值。

500米模型索的长度较长,在张力作用下,索的弹性变形比较大,应考虑扣除弹性变形的影响,西电大射电团组在2002年的中科院知识创新工程项目验收报告中已经考虑了去除弹性变形影响的问题。

2006年3月,FAST国际咨询与评估会上,作为评估报告的主要支撑材料之一,西安电子科技大学系列缩比试验模型预研成果得到与会专家认可,为FAST可行性论证提供了重要依据。

西电LT团组仇原鹰、王家礼、徐国华、陈光达、苏玉鑫、王文利、保宏、段学超、陈杰、邱金波、赵泽等主力队员,风雨兼程地进行技术研发,发表了数十篇大射电相关的研究论文和申请了相关专利,大约30名研究生开题并毕业。

国家天文台大射电望远镜实验室朱文白长期在西电大射电模型驻场,参与大射电望远镜馈源支撑相关技术合作。在此期间,朱文白完成了其博士课题研究,在FAST预研究、立项、可研、初步设计和工程建设中发挥了重要作用,成长为FAST工程独当一面的馈源支撑系统总工程师。他还潜心研读大科学工程管理方法,指导了FAST工程馈源支撑系统的建设,无论是工程质量还是经费额度均把控很到位。

(2) 清华大学"力学纵队"

由北京天文台高级工程师徐祥牵线搭桥,北京天文台大射电望远镜课题组与清华大学土木工程系徐秉业教授、郭彦林教授建立了合作。

1997年初,在清华大学土木工程系,我和邱育海与徐秉业教授、郭彦林教授进行了初步交流。不久,南仁东和我再访清华大学。

在土木工程系的阶梯教室,郭彦林在黑板上和后续文档中对FAST项目给出了结构方面的建议。徐秉业教授的硕士研究生翟建翔将大射电望远镜研究课题带到力学课上讨论,并将他的力学课教师任革学博士引荐给我,由此开启了又一支劲旅踏上大射电关键技术馈源索驱动探索的创新之路。

1998年,通过参加LT中国推进委员会、FAST项目委员会相关活动,清华大学工程力学系任革学博士团组提出了移动小车平行索道方案,即四塔柔性索驱动(高山索道)技术。该方案与西电的索拖动方案都是应用柔索支撑,但结构上有些差异。一个是剪断索直接拖动馈源舱,另一个靠承载馈源舱的小车在连续索上的运动。两种技术路线及试验结果,为FAST指向跟踪系统最终设计的可行性、先进性及低成本提供了冗余保证。

清华大学任革学的方案是:两对正交索道,由四根塔支撑,承载馈源舱的小车在索道上爬行,与高山索道缆车有相似之处。通过小车运动、馈源舱转动加之索道长度的变化,来控制馈源舱的位置与姿态。在小车上附加四根下拉索,以加强系统的刚性。舱内Stewart平台实现结构减振及馈源精调定位与指向。

令我印象深刻的是,在清华大学工程力学系任革学办公室,他曾兴奋地给我们展示了第一个馈源支撑模型,那是个2米模型(图3.23左)。8根木头柱子模拟百米高塔,并辅助4根稳定索;以普通电话线作索道,立方体金属盒模拟馈源舱。这个简易模型占据了任革学办公室的半壁江山。

模型虽然简陋,甚至有些"丑",造价只有20元人民币,但毕竟是大射电望远镜索驱动创新技术由纸上谈兵转为试验模型的第一次尝试!这个2米木制塔索体系,帮助任革学和我们大家更加理解了设计方案,成为FAST"高

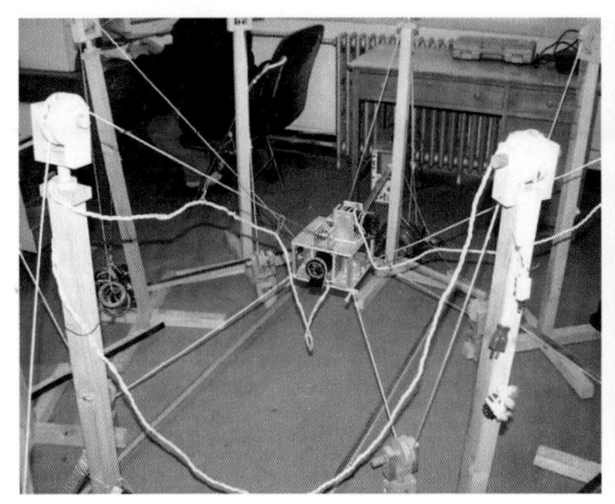

图3.23　清华大学工程力学系2米木制8塔模型(左),5米钢制模型(右)

山索道式”馈源支撑索驱动技术的第一个模型,也是耗资约1.2亿元的FAST馈源支撑系统的前身。这是穷书生过日子的真实写照,是大科学工程之“丐帮传奇”片段!

随后,任革学领导的“力学纵队”建立了5米尺度的计算机控制钢制模型(图3.23右),完成了CCD三维空间位置测量系统、4台电机联合调速控制系统、承重索张力的测量与平衡系统,用两台计算机实现测量与控制的集成,研制了可视化控制界面,初步实现了馈源舱在焦面上的曲线运动和直线运动。

根据运动学和动力学的相似律,任革学团队又先后建立了20米和50米缩尺模型,包括合作研制的二次精调系统,研究了力学特性;完成多台电机联控,实现了移动小车跟踪与换源运动。

记得在一个周末,我在北京太平路家中接到任革学的电话,他正在清华大学的办公室里忙碌。他询问50米清华模型的塔是建成钢的还是水泥的。我表示自己倾向于钢的,主要是灵活、可搬迁。万一清华大学临时场地被其他项目征用,馈源舱索驱动支撑模型还可以搬到其他地方继续实验。他说,OK!就这样,清华大学50米FAST馈源支撑四塔模型做成钢塔了。

2米、5米和20米馈源支撑缩尺模型建在室内,包括租用建筑系的大实验室为场地。后来的50米馈源支撑缩尺模型建在室外,不仅是因为室内场地限制，更是为了在真实环境下进行实验。

馈源支撑平台的研制，也造就了一支年轻、精干的专业团队。清华大学FAST“力学纵队”路英杰（本科、硕士至博士均以索驱动建模、实验和分析为课题），郑州解放军信息工程大学骆亚波（硕士和博士以索驱动测量为课题），国家天文台大射电望远镜实验室朱丽春、朱文白（以FAST的测量和控制为博士课题）等人，先后参与了大射电望远镜FAST高山索道式馈源支撑5米、20米试验模型（图3.24）以及50米模型的试验研究。

清华大学任革学团队还开展了广泛合作：联合郑州信息工程大学郑勇博士领导的FAST测量团组，通过高精度全站仪进行控制与数据记录；与清华大学精密仪器系段广洪教授领导的FAST二次稳定平台团组合作，建立了FAST馈源支撑精调Stewart平台缩尺模型。

2002年，在清华“FAST 50米索支撑模型实验”中，大家融合了多种测量技术，取得明显进展，并开始了与美国自动精密工程公司（API）的合作。

图3.24 清华大学工程力学系研制的20米移动小车馈源支撑模型，任革学在现场观察研究移动小车的运行平稳状况

2004年,清华模型场地因故清理。我们在国家天文台密云射电天文观测站新建四塔馈源支撑模型(图3.25)。清华大学继续参与后续合作,研制了国家天文台密云射电天文观测站30米口径的FAST整体模型MyFAST(图3.26)。

2006年,基于多体动力学反馈控制,清华大学大射电FAST“力学纵队”自主构建了一套仿真系统。目的是建立FAST移动小车馈源舱索驱动支撑系统虚拟样机,进一步优化系统设计,研制和验证反馈控制算法。

曾几何时,办公室是任革学的第二卧室,折叠床加被褥是办公室“标准配置”。他领导的清华“力学纵队”,夜以继日、呕心沥血,研究移动小车馈源舱索驱动方案及其控制算法,还研制了CCD高精度测量设备和软件,为大

图3.25　2005年7月密云射电天文观测站50米口径FAST整体模型四塔

图3.26　2005年10月大射电望远镜50米模型馈源支撑系统穿索、中心舱体悬挂

射电望远镜FAST项目的立项和可研，在馈源索驱动创新技术方面提供了坚实理论基础、实物及仿真模型试验支撑。任革学团队设计开发出的FAST工作原理“动画”简洁明了，我至今还在使用。

(3) 清华大学“精仪特战队”

1998年10月5—10日，英国射电天文代表团访华，参加中英FAST项目学术研讨会暨FAST项目委员会第二次全体会议。我和徐祥陪外宾参观清华大学精密仪器系（简称精仪系）实验室时，清华精仪系大射电团组谈及一个技术困难：悬挂在索系上的馈源舱在风扰和馈源跟踪过程中会产生振动，如何确保馈源平稳、高精度地运动和跟踪观测是个挑战。焦德雷班克天文台总工程师安东尼·巴蒂拉纳（Anthony Batilina）博士偶然提到Stewart稳定机构——上下平台直径比为1:2，由六“腿”进行补偿，可以实现下平台的相对稳定，为FAST馈源支撑系统二次调整提供了可能选项。随后，中国科学院数学与系统科学所韩京清研究员的LT团组开展了相关控制算法研究。

清华大学也开始了Stewart平台应用于馈源舱运动扰动稳定控制的探索。为保证实现馈源定位精度，FAST馈源支撑系统的设计发展为两级控制与调整技术方案，包括一级粗调悬索支撑馈源舱、舱内针对馈源接收机稳定的二级精调平台。

清华精仪系段广洪教授领导的大射电望远镜团组，主要成员包括张辉、王启明（在站博士后，后到国家天文台工作，先后出任FAST工程主动反射面系统总工程师、FAST工程总工艺师）、唐晓强及若干博士生，投入了针对FAST馈源舱二次稳定机构的理论分析和实验研究，形成了FAST“精仪特战队”。

“精仪特战队”为大射电望远镜研制了Stewart平台（图3.27左），在实验室进行振动加载试验（图3.27右），应用到清华大学FAST“力学纵队”的50米高山索道馈源支撑模型上。试验表明，Stewart上下平台质量比大约10:1

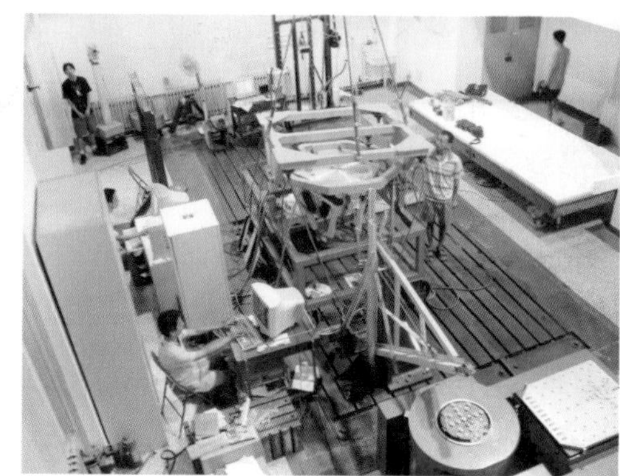

图3.27　2002年清华大学研制的Stewart平台(左);清华大学大射电望远镜二次精调平台振动试验(右)

时,结构稳定性好。FAST建造时实际采用了此比例,质量分别是30吨和3吨。

大射电望远镜FAST一次索支撑及二次精调试验模型的研制,是清华大学工程力学系、精密仪器系与国家天文台多学科交叉合作的典范。

任革学领导研制的50米高山索道式模型(图3.28),坐落在清华大学南

图3.28　2003年10月清华大学大射电望远镜50米高山索道式模型试验

门与工程力学系附近的空场，便于开展自然风载实验，也添加了一道校园科技风景。不少学生、访客驻足观看，推测它是什么、有啥用，彰显了大科学装置的魅力。

无论模型还是FAST原型，同时将其塑造为美丽的科学风景一直是我们的初衷。清华大学FAST模型试验使用的高精度测量设备线尺、激光全站仪等，是我根据张辉小组的需求，用捉襟见肘的课题费从境外订购的。当时，海关办理手续非常繁琐，花了我大量时间。工程建设期间，测量设备的购置也还是一样地繁杂。

国家天文台大射电望远镜课题组购置基本材料和硬件，大学或研究所“自带干粮”出工出脑力。正是以这样的“丐帮”模式，天文人与多学科合作团队共创了大科学工程中国奇迹。

2006年，清华FAST“精仪特战队”由唐晓强博士率队，参与了密云FAST整体模型MyFAST的研制。我在此合作中结识了现在FAST团队的机械技术骨干杨清阁，他是从清华大学转场到国家天文台参与FAST工程建设的。清华大学博士生姚蕊在此研究方向开题，参与了MyFAST模型Stewart平台的设计，进行了并联机构的图纸设计和性能分析，毕业后她到国家天文台参与FAST建设。

在北京密云实验的两周（图3.29），集中进行测量计算机、馈源支撑主控计算机和Stewart平台计算机室内联调。建立了统一的上、下平台坐标系，确认了靶标位置、上平台虎克角和下平台球角坐标，实现了平台控制计算机与测量计算机通信。测量机成功接收Stewart腿长反馈信息，完成了上平台位置姿态的校核，开展了由全站仪进行位置反馈、主控机虚拟控制的Stewart平台运动初步实验等。

2007年1月23日，巨型射电天文望远镜（FAST）总体设计与关键技术研究（国家自然科学基金项目编号10433020）项目组在国家天文台对“馈源精

图3.29　密云FAST整体模型现场，左起：郭永卫、李建斌、彭勃

调平台的建模、制造和控制”子课题进行验收。南仁东为验收专家组组长。主要验收意见是：完成了满足质量和尺寸相似率要求的馈源精调平台的设计，建立了耦合动力学模型，综合考虑了机构运动学和动力学特征，提出了最小二乘预测控制算法，预测控制结果优于差分预测控制算法的控制结果。

清华大学的二次精调平台工作空间半径达30毫米，Stewart平台上平台尺寸为0.8米，下平台0.4米，驱动腿行程长度270毫米。采用主控和监控方式，实现了实时控制。振动抑制实验表明，振动频率1赫兹以下，采用线尺进行振动测量得到动平台上点定位精度小于2毫米。

专家建议，应珍惜有线尺比对实验的条件，尽量多做实验，深入开展馈源精调平台动力学控制问题研究。

对于Stewart平台室内试验，朱文白、朱丽春先后介绍了执行链、时滞测定、时序对齐及控制算法调整等情况，发现了Stewart平台55%执行量丢失问题。

綦麟、李建斌等人对执行率进行了多次实验，利用春节假期的分析得出，执行量丢失主要来源于Stewart执行机以速度模式控制。后来改为位置模式，以避免由速度积分造成球角扭断而引发的故障。

2008年秋,馈源舱索驱动支撑密云新塔完成,逐步进行了主反射面初始状态恢复、静态抛物面变形和动态调整实验。

清华大学FAST"精仪特战队"与承担密云索网反射面研制的哈尔滨工业大学大射电望远镜团组配合,完成了FAST关键技术整体试验研究,为FAST国家立项提供了重要实验基础。

(4) 北理工中科院"混成旅"

以柔性悬索作为执行机构的高精度定位系统的研究始于20世纪90年代初。国内在索牵引并联机构的运动学分析、绳系卫星应用等方面有些初步探索。

大射电FAST馈源舱索驱动支撑系统由两级结构组成:一级粗调柔性悬索支撑系统;馈源舱内的二级精调稳定平台。

北京理工大学机械工程学院丁洪生教授领导的大射电望远镜团队,与清华大学"精仪特战队"同步研制了FAST专用的Stewart二次精调平台。丁洪生教授与其主要合作者、北京理工大学肖定国教授共同指导博士生,研究控制策略,编制算法。

北理工Stewart平台的上平台直径1.6米,下平台直径400毫米,工作空间200毫米,姿态调整±40°。上平台滑动套杆与万向节连接,下平台由球关节连接。考虑电机驱动功率,下平台用铝材可承载30公斤。他们利用该套馈源舱二次精调设备,在北理工实验室,夜以继日地进行了大量试验,包括PID参数的优化调整。南仁东和我们曾经夜探北京理工大学,参加了丁洪生团队的LT实验。

随后,北理工租用专车押运该套馈源舱二次精调设备至西安,成功地应用在西电老校区的50米馈源舱索驱动支撑模型上。

丁洪生对这个二次稳定平台钟爱有加,像对待亲儿子那样呵护。无论是运输拆装，还是在西电试验，他都亲力亲为。例如，在西电老校区模型现场，他和西电人一起研究实验方案、发现和解决出现的问题，经常挑灯夜战。

中国科学院力学所申中瀚研究员领导的大射电望远镜FAST控制小组，以及力学所李世海博士、郑哲敏院士，对西电“先遣队”、清华“力学纵队”提供了关键技术咨询，为FAST馈源舱柔索支撑驱动方案的完善和相关技术试验提供了专业性指导和第三方论证。

中国科学院数学与系统科学所韩京清、高小山、黄一等组成的大射电望远镜团队，在模糊控制器应用于FAST馈源支撑控制方面进行了有益尝试。系统所的控制系统非线性设计方法LT团组，长期致力于研究新型非线性控制器，相继开发了适用于时变、强非线性、强耦合不确定对象的跟踪微分器扩张状态观测器，非线性及自抗扰控制器等非线性控制方法，结构简单、易于实现、动态特性好且控制精度较高。

2006年，我们组织开展了FAST馈源支撑精调系统的联合实验研究。用线尺与全站仪配合，分析馈源二次精调定位的控制误差。比对稳定平台即下平台的定点、扰动和画圆三类数据控制效果，寻找最佳控制模式和参数。评定了测量系统的动态性能。

北京理工大学、中国科学院力学所、中国科学院数学与系统科学所这样的“混成旅”，聚焦大射电馈源舱索驱动技术创新，各显其能，为大射电FAST项目的一次索驱动和二级精调平台这样的特殊并联机器人能从概念走向工程实施，提供了重要学科性基础支撑。

(5) FAST舱索驱动全程仿真“国际旅”

清华大学工程力学系任革学博士领导的FAST团组开展了一系列索系驱动理论和实验。建立的2米木结构，作为FAST第一个馈源舱索支撑实物模型，方便对技术方案的直观理解。对大小不同模型的相似律试验中，引出了对全程仿真的需求。

中国科学院国家天文台与德国MT公司组成的FAST馈源支撑全程仿真“国际旅”，建立了一整套反映馈源舱索驱动实时工作的数值仿真模型，以模拟两级支撑系统中的重要结构构件、驱动机构和传感器，建立了相应控制算法、回路，还可随设计改进而自主更新。这些为FAST可行性研究报告、馈源舱索支撑初步设计等提供了重要依据。

FAST大跨度两级无平台馈源舱支撑系统设想，既要满足馈源舱大范围移动的要求，又要具有高精度馈源定位和稳定指向功能。由于实际条件限制，难以做到模型与原型完全相似，例如风致振动的相似模拟就十分困难。因此，基于虚拟样机技术的全过程数值仿真研究，依靠理论研究和关键技术实验迭代解决结构、力学和工程控制相关问题，为FAST馈源舱索支撑问题研究提供了一个新途径。

2006年1月，南仁东出访欧洲参加国际光电工程学会(SPIE)会议期间，与南京天文光学技术研究所杨德华引荐的德国天线结构设计专家汉斯·卡歇尔(供职于德国MT公司)相见。3月，在中国科学院组织的FAST项目国际咨询与评估会上，专家的重要建议之一，是对FAST馈源舱索驱动支撑创新技术开展全程仿真，以降低建设技术风险。卡歇尔作为专家参加了国际咨询与评估会。

同年5—12月，大射电望远镜实验室与卡歇尔有多次电子邮件交流，具体联系人是金乘进。卡歇尔先后提出了馈源舱索驱动支撑系统设计方案、全过程数值仿真基本框架和15点合作建议等。8月，卡歇尔访问大射电望远镜实验室，南仁东、金乘进先后主持双边交流研讨会。9月，双方为FAST馈源舱索驱动支撑系统全程仿真准备文档。12月15日，在国家天文台举行了第一次仿真小组研讨会。

同时，我们向国家自然科学基金委中德中心申请组建“中德FAST馈源支撑系统全过程数值仿真”研究小组，以建立完整的FAST馈源定位、指向和跟踪控制的仿真系统。

全过程数值仿真采用数字化方法进行传统的方案设计、物理模型建造、测试评估、反馈设计等循环研究。FAST馈源舱索驱动仿真内容涉及：建立数值模型，模拟FAST馈源舱在馈源面任意天文观测轨迹运动；馈源运动面任一点FAST馈源支撑系统动力学仿真（模态、瞬态动力分析），须考虑柔性悬索重力变形影响；对风、索驱动力等外界干扰和结构阻尼器数值建模；控制回路和算法设计；信号和测量噪声的数值建模等。考虑定位、指向控制仿真分析，建立整个馈源舱索支撑系统虚拟仿真体系。

2007年1月，金乘进顺访MT公司和达姆施塔特工业大学，为双方合作研究作铺垫，洽商合作工作条件安排。大射电望远镜实验室与MT公司和达姆施塔特工业大学签署的商业合同约30万欧元。

大射电望远镜实验室由于经费捉襟见肘，只能派一人前往德国。李辉、孙京海的研究方向不同，工作衔接又紧密，同行效果将完全不一样。我约他俩到我办公室，直言了1人独往或2人同行的选择。如果是后者，大射电望远镜实验室就再多出些经费，同时需减少个人生活费、合租房费等。李辉、孙京海一致选择了2人同行。

当时，达姆施塔特工业大学邀请信中没有孙京海的名字，我们就先用MT公司邀请信办理中国科学院院内申请，随后再改用该大学邀请信办理签证，以降低合作变更导致的延误。

1月26日，馈源支撑全程仿真第二次工作小组研讨会，交流了悬链线索系平衡方程建立、工作空间优化、ANSYS建模及模态分析，并在Simulink软件中初步完成Stewart平台振动控制仿真。李辉、孙京海分别作了相关技术报告。

2007年2月，李辉和孙京海出访德国2个月，参与并形成了7—8人的中-德FAST合作研究团队（图3.30）。

图3.30　2007年,国家天文台李辉和孙京海在德国达姆施塔特工业大学,左起:弗朗西斯·福米(Francis Fomi)、西蒙·克恩(Simon Kern)、马库斯·拉扎诺夫斯基(Markus Lazanowski)、汉斯·卡歇尔、孙京海、布鲁诺·斯特拉(Bruno Strah)、李辉

在德国先后累计工作半年,李辉和孙京海合作默契高效、生活食宿同室。并且与达姆施塔特工业大学的拉扎诺夫斯基和克恩,每周与国家天文台大射电望远镜实验室保持情况沟通,交流中-德FAST馈源支撑系统全程仿真进展和问题。

基于数值仿真,对最大、最小索张力的分析,一级索支撑系统电机驱动机构引入了配重设计,以降低电机功率。工作风速下,一次索支撑跟踪运动位置精度小于20毫米。计算了索驱动电机回程、摩擦对运动精度的影响,发现影响不大;对馈源舱结构作了初步规划,整体重量小于30吨。加入X-Y定位器和Stewart平台后,考虑了索系阻尼因素影响,仿真得到馈源位置和姿态最终精度。

李辉和孙京海回国后,卡歇尔来访两次,深化和拓展FAST馈源舱索驱动支撑系统的全程仿真合作。

大射电望远镜实验室主导了全过程数值模拟与相关模型实验工作相互结合与验证，涉及Stewart平台缩尺模型、全站仪无接触式测量系统室内实验、MyFAST联调，为全过程数值模拟工作中各构件性能参数，如馈源跟踪和换源时的速度、加速度等提供重要参考。

我们的实物模型对数值模拟可靠性提供了相应实验验证。

2016年，FAST望远镜的馈源舱索驱动系统建成后（图3.31），实测结果是：自振频率与仿真设计几乎吻合。意外的惊喜！

理论研究与验证、方案验证与设计，是大射电望远镜国际合作中，从学习、消化和吸收，走向掌握和自主设计的成功实践。

通过与德国合作，开展基于虚拟样机技术的全过程数值仿真，学习国外先进设计理念和技术经验，培养了技术骨干，为后续深入、自主研发奠定了基础。在FAST项目——500米球反射面射电望远镜的“馈源支撑系统全过

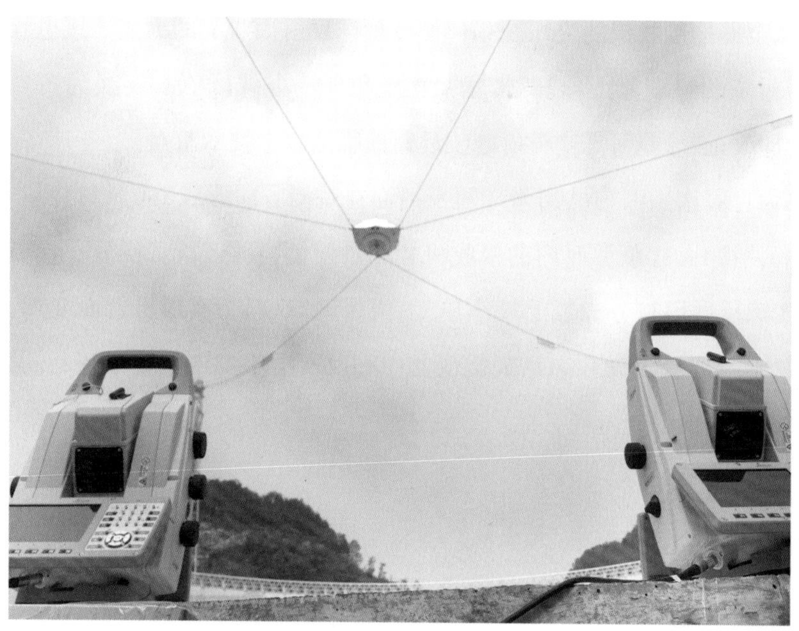

图3.31　2016年9月，FAST望远镜配置激光全站仪对100米开外的索驱动馈源舱定位

程数值仿真（End-to-end simulation）”国际合作中，我方人员李辉和孙京海学习掌握了仿真的核心技术，逐步自主开展工作，并取得创新成果。FAST工程验收过程中，国家天文台组建了FAST运行和发展中心，下设综合管理部及4个专业部，李辉竞聘成为结构与机械工程部主任，孙京海竞聘成为测量与控制工程部主任，均成长为独当一面的专业型领导者。

这是个引进、吸收、再创新的典范，一段多学科交叉、国际合作的难忘往事。

4. 主动反射面研究方面军

反射面的功能是将来自宇宙天体的电磁波反射到焦点，以便望远镜的接收机对这些电波进行采集和记录。传统的射电望远镜反射面是抛物面，将入射的电磁波汇聚到焦点上。而球反射面则汇聚成一条焦线，限制了宽频带、全偏振接收机的应用。如何使巨型球反射面收集的天体无线电辐射，在尽量宽的频率范围（观测带宽），由汇聚于一条线（线焦）转换为一点（点焦），即改正“球差”，是这类射电望远镜面临的一个技术难点。

为克服这一困难，500米球冠反射面在观测方向形成300米口径瞬时抛物面，使得FAST馈源舱内的接收机能和传统抛物面天线一样放在焦点上。FAST球反射面被分成数千块小单元，由促动器控制，实现反射面变形。国家天文台、同济大学和南京天文仪器中心以及哈尔滨工业大学等共同完成了主动反射面的研制任务。

（1）国家天文台大射电“先遣队”

1997年，中国科学院北京天文台邱育海提出：LT中国方案KARST先导单元的球形反射面可采用主动变形技术，将反射面“照明”部分由球面实时变形为抛物面，从而实现在地面上改正“球差”。在一定范围，如距离球冠面中心数十米时球面与抛物面非常相近。

作为项目总体负责人，南仁东出于对方案的各方面考虑，对球面拟合抛物面变形的可行性存疑。他的主要顾虑是：FAST采用馈源索驱动是柔性支撑，实现高精度运动的控制已经很麻烦，不希望再有新的麻烦（英文trouble）。如果反射面再进行主动变形，则整个望远镜都是“运动”的，控制起来更麻烦了，难以保障“非刚性连接、实时变形”的望远镜实现高精度同步指向和跟踪。南仁东说，这样庞大的运动体系，风险太大，可靠性成问题，我看就别折腾了。为了铭记那段变革性内部争议，我的微信昵称就是“TroubleMaker”（麻烦制造者）。

同年秋，在访问德国马普射电天文研究所期间，我与德国100米口径单天线射电望远镜总设计师冯·赫尔纳（Sebastian von Hoerner）讨论了酝酿中的FAST概念。冯·赫尔纳对索驱动馈源舱创新实践、主动反射面概念都非常兴奋。对于新提出的反射面变形技术，他建议，可以借鉴美国阿雷西博305米口径望远镜经验，以索网结构作为FAST巨型反射面背架，但是具体变形还得靠促动器驱动。

主动反射面论文发表

邱育海、南仁东为巨型反射面变形技术学术思想与工程实施“争论”不休时，我让邱育海把主动变形的设想，由定性变为定量，口头变为文字，在经同行审稿的学术刊物上发表，由国际学术界来研讨此创新思想。

在德国期间，每周我用邮件联系邱育海，当时国内还只是拨号上网，敦促这个“Lazy Bone”（邱自诩为懒骨头），一辈子为“争高低”，就得勤奋一回！

1997年冬，代理主持LT课题组工作的平劲松发邮件告诉我，邱育海完成了球面主动变形反射面研究论文的撰写。巨型反射面中的300米“照明”口径，由2000片15米大小六边形单元拼成，变形沿球心方向运动最大行程约半米！

这篇论文经王绶琯院士审阅、修订后，得到推荐，在《天体物理学报》中文期刊以“快报”形式予以发表（图3.32）。我不满足，就继续发邮件，“逼迫”邱育海在中文稿基础上，一定要在国际杂志上发表。

1998年2月，邱育海完成了主动反射面方案英文稿。3月，邱育海、邵立勤、汲培文和我组团访问剑桥大学卡文迪什实验室时，因发现脉冲星获诺贝尔物理学奖的休伊什教授对主动反射面技术创新给予了高度评价：全新但可以实现的设想。我们请休伊什帮助审查、修改，并推荐FAST主动反射面论文在国际期刊发表。他欣然应允。我们立刻递上用喷墨打印机打印好的文稿，显然是“蓄谋”已久。

同年夏秋，北京天文台研究员晋升答辩时，邱育海“牛气哄哄”地说：我

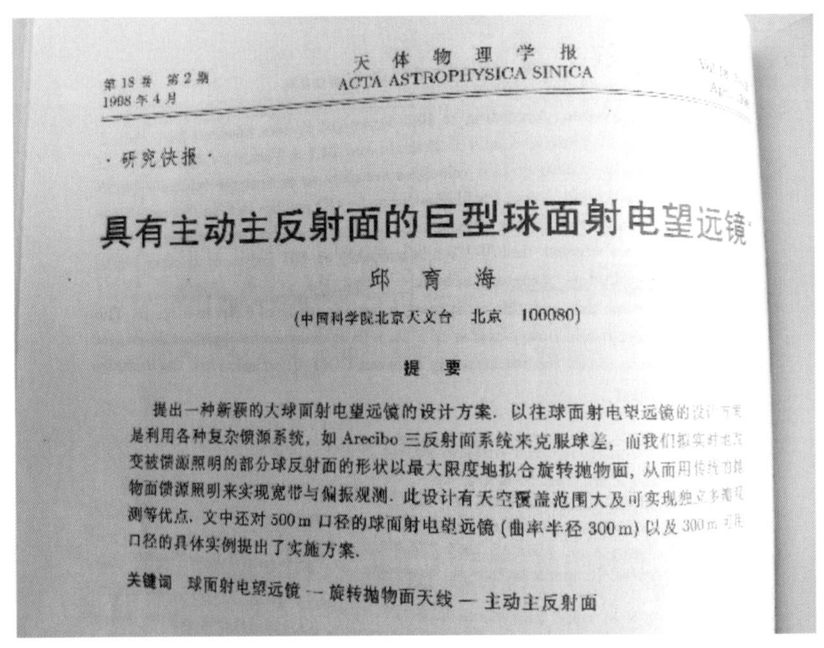

第18卷 第2期
1998年4月

天 体 物 理 学 报
ACTA ASTROPHYSICA SINICA

·研究快报·

具有主动主反射面的巨型球面射电望远镜

邱 育 海

（中国科学院北京天文台 北京 100080）

提 要

提出一种新颖的大球面射电望远镜的设计方案. 以往球面射电望远镜的设计方案是利用各种复杂馈源系统，如Arecibo三反射面系统来克服球差，而我们拟实时地改变被馈源照明的部分球反射面的形状以最大限度地拟合旋转抛物面，从而用传统抛物面馈源照明来实现宽带与偏振观测. 此设计有天空覆盖范围大及可实现独立多波观测等优点. 文中还对500 m口径的球面射电望远镜（曲率半径300 m）以及300 m可用口径的具体实例提出了实施方案.

关键词 球面射电望远镜——旋转抛物面天线——主动主反射面

图3.32 主动反射面研究快报1998年发表于《天体物理学报》

写的主动反射面创新论文，投稿到英国《皇家天文学会月刊》，审稿人基本没什么意见，不用修改就直接接收了！

事实上，LT课题组同事们、王绶琯院士和休伊什教授等先后帮邱育海修改了N次。他的稿子曾经是满篇"批红"，休伊什教授还寄来过手改稿。精心打造加上有诺贝尔奖得主的推荐，主动反射面研究论文的发表自然会一路"绿灯"了。

机会留给有准备的人。有了反射面主动变形的完整概念，FAST项目得到王绶琯院士等人的大力推荐，1999年，中国科学院启动国家知识创新工程试点，FAST成功入选首批重大项目，步入了对关键技术的试验研究阶段。

1998年春夏，邱育海在国内外杂志先后发表主动反射面研究论文，简要探讨了刚性和柔性变形两种可能的技术。稍早些时候，北京天文台动议的陈芳允、杨嘉墀、王绶琯和陈建生四院士对FAST项目的推荐信，得到中国科学院路甬祥院长批示。尤其是其主动反射面概念，得到中国科学院主要领导和相关专家支持。

FAST主动反射面的实现方案有两种，即分块式刚性单元结构和整体索网结构。分块式刚性单元主动反射面由1800块六边形单元组成，单元下配一套由自适应连接头、促动器、墩桩组成的支撑与控制机构。关键问题是反射面如何合理分割以获得最少种类单元类型、研制轻型高刚度的固定块球面单元、高可靠性促动器、机构合理的自适应连接头、促动器在洼地的土木工程等。

整体索网主动反射面结构由主索网、下拉索、驱动装置、索工程需要的锚具和节点、反射面板子单元等组成，涉及索网构形设计、找形分析、索网动态成形控制、台址风环境与索网风振响应等关键技术。

2000年11月1—6日，我们在上海晓宝钢结构公司闵行加工厂开展刚性分块主动反射面模型实验及测试。

2001年，选择FAST球面中部四块刚性分块反射面单元，在上海晓宝钢结构公司，经过中国科学院南京天文仪器研制中心（2001年分为中国科学院南京天文光学技术研究所和天仪公司）、同济大学和国家天文台三方合作，构建起了FAST球反射面主动变形1∶3缩比模型，进行了相关控制试验，保精观测风速4米/秒，破坏风速20米/秒。

FAST总体组提出了粗略的相似律分析，利用实验测得位移结果来预测原型结构位移，包括自重、面载荷、温度和惯性载荷引起的位移等。

面板总精度均方差为λ/16，取波长6厘米即频率5吉赫兹，总误差约4毫米。误差分配包括：球面单元拟合抛物面（300米照明口径）约3.5毫米，平面拟合球面（曲率半径300米）约1毫米，球面单元加工、安装和重力误差约1.5毫米，球面单元支撑系统（促动器）定位误差约0.5毫米，测量精度0.5毫米。

主动反射面单元之间有约5厘米间隙，可能会减少几何接收面积，影响望远镜的旁瓣。特别是地面辐射通过间隙会导致系统温升，降低望远镜增益。FAST总体及望远镜电性能团组对此进行了理论分析。

在低频端，5厘米间隙对总体电性能的影响可以忽略不计，但在L波段（1—2吉赫兹）以上影响将不可忽略，甚至趋于严重。

FAST前期预研究的各种补隙方案都涉及大量活动部件，从系统可靠性的角度考虑被否定，建议采用自由垂挂金属网的方法屏蔽漏损。

2002年，联合研制的刚性分块主动反射面模型在上海通过了专家组验收。大射电望远镜实验室联系人邱育海，成员朱丽春、朱文白和新加盟的王启明参与部分相关实验。

这是FAST主动反射面创新方案的第一个缩比模型。邱育海作为核心成员和联系人，负责刚性分块主动反射面模型试验的结构设计和控制实验等协调工作。王启明到国家天文台大射电望远镜实验室的第一份工作，是加盟到主动反射面1∶3模型试验中，对刚性分块式反射面模型的表面防护和抗腐蚀性能进行了现场调研。

通过主动反射面缩尺模型的建造，合作团组认识到，过多品种的反射面单元将导致巨大数量的零部件种类。在模型研制阶段，已经发现加工、装配、工件管理、耗时及高成本等众多问题。考虑在贵州台址望远镜建造中，反射面单元批量生产、工期、造价、管理及维护等事项，减少反射面单元种类数目至关重要。

2003年，作为刚性分块反射面方案的拓展，大射电望远镜实验室南仁东、清华大学工程力学系任革学、大射电望远镜实验室朱文白等人联合发表了探讨主动反射面索网技术方案的论文(图3.33)，包括初步计算和数值仿真。

我当时正在荷兰合作访问，在荷兰射电天文台(ASTRON)新扩展的办公楼报告厅，介绍了FAST索网方案新探索，得到荷兰射电天文台技术发展部人员的关注和支持。

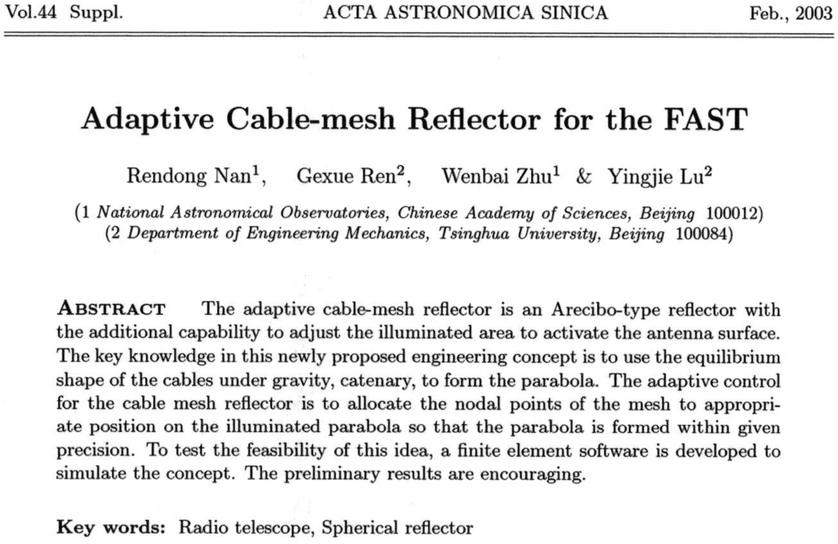

Vol.44 Suppl. ACTA ASTRONOMICA SINICA Feb., 2003

Adaptive Cable-mesh Reflector for the FAST

Rendong Nan[1], Gexue Ren[2], Wenbai Zhu[1] & Yingjie Lu[2]

(1 *National Astronomical Observatories, Chinese Academy of Sciences, Beijing* 100012)
(2 *Department of Engineering Mechanics, Tsinghua University, Beijing* 100084)

Abstract The adaptive cable-mesh reflector is an Arecibo-type reflector with the additional capability to adjust the illuminated area to activate the antenna surface. The key knowledge in this newly proposed engineering concept is to use the equilibrium shape of the cables under gravity, catenary, to form the parabola. The adaptive control for the cable mesh reflector is to allocate the nodal points of the mesh to appropriate position on the illuminated parabola so that the parabola is formed within given precision. To test the feasibility of this idea, a finite element software is developed to simulate the concept. The preliminary results are encouraging.

Key words: Radio telescope, Spherical reflector

图3.33 索网主动反射面概念论文首页的部分截图

2003年秋，我和王启明陪同南仁东去铁道大厦见哈尔滨工业大学沈世钊院士，确认沈院士的团队（主要包括范峰、钱宏亮等博士和博士研究生金晓飞等）加盟我们的FAST主动反射面研制事业。

中国建筑研究院完成了反射面的样机设计。有了这些专业团队的投入，在国家天文台密云FAST整体模型MyFAST研制中，索网主动反射面方案得以顺利实施。采用滚珠丝杠驱动、梯形丝杠驱动、蜗轮蜗杆升降机和圆滚盘等多套不同驱动结构，大射电望远镜实验室王启明等人组织研制了FAST主动反射面所需的拉索促动器装置、多套11米边长的反射面单元，先后在北京密云现场以及贵州平塘县FAST台址现场进行了反射面单元防腐实验、促动器运行寿命实验。朱丽春等人组织研制了基于CAN总线的下拉索促动器的控制器，并在MyFAST的190根索上制作安装了传感器，确认了温度变化对整网形变的影响。

2006年，上海晓宝钢结构公司的主动反射面模型维护合同终止，模型报废。王启明拓展了FAST主动反射面相关的合作，包括国家天文台与北京航空航天大学陆震教授，与哈尔滨工业大学沈世钊院士和范峰、钱宏亮等团队的密切合作，研制了不同机构的主动反射面缩比模型。清华大学、哈尔滨工业大学和国家天文台等单位FAST团组合作研制了密云30米柔性索网主动反射面模型（图3.34）。

2006—2008年，我们完成了MyFAST主动反射面形成球面的整体张拉实验，测量了张拉后索网主索和下拉索的张力，与设计值进行分析比较。设计建造了全站仪测量塔墩的遮挡防护，避免了日晒对塔墩造成的温差变形。还设计了专用夹具，对反射面节点的位置进行了标定，测出了反射面中心点位置系统误差。进行了反射面静态、动态张拉成型试验。吴盛殷对反射面面板提出疑虑：考虑未来升级，透光率高是否会影响精度？建议参照国外望远镜建造技术，利用单向弹簧螺钉调精面板。

图3.34　密云FAST主动反射面1:10模型(左)及FAST原型反射面1:1单元(右)

2007年,通过对MyFAST模型的实验数据频谱分析,发现4.75赫兹左右存在明显峰值,怀疑是移动小车或馈源支撑塔的原因。大射电望远镜实验室郭永卫、清华大学朱大鹏对此进行了复核。

大射电望远镜实验室王启明、王弘等,多次联系和考察中国电子科技集团公司54所、39所等相关设计和工艺制造单位。他们还到东南网架公司、无锡、上海和河北安平等地,对多种反射面面板(铝板冲孔、铝板和不锈钢板拉伸、不锈钢丝点焊网)开展产品质量和价格调研,为FAST工程主动反射面系统的建设奠定了企业承接与实施基础。

我们一起到保定徐水考察巨力集团不同种类钢索,对4根直径为8.7毫米的不锈钢拉索(巨力集团提供)进行了破坏试验。试验现象简单描述:4根拉索的破断力基本相近,在6.1至6.3吨之间,应该说比较稳定。一根拉索是在中间破坏,三根拉索是在夹具处破断。拉索由19根直径为2毫米的钢丝编织而成,经过计算,破断应力在1039兆帕。结论是,巨力集团提供的4根索,破断力比较稳定。由于一根索的破断位置是在索段中间,可以说明其夹具对索的破断力没有影响,对索无损伤。

在FAST立项建议书中,刚性分块和索网变形这两种方案,提供了关键技术风险消减备选。前者是FAST立项前的设计与试验研究,后者在建设中成功实施,虽然是九死一生。

2011年，在FAST台址贵州省黔南州大窝凼安装了第一块反射面面板试验单元(图3.35)。

以南仁东为代表的国家天文台FAST大射电“先遣队”，为实施主动反射面技术创新，实现一个前所未有、复杂宏大的科技工程，倾注了大量心血，进行了无数试验与奔波，鞠躬尽瘁！

(2) 同济大学“同舟共济舰队”

1998年夏，经中国科学院北京天文台原射电室副主任张国权引荐，同济大学罗永峰副教授来到北郊，在我的新办公室(我原先与南仁东共用一间办公室，后来搬到隔壁王绶琯院士办公室，并长期“占用”了)，沟通了FAST项目基本情况，寻求合作。罗永峰自告奋勇做联系人，不久便组建了同济

图3.35　2011年安装在FAST工程指挥部背面的主动反射面边长11米的反射面试验单元

FAST结构团组。

随后5年，同济大学副校长李国强教授领导的FAST结构团组，在核心成员罗永峰、乌建忠、邓长根、汪小鸿、徐鸣谦教授及一批博士研究生支撑下，开展了FAST巨型球面分形、刚性分块主动反射面结构设计，遍历了反射面单元形状（三角形、四边形、五边形、六边形）和种类（根据大射电望远镜实验室博士生苏彦给出的反射面单元之间的缝隙和品种）优化。他们还开展了反射面结构设计、运动控制分析的深入研究，形成主动反射面的整体方案和试验模型等，发表了一批相关论文和专利。

2001年，在上海闵行开发区，同济大学FAST结构团组、中国科学院南京天光所FAST反射面团队，按照国家天文台选择的巨型球冠中部4块六边形反射面单元，联合建造了FAST主动反射面1∶3缩比试验模型（图3.36）。主动反射面由中性面位置调整至抛物面，单元之间距离发生微小变化，需留有约3厘米的间隙，加之温差形变以及安装误差等，单元之间间隙应有5厘

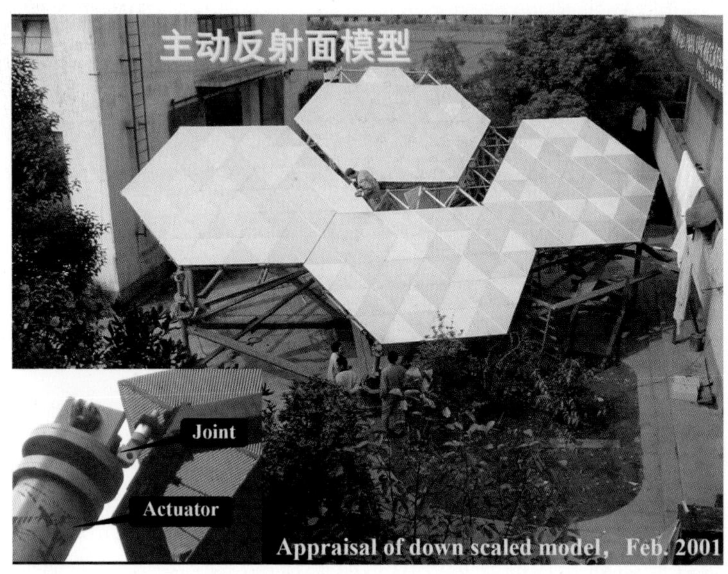

图3.36　上海闵行主动反射面1∶3模型（同济大学、南京天光所与国家天文台大射电望远镜实验室合作研制）

米。促动器与反射面单元之间应有补偿接头，补偿接头能对由球面变换成抛物面或者由抛物面变回球面时，引起的长度和角度的变化给予自动补偿。这种补偿无须依赖控制系统。

（3）南京天文仪器中心“武工队”

1995年8月，在北京香山饭店召开中国电子学会年会期间，听到吴盛殷和我介绍大射电望远镜LT计划及中国推进项目后，中国科学院南京天文仪器研制中心吕韵翎研究员主动联系我，表达了参与LT国际合作项目的愿望。同年10月，吕韵翎积极参加了在贵州举办的大射电望远镜工作组第三次国际会议LTWG-3，与外宾主动交流。

1996年初，吕韵翎孤身前往美国属地波多黎各自由邦，探访阿雷西博305米大射电望远镜——当时已经33岁的世界第一大单天线射电望远镜。这也是LT中国推进委员会、SKA/FAST相关人员对阿雷西博天文台的第一次访问。可以感受到，吕韵翎做事的风格，雷厉风行。2019年4月，吕韵翎从美国回国探亲，正值FAST接受中国科学院组织的工艺验收。她随老同学艾国祥院士来到贵州，参观新一代大射电望远镜——我们梦想的、成功研制出的FAST！她本希望能够探望FAST团队的老朋友们，可惜，南仁东、吴盛殷和朴廷彝都已先后病逝了。

在吕韵翎之后，南京天文仪器中心屈元根研究员以及陈忆、王家宁等人组成了南京天仪中心FAST反射面团队，进行FAST反射面控制和测量合作研究与模型试验。

在FAST巨型反射面的球冠中部，我们选了4块相邻单元，按六边形结构，与南京天仪中心和同济大学FAST团组，联合打造了FAST主动反射面1:3比例试验模型。在南京天仪中心模型现场（图3.37左）、上海闵行开发区模型现场（图3.37右），开展了主动反射面单元试验与验收。

图 3.37　2000年南京天仪中心研制的FAST主反射面缩尺模型六边形反射面背架(左)，2001年上海闵行主动反射面1:3模型(右)

主反射面缩尺模型试验由4块面板8个促动器组成。每个促动器由一个智能节点控制，在上海联测实现了控制要求，图3.38是反射面模型现场控制模块。控制系统通过位置反馈使促动器能调整到正确位置上。8个促动器均用步进电机驱动，有三个控制参数。此外，控制系统还有控制脉冲发射、电机断电时控制转动力矩保持与释放等功能。

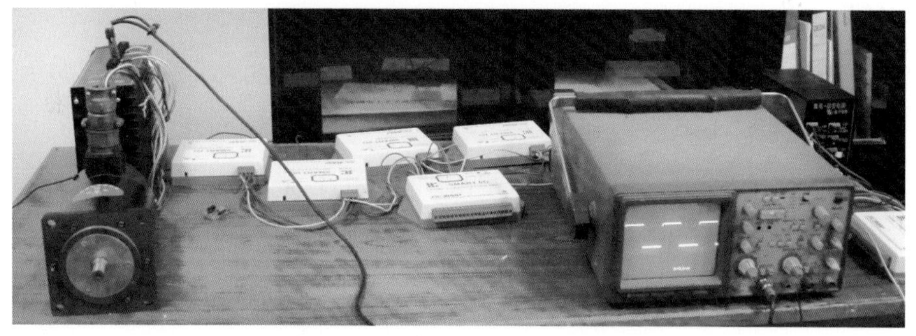

图 3.38　主反射面缩尺模型试验总线控制模块

(4) 哈工大国台“集团军”

2003年3月，利用互联网调研钢结构与索膜专家团队时，大射电望远镜实验室王启明了解到哈尔滨工业大学沈世钊院士团队的相关工作，认为在FAST主动反射面柔性支撑方面有合作潜力。

打听到沈院士正在北京参加奥运场馆设计鸟巢减重会，王启明和我专程赶到北京民族饭店拜访，向沈院士介绍了新推进的FAST索网变形反射面设想。见面虽短，但是得到沈院士的积极响应。他表示，哈工大结构工程团队愿意与国家天文台开展FAST项目合作，共同研发FAST索网主动变形技术。

沈世钊院士推荐了自己的博士生范峰来做哈工大方面的联系人。国家天文台联系人是王启明。这样，开启了国家天文台大射电望远镜实验室与哈工大结构研究室之间的合作。

沈世钊、范峰、钱宏亮、金晓飞等哈工大人，卓有成效地参与FAST关键技术创新，进行FAST主动反射面索网结构仿真、模型设计，与我们的合作持续了7年。

2005年，在清华大学移动小车式馈源支撑模型试验基础上，国家天文台启动与清华大学联合研制密云50米FAST馈源支撑模型、与哈工大联合研制30米索网反射面缩比模型的项目。最终，集成为密云FAST整体模型My-FAST。

随后，清华大学、哈工大和国家天文台通力合作，开展了索网反射面张拉策略、关键技术试验等（图3.39左）。

在MyFAST模型建造和试验中，哈工大与国台“集团军”提出了FAST台址促动器基础墩需要二次浇筑，预埋板安装要保证水平，确认了背架连接头

图3.39　2005年密云FAST整体模型现场：朱丽春和王弘（左）；促动器及其底座（右）

与索节点间滑移可以满足主动变形要求，讨论了促动器箱体进水状况、背架背筋的分块方案和面板种类等。还考虑了变位模式、背架重量、索破断应力等因素，预估温度对索应力影响约为60兆帕，可能导致下拉力变化约1吨。

双方认为：通过微调馈源上下位置、反射面曲率等，稍微改变大射电望远镜的几何光学，可以补偿反射面索网结构受温度影响产生的应力变化，这要求促动器（图3.39右）行程小幅增加约10厘米。

根据实际温度变化，可分阶段调节，以减小对反射面结构的影响。进一步分析发现，如果索网变形区外部主索产生虚牵，会在300米有效口径边缘处产生过渡“壳”现象。这样的话，下拉索不再与反射面垂直，使下拉索拉力加大。如果允许发生虚牵，虚牵部位只能在300米变形口径范围内。

大射电望远镜实验室甘恒谦博士计算了口径内光滑连接的位置和长度，确定半径和过渡曲面曲率（即过渡长度），提供给哈工大在计算下拉力时参考。

同时，哈工大研究了适当减小抛物面口径，增加与中性球面过渡长度时下拉索拉力变化等。哈工大的牛爽和大射电望远镜实验室王启明审查节点控制正定性，计算面板间的合理间隙。哈工大提供主索拉伸变形量、索网应有最低刚度（拉力）等，进一步计算了弹性元件的弹性模量和调整量。双方还研究了反射面边缘长下拉索受风影响会产生振动等问题。

2007年9月，双方进一步研讨了FAST反射面子结构、索网和地锚等相关技术，以及球反射面抛物面变形、索网材料优化和索应力使用等课题。

2008年1月，大射电望远镜实验室成员南仁东、彭勃、王启明、朱丽春、朱文白、郭永卫和李辉到哈工大参加FAST研讨大会。会议进行2天，共13个报告，分大会、小会进行，包括沈世钊院士在内近30人参加。议题涉及电磁兼容、反射面电机装置、实验数据分析、Stewart平台、背架和节点等问题。哈工大电液伺服所3人与我们国家天文台3人针对Stewart平台的深入研究进行了分组讨论。大射电望远镜实验室与哈工大还讨论了未来合作意向。

哈工大国台“集团军”在索网反射面技术与试验方面紧密合作，对索网结构和索网材料进行优化设计，包括对索网分形、成形的优化设计（如抛物面与球面边缘交汇处之间的过渡），“编织”索网的索材料选择，构建索网的索内最大应力选取，索网（连接处的）节点的结构设计、节点运动副之间有效行程的设计，反射面单元面板类型和材料（冲孔、拉伸和点焊不锈钢丝网）。

沈世钊院士还是FAST立项国际评估专家组成员，对FAST索网反射面可行性提供了宝贵的、专业性咨询意见。

双方的这些合作，为FAST立项、可行性研究和初步设计以及FAST主动反射面的最终施工建造，奠定了坚实的理论分析和实践基础。堪称大科学工程需求与高校钢结构专业团队之间“学研”结合的成功典范！

5. 预研究验收

1999年3月2日，国家知识创新工程中国科学院试点首批重大项目FAST预研究立项论证会在北京召开，王绶琯、郑哲敏、陈建生、艾国祥等院士参加。FAST预研究获得重大项目支持，主要研究：望远镜总体、科学目标、台址评估、主动反射面、光机电一体化馈源指向跟踪系统、测量与控制、馈源与接收机等。

FAST预研究项目主持人是南仁东。承担各课题的主要单位、学术带头人和研究方向是：北京天文台南仁东、彭勃和邱育海承担FAST总体；荷兰射电天文台理查德·斯特罗姆承担科学目标；中国科学院遥感应用研究所聂跃平和朱博勤承担台址评估；西安电子科技大学段宝岩、清华大学任革学和杨卫承担馈源支撑；同济大学李国强、罗永峰，南京天文仪器研制中心屈元根承担主动反射面；中国科学院数学与系统所高小山、北京理工大学丁洪生承担馈源支撑二次稳定平台；中国科学院数学与系统所韩京清承担控制策略；郑州解放军信息工程大学郑勇承担工程测量；清华大学李国定、西安电子科技大学茅於宽、航天工业总公司23所熊继衮承担望远镜电性能；中国科学院力学研究所李世海等承担悬索馈源系统静动态响应分析及舞动评估。

在中国科学院“创新工程重大项目”及科技部预研经费支持下，FAST项目攻关进展体现在以下方面：

在贵州南部发现大量喀斯特洼地群及良好电波环境，为FAST提供了适宜台址。高分辨率洼地数字地形图，工程地质、水文地质及候选洼地气象资料齐备。

主动反射面概念在英国《皇家天文学会月刊》上发表，被国际专家评价为开辟了建造大型射电望远镜的新思路。同时，解决了巨型反射面分块的数学问题；设计了三种反射面单元结构、背架支撑和促动器，研制了其1:3缩尺模型。

馈源舱索驱动支撑系统完成了两种创新方案的运动学、静力学、动力学分析及计算机仿真，二级控制平台技术的精确定位可满足大射电望远镜的指向与跟踪需求；研制了索支撑系统及Stewart平台的缩尺模型。

在模型试验中，我们使用了众多先进的测量技术和设备进行测量试验，如全球定位系统、CCD摄像仪、全站仪、PSD技术、干涉仪和激光测距仪等。还完成了主动反射面现场总线控制方案，对强非线性、强时变过程的自抗扰控制研究取得了突破。

中国科学院北京天文台与英国焦德雷班克天文台合作备忘录中明确，高性能多波束馈源、多用途接收机终端将通过国际合作完成。馈源舱内的9波段接收机、制冷真空系统、检测监测系统、焦舱与地面通信等的初步设计均已完成。

2001年10月，历时两年半后，“大射电望远镜FAST预研究”项目总结验收会在国家天文台召开。研究成果包括：FAST科学目标、FAST/SKA选址技术报告、FAST反射面系统分析设计与试验研究、FAST反射面试验模型背架与面板研制、三杆模型块姿态控制机构及本地控制实验系统、FAST反射面模型现场总线自动控制网络、FAST光机电一体化馈源支撑与指向跟踪系统、FAST移动小车馈源支撑系统、悬索支撑系统的静动力响应分析及舞动评估、FAST馈源与接收机、FAST电性能分析和预测、FAST反射面误差效应的基本分析和改善的可能、FAST工程测量问题研究和FAST相关论文集等。

6. 密云MyFAST整体模型

2005年，在北京密云射电天文观测站，国家天文台大射电望远镜实验室启动了FAST整体模型MyFAST(Miyun FAST Demonstrator)建造(图3.40)。这里的My是密云(MiYun)拼音字头的缩写，也是英文单词“我的”，寓意是希望大家把FAST视为自己的。

MyFAST项目主要结构包括：均布在50米直径圆上的4个12米钢塔(2007年又新建了6个)；一个30米直径反射面圈梁，以及预应力钢索编制的

图3.40　密云FAST整体模型MyFAST

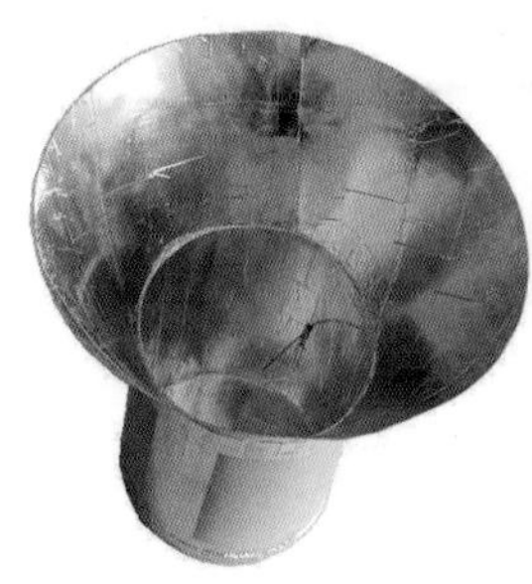

图3.41　密云FAST整体模型MyFAST第一批馈源：纸盒锡箔纸（左）、马口铁（中）和MyFAST上的馈源整体（右）

索网；金乘进等人自研的纸盒锡箔纸（图3.41左，被雨水淋湿）及马口铁馈源（图3.41中）和简易接收机（图3.42）等。

MyFAST是FAST第一个，也是唯一研制的索网主动反射面试验模型，更是一台集成了FAST三大自主创新的、机构完整的射电望远镜。

王启明受命负责MyFAST现场工作。哈工大范峰、钱宏亮、牛爽、金晓飞等人，解放军信息工程大学郑勇、夏治国、张超、骆亚波等人，国家天文台大射电望远镜实验室朱文白、朱丽春、金乘进、李建斌、郭永卫、张志伟、甘恒

图3.42　密云FAST整体模型MyFAST第一个射频电路接收机

谦等联合“兵团”，先后在密云FAST模型现场开展不同技术系统的实验与合作，为MyFAST顺利建造“各显神通”（图3.43）。

值得一提的是，在清华和西电的馈源支撑模型试验中，自然悬挂的缆线入舱貌似“拖拉又难看”。受家里窗帘开闭功能的启发，金乘进、朱文白、南仁东和我等延伸讨论了馈源信号线和电缆“悬挂”问题，后来发展成光纤与电缆入舱“窗帘式”方案。在MyFAST模型上进行了试验，再进一步发展、应用到FAST馈源支撑系统的实际建设中。

国家天文台完成了馈源和极化器模拟计算、设计和加工，完成了射频、混频、中频电路设计，铺设了中频电缆。为节省经费，金乘进、曹洋和甘恒谦等手工制作了L波段纸制和铁制馈源，进行了相关性能测试和安装。该接收机工作频率范围是1370—1470兆赫兹。

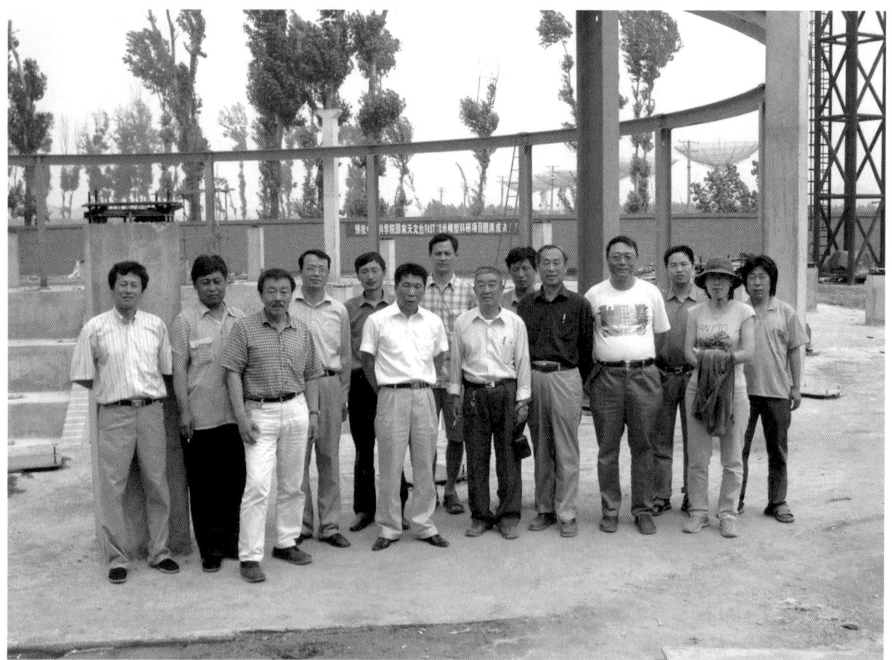

图3.43　2005年的密云FAST整体模型MyFAST，左起：王启明、苏监理、南仁东、郑勇、沈工（施工方）、王经理（施工方）、王占统、耿聂、施工方甲、施工方乙、王弘、骆亚波、朱丽春、施工方丙

采用圆锥喇叭馈源、单极化(偏振)输出,反射损耗实测结果大于20分贝。开展了MyFAST接收机联调、噪声温度测试,研制了后端记录系统、基带混频装置及制冷系统,制作了钼丝抽取装置、真空计读数读取装置。开展了不同mylar真空密封实验等。

我们仿真分析了多波束(多个喇叭馈源)边缘波束的衰减,送交曼彻斯特大学的彼得·威尔金森教授开展国际合作研究。

我们与澳大利亚国立射电天文台ATNF台长助理塔索·齐欧米斯(Tasso Tzioumis)博士和首席科学家理查德·曼彻斯特教授等,确定了在FAST接收机技术(相位阵馈源、多波束馈源)和脉冲星科学目标的合作。

基于馈源舱索驱动支撑馈源定位和指向功能的缩尺模型,国家天文台大射电望远镜实验室搭建了馈源支撑系统的主控机、Stewart平台与测量设备的联调平台;完成了单台全站仪、力传感器与一级索支撑控制系统的联调;进行了一级索支撑系统的粗调定位控制、二级Stewart平台的减振、精调定位控制和索支撑-指向-馈源稳定系统耦合等实验研究。

2006年9月6日,MyFAST进行了银河系中性氢的观测,其结果被公布在荷兰射电天文台每日图像上,标志着MyFAST功能性研制成功。

模型建造费用逾300万元,主要包括馈源塔约45万元,反射面基础和钢结构约110万元,索网约28万元,面板约39万元,促动器约51万元,Stewart平台约34万元,地勘和围墙7万元,控制室和护坡及挡水墙16万元等。另外,模型预研和辅助费用约100万元,包括监理3万元,测量经费15万元,哈工大索网预研60万元,清华大学及东北大学促动器预研20万元等。

2007年,为MyFAST研制了新的Stewart平台,并进行了大量室内实验,包括Stewart上下平台位姿解算、基于差分预测的控制策略和控制回路实验、平台轨迹规划和定位控制测试、控制链路中测量时滞和执行时滞的测定等。

为更好理解二次馈源支撑精调系统控制效果,我们发展了无接触、远距离、高精度馈源舱位姿动态测量技术，确定了相关技术如PID参数。发现全站仪动态测量周期性停拍现象并确认了停拍原因和三角波来源，得到徕卡激光全站仪公司总部技术人员的确认；发现了目标运动速度与测量频率变化之间的关系；发现并确认了全站仪测量系统延时量，提出了延时修正方案。

2007年10月18日，中国科学院重要方向性项目"FAST关键技术优化研究"在北京密云通过验收。中国科学院基础科学局张杰局长、国家自然科学基金委数理学部汲培文常务副主任、国家发改委沈竹林副处长等到会并现场考察MyFAST。

在FAST立项建议书中，MyFAST的建造和试验增添了对FAST项目可行性的重要支撑，为FAST在贵州省黔南州平塘县开工、施工组织、主动反射面及馈源支撑系统的建设以及FAST运行提供了宝贵的实践探索。

不得不承认，由于人力、财力和物资所限，FAST国家立项和工程建设准备、MyFAST充分实验两者难以兼顾。没来得及在这个结构功能完整的望远镜平台上，开展完整的球面变形抛物面与馈源驱动跟踪联合试验。

2007年，大射电望远镜实验室先后接待了贵州省科技厅于杰厅长、苟渝新副厅长，贵州省平塘县新任县长唐官莹，国家无线电管理局谢远生、李海清副局长以及一些交叉学科的专家们到中国科学院国家天文台密云射电天文观测站访问，参观考察射电望远镜和FAST模型试验现场。通过考察30米口径FAST整体模型MyFAST、密云综合孔径射电望远镜以及为支持探月工程新投入运行的50米口径射电望远镜，科技管理层领导们对射电望远镜及其工作原理、射电天文历史和成就、射电天文频率保护以及未来FAST的"模样"等有了近距离接触和了解，更加主动地参与和帮助FAST在贵州建设，也为FAST电磁波宁静环境提供了切实有效的保护。

7. 大射电“丐帮”生涯

以中国科学院北京天文台LT课题组为代表的大射电望远镜团队，先后争取到若干项目经费，支撑了13年大射电望远镜预研究之旅。

大射电望远镜课题组第一笔经费，来自发起单位中国科学院北京天文台。那是1995年申请到的北京天文台重点项目，获得2万元人民币支持！

当时北京天文台副台长南仁东通知我，可以到科技处领取课题本了。我兴冲冲地爬上中关村北京天文台小楼的三层，在科技处办公室找到处长汪克敏。他笑着打开办公桌抽屉，拿出了一个空白课题本，黄色封皮的。汪处长在封面项目名称、经费和负责人处，依次填写了LT计划、2万元、彭勃。

汪克敏除了嗓门脆、声音洪亮，他的字写得很有特点、好辨认。即便是25年后，他那明显倾斜的字也依稀可见。

1996年，我们申请并获得中国科学院基础科学局“九五”重点项目经费5万元！北京天文台财务处处长董惠琴签发的大射电课题第一批拨款单(2万元)见图3.44。

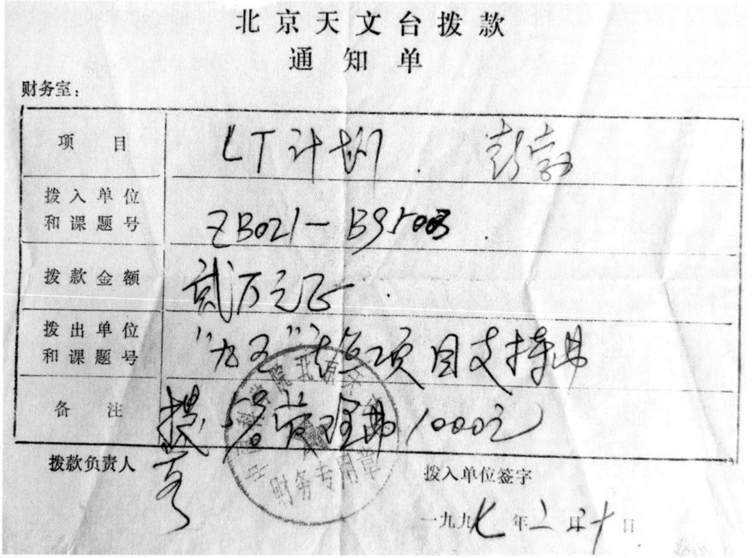

北京天文台拨款
通知单

财务室：

项目	LT计划 彭勃
拨入单位和课题号	ZB021-B9508
拨款金额	贰万元正
拨出单位和课题号	“九五”重点项目支持费
备注	提管理费1000元

拨款负责人　　拨入单位签字

一九九七年二月十日

图3.44　北京天文台财务处处长董惠琴签发的“九五”中国科学院重点项目拨款单

中国科学院基础科学局时任局长是钱文藻，数学力学与天文处处长是王宜。王宜调到天文台工作后，先后担任国家天文观测中心副主任、国家天文台常务副台长和FAST工程副经理等职。他偶尔还谈到，老聂（中国科学院遥感所聂跃平）还挺讲感情的，每次碰到我，总念叨当年给了你们5万块钱。我说，您那是雪中送炭，是大射电望远镜LT/FAST“丐帮”的救命钱！我们FAST人永远不会，也不该忘记。

1998年，中国科学院启动国家知识创新工程试点，设立创新工程重大项目，前瞻性布局大科学工程关键技术研发。

机会的确是留给有准备的人。南仁东和我在中国科学院基础科学局的小会议室，与局长、处长们一起，多次交流、沟通和酝酿FAST大业。经天文界酝酿、推荐和专家评审，FAST预研究成为创新工程首批重大项目，由南仁东主持。那是FAST团队获得的第一笔大钱，400万元人民币！

中国科学院基础科学局时任局长金铎、局长助理都静宜等，都长期关注FAST创新性研究并寄予厚望。

我建议：商请中国科学院相关领导“预支”这笔大钱，提前启动FAST关键技术试验。南仁东联系中国科学院竺玄秘书长，得到了帮助。

1999年3月，创新工程首批重大项目正式启动前，由中科院计划财务局先“借”给大射电望远镜实验室150万元。

同时，科技部经费也到位了。在前期工作基础上，包括贵州时任省长钱运录到科技部拜会时任部长朱丽兰、南仁东和我到科技部徐冠华副部长办公室深度沟通等诸多努力，科技部基础司对FAST项目支持了100万元人民币，其中的关键角色当属邵立勤副司长。

第一次与邵立勤接触，是在北京天文台密云射电天文观测站。王宜处长邀请时任科技部基础研究中心副主任邵立勤到密云射电天文观测站，参与对密云望远镜水淹的评估（图3.45）。我简单介绍了射电天文成就，重点汇报了密云水库大水对密云综合孔径射电望远镜的损害情况——至少电缆需要全部更换。

邵立勤对天文表现出浓厚兴趣，长期跟踪和关注大射电望远镜FAST进展。1998年，邵立勤曾作为中国射电天文代表团成员，参加FAST第一次公之于世的英国皇家天文学会月会。他还参加了2000年贵州大射电望远镜候选台址考察，在国际天文学会编号会议IAUC 182开幕式上，代表科技部用英文发表演讲，展示了我国科技主管部门管理者在国际舞台上的风采。

1998年10月，FAST项目委员会第二届年会上，我估算近年可能获得的经费支持，大体分配了三大创新及其他项目经费各四分之一。不久后我去德国访学一年。

后来，南仁东跟我讲：你开了空头支票就跑了，你是好人，而我倒成恶人了。原来，段宝岩因西电FAST团组经费与南仁东起了"争吵"。缘由是，彭

图3.45　左起：蒋协助、陈宏升、张喜镇、邵立勤、中国科学院副院长许智宏、彭勃和王宜(右二)等人在北京天文台密云射电天文观测站

勃在大会上分配了100万元，但西电实际没有得到。

事实上，大家（非天文台单位）凭兴趣“自带干粮”做了几年的大射电望远镜项目预研究，我提前“切经费蛋糕”，是希望有“望梅止渴”的功效。这也让FAST项目从“纸上谈兵”，步入“模型试验”这样的关键技术研发阶段。

大射电望远镜（LT/FAST）获得的项目支持还有：2002年科技部973课题平方公里阵列预研究97万元、中国科学院创新重要方向性项目300万元、2004年国家自然科学基金委重点项目300万元、2006年中国科学院院长特别支持重点项目1000万元（作为FAST前期研究经费）、中国科学院国际合作重点项目90万元，以及国家天文台、合作单位（教育部争取项目）和贵州省相关等效支持等，2013年FAST预研究总经费预估约3000万元。

2006年4月，我们汇总完成FAST立项建议书初稿，并报送给中国科学院郑晓年处长、郝晋新处长、黄敏处长修改。9月22日，FAST立项建议书由国家天文台正式提交给中国科学院。9月29日中国科学院正式提交国家发改委（图3.46）。

2007年4月29日，根据中咨评估公司意见“换皮”的FAST立项建议书再上报国家发改委。7月10日，国家发改委批复立项建议书，经费6.27亿元。

2008年10月，国家发改委批复FAST可行性研究报告（发改高技[2008]2878号）。2009年2月，中国科学院和贵州省人民政府批复了FAST项目初步设计及概算（科发建复字[2009]14号），批复总投资6.6723亿元。

2016年3月，中国科学院和贵州省人民政府下达了《关于调整500米口径球面射电望远镜国家重大科技基础设施项目初步设计及概算的批复》（科发函字[2016]104号），调整后项目总投资11.4959亿元。

FAST工程决算约12亿元。

FAST“长征”中的那些事儿，风雨兼程人的“丐帮”生涯，令人难忘。

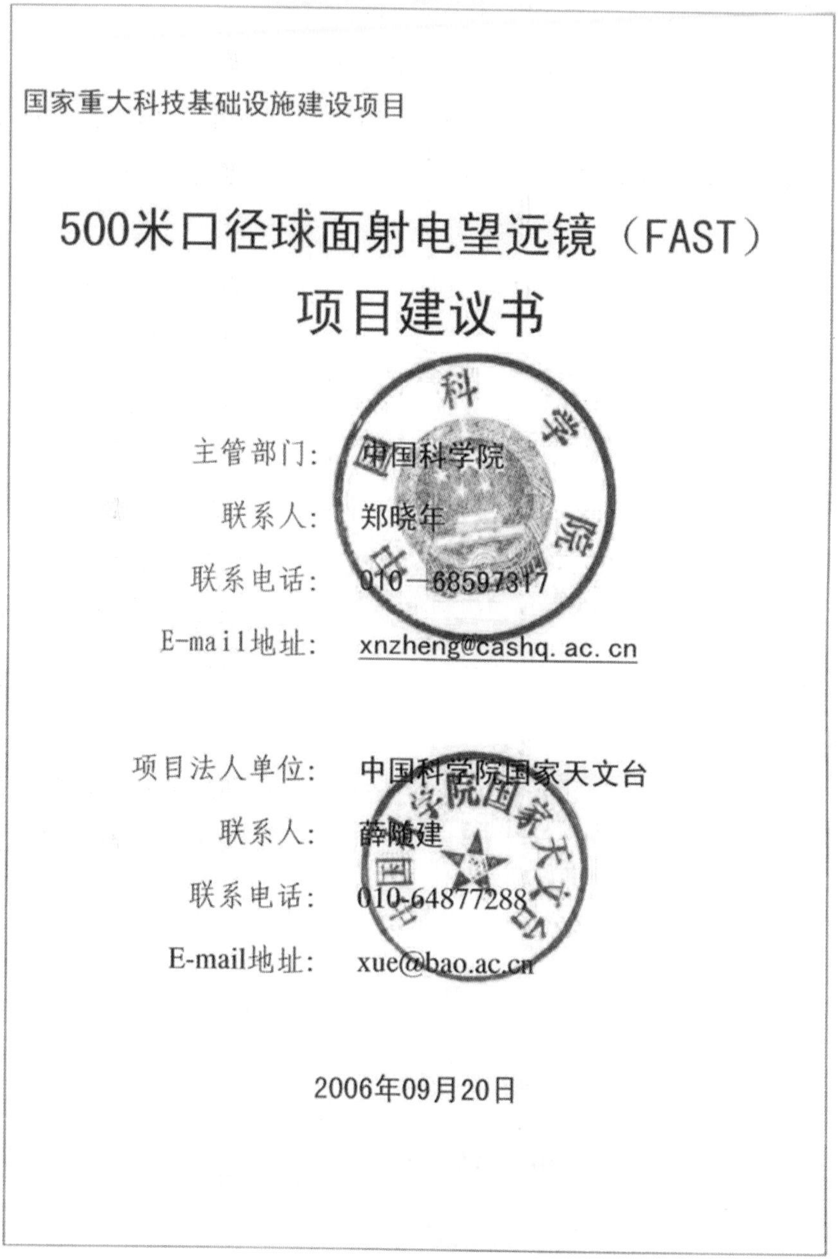

国家重大科技基础设施建设项目

500米口径球面射电望远镜（FAST）
项目建议书

主管部门：中国科学院

联系人：郑晓年

联系电话：010—68597317

E-mail地址：xnzheng@cashq. ac. cn

项目法人单位：中国科学院国家天文台

联系人：薛随建

联系电话：010-64877288

E-mail地址：xue@bao.ac.cn

2006年09月20日

图3.46 2006年9月提交给国家发改委的FAST立项建议书

建设与运行

2011年3月25日，FAST项目开工报告获批复，标志着工程正式开始建设。以贵州洼地台址勘察与开挖工程为先导，FAST工程开始了长达5年半2011个日夜的建设之旅。

FAST工程建设了九大系统或部门，包括：台址勘察与开挖系统、主动反射面系统、馈源支撑系统、测量与控制系统、接收机与终端系统、观测基地系统、科学部、电磁兼容组和工程办公室。

建成后的FAST，在贵州省政府支持下，拥有良好的无线电环境进行科学观测，获得一系列新发现和成果，广受科学界关注，为人类探索宇宙提供了有力的工具。FAST的建设和运行推动了众多高科技领域的发展，促进了贵州乃至整个西部的经济发展和社会进步。FAST已经成为世人瞩目的科学风景，提升了我国综合国力显示度。

1. 施工2011天

按照国家天文台副台长、FAST工程常务副经理郑晓年的工程阶段划分，2011年为FAST工程开局之年，2012年为承上启下之年，2013年为基础建设年，2014年为全面建设年，2015年为攻坚克难年，2016年为FAST工程收官之年。

FAST工程于2011年3月25日正式开工建设，2016年9月25日竣工，

2011个昼夜的艰辛与拼搏,成就光荣与梦想。上千名不同行业的技术人员和工人,为FAST工程建设贡献了汗水和辛劳!

让我们回放一下FAST工程建设经历的重要节点:

2011年

1月26日,与中铁十一局签订台址开挖工程施工合同

3月25日,500米口径球面射电望远镜建设项目开工建设获得批复(科发建复字[2011]32号),FAST台址开挖工程开工

3月,中咨公司启动FAST贵州配套设施建设总规

5月11日,FAST工程建设用地问题专题会召开

8月23日,FAST早期科学研究973项目获批

8月27日,完整的FAST馈源支撑机构缩尺模型研究合同验收

9月1日,向国家发改委高技术司汇报工程进展

9月15日,FAST馈源舱方案设计研究合同验收

9月23日,FAST进场道路施工

9月27日,望远镜底部排水隧道施工

9月28日,主动反射面整网控制实验研究验收与咨询会召开

11月23日,FAST工程科学技术委员会第一次会议召开

11月30日,馈源塔施工图设计合同签字

2012年

1月20日,贵州省机构编制委员会批复成立贵州射电天文台

2月23日,馈源舱方案优化设计通过验收

4月19日,地锚、圈梁及索网结构启动施工图设计

5月31日,主反射面实时动态测量系统样机研制成功

7月6日,馈源支撑索驱动设计制造安装施工总承包合同签订

7月24日，与贵州省科技厅签订共建贵州射电天文台协议

8月7日，大窝凼底部排水隧道贯通

8月9日，委托进行FAST观测基地规划设计

9月1日，FAST工程反射面地锚施工图设计验收

10月8日，委托开展综合布线设计

10月17日，向国家发改委高技术司汇报工程进展

10月31日，馈源舱停靠平台方案优化设计完成，FAST防雷工作长期合作框架协议签署

11月29日，馈源舱设计、制造、安装与调试总承包合同签字

12月6日，馈源舱支撑塔施工图设计验收

12月19日，FAST工程圈梁索网施工图设计合同验收

12月26日，FAST圈梁制造和安装工程合同签订

12月30日，FAST台址开挖与边坡治理工程验收

2013年

3月27日，国家档案局组织专家到大窝凼检查FAST工程档案

3月30日，FAST索网制造与安装工程合同在柳州签字

4月26日，FAST科学技术委员会第二次工作会议在北京召开

6月16日，FAST工程监理合同签字仪式在北京举行

7月8日，光缆模拟工况试验通过验收

9月24日，舱停靠平台详细设计完成

10月1日，《贵州省500米口径球面射电望远镜电磁波宁静区保护办法》正式施行

11月19日，索驱动完成设备出厂检查

11月29日，馈源支撑塔基础工程验收

11月30日，圈梁支撑柱基础、馈源支撑塔基础设备五方验收

12月25日，中国科学院大科学工程监理组到施工现场监理

12月30日，FAST年终总结暨工程1000天倒计时动员会召开

12月31日，反射面圈梁顺利合龙

2014年

1月10日，青岛东方完成馈源支撑塔设备层试组装

3月1日，贵州射电天文台及FAST数据处理中心合同签署

4月22日，台址开挖工程档案验收

4月29日，FAST工程团队获得中央国家机关五一劳动奖状

5月6日，馈源舱详细设计工作完成

5月22—23日，FAST项目基建专项巡视检查

6月12—13日，中科院对FAST工程“重大突破”专项督查调研

7月17日，索网制造和安装工程正式实施

9月11日，500米圈梁制造和安装工程验收

11月，FAST馈源支撑塔制造和安装工程竣工验收

12月10日，索驱动1H设备成功托运

2015年

2月4日，索网制造和安装工程完成

2月6日，反射面单元设计与制造项目合同签订

2月10日，索驱动第一根支撑索成功安装

5月29日，索驱动、馈源舱和舱停靠平台防雷详细设计完成

8月2日，FAST反射面第一块面板单元成功吊装

11月21日，FAST望远镜馈源(代)舱成功升舱

11月30日，FAST舱停靠平台验收

2016年

1月14日，FAST馈源舱出厂检查

3月，FAST工程调整初步设计及概算获得批复

6月8日，FAST反射面单元除中心5块外铺设完毕

6月，FAST综合布线工程验收，140—280兆赫兹接收机完成安装

7月3日，FAST工程反射面单元最后一吊

9月，宽带单波束馈源安装和调试

9月25日，FAST工程落成庆典举行

FAST工程建设期间，得到了国家、贵州省及社会各界的高度关心。赵克志、陈敏尔、秦如培、俞红秋、蒙启良、禄智明、张广智等贵州省领导，以及国家自然科学基金委副主任刘丛强、国家遥感中心主任廖小罕等，先后视察了工程建设现场。

建设过程中，为了管理专业化、制度规范化，我们聘请了中国中元国际工程有限公司进行现场管理，北京中城建建设监理有限公司从承接FAST台址勘察与开挖，一直延伸至全面建设的工程监理工作。

通过公开招投标或委托，参加FAST工程建设的单位有30家，主要包括：

贵州博伟科技测绘有限公司

解放军信息工程大学

美国自动精密工程公司（API）

北京起重运输机械设计研究院

贵州正业工程技术投资有限公司

贵州省建筑工程勘察设计院

贵州地质工程勘察设计院

中铁十一局集团有限公司

贵州云马飞机制造厂

中国电力工程顾问集团公司华北电力设计院工程有限公司

大连华锐重工集团股份有限公司

青岛东方铁塔

江苏沪宁钢机股份有限公司

柳州欧维姆机械股份公司

北京市建筑设计研究院有限公司

武汉烽火通信

中铁十一局集团建筑安装工程有限公司

武船重型工程股份有限公司

北京国网富达科技发展有限责任公司

郑州辰维科技股份有限公司

北京恰恒科技有限公司

中国电子科技集团公司第54研究所

中国电子科技集团公司第54研究所和浙江东南网架股份有限公司(联合体)

天津优瑞纳斯液压机械有限公司

中建二局安装工程有限公司

北京万云

太极计算机股份有限公司

北京普达迪泰科技有限公司

中国科学院自动化研究所

FAST工程团队采用公开招聘为主、其他途径为辅的原则,由初期的几位兼职职工,逐步发展壮大为百人规模的FAST工程建设团队。这里仅以2006—2007年招聘为例,揭秘FAST工程团队的招聘过程。

在FAST国家立项逐步明朗的情况下,考虑到工程建设团队的需求与规模,2006年1月17日,大射电望远镜实验室在海淀展览馆招聘会参加了招聘/双选会。同时,我们在国家天文台网站、"前程无忧"网站发布招聘告示,面向天文界、高校诚招FAST科研人员。对160名应聘者,通过内部打分、平均分排序,遴选出约50人。随后,我们组织了三次面试,分别于2006年2月21日、3月10日和4月6日在国家天文台进行。最终,确定招聘5名新成员:蒋志乾、李辉、刘鸿飞、李建斌、于京龙。同年,张承民、翟学兵从其他途径遴选为大射电望远镜实验室新成员。

2006年,大射电望远镜实验室研究生毕业和招收情况如下:

毕业2名博士生:朱文白、朱丽春;3名硕士生:高键键、黄浩和王保田。

招收1名博士生:甘恒谦;6名硕士生:刘东亮、刘丽佳、刘建伟、管皓、胡金文和赵清。

按照中国科学院国家天文台部署,大射电望远镜实验室计划租赁奥运村科学园新本部大楼实验楼南楼即B座6层整层。随后,根据国家天文台艾国祥台长的新布局,更换至2层和3层2个半层。

2007年2月,我们交付租金后组织实施了搬迁,有了充足的办公和实验空间。同年,通过国家天文台和中国科学院网站继续公开招聘。最终,招收国家天文台硕士毕业生李会贤、山西大学档案专业硕士毕业生刘娜为大射电望远镜实验室秘书。

FAST建设初期,配合中国科学院国家天文台驻场代表、FAST总经济师李颀,大射电望远镜实验室高龙具体实施了贵州大学FAST工程指挥部、平塘县克度镇FAST台址现场办公和食宿基础条件配套建设,特别实施了大射电望远镜台址"工棚"和视频会议室的搭建,保障了北京—贵阳—FAST台址三地的FAST每周组会能够同步举行。高龙还与时任克度镇党委书记韦义红等人及时沟通、密切配合,疏解了施工方与村民之间的诸多紧张关系,妥善处理各种棘手事务。

用图片影像记录大科学工程建设

FAST工程建设正式启动之前，在大射电望远镜实验室周会上，我建议每天拍1—2次现场工作场景，用图片记录下FAST工程的建设历程。后来，FAST工程团队对建设过程进行了全程拍摄。

FAST工程办公室主任张蜀新(2015年晋升为副经理)是位摄影爱好者，技术堪称业余中的“专业高手”。他不仅自己选择、拍摄工程建设场景，还拍摄了许多FAST台址的星空。同时，培养、带动和发展了一个FAST工程团队拍摄小组，主力成员包括杨清亮、黄琳、袁维盛和吴文才等人。这是一支年轻、本地化的拍摄小组。

黄琳虽然不是贵州人，但娶了个漂亮的贵州媳妇，2020年3月“火速”喜得贵子，我调侃称他是“早生贵(州)(儿)子”了。

FAST工程内部拍摄小组成员长期在艰苦、偏僻的洼地生活、工作，每天都抱着相机，像猴子一样灵活，漫山遍野地拍摄，用镜头记录下FAST建设的每一天。不仅有定点拍照，还对FAST各大系统的关键节点和主要事件进行摄像。也只有他们，才有条件、有本事“留住”FAST诞生的精彩瞬间。这些工作照和里程碑事件的影像，大多被国内外主要媒体所采用，成为FAST工程建设的珍贵历史资料。本书中使用的很多图片，均来自FAST项目内部拍摄小组以及参与FAST研制的人员，版权属于中国科学院国家天文台及其合作单位。

用图片及影像记录大科学工程建设历程，FAST团队算是开了国际先河吧。

2. 五大系统工程建设

大射电望远镜FAST在2011天的施工周期中，主要完成了五大系统的建设，从台址开挖、主动反射面系统工程、馈源支撑系统工程、测控系统工程、接收机与终端系统到观测基地建成，大射电人二十余年的梦想逐步变成现实。

(1) 台址与观测基地系统建设

大射电望远镜FAST的台址与观测基地坐落在贵州省黔南州平塘县克度镇，由FAST台址勘察与开挖、FAST观测基地两个基建系统合并而成(图4.1)。台址勘察与洼地开挖的土石方约40万方、危岩治理50万方。实施了洼地边坡稳定性工程措施等。

台址勘探与开挖工程是FAST望远镜巨型反射面、馈源支撑塔的基础。主要包括：采用地形测绘，工程地质、钻孔超声波测试，钻孔压水、钻孔剪切波、现场直剪、载荷等试验，地微振、岩石锚杆抗拔试验，室内岩样、土样试验及其水质分析等勘探测试方法，对FAST台址场地进行综合性岩土工程勘探。实施场地勘界、植被清理、详细勘探、支撑塔柱地基地球物理详勘、大窝

图4.1 FAST观测基地：台址开挖及场区道路(左)、FAST综合楼工程(右)

凼洼地底部落水通道勘察与保护、洼地土石方开挖、FAST台址边坡稳定性防护、工程面地形详细测绘(1:500)、锚杆钻探施工与加固等工程。

台址开挖与边坡治理工程从2011年3月持续至2012年12月底。

石雅镠是台址勘查与开挖系统副总工程师,与总工程师朱博勤协同“作战”。同时,石雅镠也是FAST工程现场调度,配合国家天文台甲方代表、FAST总经济师李顾在施工现场处理施工方、设计、监理和地方关联多方关系。

根据台址地质情况,石雅镠时常同施工方、设计方“艰难周旋”,及时进行必要的设计变更。通过设计优化,为台址开挖工程节省了数百万元经费。

石雅镠长期在贵州平塘工地驻场,在艰苦条件下为大射电建设忙碌。积劳成疾,不幸英年早逝,卒于2016年3月。虽然FAST主体已基本建成,遗憾的是,他没能参加半年后FAST落成暨生日庆典。

观测基地建设主要包括:综合楼、厂房、变电所、净化站、污水处理站、取水站、测量专用基准站设备房、其他零星建筑的建筑安装工程和公用设备及安装工程等,还包括进场道路、场内道路及广场工程、室外给排水工程、排水隧道、室外电力工程、室外电信引入以及望远镜其他配套工程等。

观测基地内建有7座变电站。0号变电站35千伏,共4000千伏安,馈出4路10千伏,其中2路至望远镜6个箱变,每路带3台箱变;1路至站内干变,1路至观测基地箱变。台址洼地5台箱变是630千伏安,1台箱变是800千伏安。6台箱变由10千伏转为400伏、435伏和460伏三种组合,共1600千伏安。

牛角—大窝凼观测基地进场道路约6.7公里,大窝凼洼地南垭口至窝凼底部场区道路2.9公里,维修道路(栈道)17公里。

利用已有水文地质资料,分析确定并修建了长1.2公里的排水泄洪工程,也就是从大窝凼近底部至邻近、海拔约低100米的水淹凼洼地的地下隧道(图4.2)。

图4.2 大窝凼洼地至水淹凼洼地间排水隧道

观测基地集望远镜总体控制、学术交流、科学实验、台址办公、住宿、后勤于一体，总建筑面积10 647平方米，包括综合楼、食堂、1号实验室及附属用房、2号实验室及附属用房等，还拥有106间办公室和宿舍。员工宿舍配置了上下铺双人床、办公桌椅。4栋建筑主体均为钢筋混凝土框架结构体系，设计使用年限为50年，抗震设防烈度6度。

观测基地施工工期是2015年10月至2016年7月。

台址与观测基地系统还协助FAST主动反射面系统开展了地锚实验、地锚工程方案与施工。

2016年9月25日，FAST落成当日，我们从500米口径球面射电望远镜工程指挥部搬迁住进了FAST综合观测楼(图4.3)。

图4.3 FAST工程指挥部(左)和综合观测楼(右)

FAST工地生活

距离省会贵阳约200公里车程的偏远山坳、人迹罕至的黔南布依族苗族自治州平塘县克度镇金科村的大窝凼，是FAST望远镜的家。

2000多个日日夜夜，FAST工程指挥部的二楼（以及一楼部分房间）是我们的集体宿舍。2—3个上下铺，4—6人“同居”一舍。半夜起夜时，无论你步履沉重还是轻盈，整个楼都会发生不同程度的“地震”。奔波辛劳一日的FAST人，一人打呼噜全楼“受用”。在寂静的群山中、繁星闪耀下，“呼噜多重奏”是FAST人青春奋斗的“噪声”。

FAST工程指挥部的一楼是会议室、食堂和办公室，基本上每两个系统一间办公室，例如，测控系统和接收机与终端共用一间。一楼背面靠山处是简易厕所、洗衣房和男女错时使用的淋浴室。

每周一下午1点半，在大窝凼台址建设现场的同事，通过视频连线，与北京、贵阳同步开周会，汇报上周进展，布置本周工作，探讨新问题，商量解决措施。FAST工程指挥部这样的大科学工程“工棚”，成为无数关注者光顾的“打卡地”，访客包括各级领导、国内外科学家、诺贝尔奖得主、国内外媒体。

FAST团队每人每天交20元伙食费，餐费是按自然日结算，无论一天一顿还是三顿，即便没吃一顿（比如抵达大窝凼台址时错过了晚餐时间）。这样简单，也正好是一份贡献，我们的小食堂无力承担访客用餐，当少量访客用餐难以避免时，是客也就不收费了。

周末的早餐一般得自己做，兼顾那些“贪睡”或照常早起的不同群体。自己在一口大锅里面加上水，烧开后煮面条、煮米粉。食堂大厨会准备好煎鸡蛋、卤蛋或白水煮，肉末、炖牛肉块或酱牛肉片，配上手撕榨菜等咸菜，凉拌折耳根、辣子粉或辣椒酱等贵州菜，倒也健康、丰盛。这样的简餐高效便捷，填饱肚子就能“出工”干活了。

(2) 主动反射面系统工程

FAST主动反射面系统主体结构采用索网支撑方式，交叉连接的钢索索段形成整体索网。索网网格为尺度约11米的三角形空间网架，其主动变形通过下拉索和促动器装置来实现(图4.4)。

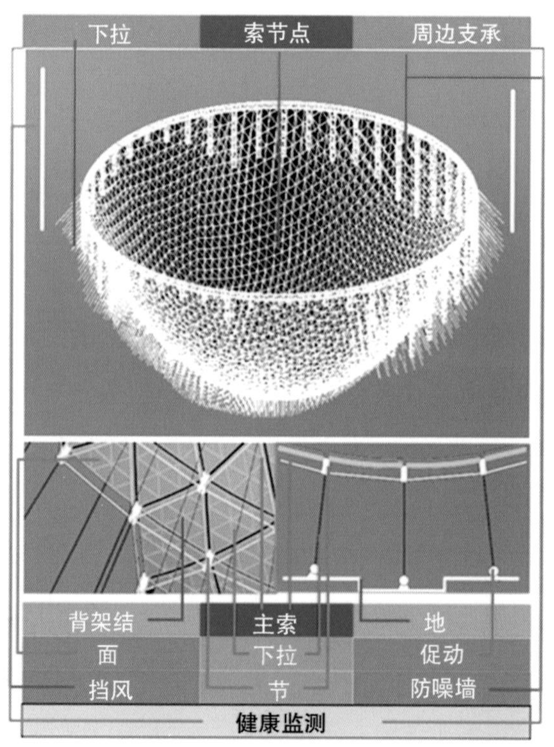

图4.4　主动反射面系统示意图，包括圈梁、地锚、促动器和索网结构

2225个交叉连接处是索网节点。每个节点连接6根索网主索，节点下端安装下拉索和驱动机构，驱动机构由驱动电机和可伸缩的促动器组成。

在预应力作用下，下拉索使整体索网形成初始球面。望远镜观测天体时，控制下拉索的长度和张力，使反射面在照明口径内实时形成抛物面。

结构设计需要保证反射面整体张拉，观测过程中，柔索不松弛、不被拉断。与一般索网不同，FAST反射面“大网兜”需要承受上千吨重量，还要像弹簧那样伸缩。FAST主动反射面所需要的钢索，无论是抗拉强度还是使用寿命都远超工业标准。

2010年，主动反射面创新经历了一场灾难性风险——FAST巨型索网疲劳问题。从厂家购买的十几种钢索，没有一种能满足望远镜的需求。总工程师南仁东主持了索疲劳问题的技术攻关，咨询相关领域专家，泡在车间，在工艺、材料等方面寻找出路。经历2年近百次失败，通过改进钢索制作工艺，FAST团队终于研制出了满足FAST工程要求的钢索！

主动反射面系统工程建设主要包括：地锚、反射面支撑圈梁基础，反射面索网主索段、下拉索段及索网节点制造和安装，促动器制造和安装，背架、面板的制造和安装，起电磁屏蔽作用的防噪墙还有挡风墙的制造和安装等。

主要技术指标是，抛物面表面均方差5毫米；反射面表面沿径向主动变形速度1.6毫米/秒；促动器拉力50千牛，精度0.25毫米；地锚装置抗拔力100千牛，且地锚中心位置精度控制在2厘米。

部件大部分是在工厂加工，并且进行组装，再运输至贵州FAST台址总装。

FAST圈梁（图4.5左）采用管桁架结构体系、圈梁内径500.8米，宽度11米，高度5.5米，周长约1570米，由50根等距分布格构柱支撑。格构柱高度在6.4—50.4米，平面尺寸4米（5个4.5）×5.5米，圈梁及格构柱重达5360吨。

圈梁钢结构制造和安装工程从2013年4月至12月，施工跨越8个月。

主索网按照短程线型网格划分方式，由6670根钢索编织成500米口径的球冠面，主索网四周连接于外缘支承圈梁结构上。下拉索2225根，通过节点盘连接促动器和地锚。根据地质实际条件，地锚选用了3锚杆、4锚杆形式，抗拔力达20吨。锚杆基础为地下打孔并灌入混凝土，以混凝土与岩石的摩擦力来抵抗拉索的拉力。

FAST索网重达1300吨。FAST索网需要在高空拼接，有16种规格的主索，截面面积介于280与1320平方毫米之间。

FAST索网制造和安装工程从2014年7月至2015年2月，跨越7个月。

图4.5　主动反射面系统的圈梁(左)、地锚、促动器和索网结构(右)建设实景图

反射面变形靠促动器(图4.5右)实现，拉力负荷约70—150千牛。促动器由电机、减速器、输出运动和控制四部分组成。减速器有行星轮、摆线针轮、蜗轮蜗杆，输出运动包括丝杠、滚珠丝杠、钢丝绳、链条。其中控制部分包括位移传感器(编码器)、位置传感器、控制电路、通信模块。单个促动器重约114公斤，整机功率250瓦(实际选用400瓦，留有冗余)，行程在80—120厘米。

反射面单元由背架主体结构和面板结构构成。背架主体结构包括：主梁、次梁、连接构件、连接索节点接口等。面板结构包括：冲孔铝板、檩条、铆接组件和调节部件等。

FAST反射面单元总计4450个，含4300个三角形单元和150个边缘异型单元，重达2200吨，误差2毫米。

反射面板三角形单元品种达186种,共4300块。三角形背架边长范围为10.4至12.4米(粗略地说边长11米)。每个单元为三角形结构,由背架、连接关节、调整螺栓和面板组成。背架在顶点上均装有连接关节,通过这些关节,将其悬挂在主索网上,形成望远镜反射表面。背架和面板之间通过调整螺栓连接。

单个单元由100个曲率半径315米、厚度1.3毫米的小三角形拼成,面板材料是铝合金。每个单元重约240—266公斤。含背架的反射面单元重达427—483公斤。背架及面板单元之间的孔位精度0.15毫米。

边缘(靠近圈梁)150个四边形是异型反射面单元,边长约1.8—12.7米,由56—126块小三角形拼成,这些单元重约650—1120公斤。

反射面单元的设计、制造和拼装,由中国电子科技集团第54研究所、浙江东南网架股份有限公司联合体承担。反射面单元的吊装由武船重型工程股份有限公司承担。

2015年8月2日,FAST反射面单元吊装工程开始施工。

FAST台址区域小窝凼洼地已经填埋,形成了主动反射面建设拼装、组装和检测临时工程场地。反射面面板单元及其背架结构件在小窝凼拼装、测量等,形成合格的整体单元(图4.6)。再通过塔吊、转运机车、缆索吊等一系列复杂高空作业工序,将每块反射面单元运至指定位置,定位、安装。

2016年7月3日,随着FAST工程经理、国家天文台台长严俊一声令下,FAST巨型反射面的最后一块面板单元缓缓起吊。先后经历二次空中转接、用缆索吊下滑到指定位置后,安装在索网上(图4.7)。历时11个月,FAST主动反射面的4450块反射面单元终于铺设完成。

巨型反射面的铺设是FAST建设的最后一个设备工程,其顺利完成标志着FAST工程主体建成。

图4.6 FAST台址小窝凼反射面单元组件(左)与反射面背架拼装(右)

图4.7 FAST主动反射面编织的索网(左);最后一块面板单元安装(右)

FAST索网应力及温度传感器用于施工过程监测和健康监测。运行期间的结构健康监测传感器有506个,包括格构柱30个、圈梁70个、主索406个。

为方便望远镜运行和维护,反射面圈梁顶部还留用工程建设使用的3台机车,包括两台各重33吨的缆索吊主机车,一台重25吨的转运机车。

FAST主动反射面系统的俯侧视图见图4.8。

图4.8　主动反射面系统建设实景：俯视图（左）和侧视图（右）

(3) 馈源支撑系统工程

FAST馈源支撑即索驱动系统是个光机电一体化的系统，主要包括三个部分：6绳索并联机构、AB转轴机构和Stewart平台。其中，6绳索并联机构为馈源支撑系统的一级支撑。

通过调整6绳索并联机构的各绳索长度，控制馈源舱位置和一定的姿态角度，再利用AB转轴调整上平台的俯仰角度，最后通过Stewart平台进行精调，达到馈源位姿的高精度要求。

舱索系统具有非线性、大滞后、大惯性和弱刚度的特点。仅仅依靠悬索控制，馈源的定位难以满足精度要求。

馈源支撑控制系统由一次粗调、二次精调控制系统构成。两级系统耦合于Stewart的上平台。采用6套悬索伺服系统，带动星形框架，控制馈源跟踪定位的第一级粗调，粗调精度小于等于10厘米；在馈源舱中装入Stewart平台，控制下平台，进行二级精调控制，实现动态定位调整精度10毫米。

FAST馈源舱索驱动支撑系统（图4.9）主要包括：百米高钢结构支撑塔、索驱动机构、馈源舱及其停靠（或入港）平台（图4.10）和动态监测软硬件等。

馈源支撑塔是高耸结构，兼有塔、桅杆和高山索道支架特点，但又与其中任何一种结构不完全相同。

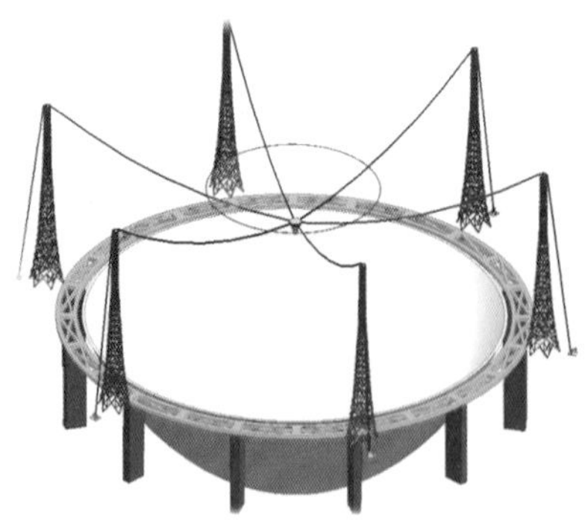
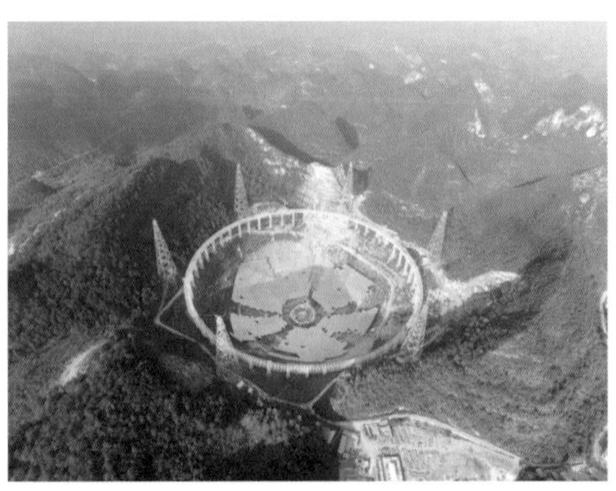

图4.9　馈源舱索驱动支撑体系示意(左)及工程建设照片(右)

支撑塔部分进一步分为稳定索、塔架、塔基础和稳定索锚固基础;卷扬机部分包括驱动电机、减速箱、离合器、轴承和卷筒。

与馈源支撑塔相对应的配套结构和设施有:塔顶避雷针、电梯设备和井道、塔架上的爬梯、休息平台和检修平台等。

6座百米高塔均匀分布在距FAST反射面中心600米的环路上。参考阿雷西博射电望远镜塔编号,按时钟指向,对FAST馈源塔进行编号。正北(大

图4.10　馈源舱及其停靠平台

约在小窝凼处)为时钟12点(小时)方向,FAST馈源支撑塔编号顺序为1H(H是hour英文的字头)、3H、5H、7H、9H和11H。塔的高度分别为112米、151米、118米、131米、153米和173米,相应重量为321吨、461吨、338吨、398吨、466吨和623吨。6个馈源支撑塔的总重达2700吨。

FAST馈源支撑塔制造和安装工程从2014年3月至11月,跨越8个月。

与馈源支撑塔相对应,整个索系由6根并联的柔性钢索组成。各索一端与馈源舱相连接,6根索共同承担约30吨馈源舱;另一端绕过支撑塔顶的导向滑轮,与地面卷索机构相连接。这样的并联支撑索系与馈源舱、卷索机构共同组成柔索牵引并联机器人机构。观测时,各索长度随着馈源舱的运动而改变。

为实现馈源舱在直径206米的焦面上大范围定位,支撑索的长度改变量大约为200米。各索不仅要承受舱重载荷,还要承受索的自重、索上风力、馈源舱运动时的惯性力、由塔顶振动和卷索电机传递过来的动态索力等动载荷,还将承担进舱的电缆、光纤信号线及附属机构重量。

6根索驱动钢缆长度在610—630米,直径46毫米,重约10公斤/米,6根钢索重达36吨。单索的驱动力约40吨,上面有4类86个滑车;相应的减速机、卷筒单件重13吨。电机功率257千瓦,转速1080转/分,卷筒直径2.4米,滑轮直径1.8米。索缠绕卷筒达6圈,包括3圈安全系数。

FAST索驱动制造和安装工程从2014年10月至2015年5月,跨越7个月。

馈源舱直径13米,高4.8米,重29.4吨(不含馈源),悬挂于相距600米的支撑塔之间。在离洼底约150米高的空中,沿口径约206米球冠、以11.6毫米/秒速度跟踪天体。换源(目标天体)观测时间小于10分钟。换源模式状态最大运动速度400毫米/秒。

馈源舱停靠平台重达56吨,其支撑立柱分布于10.3米的圆周上,3个固定、3个可升降。舱停靠平台内径9.6米，外环直径12.6米，升降立柱升起高度为5米。滑轮支撑装置外轮廓在16米的圆上，工作状态下高度为6.3米，收藏状态下高度为3.5米。

支撑塔顶会因为风载荷（风对望远镜施加的力）、各索张力的波动和塔中各类设备运行的干扰而产生扰动。塔顶的扰动，通过支撑索传递，引起馈源舱的附加振动和位置偏差。由塔顶扰动所增加的馈源舱定位偏差需控制在合理范围。

6座支撑塔塔顶扰动的振动方向、幅度和频谱分布均是随机的，与干扰载荷、塔本身的动力学性能密切相关。考虑到不同位置点馈源舱位置响应幅频曲线的差别，以及一定的安全储备，在支撑塔设计中，第一阶塔架振动固有频率不低于1.0赫兹。相关的机电系统包括绳索驱动柜、总控电器柜、总控电脑、馈源接收机和馈源电器柜等5个部分。

2015年2月10日，馈源支撑系统第一根钢丝绳安装成功，验证了FAST馈源支撑索驱动系统的安装方案，光缆和电缆的成功安装为馈源舱提供信号传输和电力支持。馈源舱需要的动力电总功率约100千瓦，主要电器有：Stewart平台6个电机、AB转轴机构2个电机、馈源前端、压缩机和空调等，按380伏特三相五线制设计。含动力线和信号线的集束电缆，单位重量约为6公斤/米，延米重量大约是馈源舱驱动钢索一半稍多。

支撑索安装的主要技术难点在于：钢丝绳安装跨度大，高差达277米，单根钢丝绳的重量达6吨。每根钢丝绳下方各悬挂一根直径26毫米的电缆，其中3根钢丝绳下方还各悬挂一根直径12毫米的48芯光缆，电缆和光缆的悬挂采用窗帘式缆线入舱机构。缆线入舱机构部件种类多，工况复杂，可靠度要求高。

施工单位反复试验，采用粗细两套工艺绳，通过细绳牵引粗绳，粗绳牵引钢丝绳的方案，历经两次钢丝绳退扭，逐步将直径46毫米的钢丝绳由大窝凼底部，经过塔顶导向装置拉至机房卷筒上封固。

在牵引钢丝绳的同时，将86套滑车和电光缆随钢丝绳安装到位。安装后，索驱动系统对历经四年研制的FAST 48芯动光缆进行通信测试，信号实现了顺利传输。（以上部分内容摘录自国家天文台网站文章《国家天文台FAST望远镜索驱动第一根支撑索安装成功》）

针对索驱动设备含有大功率电子器件和运动机构的电磁屏蔽措施，也达到了国家军用标准D级（最高级）。

2015年11月21日，FAST馈源支撑系统首次升舱成功，标志着FAST工程正式进入六索带载联调阶段，完成了"点睛之笔"（图4.11）。

图4.11　FAST馈源支撑系统升舱联调

（4）测量与控制系统工程

FAST测量与控制系统包括：望远镜总控系统、反射面控制系统、反射面安全评估系统、馈源支撑整体控制系统、索驱动控制系统、馈源舱控制系统、舱停靠平台监测单元、反射面测量系统、反射面健康监测系统、馈源支撑测量系统、馈源支撑健康监测系统。总控系统将观测任务指令发送给各子系统，并反馈指令的效率和可行性，监测各子系统的运行状态，收集望远镜运行数据，提供统一的时间标准、科学数据所需的望远镜状态数据流。

FAST巨型反射面和馈源之间无刚性连接，需要在同一参考系进行高精度位姿测量、实时反馈控制，使所有运动部件的定位精度满足望远镜观测需求。

FAST测量与控制系统的主要建设内容是:建立高精度大地基准控制网和时间基准,实施高精度地形图测绘以及大型构件制造、安装过程中的检测和定位测量。

针对主动反射面2200多个控制节点,进行实时定位控制和面形检测,其技术难点在于点数多、距离大、相对精度高。对于馈源支撑系统位姿实时测控,需采用高精度、远距离、实时动态、非接触测量技术以及先进的控制算法。进行天文观测时,对望远镜运行要进行完好性监测和智能诊断等。

开工建设之前,我们与解放军信息工程大学、清华大学、德国徕卡公司(Leica)和美国自动精密工程公司(API)合作,为FAST开发了多种接触测量及遥测设备,完成了主动反射面模型的多点现场总线控制、馈源支撑多索柔性支撑控制、精调平台差分预测控制等试验研究。

为确定巨型主动反射面整网控制方案,在上海FAST主动反射面四单元模型Lanworks总线控制基础上,我们开发并选定CAN控制方案,对密云FAST整体模型MyFAST的索网实施了分级整体张拉控制,给出了以直接径向增量调整代替有限元分析增量调整的方案。

针对在黔南的500米FAST望远镜原型,先后完成了测量与控制方案设计,探讨了反射面开环控制可行性。进行了全球定位系统GPS基站和测量设备基墩的选址。

启动了主动反射面面型摄影测量、馈源支撑系统API测量研究。完成了计时系统开发、全站仪测量系统电磁兼容设计与改造。建立了室内Stewart平台联调坐标系统,完成了FAST望远镜各类坐标系转换。

致力于解决复杂地形地貌网络布线、信号遮挡,以及野外工况对远距离(公里尺度)、高精度(毫米级)非接触测量作业的影响,球面变形为抛物面时上千点实时主动控制等工程难题。

研制了望远镜总控软硬件,以及馈源支撑和反射面的控制体系,如:内网中央处理系统、交换设备、控制器、电缆、防护及软件研发。

按照规范，需要获取FAST工程场地及附近大比例尺1:500地形图，才能进行基准网设计。基准点基墩底部应埋设在基岩上，控制点基墩底部埋设在基岩或最深冻土线以下。然后，采用钢筋混凝土一体浇铸。基墩周围地面以下，需采用细沙或其他颗粒状物体隔离，基墩地面段形状为圆柱形。

为节省时间，解放军信息工程大学郑勇教授绕过常规，提出利用台址现场及周边地形图和大致地质情况，为FAST提供一个基准控制网初步设计。合作设计和建造了测量基准网和运行测量网(图4.12)，并对基准网进行了天文定向和长期监测。

采用铅垂、水平或径向、切向两轴解耦测量方案，完成了施工测量任务。测量系统的精度主要受测量基准网精度、测量设备精度和环境因素等影响。后两者可以提供实验、估算和补偿等技术方法消减。

FAST测量基准网由24个测量基墩组成，分布在FAST台址大窝凼洼地中，高度4—16米，配置了24台激光全站仪，全球导航卫星系统GNSS、全球卫星定位系统GPS-RTK设备等，500米跨度范围测量精度在1毫米。

索测量基墩施工从2013年5月至2014年10月，跨越17个月。

GPS天线放置于馈源舱的星形框架上，数据接收单元放于馈源舱内。流动站与基站之间的数据传输，通过接收系统数据通道传入解算计算机。

图4.12　测量基墩及分布在反射面上的靶标(左)；李明哲、于东俊进行测量控制网的全站仪安装与调试(右)

实现了巨型反射面索网节点动态测量与控制精度2毫米。馈源系统换源测控精度约10毫米。

基础固定点测量主要包括:下拉索地面固定点位置测量、主索钢梁固定点位置测量、塔索出口点位置测量。这些测量精度要求在厘米量级。

馈源支撑系统是个复杂的光机电一体化系统,采用上下位机控制。上位机主要用来做人机交互、索塔控制以及采集相关数据。上位机通过网络通信系统,传递给PLC,以控制绳索电机的速度、方向参数,绳索再通过减速器和卷筒输出绳索的出绳速度和张力,从而控制馈源一次索支撑平台的位姿。

FAST主反射面由交叉的钢索形成整体索网,在交叉索的2200多个节点处安装有下拉索。下拉索由安装在洼坑表面的促动器驱动。在预应力作用下,整体索网形成初始球面。执行天文观测时,控制下拉索长度和张力,反射面在照明口径内可以形成瞬时抛物面。

为形成观测抛物面,需要实时调整照明口径内节点的位置,控制其在限定误差范围。节点控制精度依赖于测量的准确性、实时性。

主反射面测量目标是单元面板面形测量、中性球面整网节点的静态测量,以及动态变形时、整网节点的实时动态测量。具体是在黔南平塘县大窝凼洼地内,构建由主控机和2200多个节点控制器组成的高速、可靠的通信控制网络。每个节点的位置,可沿球面法线方向在一定范围内调整,实现球反射面变形区域、实时拟合成抛物面。

FAST测控系统铺设完成了通信光缆、电缆总长度各约200公里。其中主线光缆130公里、分支光缆55公里,测量基墩电缆3.5公里,桥架5公里,接地扁铁20公里。建造了12个中继室,321个核心节点,1905个分支节点。

从2014年4月至2015年8月,完成了台址现场布线(测控网络及安防工程、高低压配电)设计与施工,实现了FAST主动反射面整网控制。

大尺度、高精度的测量与控制系统的研制,使巨型反射面与馈源无刚性

图4.13 望远镜总控室

连接情况下实现了协调联动(图4.13),为FAST望远镜高精度指向与跟踪提供了技术保障。

(5) 接收机与终端系统工程

FAST馈源与接收机系统是“中国天眼”的“眼珠”,主要包括:馈源和低噪声接收机、制冷机、中频数据传输、数据处理终端、氢钟和信号分配设备,接收反射面焦点处汇聚的电磁波。另外,还包括时间频率标准和接收机监测诊断系统。

自1998年与国际团队实质性合作以来,大射电望远镜课题组暨实验室与时俱进地更新和完善设计方案。先后与英国曼彻斯特焦德雷班克天文台、澳大利亚国立望远镜机构CSIRO-ATNF(现改称CASS)联合设计了L波段(即波长21厘米)的多波束(喇叭)馈源接收机,同时与美国加州大学伯克利分校合作研制频率范围大的超宽带馈源,自主开展氦气压缩机水平悬吊实验、中频数据光纤传输的原理样机实验等。

2000年底,英国焦德雷班克天文台四位电子、机械、制冷工程师应邀访华,与我们大射电望远镜实验室同行们共同讨论,形成了FAST望远镜9套接收机初步框架。

馈源、极化器的选择和接收机制冷系统的配置,应使FAST拥有可以和国际技术前沿接轨的、技术先进的接收机系统。为减小研制风险,应立足于正在使用、得到证实的技术,某些领域尽量引进尚在发展中的技术和工艺。

馈源和极化器原型分别取自荷兰射电天文台在韦斯特博克综合孔径阵多频前端设计、焦德雷班克天文台在马克二型望远镜和迪福德望远镜的设计,19波束设计参考澳大利亚帕克斯望远镜多波束装置,分子谱线观测设备采用类似澳大利亚帕克斯望远镜L频段多波束频谱仪,连续谱观测设备考虑选用德国马普射电天文所300个通道数字连续谱数据采集后端。

所有的信号处理设备应安放在一个或多个有屏蔽的房间,以保护接收机不受后端高速数字电路产生的潜在射电干扰影响。

工程建设期间,大射电望远镜的接收机安装结构随总体结构调整,接收机频段和接口与天线馈源配套。开展了天线与馈源的光路和微波仿真,完成了制冷系统整体设计、接收机整体设计,以及终端系统仿真、设计和自主研制等。

主要研制了:低于1吉赫兹频率的馈源及相应低噪声前端,L波段多波束馈源及相应低噪声放大器和电子线路,L波段单波束、S波段单波束馈源及相应低噪声前端,基于氢钟和GPS的时间频率标准等。

完成了GM氦气循环制冷机组装和调试,光纤中频数据传输系统的组装和性能测试。

研制了分子谱线终端、脉冲星多波束终端、SETI终端、VLBI终端和计算机集群终端等通用数据记录及处理的数据处理终端,数字后端划分为百万通道。

射电天文望远镜灵敏度常用A_{eff}/T来表征(与通常的G/T类似)。其中A_{eff}是望远镜有效接收面积,T为系统噪声温度。通过合理设计馈源对反射面的照明、降低接收机的噪声水平,可得到优化的A_{eff}/T。单波束馈源照明方向图往往呈高斯分布,在提高增益的同时,应尽可能降低溢损引起的噪声上升。

馈源设计中,口径边缘照明与中心相比下降约13分贝,以达到最优灵敏度A_{eff}/T值。在FAST核心波段，A_{eff}/T设计值为2000平方米/开尔文。

初步设计时的9套接收机，频段包括70—140兆赫兹，140—280兆赫兹，280—560兆赫兹，560—1020兆赫兹，320—334兆赫兹，550—640兆赫兹，1150—1720兆赫兹（19波束），1.23—1.53吉赫兹和2—3吉赫兹。

建设过程中，我们与时俱进地优化为7套接收机，频段包括70—140兆赫兹，140—280兆赫兹，270—1620兆赫兹，560—1120兆赫兹，1050—1450兆赫兹（19波束），1.2—1.8吉赫兹，2—3吉赫兹。馈源总重量约2吨。其中，270—1620兆赫兹的超宽带接收机（图4.14）是与美国加州理工学院联合设计、在中国制造的，在台址存放、检测和安装（图4.15）。

1050—1450兆赫兹的19波束接收机，包括19套馈源和制冷极化器、制冷低噪声放大器、制冷杜瓦、射频、校准噪声电路、电源及监控电路等，由澳大利亚主导研制，我们参与调试和安装，运输至黔南。

图4.14　FAST配置的超宽带馈源

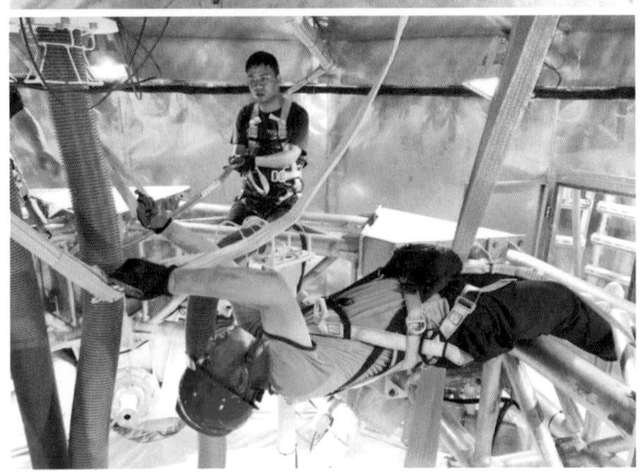

图4.15　超宽带馈源临时存放(上)、转运(中)和在大窝凼底部安装,接收机系统总工程师金乘进身手不凡(下)

采用广泛使用的GM氦气循环制冷机，结合真空杜瓦获得低温环境。压缩机放置在馈源舱一级平台上，并采用悬挂装置使压缩机保持水平。压缩机和制冷机之间的氦气通路，使用了不锈钢硬管和波纹软管。

馈源和极化器位于大射电望远镜的馈源舱中，完成电磁波接收和两个正交偏振分量的分离。低噪声前置放大器放大的信号，通过滤波器选择所需的频段。滤波后，信号被后续的射频放大器进一步放大。中频数据先通过电光调制转换为光信号，再使用光纤将调制后的光信号传输到观测室。在地面的观测室，光信号通过光电转换还原为射频信号，提供给数据后端进一步处理。

FAST数字终端主要是"软件大牛"朱岩开发研制的。为高效利用FAST观测，段然进一步开发了脉冲星、谱线的同时记录终端。

通过高速采样和模数转换，将电信号转换为数字信号。模数转换采用高于8-bit量化。然后，基于FPGA高速数字电路完成所需运算，如谱线观测中的多相滤波计算，脉冲星观测中的傅里叶变换、色散改正和逆傅里叶变换等。

VLBI终端采用数字基带转换器和基于硬盘的数据记录。SETI终端在1吉赫兹带宽数据上，以优于1赫兹分辨率进行频谱分析。

同时，基于计算机集群的终端，对中频数据进行灵活的数据处理。将中频数据记录在硬盘阵列上，可以对数据以其他方式进行再处理。高速数字电路可能产生射频干扰，需要把数据处理后端设备放置在屏蔽室内。

观测站的时间与世界时通过GPS信号同步，精度在10纳秒量级，频率标准由氢钟提供。氢钟频率稳定度在10^{-15}量级，在射电天文观测中提供高稳定度的频率标准。

观测站的时钟、望远镜控制、接收机各级本振、数据采样及记录系统的参考信号，均来自氢钟提供的频率标准信号。

馈源与接收机系统先进行各分立部分性能测试，确认接收机各部分功率正常，再进行整机联调。

选定射电源进行望远镜整体电性能测试，包括望远镜增益及其随指向的变化、系统噪声温度测量等。通过望远镜有效面积的测量，协助进行主反射面精度测试。特别要注意确保各波段馈源相位中心和安装平台相对位置精确。

标定馈源相位中心和馈源结构的相对位置，作为输入信息送给平台二次调整机构。采用远场方法测试馈源方向图、反射损耗等性能指标，测试极化器反射损耗、插入损耗等性能指标。

接收机工作参数，如电源工作状态、制冷温度、杜瓦真空度、制冷机氦气压力和馈源舱环境温度等，通过调制解调器或光纤传到地面观测室，进行实时监视。同时，可测量系统中频带通响应、监测干扰信号、测量系统噪声温度、灵敏度、望远镜有效接收面积，以及监测接收机系统稳定度。可远程监测接收机系统工作状态，进行系统故障诊断，减少馈源舱入港时间，提高运行系统的维护效率。造访馈源舱之前，能诊断出故障、谋划出补救措施，可使停机检修时间最少。

(6) 建设“内幕”二三事

大科学工程的特点是创新设计与工程建设之间存在“匹配”难题。关键技术实施过程中，通常需要“自适应”调整，也就是对设计进行变更。设计变更一般会导致建设成本增加。像FAST这样具有多项自主创新的大型科学基础设施项目，工程实施过程复杂，设计变化频繁。加上预算先天不足，FAST工程实际造价与国家批复经费相比，总量近乎翻了一番。

在此，仅列举FAST索网主动反射面、索拖动馈源支撑、野外测量技术三方面部分设计变更，供世人“深度”了解大国重器是如何曲折铸就的。

内幕一：索网反射面变位

FAST的巨型反射面(相当于大约30个足球场面积)通过索网变位,实现球面与抛物面之间的转换,跟踪宇宙天体目标。

在索网变位不利工况,下拉索最小载荷仅200公斤。由于索结构或圈梁结构存在制造误差,索网势能储备可能不足以应对这些误差而发生索"虚牵"现象。为此,我们以下拉索最小载荷为1吨的标准重新设计,促动器载荷由5吨变为8吨和10吨两种。

为尽可能减小反射面单元自重对索网势能储备的影响,我们将反射面单元钢背架变更为铝背架,望远镜的建设成本也就增加了。

通过对多种促动器进行试验,只有液压促动器才能实现随动功能。由于增大促动器功率、采用液压方式等,望远镜的建设成本又增加了。

大型索网呈柔性,反射面单元则近似呈刚性。柔性和刚性机构的配合需要增加自适应连接机构。

为避免索结构在高应力幅下的附加弯矩,提高索网结构的可靠性及寿命,反射面单元节点需采用关节轴承与索结构连接,这样就增加了14 000多个关节轴承(在FAST望远镜初步设计中无此项内容)。

节点设计为牵索耳板与圆柱焊接。为避免焊缝疲劳,并使节点受力构造尽量合理,提高系统可靠性,节点变更为平盘形状,节点盘重量达380吨。这也都增加了望远镜的建设成本。

内幕二:六索拖动的馈源支撑

自2007年建立柔性并联六索拖动的馈源支撑系统仿真模型,我们实现了从输入控制指令,到馈源舱平台位置、姿态信息输出的全过程仿真。仿真结果表明,为保证风扰下馈源平台的定位精度,6座百米高的馈源支撑塔要有较高的刚度,其固有振动频率下限为0.9赫兹。

考虑到结构设计的计算值一般高于实测值,FAST馈源支撑塔固有振动频率不低于1.0赫兹。6座馈源支撑塔高度均超110米,最高达173米,要满足固有频率要求很不容易。结合塔结构抗风荷载标准,抗震设防烈度提至7度,塔用钢量比初设报告增加约1200吨。柔性并联索系统通过收放6根钢索,拖动馈源舱进行天文观测。这不同于索道、矿井提升装置,也不同于水利行业的升船机、起重机,没有任何标准可以直接使用。收放过程中,6根钢索处于反复弯曲(过滑轮)、循环(140—500千牛)的疲劳承载状态,要求钢索抗弯曲疲劳寿命高、抗拉强度强、质量轻和自润滑性能好。

参考各种设备规范标准,我们确定了FAST柔性并联索钢丝绳安全系数(从初设4.5提高到4.84)和绳径比(从初设20—25提高到40—53),以确保6套索驱动机构安全可靠。

索驱动在焦面中心附近进行天文观测时,其跟踪速度极低(每秒11.6毫米),电机、伺服驱动器要具备长时间恒力矩、速度过零等性能,减速机需具备大的减速比。

另外,传统的信号线进舱方案难以给馈源舱提供电力支持、信号传输通道。经多年研究(包括北京密云整体模型MyFAST试验),我们提出了窗帘式信号线入舱方案。历时四年,研制出性能远优于国家军用标准要求、国际首创的动光缆,解决了光缆抗弯曲疲劳寿命、信号附加衰减难题。最终选用抗弯曲性能优的托令电缆,加工了新型轻质滑车,为FAST馈源舱与地面控制室提供了信号传输通道,解决了工程实施难题。

内幕三:野外测量技术

一般的天线测量是调整、标定的静态测量,而FAST要求同时满足效率、精度、大尺度、无接触、全天候等多重条件,现有的测量技术与FAST测量需求相差甚远。在复杂环境中,FAST高精度测量的基准达1毫米,已超过国家测量规范。同时还要克服野外环境下显著的大气折射影响。

我们开展了测量技术关键问题研究及研制,在FAST台址建立24个测量基墩,均匀分布在反射面内。每个测量基墩采用多桩基础打到基岩,其双层保温设计可防振、防风、防阳光直射，并增加基墩的稳定性。测站及基准点复用差分消除大气影响。多节变径设计，降低了基墩对反射面效率的影响。同时还研制了自动测量软件，以实现毫米级精度。

3. 电磁环境保护

电磁波环境对于射电望远镜来说，相当于空气对于人类，是生死攸关的大事。射电望远镜观测来自宇宙中遥远天体的微弱电磁信号，要求望远镜台址的电磁干扰水平极低。此外，射电天文只是被动接收信号，不发射无线电信号，是无线电业务的“弱势群体”。为实现科学目标，射电望远镜对周边电磁波环境保护及其自身电子电气设备有严格的电磁兼容要求，以减少甚至避免对射电望远镜观测产生干扰。

来自天体的信号非常微弱，射电天文观测与有源业务之间频率共用非常困难。随着宽带数字调制及展谱技术日益发展，在其他波段工作的有源业务也可能对射电天文观测产生干扰。地面射频干扰可采取改变干扰源技术指标、利用地形、设置保护范围等来消减，而来自空间的干扰则难以屏蔽。

由于有巨大的接收面积，FAST具有超高灵敏度，极易受到外部有源业务如移动通信、雷达、广播电台、导航业务（机载无线电设备）等各种干扰，造成观测频段、观测时间和观测空域的损失，影响数据质量，降低观测效率，最终影响科学产出。同频段的强干扰将导致FAST接收机饱和甚至损坏。

在FAST详细设计、建设阶段，FAST工程经理部组建了跨系统的电磁兼容工作组，通过接地、屏蔽、滤波等措施，有效降低了FAST自身干扰源传导和辐射。

（1）电磁保护“警卫连”

1998年夏，对于大射电望远镜贵州潜在的台址，LT课题组起草了无线

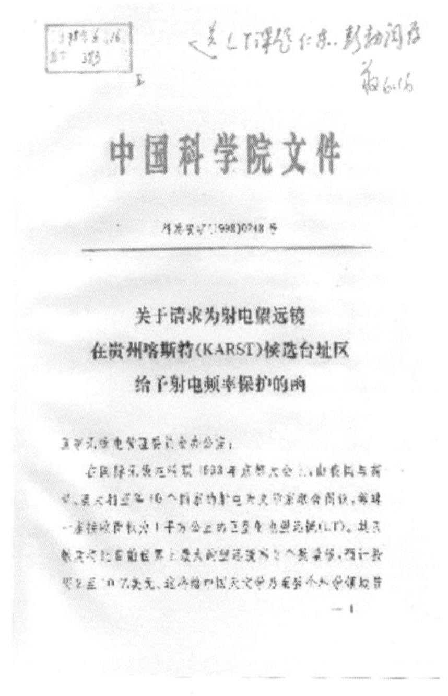

中国科学院文件

关于请求为射电望远镜
在贵州喀斯特(KARST)候选台址区
给予射电频率保护的函

图4.16 1998年中科院请求对台址给予射电保护的函

电频率保护文件,并以中国科学院名义致函国家无线电管理委员会、贵州省人民政府等,寻求对贵州喀斯特洼地射电望远镜候选台址区的保护(图4.16)。

在大射电望远镜长期无线电频率监测和保护工作基础上,国家天文台与贵州省无线电管理局精诚合作,明确了在贵州省设立FAST台址无线电频率保护区的技术方案。

2006年11月13日,《贵州省无线电管理办法》经第44次贵州省人民政府常务会议审议通过。11月22日,贵州省代省长林树森以省人民政府令公布,自2007年2月1日起施行。其中第二十条、四十四条第二款、四十五条第二款、四十七条第二款是专门针对射电天文台设置和管理以及法律责任的。

2010年,大射电望远镜实验室成立了电磁兼容工作组。2018年FAST工程经理部组建电磁环境保护中心,开展针对FAST电磁兼容技术的研发、台址电波环境的监测、电磁波宁静区干扰协调等工作。以FAST工程各大系统之间人才矩阵,组合成大射电望远镜电子干扰“免疫警卫连”,核心成员包括:FAST工程办公室副主任张海燕、接收机与终端系统甘恒谦、馈源支持系统孙京海、主动反射面系统吴明长、测量与控制系统张志伟、科学部岳友岭、现场办胡浩和黄仕杰等年轻骨干。

早在北京密云FAST整体模型研制过程中,大射电望远镜实验室李建斌、张志伟等人就发现，日光灯、促动器板工作主频22.118兆赫兹及其倍频等，均会成为望远镜接收信号中的干扰。这正是FAST电磁兼容设计的前期研究。

电磁环境保护"警卫连"开展了电磁兼容需求分析、系统设计和实施研究，是国内首次针对射电望远镜的系统、全面的电磁兼容研究，圆满地完成了面向FAST望远镜电磁环境保护的总体方案设计，解决了若干技术疑难，实现了诸多技术创新。

FAST电磁兼容研发克服了诸多困难和挑战，诸如大射电望远镜系统复杂、非标设备多、易受干扰，还有国内业务部门缺乏相关经验等。

电磁环境保护"警卫连"完成了对FAST关键设备（如2300个液压促动器）的电磁兼容设计和实施（图4.17左），确保巨型反射面实时主动变形的实现。对于复杂电子电气系统（如馈源舱），采用双层屏蔽措施（图4.17右），屏蔽效能超出国标120分贝，部分频段甚至超出140分贝，成果可应用于航空航天与舰船等领域。

我们研发的自动宽带屏蔽效能测试系统，实现了70兆赫兹—4吉赫兹连续测试。与国家标准规定的、仅限少数几个频点的测试相比，更方便、有效和符合实际需要。

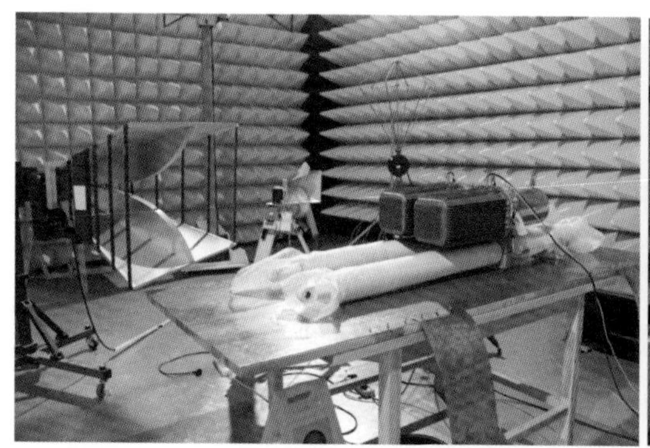

图4.17　促动器实验室测试（左），馈源舱屏蔽隔间图（右）

在FAST综合楼设计和建设过程中，测试、选用了低电磁辐射的照明灯具，在大射电总控室、数据中心建立了电磁屏蔽室，减少对FAST望远镜的干扰。

2013年10月1日起，电磁兼容工作组参与起草和落实的《贵州省500米口径球面射电望远镜电磁波宁静区保护办法》(以下简称《保护办法》)开始实施，设立了以FAST台址为中心，半径30公里范围的电磁波宁静区。在对大射电FAST台址周边进行严格的电磁保护的前提下，兼顾周边乡镇人民工作生活便利保障，将电磁波宁静区划分成三个不同电磁环境保护要求的区域，即半径5公里的核心区、半径10公里的中央协调区以及半径30公里的边远协调区。为适应经济社会发展和FAST电磁环境保护实际需求，2019年4月1日起，FAST电磁环境保护中心参与新修订的《保护办法》正式施行。

为确保射电望远镜运行环境安全，2016年9月25日，黔南州颁布了地方法规《黔南布依族苗族自治州500米口径球面射电望远镜电磁波宁静区环境保护条例》。重点对台址半径5公里范围内的电磁和生态环境进行保护，如在该区域内不得新建移动基站、雷达站、广播电台，不得使用手机、对讲机等电子设备等。已颁布的保护办法、保护条例等，为FAST电磁宁静"生存环境"提供了法律保障。

(2) "村通工程"敬让大射电

"村通工程"是信息产业部落实党中央、国务院的小康战略，实现村村通电话，乡乡能上网的重大举措，贵州省的"村通工程"于2004年9月全面启动。该工程主要采用无线接入和卫星通信技术，国家无线电管理局划分给"村通工程"基站的发射频率为406.5—409.5兆赫兹，与国际电信联盟划分给射电天文的频率406.1—410兆赫兹基本同频。国内现有射电天文望远镜台站中，只有FAST规划了在该频带进行天文观测研究。显然，"村通工程"的实施会对FAST产生很大的影响。

2005年12月16日，在贵阳召开了大窝凼巨型射电望远镜电磁环境保护及“村通工程”无线电频率使用的协调专题会，并前往大窝凼考察大射电望远镜台址。参会人员有：信息产业部无线电管理局李海清副局长及信息产业部无线电管理局所属地面业务处、频率规划处、综合处相关人员，信息产业部电信管理局游建青处长，国家无线电监测中心设备检测处、综合办相关人员，以及《人民邮电》报记者、中国电信总部、中国电信贵州分公司、广西无线电办公室、贵州省信息产业厅及所属无线电管理局、无线电监测站和“村通工程”设备制造商北京信威公司人员约30人。我代表国家天文台大射电望远镜实验室参加。

协调会上，李海清副局长介绍了“村通工程”频率划分相关背景，特别指出406.1—410兆赫兹是固定、移动通信和射电天文共用的频带。游建青处长介绍了“村通工程”的重要性和已经取得的进展。

我介绍了射电天文的重要性和大射电望远镜FAST研究进展，SKA时间表和相关保护射电天文意向书。我特别强调了射电天文业务的高灵敏度。根据信威公司提供的资料，“村通工程”与射电天文两种业务的频率不能共用。

我代表FAST团队建议，电波环境保护中，在贵州黔南的大窝凼5公里范围设立射电宁静区，区域内不能建设任何发射站。在大窝凼150公里范围应该建立射电天文协调区，在该区域建设发射站时，必须在给无线电管理局申报的同时，向国家天文台通报相关技术资料。经协调，不会对射电天文业务产生干扰的方可建设。

信威公司陈总介绍了“村通工程”设备情况，采用具有独立知识产权的SCDMA技术，基站有效发射功率为43 dBW，单基站有效覆盖半径55公里，折合每部电话成本是800元，远低于城市每部固定电话3000元的成本。

经过激烈讨论，本着支持中国贵州申报大射电SKA台址，以及保护

FAST台址电波环境的精神，与会代表最终达成了共识：射电天文业务与“村通工程”采用的SCDMA基站不能同频工作。会议形成如下三个初步意见：

第一，在大窝凼周围150公里范围内（包括广西部分区域），无线电管理局将给“村通工程”单独划分使用频带。考虑设备变频比较容易，信威公司将基站发射频率基本降低到406兆赫兹以下，为402.5—406.5兆赫兹。此外，还需进一步研究带外和杂散发射对射电天文在406.1—410兆赫兹频带观测的影响。

第二，在大窝凼周围150公里范围，信威公司将发射频带上升到420兆赫兹左右，同样还需考虑现有相关通信设备的改造成本，以及研究带外和杂散发射对射电天文在406.1—410兆赫兹频带观测的影响。

第三，在大窝凼周围150公里范围内，不采用SCDMA技术，而通过全球星终端的形式（在1200兆赫兹）实现村村通。这还需考虑卫星通信的成本较高，对于贵州的多山地形特点卫星通信质量不太好等问题。

从这次会议，我感受到国家无线电管理局和贵州省相关领导对于SKA和FAST之间关系不是太清楚，特别是对于SKA落户到中国有过高的信心和期望。另外，国家和贵州无线电管理局还邀请了《人民邮电》报记者，希望多宣传关于台址无线电环境监测方面的工作。我希望他们在正式发表前，能给我们先审阅，他们也都同意了。

我还提了一个建议，国家天文台大射电望远镜实验室应准备相关文档和幻灯片，通俗易懂，便于向大众宣介，也方便在今后会议中使用，包括提供给媒体，避免出现宣传错误，造成不良影响。

（3）FAST空域管控

自1994年来到贵州选址，我们对望远镜候选洼地进行了长期电波环境监测。

2003年11月，贵州省无线电监测站按照国际"无线电频率干扰RFI指南"要求，在国家天文台指导和合作下，连续两年对大射电望远镜重点潜在台址——贵州省黔南州平塘县克度镇的大窝凼洼地，进行了系统性电磁环境监测，频段覆盖70兆赫兹至22吉赫兹。

在大窝凼台址区，2005年9月，国家天文台、贵州省无线电监测中心与SKA国际组织合作,完成了为期5周的无线电频率干扰国际定标。监测结果中，没有发现来自机场的信号，航线无线电干扰信号的幅度不大，出现频度也不高。因为航班量不多,使用的地空通信频率只有一个主频和一个备频。由此确认了大窝凼台址宁静的电磁环境，是建造大射电望远镜的理想台址。

FAST工程建设期间，我们进行了不定期的电波环境测试，探测到来自航线的干扰。2015年咨询民航单位时，我们了解到，在FAST宁静区上空有编号为H19和H147的两条航线，主要往返贵阳—南宁等方向，分别距离FAST望远镜中心10.8公里和2.7公里。两条航线每天的航班数量共计约160架次，繁忙期间达200架次。贵州空管区使用了4个地空通信频率，并有2个备频。FAST台址电波环境测试探测到了这些地空通信频率。

2016年12月12日，在贵州大学FAST工程指挥部，张海燕和我接待了奉命专程来黔调研FAST上空航线情况的空参航管局航行处王文东副处长。第二天，为贯彻落实国务院和相关部门领导的批示，协调解决黔南地区空中飞行活动干扰FAST观测问题，发挥国家重大科学项目效能，空参航管局在黔南州平塘县大射电望远镜台址，组织召开了FAST空域保护现场调研和协调会。

与会代表一致支持国家重大科技基础设施500米口径球面射电望远镜(FAST)项目的建设，同意在FAST上空划设飞行管控区域。明确由中国科学院国家天文台加强研究，根据不同高度层提出管控需求，空军贵阳分区、民航贵州空管分局协助做好相关情况分析。

按照《射电望远镜空域保护协调会议纪要》要求，国家天文台对FAST上空现有航线提出了管控范围需求，建议在FAST上空划设飞行管控区，并将该区域现有航线移出。

兼顾现有航线发展和科学研究需求，为避免强干扰对大射电望远镜FAST接收机造成非线性失真，甚至导致望远镜无法正常工作，考虑到航线保护距离为5—10公里，国家天文台建议将现有航线调整到以FAST为圆心、半径30公里的空域之外。同时，为保护FAST可持续发展，将FAST为中心、半径30公里的空域设置为管控区，该区域不再规划新航线。以FAST为中心、半径5公里范围内，严禁低空飞行。

2017年8月，FAST上空航线完成"改道"，台址电磁环境"重度雾霾"得到有效治理。当天凌晨，FAST望远镜观测发现了新脉冲星！

一年后，航管局在贵阳组织了一次FAST上空航空管制效果反馈会议。FAST电磁环境保护中心胡浩与我参会。对负责任的"回头看"，我们非常满意，心存感谢。

FAST环境保护"上达天听"

2016年10月，在国家天文台办公室，我接受了一位记者朋友的特别专访，主要回答了FAST落成启用后还有什么困难或问题。我谈了两个问题，涉及无线电干扰和人才短缺。

首要问题是FAST上空区域频繁往来的飞机，已成为FAST开展天文观测的主要干扰源。20年前，FAST台址上空宁静，附近的航线一周只有一两个航班。随着社会发展和开放交流,现在白天不到8分钟就会有飞机飞过FAST电磁宁静保护区上空。飞机航线相关的无线电干扰,无疑会严重影响FAST望远镜正常运行。

我跟记者提了个想法,外行、很天真,但好理解。飞行航线好比空中"高速公路",应该比地面上的高速公路容易"改道",毕竟是"无形"的航线。如果让它偏离或者绕行几十公里,也就是多些油费,却能保障FAST宁静地"生活",改善望远镜电磁环境。

记者朋友听懂了,完全认可我这样的表述,愿意以内参上达高层领导。

另一个困难是FAST投入正式运行时,需要大量优秀科学家和技术骨干。这也是自FAST项目发起,长期困扰团队的"慢性病"。

20多年来,我们秉承培养、引进两条腿走路的人才路线。事实上,主要还是靠天文界自己培养的人才,借力合作单位人力资源以及公开招聘中"捡到"的相关专业人才,才走完了FAST关键技术攻关和设备研制的科技长征,从国外引进的人才寥寥无几。截至接受采访时,FAST立项已近10年,只引进了两位科学家:2009年从加拿大回国的(大)朱明博士,成为FAST科学部主任;2011年从美国回国的李菂博士,成为FAST项目科学家(2018年接替病故的南仁东,成为首席科学家)。遗憾的是,没能引进哪怕一个工程师。

无论是FAST上空的航线"改道",还是骨干人才吸引,都是难以解决的问题。唯有"上达天听"才有希望。这也是我酝酿了许久,决定通过熟悉、信誉好的记者朋友来一次尝试的缘故。前者在半年时间里获得了较好的解决,后者也在一定程度上得到重视和缓解。

(4)拟建罗甸机场项目被叫停

2012年10月30日,中央电视台《新闻联播》正在播放上海天文台65米射电望远镜竣工的消息。时任黔南州委书记黄家培(后任贵州省副省长、省政协副主席)问我:这个65米是东亚最大射电望远镜吗?中央新闻宣传得精彩呢。咱们的500米竣工时,应该会超越上海的望远镜,那肯定会是世界新闻了。

我附和道:那是,一定!

随后,黄家培书记跟我提到一件事。罗甸县委书记前两天向他报告了一个好消息,国家发改委拟在罗甸建支线机场。家培书记当时的回应是:好啊!不过是不是好事儿,你要问一下彭州长才知道哦。建机场当然重要,可以助推罗甸社会和经济的开放和发展,去大射电参观也更便捷。关键是,罗甸的新机场不能对大射电产生干扰。

我说:您答复得太好了,这点至关重要!对射电望远镜,一个良好的电磁波宁静区,就像空气对人类那样关乎安全,要命的!

宁静的电磁波环境是望远镜正常运行、取得科学突破的生存条件。FAST具有超高的灵敏度,即便一部手机放在月球上,FAST都能检测到。周围任何一个细微的电磁干扰都会影响FAST进行天文观测。提议新建的罗甸机场将配置大量导航和通信设施,还有航线上的飞机数量,都可能对FAST观测造成干扰。省、州、县需对罗甸机场选址进行电磁环境评估。

对天文观测而言,每个频段对应一定的科学目标。拟建罗甸机场将会影响FAST对中性氢、脉冲星、分子谱线等科学目标的观测。而对天文瞬变现象(如快速射电暴等)的观测要求实时性,机场的全天候工作特性也将影响这些需要实时观测的科学研究。

我向黄家培书记及在场的黔南州领导们介绍了一些望远镜台址保护实例。为保护射电天文台电波环境,国际上设立了20多个电磁波宁静区。20世纪70—80年代,美国新墨西哥州电磁波宁静区半径约100公里。宁静区内没有机场，任何发射设备须与天文台协调，以保护甚大阵射电望远镜VLA，该望远镜迄今仍然是威力强大、科学产出最多的大科学装置。近期，澳大利亚政府也为SKA台址设立了约80公里的无线电限制区。

我同时感谢了黔南州领导、县领导对射电望远镜的理解和支持，并恳请各位领导，无论未来岗位如何变化，对望远镜生存环境保护的意识永远不变。这样的黔南意识、贵州意识，希望永久提倡。

事实上，罗甸机场选址走了相当长的弯路。

机场无线电设备及配套设备与FAST观测频段范围多有重叠。飞机起降期间，也是地面导航和机载设备工作频繁时段，对FAST影响可能会更大。由于电波传输受地形影响，机场的电子设备安装地点和高度对电磁波传输都可能产生影响，造成大干扰。

飞越大窝凼洼地附近的无线电可视区域时，飞机上的无线电导航设备将对望远镜造成干扰。另外，飞机机身反射的无线电波也可能被望远镜收到，形成干扰。一些机场无线电业务配套设施，如通信基站、无线接入等，将会不可避免地恶化当地电磁环境。

我们FAST射电人曾经有些经历和经验。首都机场顺义雷达站距国家天文台怀柔观测站约35公里。雷达站使用S频段一次雷达，工作在2760兆赫兹和2840兆赫兹两个频率，峰值功率分别为1000千瓦和1200千瓦。怀柔观测站的3.2米口径太阳射电望远镜已探测到这两个频段雷达强干扰。当然，贵州的地形地貌有别，电波传播方式和其影响需要建模分析，更要看实际测量数据。

依据《中国科学院贵州省人民政府共建国家重大科技基础设施500米口径球面射电望远镜电磁波宁静区保护备忘录》，贵州省当时已正式颁布了以FAST为中心、半径30公里的电磁波宁静区。国家天文台要求罗甸机场建设方在FAST电磁波宁静区外选址，规划航线不能经过FAST宁静区上空，还需开展拟建机场及航线与FAST望远镜电磁兼容分析。

2016年，罗甸机场委托中国电科集团22所，针对拟选场址开展电磁兼容分析和测试工作。对机场地面空管设备的测试和分析结果表明，拟建罗甸机场108兆赫兹（测向信标台）、118兆赫兹（全向信标台）、122兆赫兹（地空通信台）、328兆赫兹（下滑信标台）空管信号，在FAST望远镜位置及周边均可清晰地探测到。

罗甸机场拟用的空管信号能量强度超过连续谱、谱线测量方式下的天文保护门限，最高值将超出80分贝，而拟采用的机载地空通信信号强于地面信号。分析测试显示，拟建罗甸机场的电子设备及计划采用的机载导航和通信设备会对FAST观测产生有害干扰。

在分析测试基础上，考虑到拟建罗甸机场采用大量的电气和电子设备，同时增加的航班机载设备会对FAST造成干扰，并恶化当地的电波环境，无线电干扰导致的科学成果损失难以估算，国家天文台复函，反对将候选场址作为罗甸机场候选地点，建议机场建设方调整周边机场项目选址和航线，切实保障“中国天眼”FAST的运行安全。

2018年仲夏的一天上午，我代表天文台参加了贵州省委组织的FAST电磁环境保护会。在实质性交流之后，省委书记孙志刚明确表态：为确保国家重大科技基础设施FAST安全运行，停建罗甸机场。这充分体现了贵州省领导对FAST的关爱和支持，为FAST出大科学成果提供了电磁环境保障。

4. FAST工程建设经费翻番

从1998年FAST完整概念公之于世，至2007年FAST项目得到国家立项批复，FAST工程总体方案逐步完善、更具可行性，其建设经费估算也更切实际。1998年4月，北京天文台召开LT中国推进委员会第三次年会暨FAST项目委员会成立大会。时任科技部副部长徐冠华院士、陈芳允院士、杨嘉墀院士、王绶琯院士、童铠院士、欧阳自远院士，以及科技部基础司副司长邵立勤、中国科学院副秘书长钱文藻等与会。

考虑到传统射电望远镜单位面积造价大约在1000美元（印度大米波阵）至10 000美元（美国甚大阵），为了低于全可动单口径射电望远镜单位面积造价，我们首次估算：KARST先导单元至少需2500万美元，约2亿元人民币。半年后，FAST项目委员会第二届年会上，我们给出的估算是3亿元人民币。1999年11月，填报国家十五大科学工程建议简表（单页）时，我们申请3.6亿元人民币建设费。实际上，这些只能算是“愿望性”估价。

2000年8月，FAST立项建议书提交科技部时，工程预算是4.88亿元人民币。包括6大系统工程。分别是：候选洼地环境调查及地形精确测定（大约1平方公里范围），730万元（其中工程地质、水文地质调查600万元，地形精确测量60万元，洼地小气候监测10万元，电波环境监测30万元，其他环境评估30万元）。主动反射面制造25 700万元（其中洼地土石方开挖约100万方，3000万元；2000套六边形主反射面单元，每套包括面板、背架、促动器、连接头、步进电机等，共18 000万元；主反射面与洼地之间的土木工程结构等，4000万元；2000套控制系统及信号传输，700万元）。馈源舱及其柔性支撑系统，6900万元（其中馈源舱及其内部二次稳定平台，2800万元；索、卷索机构及索支撑塔，3600万元；馈源指向与跟踪控制系统，500万元）。接收机，3570万元（包括一套13波束馈源及其前端、中频625万元，4个频段合计2500万元；本振、氢钟，170万元；脉冲星接收机、射电频谱仪、MKIV终端，900万元；SETI设备暂不计）。测量控制系统，900万元（包括接触测量、CCD摄像、GPS网站、全站仪网站、现场总线技术等）。观测站建设，11 000万元［地面建筑3000平方米，包括实验室、机房、办公室及其他生活辅助用房，1000万元；三通一平（水、电、路及场地平整），10 000万元］。

建设工期是从启动之日起算，预计6年，其中工程勘探及各部分工程设计约1.5年，部件与仪器设备研制、机械加工约2.5年，安装调试约2年。观测站基地建设同步进行。

2004年我们提交的500字申请中，FAST工程建设预算上调为5.8亿元人民币，具体预算包括：

候选洼地环境调查及地形精确测定（1平方公里）上调为900万元。洼地土石方开挖及边坡防护与治理，估算需要7500万元。

主动反射面建造下调为24 000万元，包括2000套主反射面单元、主反射面与洼地之间的土木工程结构、2000套促动器和机电设备等。

馈源舱及其柔性支撑系统还是6900万元，包括馈源舱及其内部二次稳定平台，索、卷索机构及索支撑塔，控制系统，地面—馈源舱通道。

接收机上调为6600万元，包括多波束馈源及其前端、中频，本振、氢钟，脉冲星接收机、射电频谱仪、VLBI终端，SETI设备等。

测量控制系统上调为2700万元，包括非接触测量、CCD摄像、GPS网站、全站仪网站、网络控制系统等。

观测站建设下调为2700万元，包括地面建筑5000平方米，实验室、机房、办公室及其他生活辅助用房，气象站，电波环境监测站，防灾设施，观测站与最近县城光缆通信及数据传输设施的建设，交通工具等。

三通一平下调为3700万元，其中修路3200万元，变电站、水及场地平整500万元。

最后是不可预见费：3300万元（相当于建设费的6%）。

2006年9月，FAST立项建议书正式提交发改委时，申请建设经费6.88亿元。

2007年7月10日，国家发改委批复FAST立项建议书中的建设经费为6.27亿元人民币，其中国家发改委投资6亿，其余由中国科学院（国家天文台）和贵州省人民政府自筹。

2008年10月,国家发改委批复FAST可行性研究报告。2010年,中国科学院和贵州省人民政府联合批复初步设计。2011年,中国科学院和贵州省人民政府联合批复开工报告,FAST建设经费调整为6.67亿元人民币。

FAST工程建设期间,特别是2013年开始,FAST各系统不断完善经费估算准确性,10亿元还真是必需的。我们便开始争取大科学工程国家概算调整,并且积极奔走,多途径筹措资金,包括寻求银行贷款和企业投资等。

2014年4月中旬,《人民日报》头版发布了FAST反射面圈梁合龙的照片和一则短消息,招来各大媒体跟踪报道,引起民众及高层领导的关注。国家天文台FAST工程团队被这一突如其来、铺天盖地的媒体宣传搞"懵了"。

作为自然参与的"合谋"者,其实这是黔南州(挂职)州长助理郑红军博士无意中"惹的祸"。郑红军以"世界最大口径望远镜将落户贵州"为题,组织撰写了3行字的新闻稿:日前,世界最大口径球面射电望远镜建设工程在贵州省黔南布依族苗族自治州平塘县实现圈梁顺利合龙。该望远镜口径为500米、占地约30个足球场大小。项目2008年12月26日奠基,预计2016年9月建成。

其实,FAST建设反射面圈梁合龙是2013年12月31日发生的,也就是4个多月以前的"旧闻"了。这是FAST工程建设四大工艺系统的第一个里程碑,只因FAST建设经费面临"弹尽粮绝",工程团队正在默默地、毫不懈怠地投入建设,无暇也没有计划太宣传此事。我当时是副州长,郑红军从我这里了解些细节,就组织撰写了那篇新闻稿,实际是在宣传在建的大科学工程,有助于FAST工程"筹粮"。

2015年底,在中国科学院和贵州省人民政府的共同努力下,我们争取到对FAST概算的调整,2016年初获国家发改委追加的4.48亿元人民币建设经费。

2019年,FAST建设决算经费大约11.9亿元。

如果考虑国家天文台自行投入的人员及差旅费用还有自筹的实验研究

开支，多渠道经费年均估计有2000万元。从立项至建成，10年约另花了2亿元。这是来自国家天文台的有力支撑，特别感谢以国家天文台台长兼FAST工程经理严俊为首的单位领导和同事们对FAST项目的长期支持、理解！

FAST工程包括建设和国家天文台人员成本估计达到14亿元人民币。相当于全国人民每人贡献1元！

2020年，FAST启动科学观测。按照国际天文大装置运行经验，射电望远镜年运行费约是建设费的10%，约1.2亿元，30年运行要36亿元，FAST全寿命经费为50亿元。

5. FAST生日庆典

2016年9月25日，由中国科学院和贵州省人民政府联合主办，国家天文台和黔南州人民政府共同承办，FAST落成庆典在黔南布依族苗族自治州平塘县克度镇绿水村大窝凼洼地举行。

响应贵州省“高端”化诉求，国家天文台负责邀请诺贝尔奖得主、国内外天文台台长/天文系主任、院士们同庆。我们特别邀请10位国际友人到贵州参加庆典。包括：美国普林斯顿大学教授、1993年诺贝尔物理学奖得主约瑟夫·泰勒(Joseph Taylor)，美国国立射电天文台台长安东尼·比斯利(Anthony Beasley)，美国阿雷西博天文台前副台长胡安·阿拉蒂亚(Juan Arratia，他接纳过多批FAST相关科研人员，牵线地方政府合作与互访)，英国曼彻斯特大学教授、焦德雷班克天文台前台长安德鲁·莱恩，英国MERLIN天文台前台长彼得·威尔金森，SKA国际组织总干事菲利普·戴蒙德，首任SKA项目筹备办公室主任、欧洲VLBI联合研究所创始所长理查德·斯基利奇，荷兰格罗宁根大学教授、NFRA天文台前台长维姆·布朗，荷兰阿姆斯特丹大学教授理查德·斯特罗姆夫妇，澳大利亚国家射电天文台台长道格拉斯·博克(Douglas Bock)。他们于9月22—23日先后抵达贵阳。

SKA国际组织总干事菲利普·戴蒙德是我当面邀请的。那是在5月中旬，科技部国际合作司联合SKA国际组织在上海举办2016 SKA科学数据处理和高性能计算国际研讨会时，我对戴蒙德说，4个月后再来一趟中国吧。我真诚邀请他"必须"参加，哪怕一天。我还告诉他，FAST缺钱，需要他全程自费，也就是用他自己的项目经费。戴蒙德笑答："是，长官"——因为SKA总干事是由SKA董事会招聘、任命和进行年度考核的，我是董事会成员。戴蒙德果然调整了自己的行程，4个月后改道再来中国，参加落成典礼和射电天文论坛，在贵州住了一晚就离开中国去日本了。这真是真朋友、好朋友啊！

9月24日上午，国际天文嘉宾们在贵州师范大学参观FAST早期科学数据中心并交流（图4.18，图4.19）。

图4.18　2016年9月24日上午，国际天文嘉宾在贵州师范大学FAST早期科学数据中心参观访问。左起：安东尼·比斯利、道格拉斯·博克、安德鲁·莱恩、彼得·威尔金森和约瑟夫·泰勒

图4.19　2016年9月24日，诺贝尔奖得主约瑟夫·泰勒（一排中间）等嘉宾在贵州师范大学FAST早期科学数据中心楼前合影

9月24日下午，外宾乘一辆考斯特大巴抵达FAST台址，在FAST综合楼总控室交流，对FAST主体工程进行全面考察（图4.20）。

图4.20　2016年9月24日下午，国际天文嘉宾在FAST馈源入港平台上。左起：彼得·威尔金森、安德鲁·莱恩、彭勃、理查德·斯基利奇、道格拉斯·博克、理查德·斯特罗姆、胡安·阿拉蒂亚

9月25日上午，FAST落成庆典在黔南州平塘县克度镇金科村FAST观测基地举行(图4.21)。国务院副总理刘延东、全国政协副主席万钢、诺贝尔物理学奖得主约瑟夫·泰勒,国家发改委、科技部、国家自然科学基金委、中国科学院和贵州省领导等中外嘉宾,共同为FAST举行了节俭而隆重的“生日庆典”。

FAST落成启用仪式由中国科学院王恩哥副院长主持,国家天文台郑晓年副台长、贵州省人民政府潘小林副秘书长、黔南州人民政府胡晓剑副州长任现场指挥长。分别负责中国科学院及FAST观测基地、贵州省有关部门、黔南自治州工作协调和具体执行。

国家主席习近平发来贺信:浩瀚星空,广袤苍穹,自古以来寄托着人类的科学憧憬。天文学是孕育重大原创发现的前沿科学,也是推动科技进步和创新的战略制高点。500米口径球面射电望远镜被誉为“中国天眼”,是具有我国自主知识产权、世界最大单口径、最灵敏的射电望远镜。

习近平主席寄语“中国天眼”FAST团队:早出成果、多出成果,出好成果、出大成果。

刘延东副总理发表重要讲话并宣布500米口径球面射电望远镜正式启用。刘延东副总理指出,FAST的落成是万里长征迈出的第一步。要充分发

图4.21　2016年9月25日上午,FAST落成仪式在观测基地隆重举行

挥大科学装置的科学效益、社会效益。并提出四点希望：

第一，要立足独创独有和战略导向，多出重大原创成果。充分利用FAST国际领先10—20年窗口期，加强国内外协同合作，凝聚吸引和组织好优秀科学家队伍。

第二，要加强资源整合与协同合作，加快建设高水平国家科研基地。坚持开放合作、优势互补、资源共享。

第三，要坚持设施运行、科学研究与人才培养相结合，加快培养造就一支高水平创新队伍。加强运行与管理专业化队伍建设……在偏远艰苦寂寞的山区，稳定住高端人才需要勇于探索体制和机制创新。

第四，加强统筹协调，推动科学研究与区域经济社会共同发展。在保障FAST运行环境安全的前提下，为地方经济社会发展作出新贡献。使“中国天眼”成为我国一个重要科学普及基地。

中国科学院院长白春礼在FAST落成仪式上致辞，首先感谢各参建单位、参研科学家和全体工程技术人员在工程建设中辛勤付出，为项目顺利完成作出了重大贡献。

白春礼院长指出，FAST的开工建设，得到国际科技界的高度关注，也在全社会引起热烈反响。通过FAST的建造，也带动了参建企业研发能力的提升。同时，“中国天眼”也成为贵州科普旅游的新亮点，促进了当地经济的发展。FAST的落成，将为我国开展暗物质与暗能量、宇宙起源与演化等重大前沿领域方向研究的新发现、新突破提供强有力的研究平台。我们将借鉴国内外大科学装置的运行经验，充分发挥大科学装置的公益性作用，推动FAST科研数据和成果开放共享。共同保护好FAST电磁波宁静区，带动相关产业和服务业发展，为贵州经济社会发展提供新的增长点。

诺贝尔物理学奖得主约瑟夫·泰勒代表天文界发表了热情洋溢的贺词（图4.22）。基本内容是：

图4.22　2016年9月25日上午，诺贝尔奖得主泰勒代表天文界向FAST落成致贺词

今天，我备感荣幸，偕诸位一起参加500米口径球面射电望远镜FAST的落成典礼，这是世界上最大的整体望远镜。这台新望远镜建立在开创性思想和技术基础上，那些开拓者半个多世纪前设计和建造了美国波多黎各的阿雷西博300米口径望远镜，推进了阿雷西博望远镜的升级改造。然而，FAST是一个全新的、独特的设备。FAST的成功建造，需要聪明才智和超越性设计。

FAST许多创新为人类知识的积累作出了贡献。FAST所涉及的关键技术给我留下了深刻印象，诸如主动反射面、轻型馈源支撑、实时测量与控制系统。令我敬佩的，还有你们成功地履行了原定施工进度！

FAST望远镜将成为许多重大天体物理问题的精湛研究设备。我强调其中两项：第一，FAST望远镜具有前所未有的灵敏度和巡天速度，用于研究宇宙最丰富的元素——中性氢的分布，它们遍布银河系或其他星系；第二，FAST望远镜具有探测数千颗新脉冲星的能力，并且可以实施脉冲星精确计时。由于脉冲星是中子星，其引力场强于黑洞之外的任何天体，脉冲星观测对于理解基本物理至关重要。FAST望远镜还是其他重要研究的理想设备，或许是最好之最。这一独特设备将做出惊奇的、意外的宇宙发现。

在这个喜庆的日子里，我特别愿意祝贺下列人士：

首先祝贺科学家构思了这个望远镜，并设想如何实施建设。其次，祝贺工程师们将理想升华为可能的设计，并且证明了其可行。再次，祝贺政府理解了巨大项目成本，承担了其潜在科学回报相应的高风险。最后，祝贺管理和施工团队，实现了望远镜梦想成真这样的超级工程。所有为这一雄心勃勃的项目作出了贡献的人士，事实上，这是中国的所有公民，应该为你们取得的成就感到万分骄傲。未来几年中，我将热切期待着来自FAST望远镜的观测和发现。

9月25日下午，在黔南州平塘县克度镇暨天文小镇的星辰天缘大酒店，以大（射电）望远镜（Big Telescopes）为主题，召开了首届“国际射电天文论坛RAF”（Radio Astronomy Forum，图4.23）。

图4.23　2016年9月25日，首届射电天文论坛正式举行。时任黔南州州长向红琼，副州长刘建民、胡晓剑、吴俊，黔南民族师范学院院长石云辉及平塘县县长莫君锋等与会代表合影

论坛由国家天文台台长、FAST工程经理严俊主持，贵州省副省长何力致开幕辞。国家自然科学基金委主任杨卫院士、中国科学院副院长王恩哥院士，陈建生院士、艾国祥院士、周又元院士、李惕碚院士、武向平院士、景益鹏院士、段宝岩院士及黔南州州长向红琼等出席。

与会代表还有：紫金山天文台台长杨戟、上海天文台台长洪晓瑜、新疆天文台台长王娜、云南天文台台长白金明、南京天文光学技术研究所所长朱永田、南京大学天文与空间科学学院院长周济林、北京师范大学天文系主任朱宗宏、贵州大学原校长陈叔平等(图4.24)。

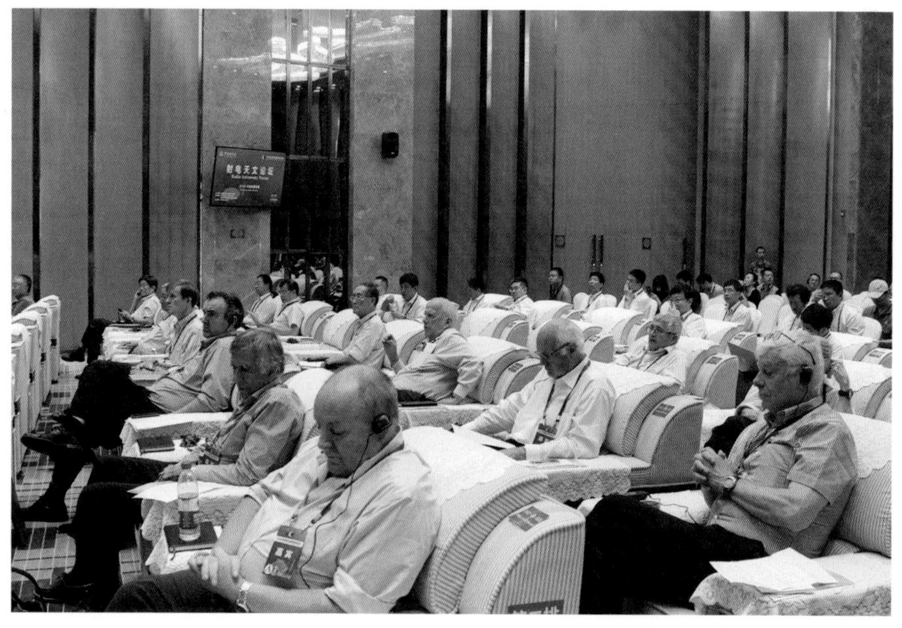

图4.24　2016年9月25日下午，贵州省黔南州平塘县射电天文论坛RAF启动会会场

首届射电天文论坛有5个学术报告，分别是：

SKA国际组织总干事菲利普·戴蒙德教授，演讲题目是“天文大数据风暴——平方公里阵列与21世纪天文台”；

曼彻斯特大学彼得·威尔金森教授，演讲题目是“FAST望远镜带给全球射电天文的独特机遇”；

国家天文台武向平院士，演讲题目是“低频射电望远镜”；

上海交通大学景益鹏院士，演讲题目是“探测星系形成和暗物质的重器FAST”；

FAST工程团队彭勃研究员，演讲题目是“FAST追梦者的长征”。

我们计划，未来每年在黔南州平塘县克度镇举办不同主题的射电天文论坛RAF，打造国际射电天文学术交流平台。

2017年的RAF主题是“射电巡天的历史与未来”，2018年的2个RAF主题分别是“FAST-MeerKAT及SKA探路者协同”和“FAST与SKA中性氢宇宙”，未来计划有：SKARC（区域中心）与HPC（高性能计算）、FAST脉冲星科学等。

2016年9月25日当天，射电天文科普文化园也在克度镇正式开园，作为新的科普基地，迎接国内外造访FAST的旅游者和学术交流人员。

6. FAST工程验收

2017年新年伊始，FAST工程经理部为工程验收进行了系列准备和部署，包括组建调试组、验收专业组。两年中的工程经理部会议纪要相关部署摘录如下：

2017年1月15日，经理部决议组建调试领导小组、科学技术顾问组、调试协调组、FAST调试核心组。调试领导小组负责调试工作，科学技术顾问组提供顾问意见，调试协调组指导调试工作，调试核心组负责具体调试工作。成员如下：

调试领导小组：工程经理部；

调试科学技术顾问组：南仁东、彭勃、李菂、斯可克、陈学雷；

调试协调组：严俊（组长）、郑晓年（副组长）、南仁东、彭勃、李颀、张蜀

新、李药、王启明、孙才红、朱博勤、朱文白、朱丽春、金乘进、(大)朱明;

调试核心组:姜鹏(组长、技术负责人)、岳友岭(副组长、科学负责人)、吴明长、(小)朱明、宋立强、潘高峰、姚蕊、李辉、孙京海、于东俊、张志伟、刘鸿飞、甘恒谦、朱岩、钱磊、张海燕。

经理部要求调试核心组研究确定工作机制,对望远镜调试进行任务分解,明确其内容、指标和关键节点,确定分阶段指标和具体实施方案,并上报调试协调组审批。调试组需要每周在例会汇报,对发现的问题进行归零,提交进展日报。

经理部同意建立对应国家验收的5个专业组,负责人员如下:工艺组彭勃、张海燕;设备组王启明、杨丽、台资产处;建安组李頎、朱博勤、高龙;财务组李頎、曹淑蕴、台财务处;档案组张蜀新、刘娜。并要求验收专业组提交工作计划,同时各系统和部门配合验收专业组相关工作。

2017年3月20日,经理部对调试核心组提交的工作机制建议进行了讨论,要求调试核心组针对验收指标明确调试目标,提请调试领导小组审批。

2017年7月12日,经理部积极推动贵州射电天文台建设工作。同时要求调试核心组就FAST调试工作进展,向调试领导小组和调试协调组进行汇报。汇报中要明确为实现验收指标,目前存在的问题和后续工作计划等。

2017年11月25日,经理部就工程验收计划和准备进行讨论,决议近期组织经理部专题扩大会议,就验收准备工作进行讨论。

2018年3月20日,经理部同意由调试组负责望远镜工艺验收组的对接工作。建议对验收指标进行分解,并与专家沟通。

2018年7月,FAST工程经理部召开扩大会议,除经理部成员,邀请工程各大系统和部门负责人,专题研究并明确贵州射电天文台主要职责和组织机构。负责500米口径球面射电望远镜(FAST)的调试、运行、维护和发展等。

2018年9月2日，经理部讨论确定FAST工程验收为经理部首要工作，计划每月上旬举行经理部会议，重点关注验收准备工作进展。考虑在9月10日前后举行FAST验收动员会。李颀建议经理部将FAST验收作为首要任务，同时考虑逐渐从建设管理到运行管理的过渡。

2018年11月23日，经理部同意《FAST工程概算执行情况报告》提交国家天文台11月5日台务会审议。要求组织相关人员讨论，确定提供验收所需设备、档案和财务材料的节点计划。12月27日，中国科学院条件与财务局在国家天文台举行了第一次监督检查会暨FAST工程验收动员会。

FAST落成两年来，FAST调试核心组设立7个专业技术小组，建立了基于力学仿真的实时安全评估系统，研制了基于惯导的多系统数据融合测量技术、新型高压滤波器。完成了望远镜多系统之间的功能性整合，实现了漂移、跟踪、运动中扫描、编织扫描等多种观测模式，系统噪声温度下降至20开尔文，指向精度达8角秒，灵敏度约2600平方米每开尔文，达到并且优于验收指标。

国家发改委批复的FAST可行性研究报告中明确，FAST工程验收目标是：建设一个世界最大的单口径射电望远镜，望远镜主动反射面半径300米、口径500米，照明口径300米，工作频率70兆赫兹—3吉赫兹（厘米波至米波），最大工作天顶角40°。随后，在FAST初步设计报告中，对验收指标有详细表述，包括：主动反射面球冠张角、焦比、灵敏度及系统噪声温度、偏振、分辨率、换源时间、指向精度等。

2019年3月4日，中国科学院条件与财务局在国家天文台举行了第二次监督检查会，确定了验收总体方案，制订了计划。4月22日，在贵州FAST台址综合楼举行第三次监督检查会，完成了工艺验收，推进验收进度。5月24日，在贵州FAST台址完成了工程设备验收。5月27日，在国家天文台举行了档案验收；30日，在贵州FAST台址综合楼建安和财务专业验收。

至此，中国科学院完成了对FAST工程五大专业组的验收。2019年11月，中国科学院和贵州省联合组织完成了FAST电磁波宁静区电波环境评估。

2020年1月，FAST工程通过国家验收，转入运行阶段，踏上了30年探索宇宙的观测发现之旅。

7. 运行开放出成果

2016年9月25日，经过5年半时间，世界第一大单天线工程FAST如期完成。竣工后，边调试边开展科学观测，以获得FAST望远镜实测性能指标，包括灵敏度（暗弱信号的检测能力）、系统噪声温度、指向精度和天线效率等。同时，以主动反射面“漂移扫描”即反射面不动馈源不跟踪，开展早期科学观测。

调试FAST这样的创新型大射电望远镜面临诸多挑战，包括望远镜电磁兼容性、无线电环境保护、索网结构安全、促动器稳定性和可靠性等，需要经验丰富的天文和相关多学科专业的技术骨干，开展大量细致入微的系统测试及联合调试。国际上,大型射电望远镜（如美国绿岸100米单天线）一般需要调试4年左右。而FAST工程团队仅用2年多时间，就完成了望远镜多系统之间的功能性整合，实现了FAST漂移、跟踪、运动扫描、编织扫描等多种观测模式。

FAST先对国内用户开放一年，逐步对国际用户开放，开展广泛的国内外合作，实现500米口径球面射电望远镜从“可用”到“好用”的转变。

公元1054年，中国人观测并首次准确记载了蟹状星云超新星事件。FAST望远镜初光（出光）就首选蟹状星云脉冲星为观测目标，可以说是千年溯源，延续“老祖宗”昔日智慧与辉煌。

2017年8月，处于调试期的FAST首次发现脉冲星。10月10日，中国科学院发布FAST首批科学成果（图4.25），实现中国望远镜脉冲星发现零的

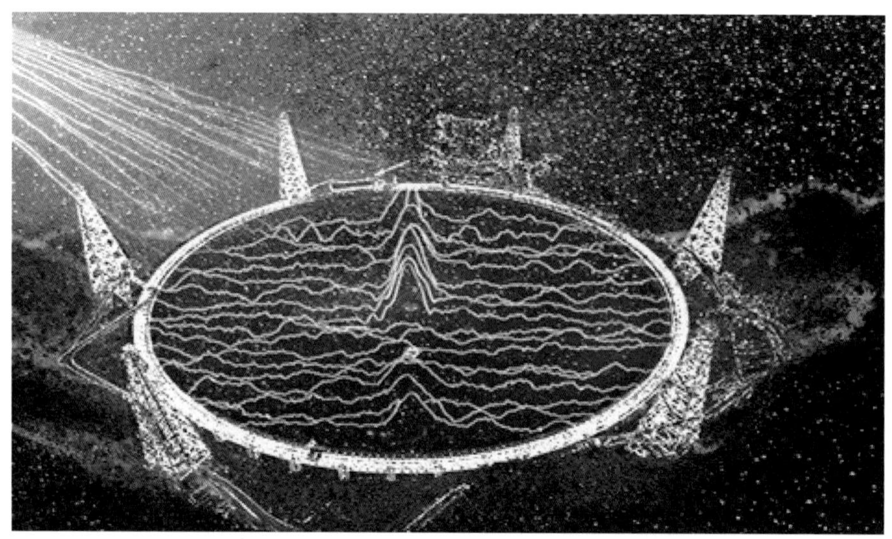

图4.25　2017年10月10日中国科学院在国家天文台发布FAST首批成果示意图

突破！

10月11—14日，受北京市科协委托，钱磊和我赴俄罗斯国立莫斯科大学参加第十三届全俄科学节，介绍我国大科学装置——500米口径球面射电望远镜(FAST)，展出大射电FAST模型(图4.26)。全俄科学节是俄罗斯每年最有影响力的全国性科普活动，近年来也逐渐具备了国际影响力。那次的全俄科学节有来自十几个国家的科学家参加。科学节主会场设在国立莫斯科大学，在全俄罗斯主要城市设有分会场，参加人数达到250万人。此次我们代表FAST团队参会，全面宣传介绍FAST，引起了俄各界的强烈兴趣和

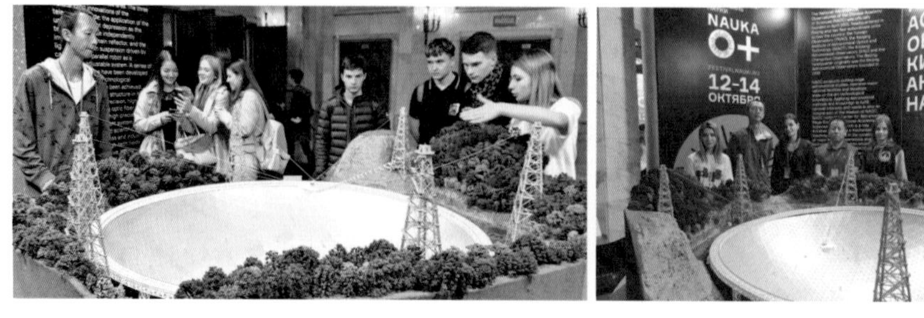

图4.26　钱磊和彭勃携FAST模型在莫斯科参加全俄科学节，受到广泛关注

广泛关注。

2018年，FAST检测到高能费米脉冲星最暗弱的射电辐射，展示了其主要性能指标灵敏度的优势。

2019年4月18日，FAST望远镜开始执行国内用户风险共担开放观测。

2019年5月，我们以专刊在《中国科学》发表了FAST观测得到的首批科学成果(图4.27)。青年学者钱磊博士，博士后卢吉光，博士研究生喻业钊、王洪丰等领衔发表了FAST科学论文。9月，FAST观测到重复快速射电暴的多次爆发，为研究快速射电暴的起源和机制提供了难得的观测资料。

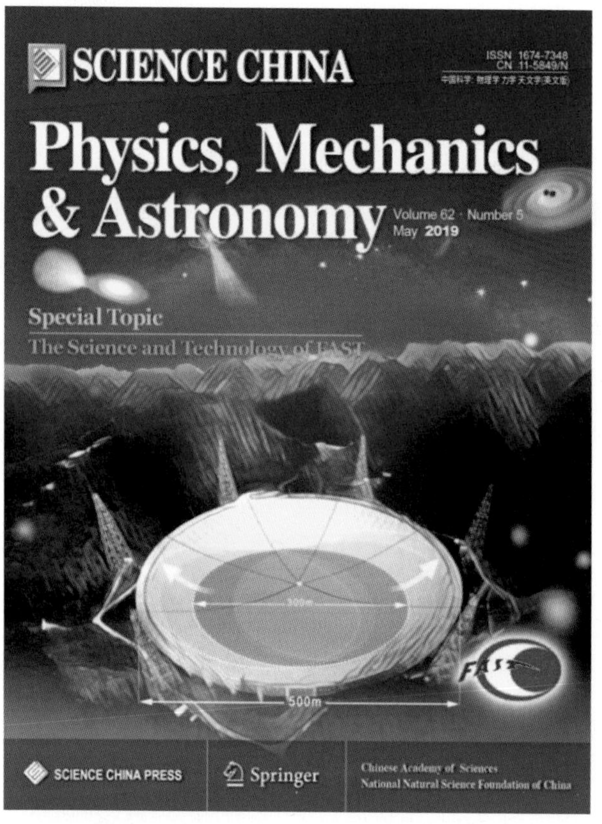

图 4.27　2019年，FAST望远镜调试期间观测成果发表在《中国科学》专刊

2020年4月30日，中国科学院国家天文台向国内天文界征集自由观测申请项目。相关信息和观测申请提交使用FAST网站http://fast.bao.ac.cn/。

为避免自由观测申请与已观测项目（如风险共担项目）重复，在FAST网站公布了FAST优先和重大项目的任务书、FAST已执行和正在执行观测项目的摘要和源表等。

2020年10月29日，英国《自然》发表了FAST探测到快速射电暴FRB180301出现了重复爆发，是全世界发现的第21例！FAST望远镜捕获了其11次射电爆发偏振信号，其中7个毫秒级爆发很好地解析出了其偏振呈现多样性变化，否定了快速射电暴的宇宙灾变理论。

另外，利用FAST监测银河系一颗正在呈现伽马射线爆发的磁星SRG1935+2154，在29次软伽马射线爆发期间，没有检测到任何射电爆发，表明快速射电暴与软伽马射线暴无明显相关性，也就是说，无线电辐射与伽马光子不是同时扫过地球，该成果于11月5日发表在《自然》杂志。

11月4日，在北京国际会议中心举行的FAST运行成果新闻发布会上，国家天文台台长、中国科学院院士常进表示：FAST超高灵敏度使其在射电瞬变源方面具有巨大潜力，有望实现纳赫兹引力波探测。基于FAST望远镜观测，一周时间连发了两篇《自然》期刊论文，实现了习近平总书记希望FAST“出好成果”的目标。

12月15日，《自然》官网公布了2020年十大科学发现，“中国天眼”FAST望远镜在快速射电暴方面的研究成果入选。这是天文学家第一次观测到位于银河系内的快速射电暴，极强磁场中子星（磁星）成为迄今唯一被观测到可以产生快速射电暴的天体。

迄今，FAST探测到至少5颗新的快速射电暴。在约一平方度宇宙超深场观测中，探测到超100个中性氢星系，包括潜在“最暗”的矮星系和“最远”的星系，首次发现了星系质量函数的演化迹象。正在开展M31星系成图及脉冲星搜寻，期待发现河外（"银河系外"）射电脉冲星和更多快速射电暴。

截至2021年2月，FAST探测到逾300颗新脉冲星，占全世界射电望远镜50年发现的脉冲星总数的约10%，包括一颗潜在"最重"的脉冲星。如果脉冲星分布均匀，我在此大胆估计，FAST发现的脉冲星数量有望超越其他射电望远镜发现的总数。FAST已经实现了"出好成果"，正走在"出大成果"的路上。

一批批博士研究生、博士后已经成为FAST新用户，正在成为中国射电天文科学发现的新生力量。在先进技术发展和不断更新的基础上，在对国内外开放使用FAST望远镜和数据合作的情形下，必将不断产生更多好成果，出大成果（诺贝尔奖级工作），成就30年FAST科学大发现！

虽然FAST是中国政府全资建造的国家大科学工程，但参考国际上天文大望远镜开放惯例（Open Sky Policy），从FAST立项就制定了逐步开放原则。

2021年3月31日，大射电望远镜FAST向全球征集观测申请，第一次就对国外天文学家开放10%的望远镜时间。我应邀接受了中国国际电视台视频连线采访，回答了关于FAST运行、开放和数据政策等国内外关注的问题。德国马普射电天文研究所所长、脉冲星专家迈克尔·克拉默（Michael Kramer）教授，SKA科学部主任、中性氢宇宙专家罗伯特·布劳恩教授也参加了中国国际电视台连线采访（图4.28）。

全世界天文学家，不论国别和单位，都可以在中国科学院FAST网站提交自由申请，集聚科学思想和方法创新，竞争最高灵敏度射电望远镜的观测时间。本轮（第一次国内外开放）自由申请截止时，共收到16个国家49家机构（天文台、大学和研究所）216份使用FAST观测的项目申请，对FAST望远镜总时间需求超7200小时，其中脉冲星类占比50%。国内外观测时间需求超过FAST望远镜保障运行时间的比率（over subscription rate）分别达到4.1和1.8。所有申请（国内外项目）统一由FAST时间分配委员会组织评审，结

图4.28 2021年3月31日,FAST望远镜对国际开放。中国国际电视台连线采访彭勃(上右)、迈克尔·克拉默(下左)、罗伯特·布劳恩(下右)

果于2021年7月25日对外公布,观测安排从8月开始。

本次国际开放申请之前,FAST科学委员会制定了国际通用的、公平透明的数据使用政策,即获批项目申请者及其合作团队具有优先使用权,FAST观测数据经历一年保护期之后大都对国际开放使用,供任何感兴趣的研究者免费使用,继续挖掘FAST数据的潜在科学价值,扩大FAST数据的共享和成果产出。

为构建人类命运共同体贡献中国智慧，我们开启了全世界天文人利用FAST探索宇宙的科学发现之旅，标志着“中国天眼”成为“世界天眼”。

2021年5月，国家天文台韩金林研究员领导的科研团队取得重要进展。他们利用FAST望远镜开展银道面脉冲星巡天（GPPS项目），新发现了201颗脉冲星，其中包括一批最暗弱的脉冲星、挑战当代银河系电子分布模型的大色散量脉冲星、40颗毫秒脉冲星、16颗脉冲双星、一批模式变化和消零脉冲星以及射电暂现源等。20日，这一批新发现，作为封面文章发表在《天文和天体物理学研究》（英文简称RAA）。

GPPS观测的约126平方度的银道面区域，仅占巡天项目总体规划的约5%，但是取得了丰硕的科学成果。相比之前最灵敏的美国阿雷西博望远镜PALFA巡天，GPPS巡天灵敏度要高约一个数量级。审稿人詹姆斯·科德斯（James Cordes）教授评论说：“该巡天可能主导未来脉冲星发现，最终完成完整的银河系脉冲星普查……可能迟早会发现脉冲星-黑洞双星……”

当天，我收到了脉冲星研究大咖、前英国射电天文台台长安德鲁·莱恩教授对FAST近期成果的祝贺邮件：

“我读了来自FAST的关于201颗脉冲星发现的论文。这对你和你的整个团队来说都是一个了不起的成就。你和南仁东向Paul Murdin，Peter，Tony和我介绍FAST的概念已经将近23年了，你们所制作的望远镜在设计和性能上都非常接近当时的概念。对我来说，这篇论文是一个里程碑，它揭示了FAST望远镜真正的科学潜力，也揭示了你们的工程师和天文学家不容置疑的能力。祝贺你们并致以良好的祝愿，安德鲁。”

安德鲁·莱恩教授与澳大利亚的迪克·曼彻斯特（Dick Manchester）教授领导的脉冲星团队，发现的脉冲星数量占迄今脉冲星总数的一半，安德鲁·

莱恩与他邮件中提到的彼得·威尔金森，曾作为国际特邀嘉宾参加了2016年9月的FAST落成庆典。

从脉冲星和快速射电暴等时域天文发现，再扩展到星系与宇宙学等新领域，世界第一大单口径射电望远镜FAST未来可期！

8. 大射电望远镜扩展阵

一个世纪以来，企业家出资建造天文望远镜不乏成功先例，还产生了重大科学成果和社会效益，如海尔光学望远镜、凯克光学望远镜和阿伦射电望远镜等。

美国天文学家海尔（George Hale）说服并得到卡内基协会赞助，先后监制了威尔逊山天文台2架光学望远镜——1908年1.5米望远镜、1917年2.5米望远镜。成就了20世纪20年代人类对宇宙大尺度理解的哈勃定律。1928年，海尔还从洛克菲勒基金会得到600万美元补助款，参与创建加州理工学院（后来成为蜚声中外的国际创新和诺贝尔奖人才培养基地），在加州圣迭戈高1700米的帕洛马山建造了5米反射望远镜。

美国企业家凯克（Howard Keck）捐助1.3亿美元，在夏威夷海拔4200米的莫纳克亚山上，由加州大学伯克利分校、劳伦斯伯克利国家实验室以及加州理工学院建造了10米口径世界上最大的光学望远镜。主镜由36块1.8米六角形小镜片组成。

由微软联合奠基人保罗·艾伦（Paul Allen）和微软前首席技术官内森·梅尔沃德（Nathan Myhrvold）等人资助的艾伦望远镜阵列（Allen Telescope Array，ATA），在加利福尼亚北部哈特克里天文台，由42个直径6.1米的偏置格里高利天线组阵，主要用于外星人搜寻即地外智慧生物搜寻计划（SETI）。

由俄罗斯富豪尤里·米尔纳（Yuri Milner）资助1亿美元、英国天文学家史蒂芬·霍金（Stephen Hawking）参与启动的搜寻地外文明的突破聆听计划

(Breakthrough Listen),于2015年7月开始,计划持续10年。由美国100米口径绿岸望远镜和澳大利亚64米口径帕克斯望远镜(包括激光探测)对1 000 000颗近地恒星巡天,扫描银河系中心和银盘及附近的100个星系,捕捉无线电波和激光信号。较先前计划目标数提高10倍,覆盖频谱宽5倍并且速度提升100倍,足以听到从1000颗最近恒星中任一颗发来的飞机雷达信号。

2009年,我提议,联合民营资本开展国内外广泛合作,逐步发展FAST扩展阵。有三种可能的技术方案:一是大口径小数目中国SKA方案KARST(这也可以说是FAST人"不忘初心、牢记使命"),二是10至100面100米口径全可动望远镜,三是成百上千面15米口径SKA中(高)频天线。三种方案均可配置相位阵馈源PAF进一步提升巡天效率,打造以脉冲星计时、中性氢探测、瞬变源巡天、快速射电暴定位、引力波电磁对应体探测、地外生命和文明搜寻等为目标的重大科研平台,开创"以我为主"的国际大科学工程,形成基础科学探索、创新技术研发和人才培养难以超越的综合平台,同时带动当地社会发展。

扩展阵列方案一:KARST

在FAST周边百公里,扩展4台以上(甚至10台)FAST类型大望远镜阵KARST(图4.29),不仅阵列灵敏度至少提升5倍(甚至超越SKA),而且分辨率可提升约1000倍!

参考FAST实际造价,扩展阵每台单口径望远镜预算约12亿元。第一台球面口径在500米(甚至800米),抛物面口径大于阿雷西博望远镜,即220—300米,覆盖50兆赫兹—5吉赫兹(可扩展至10吉赫兹)。天顶角近60°,能覆盖银河系中心(大质量黑洞)。与FAST组成干涉基线300公里时,其1.4吉赫兹频率的空间分辨率约0.18角秒。如再配备相位阵馈源PAF,可实现对瞬变源暗弱天体的超深场快速搜寻和精确定位。

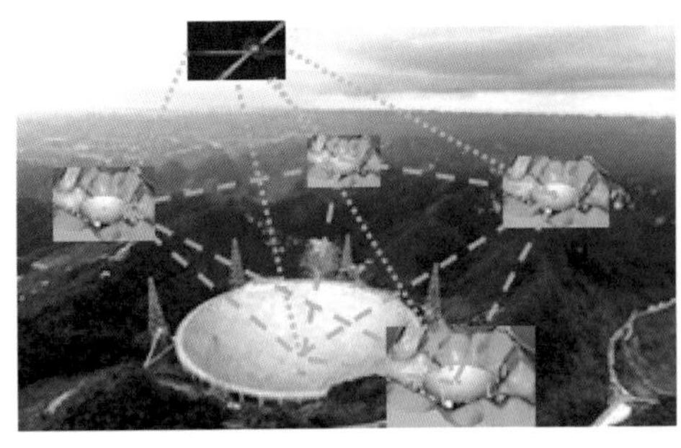
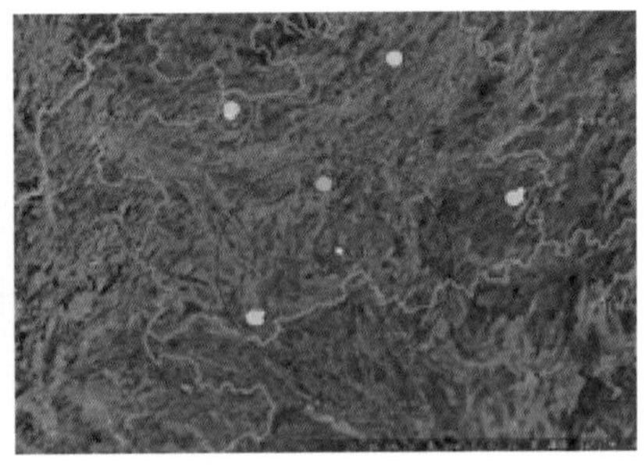

图4.29　KARST示意图(左),右图中红点为FAST,蓝点为贵阳,红圆以FAST为中心半径150公里区域,蓝圆以贵阳为中心半径150公里区域。绿点显示KARST阵列大致分布

扩展阵列方案二:百米级望远镜阵

以100米口径全可动天线为基本单元,建造10(至100)面大射电望远镜。第一阶段建4面100米口径射电望远镜,可分布在FAST电磁波宁静核心区10公里范围内,成为灵敏度最高的厘米波射电望远镜阵。图4.30为该阵列布阵方式、UV覆盖和分辨率示意图。

单台工作频率为300兆赫兹—10吉赫兹,造价2.5亿元人民币。将使FAST具备超高灵敏度干涉成图能力,将目前2.9角分的分辨率提升至3角秒。亦可独立于FAST运行,可探测FAST无法覆盖的宇宙。若与正在和即将建造的120米天线组网,综合性能有望相当于SKA。若加入全球甚长基线干涉网,可实现"以我为主"的大科学装置群。

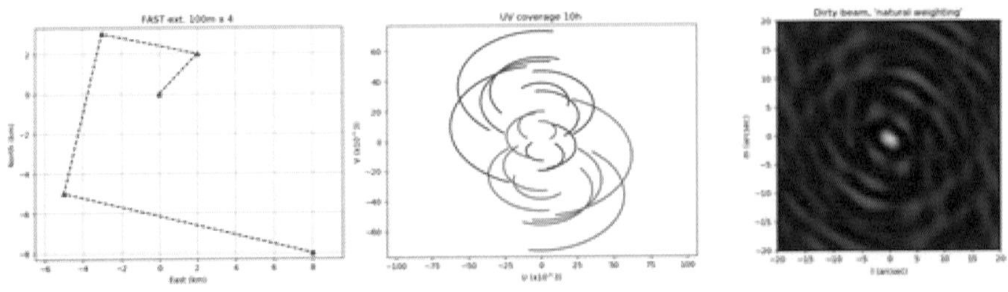

图4.30　阵列单元位置分布、10小时UV覆盖及相应成图分辨率

扩展阵列方案三：15米级SKA-P阵列

由100（至1000）面15米SKA反射面天线SKA-P组成扩展阵FEAT（FAST Expanded Array Telescope），频率0.35—10吉赫兹（甚至更高，虽然可观测时间不太多），基线2000公里。单面天线造价约1000万元人民币。

与FAST组网可提升高分辨率成图能力（1—2个数量级），灵敏度虽增加不多，但还可作为北天SKA阵列一种布局，逐步发展形成中国主导的国际大科学工程。该阵列分布与UV覆盖如图4.31所示，配置超宽带馈源WB-SPF和相位阵馈源PAF，可形成具有快速巡天能力的高分辨率综合孔径望远镜。

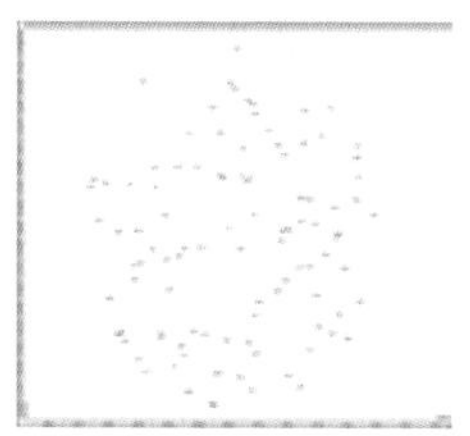

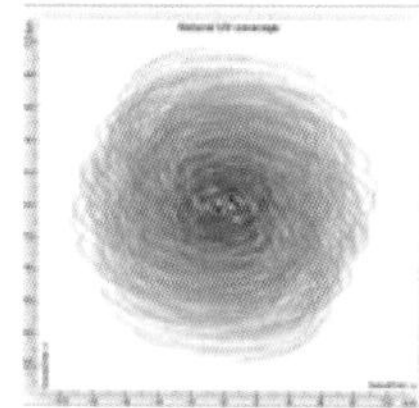
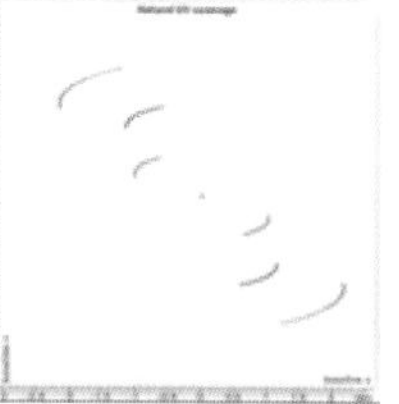

图4.31　FAST为中心5公里核心阵随机分布，SKA-P天线，5公里和2000公里UV覆盖

无论哪个方案，均可进一步提高FAST目前的分辨率，同时对灵敏度有所提升。

2021年1月18日和19日，我先后给中国科学院国家天文台台长常进院士和中国科学院党组副书记、副院长阴和俊呈送了一页纸的建议，基本内容如下：

2016年9月FAST工程竣工，望远镜世界“地图”有了中国领先席位。2020年1月FAST通过国家验收，开启了其科学发现之旅。2021年平方公里阵列SKA将启动第一阶段建设，2030年SKA1（10%的SKA）竣工，其灵敏度外的综合性能（分辨率和巡天效率）将远超FAST。

在此提议：联合民营资本，开展国内外广泛合作，6—10年内逐步发展建成FAST扩展阵，可以确保中国射电望远镜国际领先地位。

若筹集与SKA1建设相当的经费100亿元人民币（不含三通一平配套），性价比优的方案是：增建8台球面大望远镜组成FAST扩展阵，可显著提升目前FAST灵敏度（9倍）和分辨率（1000倍）。若配置相位阵馈源PAF可进一步提升巡天效率（4倍至100倍）和扩大天顶角（+20°）。

视多渠道资源（国内外及民营资本）筹措情况，FAST扩展阵可以一次性或分阶段实施，由国家天文台射电天文团队及合作者主导完成。

FAST扩展阵将以10% SKA造价实现与完整SKA相当的综合性能，成为21世纪“以我为主”国际大科学装置群，有望早日实现SKA对科学目标的需求。

9. 与总书记零距离

2021年2月5日上午，习近平总书记在贵阳亲切会见了FAST团队代表，视频连线察看FAST望远镜运行状况、慰问在平塘县工作的望远镜现场人员，并发表重要讲话。我在激动之余，于2021年2月6日凌晨写下了作为亲历者的三点感触，作为6日上午中国科学院院长侯建国院士在贵州FAST台址主持学习习总书记会见FAST团队代表讲话时的发言稿，也作为2月8日中国科学院国家天文台党委书记汪洪岩研究员主持学习习总书记会见FAST团队代表讲话时的个人发言，现在此与读者分享。

零距离接触：FAST人与习总书记零距离

2021年2月5日，虽不是第一次见到习近平总书记，但如此近距离是第一次！无论是空间上还是心灵上，这次都是零距离！

2016年9月25日FAST落成以来，我们FAST人至少精心准备了两次，接受习总书记检阅。我们以fast（“快”）速度一步一个脚印地落实着总书记对FAST的“四出”要求，实现了“早出成果”，收获了“多出成果”，还出了好成果，正在出大成果的路上，总书记来了！

中国科学院院长侯建国院士把我们参加会见的FAST团队5个代表一一介绍给总书记，总书记跟国家天文台台长常进院士等人互动，FAST科学委员会主任武向平院士汇报时总书记简短问询，观看FAST汇报视频并连线望远镜台址运行维护人员。总书记发表讲话做指示，全过程紧张但自然，细节历历在目。

总书记问询与互动很朴实、很精练，我们真切地感受到总书记对国之重器FAST的关注，他对FAST团队和设备是满意的。一个证据是，当我们恭送总书记时，他曾两次转身再叮嘱，特别对刘鹤副总理和侯建国院长具体指示：请科学院规划一下，国家实验室、人才等，要保持这方面的领先。这是总书记对以FAST为代表的中国科技事业的新布局和大国领袖担当。

大科学工程FAST，是中国科学院与地方发展合作、科技扶贫扶志的典范，是对习总书记倡导的人类命运共同体理念的重要实践。从总书记到贵州省、中国科学院和天文界代表们，心情都很愉悦、很舒畅！

幸运：总书记会见FAST代表过程超时约20分钟，难忘、圆满

习近平总书记听取FAST代表汇报、与FAST团队互动，事先安排25分钟，实际超时约20分钟，是一次难忘和圆满的会见。

FAST团队的代表，无论是贵阳现场的科研骨干，还是平塘县视频连线的望远镜运行人员，都很兴奋、很满足。

习总书记在第一块展板前一句话“南仁东是从头参与对吧”，把我带回了28年前，从那时参与SKA国际合作的三五人，到今天FAST团队上百人，从天文“丐帮”到国家科技第一方阵，FAST团队是个科技追梦者的大家庭，大家都明白：从哪里来（溯源），我是谁（角色），到哪里去（梦想）。

古往十年磨一剑，今来廿载铸天镜。作为FAST项目酝酿、选址、预研究到建设全程参与者，受到总书记检阅，我是幸运的！

此时此刻，我们更应该致敬FAST事业先驱者们，那8位故人！

中国科学院6位、贵州省2位，包括近期离世的中国射电天文开创者王绶琯院士和他的优秀学生南仁东。

王绶琯先生2013年盲书“平塘星”，延续中国射电天文至未来。以南仁东为代表的那群FAST人，用青春乃至生命，完成了大射电望远镜FAST的追梦之旅、跨世纪的长征。

责任：总书记通过FAST团队对中国科技事业发展有重托

不能只有霍金，要有胸怀宇宙的中国天文学家，是习近平总书记给我们科技工作者的重托！

在习总书记问询时，武向平自然地汇报了一份雄心——FAST阵列，那是SKA事业中国智慧的初心。非常庆幸，这一宏愿得到了总书记的关注。

20多年来，FAST项目先后得到贵州省科技厅、贵州省发改委和黔南州持续关注与倾力支持。2012年，我曾在黔南布依族苗族自治州挂职副州长，受中国科学院和贵州省FAST院省领导小组的委派，参与地方发展与FAST建设的具体协调，主持了平塘天文小镇的规划。2018年，我到贵州省科技厅挂职副厅长、党组成员，负责贵州射电天文台及FAST后续发展工作。(天文)台地(方)命运共同体，只有双赢，合作才能长久。

FAST选址与SKA中国布局是同步进行的，历时13年，开展了两轮独立、全面的大射电望远镜选址。

近两年，我们又故地重游，再次确认了台址的基本储备。1995年，《科学》对中国参与SKA项目进行报道和评述时，展示了(贵州将成为)“望远镜的山谷”宏图大业。有国家的信任和支持，有中国科学院与贵州省的“第二次握手”，互利双赢是完全可以实现的。

我坚信：在SKA建成的2030年，FAST扩展阵列也必将同步建成，天文强国地位中国永固！最后，请允许我作为FAST团队老人，与大家共勉：无中生有，敢为天下先；风雨兼程，走出梦中路！

让我们秉承FAST精神，为建设科技强国贡献智慧、付出辛劳，再创辉煌！

大射电院省大协作

FAST项目源自国际大科学计划，受益于国内院校、科研单位和企业广泛合作。迄今，我们与共建部门贵州省的合作有近30年。贵州省科委（省科技厅）在FAST预研究至立项的13年间、贵州省发改委在FAST立项至工程竣工的10年间，先后作为中国科学院与贵州省合作的地方协调组办公室，日夜兼程地为大射电事业提供了贵州"第一接触"。大射电扎根贵州，受当地政府、民众的支持，也反哺贵州，带动了贵州省特别是黔南州的社会进步和经济发展。FAST不仅成了科学设备的世界老大，还成了一道独特的科学风景，成就了大科学工程与社会进步、大射电望远镜与地方发展命运共同体！

1. 风雨同舟贵州情

FAST从提出到建成的20余年间，贵州当地各级政府、贵州百姓一直与我们风雨同舟，是FAST建成的基础力量之一。他们对FAST工程建设的热情也成为了我们长期坚持的无形动力。正如南仁东在2016年度科技创新人物颁奖盛典的颁奖词中所说："这份沉甸甸的奖励，不是给我一个人的，是给一群人的。……这二十二年艰苦的岁月里，贵州的父老乡亲和我们风雨同舟、不离不弃……"

(1) 一次贵州行,终生贵州情

大射电望远镜项目与贵州的协作始于1994年夏。中国科学院遥感应用研究所聂跃平博士孤身一人到安顺、黔南两地,为大射电望远镜LT选址探路。9月,南仁东、吴盛殷、聂跃平和我一行赴贵州考察,由贵州省科委秘书长罗立接洽,受到省长陈士能的接见。

贵州省科委(后改为科技厅)是贵州省对接大射电望远镜项目的第一接触、联络站,为大射电贵州工作提供了长达15年的持续支持。省科委副主任巫怒安、秘书长罗立、工业计划处处长李纪福,上达省政府副秘书长何崇远,下接安顺普定县的张义刚书记、付京县长,黔南平塘县吴秀全书记、谭文忠县长、县政协主席王立松及王佐培副县长等。

1994年11月,我再次到贵州。同行的有荷兰的理查德·斯特罗姆博士和中国科学院遥感所聂跃平博士。我们携带电磁波环境监测专业设备,对候选洼地进行考察,人称大射电望远镜选址"三博士"。飞机降落在贵阳磊庄机场,那是个军民共用机场。走出机舱,一眼可看到机场出口处那个栅栏门及接机人群,就像火车站的出站口。贵州省科委巫怒安副主任和工业计划处处长李纪福前来接机,把我们送达贵州饭店安顿。那是贵阳最好的也是唯一的涉外宾馆。

第二天一早,在巫主任、李处长陪同下,我们离开贵州饭店,驱车200多公里,在国道、省道、县道及乡村崎岖山路上颠簸。傍晚抵达安顺地区的普定县,开始大射电望远镜LT第一次电波环境监测(图5.1)。这也是国际大射电望远镜LT暨SKA首次候选台址无线电环境测试!

三博士白天爬山越岭,晚上与地方干部推杯换盏。首次遇见普定县县长付京,印象十分深刻:年轻精干、做事有魄力,我们很快就成了好朋友。2016年,付京从贵州省发改委主任岗位上退休。

1994年的那次访问,省科委配了位美女翻译潘洁(后来还有位俊男叫石

图5.1　1994年11月，在贵州省科委陪同下访问平塘县。右起：王佐培、聂跃平、潘洁、理查德·斯特罗姆、县干部、彭勃、巫怒安、陈和筑、县干部、李纪福

磊），一口地道的英文，方便与地方政府（行署及普定县）领导交流。潘洁、石磊两位后来都成长为贵州省科技厅的处长。

那次贵州行，我们还造访了黔南布依族苗族自治州平塘县。时任副县长王佐培作为向导，一路陪同选址。途中，他常常用镰刀开路，修剪或砍掉前方的杂草树枝。

那段经历，20年来时常想起，终生难忘。

那次贵州行，曾经路过一所偏僻的乡村小学。联排教室呈“丁”字形，有门窗但没有玻璃。课间，孩子们快乐地玩耍着，冲我们喊着“Hello”，并围观我们。虽然候选台址监测工作顺利，但我心情沉重。

理查德·斯特罗姆问我发生什么了？我说，第一次看到没有玻璃的教室、不穿鞋但无忧无虑的小学生。中国农村太穷了！我却无能为力，做天文学家不如去从政，当省长和国家领导人，去解决贫苦问题。他安慰我说，总统也不一定能解决这样的贫穷问题，全世界包括富裕的荷兰也有贫困，只是少些罢了。

那段经历，20年来时常想起，终生难忘。

即便是到了2016年，在FAST台址附近的靛塘小学及其食堂（图5.2），教

图5.2　平塘县克度镇靛塘小学及其励志标语(左),食堂与办公室(右),摄于2016年3月

学楼墙上醒目的标语“勤奋进取　自学深思”,依旧令人浮想联翩、难以释怀。

10天贵州洼地勘察,我们风尘仆仆地回到贵阳。LT国际联合选址组直接到贵州饭店,衣衫褴褛地接受省委书记的会见和宴请。

书记平易近人,首先赞赏了选址组成员们辛苦的奔波和艰苦付出,再详细询问大射电望远镜LT国内外情况,表达了贵州3400万人民对LT的支持,期待国际大射电望远镜项目能够落户贵州,带动贫困地区的社会发展和进步。

我深爱的贵州,当时88个县就有66个国家级贫困县。直至2020年,中国政府领导全国人民打赢了脱贫攻坚战,贵州全省才消灭了贫困县。

令人欣慰的是,我们FAST工程团队也是扶贫扶智的实践者,中国科学院和贵州省打造了大科学工程的命运共同体。

贵州FAST热线

令人难以忘怀的是,从第一次踏上贵州的绿色山地,每次无论多晚抵达贵阳,贵州省主要领导都会在贵州饭店会见并宴请我们,因为省科技厅与省政府何崇远副秘书长之间有一条“FAST项目热线”。

当我对经常打扰省委主要领导表示愧疚时，省委书记笑答：省科委汇报大射电项目时，只能转述你们告诉他们的情况。我总要问话吧？省科委的同志只能谨慎地给我一些推测性答案，最后还是要找你们南台长、彭博士方可确认。干脆我就请科学家一起坐坐，只有与科学家们经常见面，才能直接了解到“前线战况”，正好也见见老朋友。这样的高层关注，盛情难却！更没想到，这份“感情”竟然持续了“一个抗战期”。

图5.3　2018年何崇远、彭勃、巫怒安在贵阳小聚

正是贵州省领导对大射电望远镜项目的远见和渴望、对科学家的敬重，使得我们这些科技工作者“不好意思”按原计划离开贵州，去全国更大范围选址。初心遇到诚意，大射电望远镜选址自然驻黔了。

2018年11月，我联系已退休的何崇远、巫怒安，一起在贵阳“黔为天酒家”小聚（图5.3），共叙那段蹉跎岁月里的合作友情、共同追梦的情怀。新结识了何崇远秘书长的夫人、儿子儿媳和孙子，幸福的祖孙三代人！自然是何秘请客。

(2) 挂职地方

2007年7月，国家发改委批复了FAST立项建议书。国家天文台与贵州省科委在大射电望远镜SKA与FAST项目上历时十多年的合作，转至与贵州省发改委在FAST工程建设上实施合作，共同规划贵州省天文学科的建设、

推进FAST与地方发展总体布局，至2016年FAST落成，又一个10年合作。

2012年9月，按照中国科学院与贵州省人民政府FAST领导小组部署，受国家天文台委派，我到黔南布依族苗族自治州挂职任副州长，高龙挂职平塘县任副县长，方便及时协调与沟通贵州省、黔南州及相关县（主要是平塘县）的FAST建设和地方共赢发展关系。

秉承选址时期随时随地宣介天文知识和FAST科普的传统，我们曾经偶然用照片记录下一幕，偏远的乡村小学教室的黑板上，老师用纯朴的语言板书："天文学家的眼睛是望远镜，医生的眼睛是显微镜，海军战士的眼睛是潜望镜"（图5.4），天文学已深入贵州偏远的大山深处！

2017年，在FAST台址移民10周年回望活动中，当我在PPT里展示出那张学校黑板板书的照片时，有人激动地打断我说："那些是我写的！"这位当年未曾谋面的乡村小学老师叫黄章庆，他用满是老茧的手紧紧地握住了我的手。这双粗大的双手真的握疼了我，也真的感动了大家。源自"天眼缘"

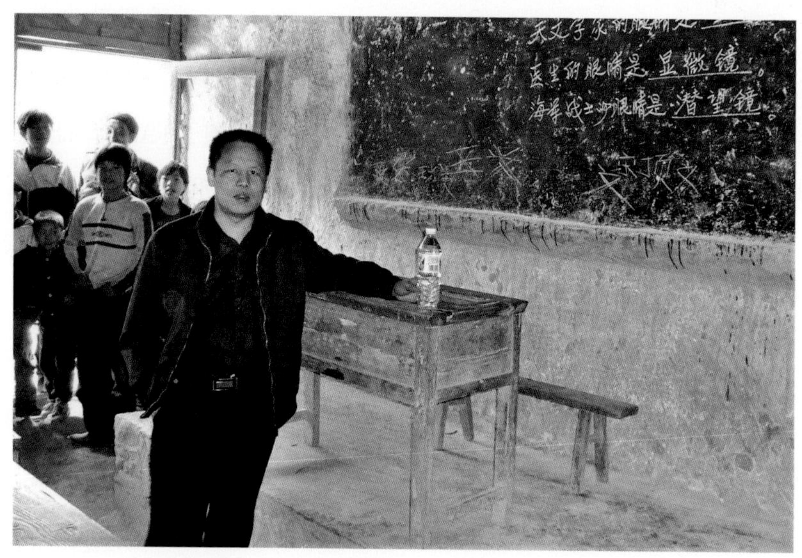

图5.4　乡间小学课间黑板上老师的板书："天文学家的眼睛是望远镜，医生的眼睛是显微镜，海军战士的眼睛是潜望镜"

的这一偶遇瞬间，永远存留在我的脑海之中。

由于自己多岗位工作，特别是国际大科学工程SKA推进，每年我分配在贵州1/3时间，但实际投入约5成的精力，差不多每周都往返北京—贵州。

挂职之前，高龙具体负责FAST台址现场的临时办公场所（即台址现场“工棚”）、望远镜相关的基础设施建设。

在黔南州工作两年，我们经历了两位州委书记（黄家培、龙长春）和一位州长（向红琼），还有跨两届班子的副州长吴盛华（后任黔南州州长，现任贵州省副省长），与黔南州四家班子（州委、州政府、州人大和州政协）及相关部门（科技局、发改委、黔南民族师范学院、州科协）和县干部群众合作共处。在此，我们一并感谢FAST地方父母官，对我们在黔南挂职及对射电天文事业的理解和支持！

FAST今天已屹立于黔南大地，还将伫立于世界半个世纪甚至更久，无疑将助力贵州社会进步和国际化进程。

（3）美女县长与FAST初次约会

2006年初的一天，聂跃平、朱博勤和我中午前赶到了FAST台址。下午以大窝凼洼地为中心，在其北侧、西侧寻找可用的地表水源。

无论是塘边还是大塘的池水、绿水村溶洞内外地表和地下水源，都使人感受到了地下暗河出露之魅力！

我跟聂跃平、朱博勤及同行的平塘县科技局局长张林等人边选址边交流，享受着这些自然地质奇观。这些自然地质奇观可作为天文科普与旅游的延伸和补充，也是射电天文望远镜和本地自然资源的完美组合。

下午4点左右开始下雨，雨不大，但鞋裤已满是泥巴了。

天渐黑，晚6时许，我们风尘仆仆地回到了FAST台址大窝凼的那个老观测室。意外出现了！

平时寂静的老观测室外门庭若市，跟节假日集市般热闹。门前停满车，有不少穿民族服饰的美女帅哥。

一位未曾谋面的美女热情地上前迎候我们，自我介绍说：我是平塘新任县长，叫唐官莹，等你们一个多小时了。你们辛苦了！今天看到了科学家们如何工作，又是如此敬业、不辞辛劳，也终于理解了什么是废寝忘食。我代表县委县政府与科学家在台址过个小年。

过小年？

从门口脸盆中用手“舀水”洗手，再双手捧水抹了一把脸，接过旁边美女递过来的温热毛巾，擦脸擦手。

匆匆地，顾不上换鞋，也顾不上掸掉裤腿上的泥土（湿的），就在唐县长引导下，一起进到老观测室，坐到窗前的沙发椅上。简短寒暄后，大家在一排矮矮的小板凳上坐下。围坐在热气腾腾的火锅旁边，在冬夜寒气中，的确也温暖了许多。苗族、布依族少女奉上一杯土酒（图5.5）。

这是我生平第一次过小年！还是与少数民族同胞共享自家的特色美

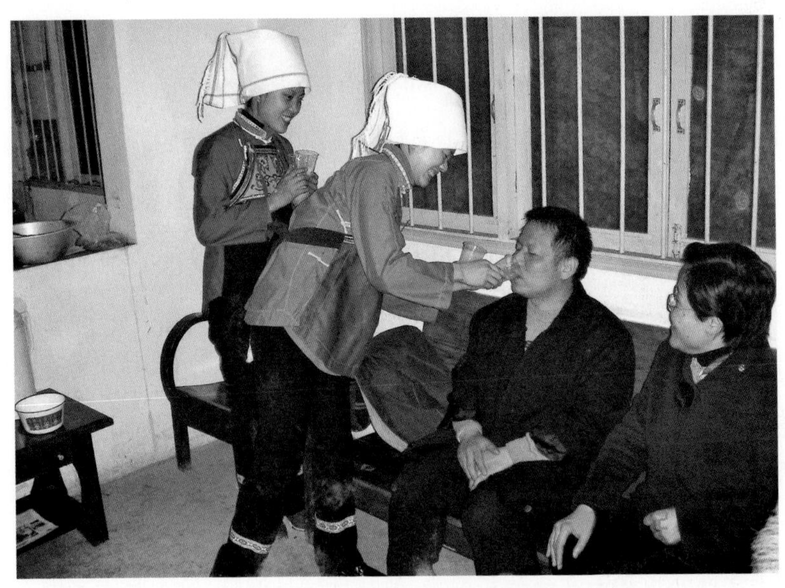

图5.5　2006年2月，在FAST老观测室过“小年”

食。虽然大多是从县镇带来的，基本也都是家常菜，但却是绝对的绿色食品。

我们与唐官莹县长们对饮“贵州水”，室外布依族、苗族等民族表演令人眼花缭乱。如梦如画，我们的幸福指数陡然大增，凡人岂能不醉?!

“巡山”的疲劳早就荡然无存，新县长也已经成了老相识。

(4) 厅长湿鞋台长“失(湿)身”

2006年仲夏，在贵州省科技厅副厅长苟渝新、平塘县常务副县长张智勇(后任黔南州天文局首任局长、黔南州大数据局局长)、平塘县大射电办公室主任张林等陪同下，中国科学院数学力学天文处处长郝晋新(后任国家天文台副台长)、国家天文台常务副台长严俊(后任国家天文台台长)一行首次考察贵州黔南平塘县克度镇的FAST台址。

那时，FAST台址正在进行工程地质勘察。从大窝凼洼地南垭口下行，沿着10年来大射电望远镜选址人和现场作业工人踩出的羊肠小道，我们一起盘山而下。

一路上，考察台址地形地貌，不时会有抬钻探设备的工人和本地雇工擦肩而过。在半山腰，大家考察了工人钻探操作，对采集到的岩土样本做了“非专业”推测和分析，并且向工人技师们询问和学习。这也算是一种小憩吧。

这时，郝晋新处长已经大汗淋漓，严台长脱去了衬衣，身上背心也已湿透贴身了。贵州人笑称，天文界领导们今天“失(湿)身”了(图5.6)。

到达大窝凼洼地底部时，有成片不连续但绿油油的农田，靠地表水浇灌生长。沿着农田土坎前行，大家都很小心，但苟厅长还是不幸滑倒，摔了个屁蹲儿，一脚踏入农田，鞋湿了。

又是一阵嬉笑，这回该北京人调侃了:这次苟厅长“湿鞋”了。

天文处处长和天文台台长湿身、科技厅厅长湿鞋，给大窝凼考察者留下

图5.6　FAST台址大窝凼洼地半山腰处的岩芯前，右起：南仁东、郝晋新、严俊、彭勃

了轻松笑料。

陪着领导找到大窝凼靠近底部那处最大“漏水洞”，其狭长通道可容一个胖子（图5.7）。我试探着进入洞口，大约进去两个身子就变窄了。里面黑漆漆的，深不见底。扔个石头好久才可听见水声。

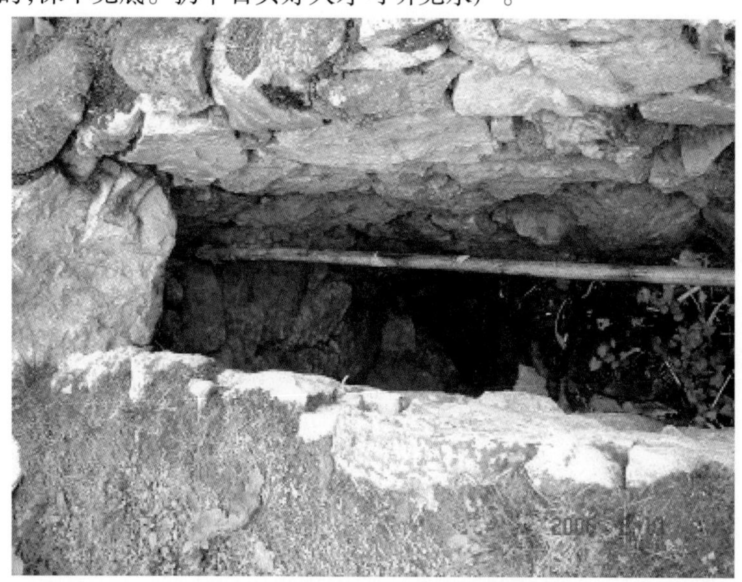

图5.7　大窝凼洼地底部漏水洞原貌

因为有这样的天然漏水洞，一般的雨水，大窝凼都不会有水淹。这正是喀斯特地貌的奇妙之处。水由此通向地下暗河，窝凼本身不存水！

从当地村民处了解到，50年一遇的大雨也不过膝盖，个把小时水便逐步消退了。这也回答了为什么FAST要在贵州安家。在北京挖个坑不行吗？

的确不行！

30个足球场面积的大坑，深达140米，体积达1444万立方米！如果真赶上大雨，就会变成水库了！

（5）FAST台址移民10周年回望

为保证FAST项目施工建设，2007年，平塘县启动了“中国天眼”FAST台址移民搬迁，大窝凼洼地中12户群众举家搬迁到克度镇的金星村。

为保证FAST安全运行，望远镜电磁波宁静核心区3公里半径的500余户2300余名群众舍小家为国家，已举家搬迁至平塘县克度镇金星村马鞍、塘边镇湾子村油菜坪两个安置点。

2016年9月25日FAST落成。黔南州、平塘县的领导们相聚在这些搬迁村民的“故土”，普天同庆（图5.8）。他们是：黔南布依族苗族自治州州委书记龙长春、州长向红琼，黔南民族师范学院院长石云辉，黔南州政协副主席刘延学、州天文局局长张智勇，平塘县委书记臧侃等。

2017年4月13日，在FAST工程台址区群众搬迁10周年之时，为回馈大窝凼原12户群众及核心区群众的贡献与支持，国家天文台联合平塘县委、县政府举行“家国情怀·大国重器”——服务“中国天眼”配套建设启动10周年纪念活动。

活动分三部分：一、移民回望——凼底记忆，寻找家的印迹；二、植“情怀树”——服务“中国天眼”配套建设启动10周年植树活动；三、“家国情怀·大

图5.8　2016年9月25日上午，黔南州与平塘县领导们相聚在FAST落成仪式。左起：刘延学、臧侃、彭勃、龙长春、向红琼、胡安·阿拉蒂亚、石云辉、张智勇

国重器”——“中国天眼”群众搬迁启动10周年纪念活动座谈会。

大窝凼洼地12户搬迁群众代表集中参观了旧址照片，寻找故地并留影纪念。步行上FAST反射面圈梁，参观“中国天眼”，在南垭口集体合影。与贵州省无线电管理局孙建民总工程师现场交流。在FAST望远镜北面的小窝凼洼地回填区暨FAST反射面板拼装车间前，共同栽种了12棵广玉兰。

在FAST综合楼大会议室，莫君锋县长主持，县委书记臧侃讲话，搬迁群众代表发言，我讲解并回顾“中国天眼”建设历程，包括和大窝凼及周边群众共同生活的难忘岁月和片段，然后是与会人员的热烈互动交流。

这次活动的参加人员包括：

大窝凼原12户搬迁群众代表：杨天兵、杨天学、杨天觉、杨朝兰、沈明忠、杨天豪、刘品能、杨昌敖、刘品军、黄章庆、刘品扬、杨昌荣。

克度镇搬迁群众代表:金科村绿水组陶成贵,金科村庙坪组宋运志、黄庭付,金科村拉力组龙世乾,金科村顶灿组韩忠华。

塘边镇搬迁群众代表:新建村大塘组杨正章、杨通禄、王祖群(女),新建村麻翁组夏恩如、夏喜贵。

贵州省无线电管理局代表:孙建民。

中国科学院国家天文台代表:彭勃、(小)朱明。

平塘县:县委书记、县人大常委会主任臧侃,县人民政府县长莫君锋,县委副书记蒋小祥,县委政法委书记陈宇玉,县人民政府常务副县长曹礼鹏,县委宣传部部长杨眉,县委办公室主任、县国安办主任莫卫武,县人民政府副县长、县财政局局长杨平,县政协副主席、县发改局局长杨育斌,县政协副主席、塘边镇党委书记郑传富,县政协副主席、克度镇党委书记田仁飞。

平塘县部门及镇领导:县政府办主任王国敏、县委宣传部副部长韦义红、县文联主席杨进、县公安局局长杜鲁、县林业局局长王劲榆、县天文和科技局局长孙亚平、县移民局局长陆光辉、县扶贫局局长陈子微、县民政局局长黎泽平、县人社局局长庭鸿、县文旅局局长张虎、县交通局局长沈平刚、平塘供电局局长代万龙、平塘县民生实业集团公司董事长倪伟强、克度镇人民政府镇长冉孟刚、塘边镇人民政府镇长杨春芳。

10周年纪念活动执行工作协调领导小组成员有:

组长:郑晓年、臧侃

常务副组长:彭勃、曹礼鹏

副组长:杨眉、莫卫武、朱明、郑传富、田仁飞、王国敏

工作人员:县委办副主任、县国安办专职副主任韦仁武,县政府办副主任周友才、吴卫林,县外宣办主任韦发荣,克度镇党委委员、纪委书记刘志敏,塘边镇党委委员、纪委书记邓明富,县政府办陆林芳、吴秀军,克度镇杨天军、杨云、罗启福,塘边镇黄启富。

2. FAST精神与FAST时代

FAST团队与贵州省在大射电望远镜方面合作有27年了。上至省领导、下至村民，都对大射电望远镜保持持续的热情和耐心。这得益于我们随时进行科普宣传，也得益于我们与省长、州长和县长们深度接触。一句话，得益于高端与公众科普。贵州省领导也在对FAST不断了解的基础上，提炼出了“FAST精神”与“FAST时代”。

（1）副省长探访FAST“总部”

下面列举几位贵州省领导造访北京FAST团队的事，留住那些逝去的记忆。

第一位探访FAST团队的贵州省领导是龚贤永副省长。1995年12月13日，在北京天文台总部中关村实验楼二层会议室，南仁东向龚贤永副省长介绍了北京天文台基本情况，我汇报大射电望远镜LT国内外新进展，包括新组建的LT中国推进委员会，还有联合举办LTWG-3期间收到的外宾反馈与建议，如洼地中可直接铺设相位阵天线、坐北朝南的球冠阵列等发散式创新甚至“狂想”！中国科学院遥感应用研究所副所长田国良、博士后聂跃平，LT课题组吴盛殷副研究员参会(图5.9)。

能来到天文台总部、直接接触诸多天文工作者，龚贤永副省长很兴奋。他转达了贵州省主要领导对天文学家们的问候和敬意，表达了全省倾力支持大射电望远镜事业发展的意愿。

当晚，LT课题组在北大畅春园烤鸭店与龚贤永副省长一行餐叙、畅谈。

LT课题组虽得到北京天文台重点项目支持，但总经费只有2万元人民币。租畅春园贵宾厅接待省长，我很有些心疼。用什么款待贵州贵宾？最后，我选的是二锅头。南仁东当面说我小气，太抠了。我笑答，这是北京真正的“土酒”。龚贤永副省长还真的很开心：喝什么都是感情。后来，龚贤永

图5.9　1995年12月龚贤永副省长访问中关村北京天文台，左起：吴盛殷、聂跃平、田国良、龚贤永、南仁东、幸访明等

副省长转任人大，依旧关注大射电望远镜事业，特别对台址无线电环境保护予以大力支持。

第二位探访FAST团队的副省长是马文俊。2001年春，在清华大学，马文俊副省长出席了20米馈源舱小车索驱动模型验收会，并考察由清华工程力学系任革学博士主持研制的模型。

第二年，马文俊副省长参加全国863科技成果展，还专门到清华大学展区参观，清华大学精密仪器系博士后王启明向马文俊副省长介绍了为FAST研制的二次精调平台。随后，马文俊副省长访问国家天文台总部，会见了台长艾国祥院士以及FAST项目委员会成员聂跃平和我等人(图5.10)。

2005年8月31日，贵州省副省长蒙启良一行4人访问中国科学院国家天文台。在北郊办公楼四层的贵宾室，国家天文台台长艾国祥院士、副台长王宜、大射电望远镜实验室南仁东和我热情接待了蒙启良副省长。

蒙启良副省长说明来意：主要是看望FAST团队，了解项目优化及国家

图5.10　2002年马文俊副省长访问国家天文台总部，左起：艾国祥、彭勃、聂跃平和马文俊

立项情况，并转达了贵州对FAST的永恒支持和热切期盼。艾国祥台长等向蒙副省长介绍了国家大科学工程立项情况、国家天文台对FAST项目的不懈努力，并对贵州人民给予FAST项目的长期理解和支持表示衷心感谢。

王宜副台长邀请蒙启良副省长等贵州领导和朋友，方便时候访问国家天文台的观测基地，对天文望远镜会有更直观认识，蒙启良副省长愉快地接受了邀请。陪同蒙启良副省长来国家天文台访问的有贵州省驻京办事处主任、平塘县委书记左润华等人。

到北京访问国家天文台的贵州省领导还有2003年莫时仁副省长、2014年慕德贵副省长、2015年何力副省长等，均在贵州大厦（省驻京办）与大射电望远镜实验室成员座谈、餐叙。

2009年，在国苑宾馆，中国科学院主办国家十二五大科学工程预审与交流会。我代表大射电望远镜实验室汇报了大科学工程立项经验。当提到FAST经历了贵州省8任主要领导，获得3任省委书记和5任省长的关注和支持时，时任中国科学院秘书长李志刚，当场为FAST团队进行的高端科普、与贵州省领导的密切沟通和真切友谊、对大科学工程执着探索的精神，给予了高度评价，大加赞赏。

至2016年9月FAST落成，我们又经历了栗战书、赵克志、陈敏尔3任省委书记，以及赵克志、陈敏尔、孙志刚3任省长。

毋庸置疑，27年来，贵州省各级领导对我们的理解和支持，是FAST项目成功的重要基础和地方保障。

（2）省委书记提FAST精神

2014年5月，我还在黔南州政府挂职，接到省委办公厅通知，时任省委书记赵克志（现任国务委员、公安部部长）拟到黔南州调研，其间计划考察FAST工程建设，让我准备汇报材料，并询问：省委书记在FAST台址考察多长时间合适？

我建议一个半小时，包括参观30分钟，国家天文台FAST工程进展、黔南州和平塘县相关工作汇报等至少40分钟，座谈交流15分钟，5分钟机动。

随后的2个月，繁忙的赵克志书记来黔南考察的日期变更了多次，在FAST工程现场的预计停留时间也越来越短。

当听说赵克志书记在FAST台址只安排半小时，我直接建议取消行程，因为考察FAST台址安排得太紧张，不会有什么效果。最后，FAST考察时间调整为50分钟。

2014年7月25日上午，贵州省委书记赵克志一行来到500米口径球面射电望远镜（FAST）工程建设现场，考察、指导工作。随行的有贵州省委常委、省委秘书长廖国勋（现任天津市市长），黔南州委书记龙长春、州长向红琼，以及省、州、县有关领导和部门负责人。国家天文台副台长、FAST工程常务副经理郑晓年，总工程师南仁东，总经济师李颀和我等人在场迎接。

赵克志书记一到大窝凼，直接被引导上了FAST望远镜圈梁，察看和询问工程建设情况。在FAST现场指挥部会议室，郑晓年介绍了FAST项目自

2011年开工以来的进展和计划，并播放了FAST工程进展视频，大约半小时。向红琼州长汇报了10分钟。省委办公厅同志两次提醒我，考察活动已超时。结束时，赵克志书记临时要即兴发言，在台址停留时间就完全失控，真的花了一个半小时。

赵克志书记高度评价FAST工程是一项中华民族伟大复兴的工程。他指出：今天的考察让我感到震撼、鼓舞和受教育。FAST工程的建设，对贵州全面建设小康社会有现实意义。贵州的发展要发扬FAST精神，做到追赶、领先和跨越。

他还对FAST台址半径5公里电磁波宁静核心保护范围的生态移民作出指示，要求贵州省各级政府为FAST工程在基础设施建设、道路周边绿化和生活设施建设上提供保障。

据说，事后黔南州政府办公室受到了批评。接待工作安排和把握的确不易，但是不能脱离实际，要讲科学。好在效果不错，赵克志书记对FAST工程考察非常满意，离开大窝凼时，还意犹未尽。

黔南州委书记龙长春让我解读一下赵克志书记提的FAST精神。

FAST落成庆典后一个月，2016年10月27日，由贵州省直机关工委、贵州省科协共同主办的第四次道德讲堂暨“FAST追梦者的长征”科普讲座在省委大会堂举行。我介绍了FAST的来龙去脉，揭秘其三大自主创新产生及二十多年立项与建设之旅。同时，解读了“追赶、领先、跨越”的大射电FAST精神，简而言之就是：无中生有，敢为天下先，脚踏实地，走出梦中路。后来，龙长春进一步称之为“新时期黔南精神”。这次宣讲使贵州省直机关干部职工600余人对FAST追梦历程有了比较全面、清晰的认识。

（3）省长接待大使谈FAST时代

2014年11月26—28日，澳大利亚驻华大使孙芳安（Frances Adamson）

女士访问贵州。她刚从澳大利亚参与接待了习近平主席访澳，回到中国就到了贵州。其实，这是我与孙芳安大使三年前的一个约定——邀请她在FAST建设期访问贵州。

11月27日，孙芳安大使、驻成都领事馆总领事郭南希(Nancy Gordon)女士等人参观、考察了正在建设中的FAST工程。在大窝凼洼地台址，孙芳安大使一行首先听取了我对FAST工程建设进展的介绍，理解了FAST与即将在澳大利亚建设的平方公里阵(SKA)之间的关系，就大科学工程对地方经济、对高科技的带动作用等进行了探讨。

随后，孙芳安大使一行兴致勃勃地登上FAST反射面圈梁(图5.11)，仔细询问FAST相关设计、施工、材料，特别是与澳大利亚的合作。她对澳大利亚能参与多波束接收机这样的核心技术研制感到非常荣幸和自豪。FAST副总工艺师孙才红和我陪同。孙芳安大使一行深度接触、感受了第一大单口径望远镜FAST工程的宏大与魅力。

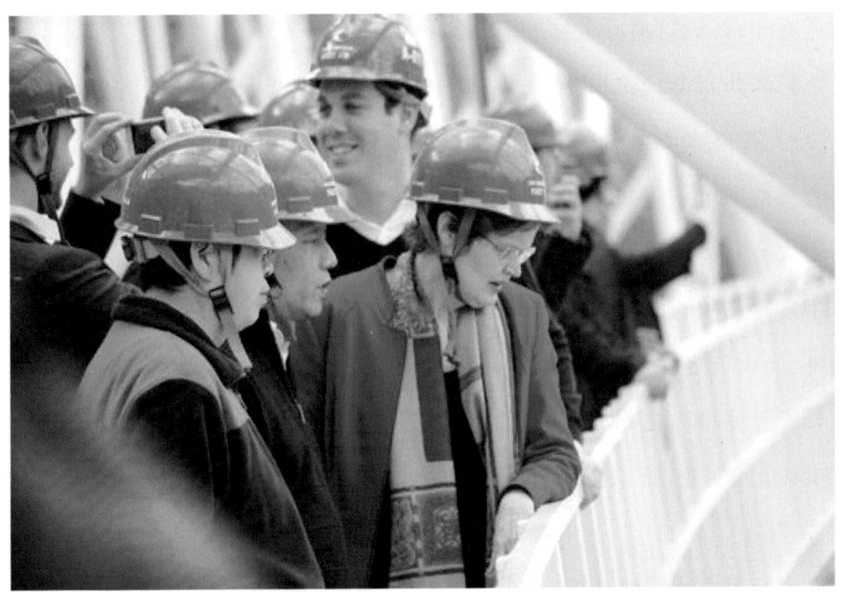

图5.11　澳大利亚驻华大使孙芳安一行考察FAST工程建设现场，孙才红(左一)、彭勃(左二)等陪同

从FAST望远镜台址出来,孙芳安大使一行顺访了黔南州惠水县的好花红乡,领略布依族风情,了解贵州新农村建设情况,特别是观看了村民们的广场民族歌舞,还体验了村落间的打年糕活动。他们受到了黔南州委书记龙长春、州长向红琼等黔南州和惠水县领导的热情接待。在农家乐餐厅,孙芳安大使一行用中文,与黔南州、惠水县的领导们畅叙未来可能的地方发展交流合作。

28日上午10点,在贵州省人民政府迎宾馆,省长陈敏尔(现任中共中央政治局委员、重庆市委书记)会见并宴请孙芳安大使一行。双方就落实习主席在澳大利亚倡导的省州合作进行了卓有成效的沟通。

陈敏尔省长要求在场的贵州省有关部门,包括科技、商务、工信、保税区等厅委办负责人,一定要主动对接国家天文台,共同策划、促进FAST项目贵州省配套规划的落实。要以FAST建设和运行为契机,加强贵州省在科技、教育、文化等领域的合作交流,发展高端科普、文化和特色旅游。他特别勉励大家,准备共同迎接“FAST时代”的到来。

午餐席间,陈敏尔还要求省科技厅厅长陈坚(后任贵州省政协副主席),与我共同拟定宣传和科技合作计划,以回答世纪之问:“FAST时代”要来了,贵州准备好了吗?

后来的事实证明,FAST的建设给贵州带来了良好的发展机遇,大大加快了贵州的社会进步和国际化进程,贵州确实迈入了“FAST时代”。

3. 科教融合谱新篇

FAST在贵州的落地,带来了众多天文学者造访贵州。大射电人不仅致力于FAST建设,也为贵州带来了科学研究与教育事业的大发展,尤其是大力推动了贵州的天文学科建设。

(1) 贵州高校天文学科的诞生

贵州高校天文学科的诞生，源于大射电望远镜团队的主动作为、积极推动，更得益于中国科学院国家天文台与贵州省发改委的共同扶植。

借助国家重大科技基础设施项目500米口径球面射电望远镜FAST落户贵州的契机，国家天文台启动了天文学科在贵州的联合建设。

2008年4月27日，中国科学院国家天文台台长严俊与贵州大学校长陈叔平签订框架性合作协议。5月28日、7月4日，国家天文台与贵州大学先后签署了共建“国家天文台·贵州大学天文联合研究中心”协议和中国科学院国家天文台贵州大学关于联合培养研究生协议。fast，非常快!

12月26日，中国科学院詹文龙副院长与贵州省人民政府蒙启良副省长出席了国家天文台与贵州大学共同建设天文联合研究中心的授牌仪式（图5.12）。

自此，国家天文台和贵州大学开始了长期、全面、稳定的合作。

2009年4月，国家天文台、贵州省发改委和贵州大学投入联合专项经

图5.12　2008年，詹文龙副院长、蒙启良副省长、严俊台长和陈叔平校长参加国家天文台–贵州大学天文联合研究中心授牌仪式

费，在贵州大学理学院设立天文联合研究中心，进行FAST贵州现场办公室的建设。联合研究中心致力于在贵州大学建立和发展天文学科，特别是发展与FAST相关的射电天文技术和方法，为FAST运行、维护、升级和改造培养后备人才，同时带动贵州大学在射电天文、机电、结构、通信、控制等交叉学科大发展。

天文联合研究中心主任由国家天文台严俊台长兼任，常务副主任由国家天文台周爱英研究员担任，副主任有贵州大学胡林教授、唐延林教授，云南天文台黄润乾院士任学术委员会主任，国家天文台南仁东研究员、贵州大学胡林教授为学术委员会副主任。

2009年4月28—29日，为配合国际天文年活动，国家天文台周爱英邀请中科院院士陆埮教授等专家，在贵州大学举办了一个小型的天体物理专家报告会。为贵州大学师生作了一场非常精彩的科普报告“认识我们的宇宙——天文学正在引发一场新的科学革命”，受到贵州大学广大师生的欢迎。

8月23—29日，由国家天文台·贵州大学天文联合研究中心组织的“2009射电天文暑期学校”在新启用的贵州大学FAST现场指挥部成功举办。聘请了北京师范大学天文系姜碧沩教授、北京大学天文系吴鑫基教授及国家天文台张洪波研究员授课。参考教材为姜碧沩教授翻译的《射电天文工具》，授课内容覆盖了射电辐射机制、分子谱线、天线和接收机系统与原理。全国各地到场学员49人。

王绶琯院士委托北京大学吴鑫基教授带来口信“祝贺2009年射电天文暑期学校开学”，“非常支持这种形式的学习班、研讨班，帮助年轻人尽快成长起来”，“祝贺国家天文台和贵州大学联合天文研究中心的成立，相信一定会办得很好”。王绶琯先生还用毛笔手书了“射电天文暑期学校”几个字。

贵州大学与国家天文台的合作卓有成效，引进了张志彬、张立云、吴忠祖等天文学博士，使贵州天文学科建设实现了零的突破，先后获得10个以上国家自然科学基金委项目支持,教师人均项目获得率100%,成为贵州大学名列前茅的学科。

贵州大学还与美国阿雷西博天文台、康奈尔大学、瑞士日内瓦大学(天文台)、韩国天文与空间科学研究院、中国科学院上海天文台、云南天文台、新疆天文台、南京大学、北京大学和河北师范大学等建立了良好合作,举办系列科普报告、讲座和天文宣传活动。

FAST人在贵阳的"家"

贵州大学为国家天文台提供办公与生活场地,将花溪校区一处四合院作为FAST工程现场指挥部(图5.13),直至2018年底。这里有FAST工程各系统办公室、车队和宿舍,留宿了难以计数的FAST工程团队成员,以及建设合作单位、国内天文台、相关高校、国际访客和相关部门领导,成为名副其实的FAST贵州中转站、FAST人在贵阳的"家"。

记得我曾经坐在门厅的沙发上,茶几上摆放着一款FAST小模型样品,

图5.13　贵州大学花溪校区内的FAST工程现场指挥部(即FAST公寓)

与FAST工程现场办公室副主任李奇生探讨进一步完善的方案，包括让它具备特征运动的演示功能，逐步成就了今天广泛使用的大(展览)小(纪念品)FAST模型。作为国家天文台对接贵州师范大学合作的具体负责人，李奇生不仅长期驻扎贵州，还主导设计了FAST模型(获国家实用新型专利)，用于国内外多次重大活动布展、科普宣传。后来，FAST模型还成为了天文小镇的特色纪念品。

2014年9月，国家天文台与贵州师范大学共建天文研究与教育联合中心揭牌仪式在贵州师范大学宝山校区举行。贵州师范大学校长伍鹏程与国家天文台台长、FAST工程经理严俊签署中心合作共建协议，并与贵州省政协副主席、贵州师范大学副校长谢晓尧，贵州省发改委副主任张晓萍，国家天文台副台长、FAST工程常务副经理郑晓年一起，为“中国科学院国家天文台·贵州师范大学天文研究与教育中心”揭牌。FAST工程总工程师兼首席科学家南仁东、国家科技部973项目“FAST早期科学研究”首席科学家李菂、FAST工程办公室主任张蜀新、FAST工程办公室副主任周爱英、FAST工程现场办副主任李奇生等出席。

国家天文台与贵州师范大学共同确立该中心的任务是，基于FAST工程的观测天体物理研究方向，培养利用FAST数据从事天体物理前沿课题研究的人才。该中心的成立，得到贵州省发改委和国家天文台专项经费支持。

国家天文台与贵州师范大学还进一步发展共建了FAST早期科学数据中心。在此数据中心，处理和发现了FAST第一批脉冲星。

2015年6月28日，在黔南州首府都匀市，中国科学院国家天文台与黔南民族师范学院签订了中国科学院国家天文台·黔南民族师范学院合作框架协议和共建天文应用与科普基地协议(图5.14)。黔南民族师范学院党委

图5.14　2015年6月28日，国家天文台台长严俊和黔南民族师范学院院长石云辉签署战略合作框架协议和共建天文应用与科普基地协议

书记石培新，院长石云辉，副院长吴一文、黄胜，国家天文台台长、FAST工程经理严俊，国家天文台武向平院士，FAST工程副经理、办公室主任张蜀新等出席。

黔南民族师范学院是2000年经教育部批准成立的一所本科层次院校，也是贵州省第一所升本的地方高校，其办学历史可追溯到1952年。FAST的建设，在黔南民族师范学院建设天文科普教育基地，为黔南州天文教育和科学普及提供了发展机遇。

国家天文台与黔南民族师范学院对天文专业培养方案，包括课时、学分、实践实训、毕业论文等方面内容展开讨论。

2016年，依托国家天文台和FAST作为学生实习基地，黔南民族师范学院成为贵州省第一所招收天文本科生的高校。

2018年，经过FAST团队、北京天文馆与平塘县长期酝酿、策划和共同打造，平塘县80所中小学开办了天文科普教育课程，开全国县级中小学天文教育先河。

2018年5月27日,贵州省射电天文数据处理重点实验室首届学术委员会会议在贵州师范大学召开。该实验室现拥有天文学背景博士10人,在校天文本科生60人,并有“天体物理与天文大数据处理”硕士点。

2019年12月20日,贵州师范大学天文系正式组建。贵州师范大学校长肖远平致辞,副校长赵守盈主持会议。清华大学李惕碚院士,北京大学高原宁院士,国家天文台法人代表赵刚书记,中国科学院大学天文与空间科学学院副院长、国家天文台副台长刘继峰,以及中国科学院紫金山天文台、北京大学、北京师范大学、厦门大学、贵州大学和黔南民族师范学院的相关领导出席和共庆。

贵州省天文教育从无到有,虽然还很弱小,但正在蓬勃发展。目前,全国拥有天文本科教育的高校共有16所,包括北京四所:北京师范大学天文学系、北京大学天文学系、清华大学天文系和中国科学院大学天文与空间科学学院;广州两所:中山大学物理与天文学院、广州大学天文学系;贵州省两所:黔南民族师范学院物理与电子科学系、贵州师范大学天文系;其他还有:南京大学天文与空间科学学院、中国科技大学天文与应用物理系、厦门大学天文学系、云南大学天文学系、西华师范大学天文系、上海交通大学天文学系、河北师范大学空间科学与天文系、华中科技大学天文学系。可以看到,贵州已位居拥有天文本科的省份前三甲。

(2) 5分钟奠定黔南州天文局

2013年3月,龙长春接替调任省水利厅厅长的黄家培,担任黔南布依族苗族自治州委书记。我在黔南州首府都匀市与黄家培书记话别后,第二天就回京了,没赶上迎接新书记龙长春。再回都匀时,我预约拜会龙长春书记5分钟。

龙长春不仅理解大射电FAST项目的科学与社会影响力，还特别关心FAST助推地方发展的可能性。

我举了个大射电望远镜的例子，来说明FAST会有机遇的。美国阿雷西博305米望远镜那时刚好50岁，它庆祝大寿时，与会者们热议的一个主题是阿雷西博望远镜未来10—20年的愿景。阿雷西博305米望远镜不仅在科学上有重大发现，发现了脉冲双星及给出引力波射电观测证据（这个成果获得了诺贝尔物理学奖），发现了第一颗系外行星，而且在社会上也引发了公众的浓厚兴趣，实现了以科普提升属地居民素质。

贵州500米大射电望远镜的探测能力超越阿雷西博望远镜。在黔南，我考虑可利用天坑安装世界第一摆"傅科摆"，以及天文拍摄星轨等形成地球自转验证"演示"系统等，未来可期。

为了大射电FAST望远镜未来30年，甚至更长时间的辉煌，我建议，在黔南州和平塘县组建天文局，专门协调天文观测环境保护和地方发展。

那年，正值国家精简机构和人员，我的建议明显是逆行，显然给新书记出了难题，他却明确表示支持。

我的直接上司黔南州州长向红琼是位农学博士。她曾对我直言：对大射电FAST电磁波宁静区的保护，限制了当地经济发展。请你来黔南州，就是要做好电磁环境保护区及其周边如何发展的文章。

把表面上的"限制"转变为实际"助力"，的确是个大挑战！需要一个专门部门来协调天文保护与地方发展之间的关系。这个机构业务明确，规模小但有特色。向红琼州长对我提议组建天文局也产生了兴趣。

州委州政府主要领导的态度，为黔南州天文局的组建奠定了基础。

11月，为统筹FAST工程与地方发展互利共赢、为FAST未来科学运行提供安全环境保障，作为科技管理与人才培养实验基地，黔南州机构编制委员会批准成立黔南州天文局，作为州政府办直属管理的正县级事业单位。

2014年9月，黔南州天文局正式挂牌。平塘县常务副县长张智勇成为首任天文局局长。主要成员有：张智勇、罗登军、徐文斌、罗莉琪、安雪、张宇、郭平、覃春悦、徐超文、赵瑞娟、丁诗源、覃乐、邓无恙。

黔南州天文局的设立，开国内外天文研究和地方发展之合作先河。翌年，平塘县也成立了天文局，与科技局合署办公。形成了州县一体化共图地方发展、强大射电望远镜运行环境的保护体系。

无论人事如何变迁，天文保护和地方发展均在地方政府和国家天文台统筹下协调发展，在黔南大地营造了极具科学魅力的、清新的“天文”氛围。

(3) 博士州长“图谋”中国科协FAST论坛

2013年5月25—27日，中国科学技术协会与贵州省人民政府共同举办了以“创新驱动与转型发展”为主题的中国科协第十五届年会。贵州省每个市州各承办一个专题论坛。黔南州是年会全省唯一承办两大论坛的市州，包括“500米口径球面射电望远镜(FAST)与地方发展”和“民族医药产业发展”论坛。

为什么黔南州可以办两个论坛？那是向红琼州长、省发改委副主任张晓萍临时动议“同谋”的。

2012年12月的一个中午，我正在去食堂的路上，接到向红琼州长电话，让我等她一起共进午餐，有重要任务交办。

差不多1点钟，食堂也快关门了，向州长从省政府风尘仆仆地赶回都匀，我们在州政府食堂边吃边聊。她兴奋地说，贵州省争取到了明年中国科协年会承办权。这是贵州历史上第一次，在全国只有近半省(市)承办过。贵州9个市(州)都有一个专题论坛。黔南州的是民族医药产业论坛。在省政府筹备会上，她和省发改委张晓萍副主任几乎同时提出，应该举办一个大射电望远镜相关论坛。由于FAST的国际地位和影响力，大家包括省领导都支持,增加了一个论坛,由黔南州人民政府承办。

向红琼州长说,争取到论坛承办后,突然感到了压力。因为FAST论坛必须办成全省论坛最突出的。她希望我准备个方案,并要求我全力以赴地办好在黔南州的科协年会论坛。她会鼎力支持我的工作。

我表示,半年内举办个国际性论坛,除了时间紧些,其他问题不大！当时我建议的论坛名称是:FAST与地方发展。向州长非常满意。

我与刚到任不久的州长助理郑红军博士合作,分别负责FAST论坛和民族医药论坛。中国科协年会黔南州活动筹备办公室设在黔南州科协。

黔南州科协主席赵天恒、副主席袁明一直与我保持联系和邮件电话沟通。在黔南州医药卫生局时任局长赵智和黔南州科技局时任局长逄焕东、副局长李室权等州直部门和相关县支持下,我和郑红军作为挂职科技干部,在欠发达地区付出了超常的心血和努力,包括两次不眠之夜,使黔南州中国科协年会及系列相关活动在省里表现非凡。FAST现场办公室副主任李奇生、冯利曾到都匀市,在黔南州政府会议室及我的办公室共同谋划,与黔南州论坛主办方一起工作。

2013年举办的"500米口径球面射电望远镜与地方发展"论坛主题是:围绕中国科学院和贵州省人民政府正在黔南州平塘县建设的、世界最大单口径射电望远镜"500米口径球面射电望远镜(FAST)"与地方协调发展进行研讨,开展系列活动,优化(2011年贵州省发改委编制的)FAST项目贵州省配套规划,促进科技、教育和文化领域的国内外交流,发展高端科普旅游,促进黔南布依族苗族自治州和贵州省分别与美国阿雷西博市和波多黎各自由邦建立姊妹城市。

2013年5月24日,FAST与地方发展论坛在黔南州都匀成功举办(图5.15)。主要活动在黔南民族师范学院新改建的学术报告厅召开,有主旨演讲、专家建言献策、签约和座谈四大部分,分别由我(时任黔南州副州长)、荷

图5.15　在2013年5月第十五届中国科协年会“500米口径球面射电望远镜与地方发展”论坛上，吴俊副州长与外籍人才签约留念

兰射电天文台理查德·斯特罗姆和贵州省发改委副主任张晓萍主持。

全国政协常委、国家天文台台长严俊，贵州省政协副主席李汉宇，黔南州委书记龙长春出席论坛并分别讲话。黔南州州长向红琼、州人大常委会主任罗毅，以及黔南州委、州人大、州政府、州政协等四家班子领导出席会议。6位院士、7位外宾、46位国内相关行业与领域的专家，州直部门负责人，黔南州12个县市（区）科技领导（包括平塘县主要领导严肃书记、臧侃县长）及发改委、科技局、教育局、旅游局等委局的负责人参加论坛。全体参会人员以及天文爱好者约200人。

国家天文台副台长郑晓年、贵州省发改委副主任张晓萍、美国阿雷西博天文台副台长胡安·阿拉蒂亚、华北电力大学胡光宇、澳大利亚科技部司长布莱恩·波伊尔（Brian Boyle）、荷兰射电天文台理查德·斯特罗姆等分别作了题为“FAST工程进展情况报告”“FAST项目贵州地方配套规划”“大型天文设备管理中的大学（政府）与工商业的合作”“天文事业促进地方绿色协调发展”“澳大利亚新射电天文学”“荷兰射电天文与地方关系”的主旨演讲。

黔南州人民政府特别聘请了中国科学院院士陆埮、王立鼎、武向平，中国工程院院士段宝岩为“黔南州经济社会发展顾问”，黔南民族师范学院聘请陆埮院士、武向平院士、楼宇庆教授和我为客座教授，并颁发了聘书。

论坛期间，与会专家围绕主题建言献策，并和黔南州四家班子及州县相关部门负责人进行了互动交流，收到专家建言献策书面材料21份。

与会嘉宾的诚恳观点和真知灼见，为FAST项目贵州省配套规划的优化和落实，提供了强有力的支撑和指导。具体可以参见我主编的《500米口径球面射电望远镜与地方发展论坛文集》(图5.16)。

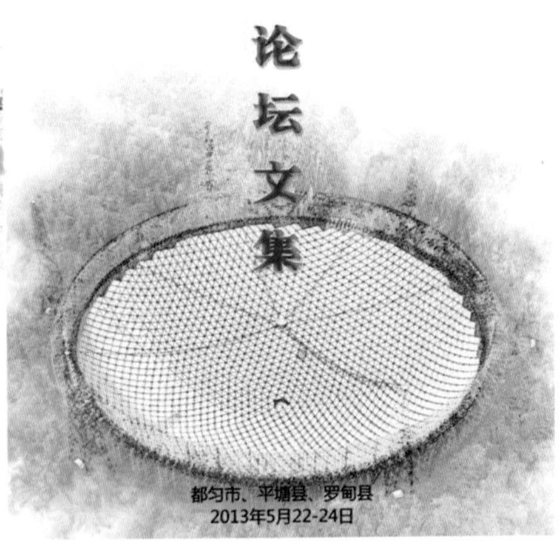

500米口径球面射电望远镜与地方发展
FAST-Qiannan Regional Development Forum

论坛文集

论坛网站：http://159.226.88.7/FAST/forum2013/
E-mail: go2FAST@126.com
联系人：周爱英 1369-158-3605(北京)
冯　利 1359-5121-780(贵阳)
王　潇18685313966（黔南）

都匀市、平塘县、罗甸县
2013年5月22-24日

图 5.16 《500米口径球面射电望远镜与地方发展论坛文集》

与会专家还赴黔南州平塘县FAST台址、罗甸县进行相关考察。陆埮院士和武向平院士分别在罗甸县、黔南民族师范学院举办了两场名为“探索宇宙的奥秘”和“谁在主宰我们的宇宙”的专题讲座，给贫困县送上了难得的特色精神大餐。

2011年诺贝尔物理学奖获得者团队代表、澳大利亚SKA台长布莱恩·波伊尔教授，在都匀二中参加了“科学大师面对面论坛”并作报告“宇宙加速膨胀的发现”，FAST科学部主任(大)朱明研究员陪同和协助翻译(图5.17)。

图5.17 澳大利亚SKA台长布莱恩·波伊尔教授在都匀二中作报告

作为本次论坛活动的前奏，我联系了北京天文馆朱进馆长、景海荣副馆长，邀请他们派科普大篷车来黔助阵。北京天文馆的两台科普大篷车“流动天文馆”行程达3万里，在黔南布依族苗族自治州奔波大约20天，给福泉、都匀、平塘、罗甸和惠水5个县市的30余所中小学及单位约2.5万人，带来了关于星空、陨石、太阳系、银河系及FAST的丰富知识(图5.18)。

在贵州，也许在中国，这都是一次史无前例的大型天文科普巡展，给黔南中小学生、普通民众特别是少数民族同胞留下了深刻印象，对普及科学知识、激发学生兴趣具有深远意义。这无疑是一次天文普及的盛会。

FAST与地方发展论坛的成功举办，为黔南大地注入了强劲科技能量。黔南州计划搭建FAST望远镜保护与黔南资源开发国际化合作与交流平台，打造国家级产学研协作基地——天文地质公园和文化产业园。形成政府规

图5.18　2013年4月18日，北京天文馆的科普大篷车"流动天文馆"在黔南州首府都匀市

划、市场营运的社会发展模式。

为培养FAST运行本地队伍、黔南高科技人才和州县镇等相关部门管理人才，黔南州每年拟选送10人到国内外大学和研究所深造，如清华大学、美国安娜门德斯大学（AGMUS）、英国曼彻斯特大学、澳大利亚西澳大学（UWA）、美国阿雷西博天文台等，并且积极与国内外高校联合办学，培养地方发展的国际型人才。

两位贵州美女领导——博士州长向红琼、省发改委正厅长级副主任张晓萍的提议，终于修成正果。

我作为"挂职副州长"的这项任务，权作工作业绩，被黔南同事们戏称为破纪录：以前从来没有过的熬夜带领部下工作、午餐与团队连续吃盒饭的科学家州长。

(4) 黔南院士工作站

作为FAST与地方发展论坛成果的延伸和落实，2013年7月25日上午，黔南民族师范学院院士工作站成立暨揭牌仪式在黔南师院第七教学楼多功能学术报告厅举行。活动由黔南州副州长吴俊主持。黔南州州长向红琼、中国科学院武向平院士、贵州省科技厅副厅长苏庆、省教育厅副厅级督学潘建春、黔南民族师范学院党委书记梁光华、院长石培新,黔南州科技局、黔南州科协、黔南州教育局、黔南医专、黔南州医院、黔南州中医院等单位领导出席仪式。

黔南师院党委书记梁光华回顾了13年办学历程。表示将努力把黔南院士工作站建成一个具有开放性的高水平、多学科交叉应用平台。期待在天体物理、光电信息与功能材料等基础研究和应用研究方面,产出一批显示度成果;同时,期待在产学研用上,也能产生经济和社会效益。黔南院士工作站的建立,将进一步激发黔南师院教师创新热情,进一步增强师院服务地方经济社会发展的能力。

武向平院士表示,将利用政府搭建的院士工作站平台,帮助黔南民族师范学院开展学科建设,汇聚和培养学科人才,开展学术交流,营造良好学术氛围。并愿意结合自己的研究方向,协助黔南师院开展科学研究、科技攻关,增强自主创新能力培养,促进黔南民族师范学院的发展。

黔南州向红琼州长指出,黔南院士工作站的成立,为黔南州经济发展和社会进步提供了高端智力和技术支撑,将进一步搭建黔南州人才交流与培养、科技合作与成果转化的高层次平台,是黔南州科技与人才工作的理念创新和实践创新,标志着黔南州在贯彻落实人才发展战略、推进产学研合作、引进聚集高层次人才方面探索了新路子。

梁光华代表黔南师范学院与武向平签署了入驻院士工作站协议。贵州省教育厅、科技厅、黔南州政府领导与武向平院士共同为黔南民族师范学院院士工作站揭牌(图5.19)。

黔南院士工作站的建立,成为黔南民族师范学院发展过程中具有标志

图5.19 2013年7月25日，潘建春、向红琼、武向平和苏庆等在黔南民族师范学院共同为院士工作站揭牌

性影响的成果。这是贵州省第一个市（州）级院士工作站，2014年获得贵州省科技厅年度专项支持。（以上内容摘编自黔南民族师范学院网站相关报道）

（5）周日科研论坛

作为FAST与地方发展论坛的又一项成果，我们学习美属波多黎各自由邦安娜门德斯大学周六科研讲坛（Saturday Research Academy）的成功经验，结合中国实际，创办了周日科研讲坛（Sunday Research Academy）。2013年9月，黔南民族师范学院与美国安娜门德斯大学联合举办周日科研讲坛系列活动，由黔南师院朱慧敏副教授主持。安娜门德斯大学、东方大学和荷兰阿姆斯特丹大学学者出席开班式（图5.20）并授课。

根据各批次学生情况，朱慧敏具体联系波多黎各胡安·阿拉蒂亚博士，

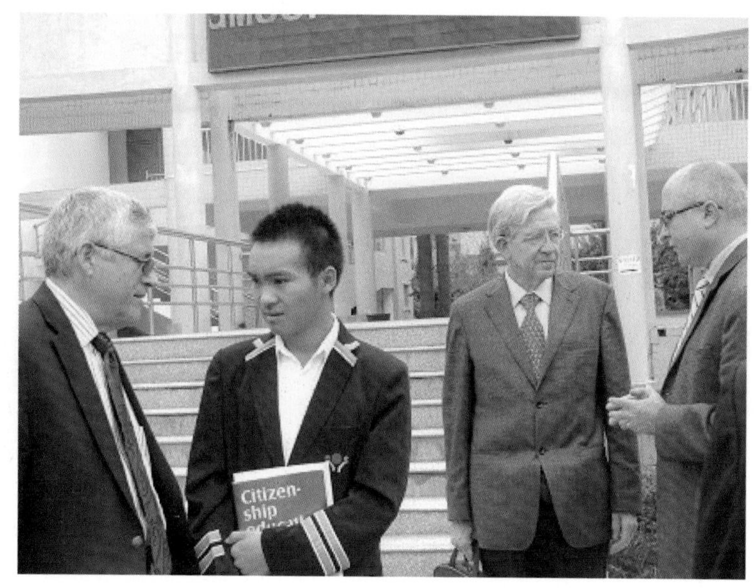

图5.20　2013年9月，黔南民族师范学院“周日科研讲坛”课下交流

安排学生选题和指导老师。由于资源限制，特别是财力和人力情况（占周末休息时间、需要志愿者），平时采取网络辅导和个人自学方式，每期都有开班仪式和毕业成果展示。

2013年12月29日，黔南民族师范学院—安娜门德斯大学“周日科研班”第一期毕业展示活动在黔南师院西三楼会议室举办（图5.21）。黔南民族师范学院副院长韦煜、石云辉出席。黔南师院科研处副处长杨再波及科研讲坛30名学员参加。黔南师院教师朱慧敏、孟胜昆作为翻译，黔南师院办公室副主任林小峰主持。

韦煜指出，周日科研讲坛为黔南州培养未来科学家、提高同学们的科研能力提供了一个良好平台。为同学们在科学技术、数学和工程等职业发展道路上打下了坚实基础。

理查德·斯特罗姆作主题发言，启发式地介绍了射电望远镜，特别是FAST建设及其对天文研究的重大作用。

图5.21　2013年12月，“周日科研讲坛”第一期毕业展示会

9位周日科研讲坛学员分别作学习汇报。来自贵州大学、国家天文台和荷兰的专家评委从学员研究课题、英语表达、课件制作等方面进行点评。平塘县高中学生石玉珏的《下一个太阳运行周期》获得第一名，黔南师院管科系学生朱玉英的《入侵物种的模型分布》获得第二名，黔南师院化学系学生崔文鹏的《定量关系研究高分子溶剂的折射率》获得第三名。

荷兰射电天文台理查德·斯特罗姆、FAST工程现场办公室副主任李奇生、贵州大学张立云和我对为期16周的科研班活动进行评述和总结，并为表现突出的学员颁奖。

胡安·阿拉蒂亚通过视频对在本讲坛中付出艰辛汗水的学员们取得的成绩感到高兴并表示衷心祝贺。

我表示，参加周日科研讲坛，可以扩大各位的视野，是机遇也是挑战。在实施中会遇到些困难。只要敢于面对、勇于解决，就会有收获。我同时指出，黔南师院在网络环境等方面需要做出改善，为学员们营造更加好的交流环境。

从第一期“周日科研讲坛”起，我们还遴选2—3名黔南州中学及大学优秀学员到欧美高校进行短期学习，开启了黔南州“放眼未来”和“体验国外”的新渠道。

4."平塘星""黔南星"双星闪耀

FAST落户贵州,得到了当地干部群众的极大帮助。2013年和2016年,国家天文台先后将两颗小行星命名为"平塘星"和"黔南星",这既是天文人对贵州百姓的感谢,也给当地增添了浓厚的天文色彩。

(1) 天上有了颗"平塘星"

2013年5月23日,小行星命名仪式在黔南州平塘县隆重举行。编号为92209的小行星被正式命名为"平塘星"。平塘,这颗镶嵌在云贵高原上的璀璨明珠,从此与"平塘星"呼应天地。

美属波多黎各工业和专业化部部长卡洛斯·帕塞尔(Carlos Purcell),波多黎各大学科学技术学院院长维尔弗雷多·瓜斯普(Wilfredo Colon Guasp),美国INTECO总裁弗朗西斯科·加西亚(Francisco Garcia),美国图拉波大学校长罗伯托·洛兰(Roberto Loran),澳大利亚科技部SKA台长布莱恩·波伊尔,荷兰射电天文台教授理查德·斯特罗姆,阿雷西博天文台副台长胡安·阿拉蒂亚,中国工程院院士段宝岩,中国科学院院士陆埮、王立鼎等专家,黔南州州长向红琼、黔南州人大主任罗毅、黔南州常务副州长罗桂荣、黔南州政协副主席刘长江,平塘县委书记严肃、平塘县县长臧侃、平塘县人大主任孟玉凤、平塘县政协主席张永锋等领导出席了"平塘星"命名仪式。命名仪式由我主持。

国家天文台台长严俊宣读"平塘星"国际命名公报。国家天文台首席研究员周旭介绍"平塘星"发现经过及其运行轨道。国家天文台副台长郑晓年向平塘县县长臧侃颁授了"平塘星"轨道图。

1999年12月26日傍晚,河北省兴隆县国家天文台观测基地的小行星搜寻计划观测结束后,在数据处理结果中发现了一个移动稍快的天体,这是一颗新的小行星。确定它的运行轨道根数之后，2010年7月26日，国际天文学联合会小天体命名委员会把小行星YS17永久正式编号为92209。鉴于500米口径球面射电望远镜（FAST）正在黔南州平塘县建设以及FAST的国内外知名度和影响力，根据中国科学院数学物理学部建议，国家天文台决定将这颗小行星命名为“平塘星”。经国际天文学联合会小天体命名委员会批准，由国际天文学联合会小行星通报第71351号通知国际社会，正式命名“平塘星”。

黔南州州长向红琼在讲话中说：以县级城市命名小行星，在贵州88个县市中是第一个。即便在全国县级区域也屈指可数，这对提升黔南和平塘知名度意义重大。“平塘星”的命名，体现了国家天文台对黔南经济社会和科学文化发展的关心。黔南将以此次命名为契机，加大天文科技知识普及力度，不断提升全民科技素质，使更多的科学理念、科学技术、科学方法、科学精神在黔南落地生根、开花结果，让科技成为黔南科学发展、后发赶超、同步小康的强大动力。

平塘县委书记严肃代表全县32万各族人民向莅临平塘出席“平塘星”命名仪式的领导、专家和来宾表示欢迎和感谢。他说，今天的命名仪式是载入平塘史册、千年等一回的大喜事。5年多前，世界最大单口径射电望远镜落户平塘，对提升平塘知名度、提振平塘干部士气、推动平塘发展产生了不可估量的正能量。平塘干部一定以百倍努力，更扎实地工作，把平塘建设得更美丽富饶，让平塘县和“平塘星”在天地间交相辉映，照亮平塘人民的“中国梦”。（以上内容摘编自平塘县网站相关报道）

最后，出席命名仪式的专家、领导一同为“平塘星”雕塑揭幕并合影（图5.22）。“平塘星”三个字，由中国射电天文奠基人王绶琯院士亲笔书写。因为先生眼疾，只能盲写了，尤为珍贵！

图5.22　2013年5月23日，编号为92209的小行星被正式命名为“平塘星”

（2）天上再添“黔南星”

2016年，是黔南布依族苗族自治州建州60年，也是FAST工程建设竣工之年。黔南州委书记龙长春在北京做60年州庆活动宣传时，与国家天文台严俊台长商议，希望能申请一颗“黔南星”，严俊台长当场表示支持。

经国际天文学联合会小天体命名委员会批准，中国科学院国家天文台将其施密特望远镜发现的、国际永久编号为24956的小行星命名为“黔南星”。

这颗被命名为“黔南星”的小行星，是中国科学院国家天文台施密特望远镜团组在1997年9月26日观测发现的，其轨道部分参数分别为：长半径3.129 183天文单位；近日点角距316.769 17°；绕日运行周期5.54年；星等13.6等。

2016年8月8日，在黔南州首府都匀市，国家天文台台长、FAST工程经理严俊将国际小行星命名证书、公报和“黔南星”轨道运行图颁发给黔南州州长向红琼。

黔南州委书记龙长春感言：FAST项目使得黔南的天空双星闪耀。2013

年在平塘县有了“平塘星”,2016年在都匀市新添了“黔南星”。

贵州省政协副主席蒙启良、吴嘉浦,黔南州人大主任罗毅、州委副书记吴胜华(后任州长、现任贵州省副省长)、纪委书记魏明禄(现任州政协主席),以及州四家班子领导罗燕军、郭青、胡晓剑、付晓刚、王国太、瓦标龙和周志龙等出席。活动仪式由我主持。中国科学院国家天文台副台长郑晓年,施密特望远镜团组首席科学家周旭,国家天文台科技处处长赵冰,FAST总工艺师王启明、副总工艺师孙才红,清华大学楼宇庆教授等参加了“黔南星”命名与雕像揭幕活动(图5.23)。

图5.23 2016年8月在都匀市,严俊、蒙启良、吴嘉浦、龙长春等为“黔南星”揭幕

“黔南星”遨游星空之日,便是黔南州与日月同辉之时。

5. 天文经济开先河

FAST的到来,为贵州经济发展注入了新的活力,基础设施建设趋于完善,天文旅游产业逐渐兴起,助力贵州脱贫攻坚。

(1) FAST贵州配套规划

2011年初,依托"十一五"国家重大科技基础设施FAST工程,贵州省发改委启动了地方政府配套项目的规划,在为FAST提供服务保障的同时,希望也能带动地方经济发展和社会进步。

贵州省发改委委托中国国际咨询工程公司,从贵阳到黔南,重点围绕FAST望远镜附近的平塘和罗甸两县的4个乡镇,建设访客中心、天文馆、会议酒店等支撑设施,拟形成30万人口规模的现代化科技新城。

我参加了中咨公司设计团队的两次贵州行。

第一次是包括中咨公司领导和设计大师的大部队,乘坐从贵阳去平塘县再到台址的考斯特车,当时需要5个多小时。

一路上,我向设计师们介绍FAST望远镜情况及射电天文知识。强调无线电宁静区是射电望远镜的生存环境。世界最大单口径射电望远镜台址选定后,其环境如果被人造"电波"污染,将难以产出重大科学成果,甚至可能成为一个壮观的"摆设"。我还回答了专家们提出的各种问题。

经过一番交流,规划团队成员们改变了原先的主观想法——这个未来的现代化城市,首先必须是无线电宁静的,这也是该城镇的特色。

设计团队领队马超英副主任笑道:我算弄明白了。彭博士一路同行的真实目的,其实是引导咱的规划思路,为他的望远镜争取更多生存空间。他们打造半径5公里无线电"静默"高端科普旅游区,创意很特别!我看,城镇规模可先按照他建议的:近期5万人,远期十来万人。

我高呼:理解万岁!

该基本思路得到了贵州省发改委张晓萍副主任以及高新处方廷伟处长、沙爽的支持,也得到时任黔南州发改委主任刘长江(选址初期曾任平塘县县长)、副主任韩尚平,贵州大学陈叔平校长、贵州大学理学院杨刚书记等人的理解和配合。

2016年底，上百公里的惠—罗高速公路提速开通，成为连接贵州省黔南州惠水县、罗甸县的交通大通道。在高速路的边阳出口外，打通了罗甸县边阳镇、平塘县塘边镇和克度镇（天文小镇）约40公里快速通道，即大射电旅游大道（图5.24）。平塘县克度镇15年前无一家旅馆餐馆，目前已拥有近百家宾馆饭店，仅天文小镇核心区就有两家四星级酒店，每年举办数十场大型国内外会议。

图5.24 贵州省黔南州罗甸县边阳高速收费站至平塘县塘边镇、通州镇的旅游大道

大射电望远镜还特别助力了政府实施的脱贫攻坚事业。平塘县1400余户家庭搬离FAST电磁环境保护核心区，受益于移民搬迁政策措施，6600多人走出简陋破旧的平房木草屋，搬进了楼房砖屋，迁入教育、医疗和生活更便利的新环境（图5.25）。

图5.25 FAST电磁波宁静区移民搬迁前（左图）后（右图，平塘县克度镇马鞍社区）

(2) 黔南州委书记“催生”天文经济

2013年4月底,高龙从FAST台址现场给我打电话,告知黔南州委书记龙长春到了FAST工程现场,FAST工程总工艺师杨世模正在台址接待。

新书记上任刚一个月,就亲临FAST建设工地,事先毫无迹象。“微服私访”? 看来,黔南州领导有干大事的意愿和行动。

晚上,我接到了龙长春书记的电话:我今天到了你的地盘,你怎么也不在工地欢迎我? 什么时候回黔南? 我希望能够借助你们的FAST项目,推动黔南经济和社会发展。你帮我考虑一下,做个方案?

我欣然应允:没问题,我和高龙就是来与州县协同发展的。

他马上追问:写个一揽子方案要多久? 我稍加思索后说,2个月吧。他说:时间有点久啊。我就跟他谈了些初步想法:在FAST无线电宁静区,可以设计访客无手机通信、无汽车交通的“孤独世界”——野外生存营地,基于喀斯特洼地(天坑)群、地下暗河、出露湖(河)和众多天然溶洞等地质地貌,让访客体验3亿年地质变迁与演变。但这些构思需要些时间调研,边想边写,结合黔南实际形成可实施的规划。

龙长春很高兴:太好了,那我就期待“科学家”的意见了。挂电话前,他又补充一句:能快些就更好啊。我感受到了地方主官的期盼。

高龙后来告诉我,龙长春在FAST台址考察,寻求天文台帮助,被杨总“鼓励”到您这儿了:这个事儿得找彭勃,他会有办法。

总工艺师杨世模的雅号是“大忽悠”,龙长春被他忽悠得兴致更高了,主动提出在FAST建设工地吃个便饭。黔南州委书记在黔南“讨饭”,其实是体验FAST工程现场生活,深入、多角度地寻求FAST项目和黔南发展新机遇的“良药”。

不到一个月,我建议打造天文地质公园和高端科普旅游休闲区的基本方案,经中国科协第十五届年会FAST与地方发展论坛研讨,融合成为《借力“天眼”FAST,助推贵州地方发展(思考)》,呈报龙长春书记和向红琼州长,第二天就得到黔南州委州政府主要领导的批示认可。

方案内容主要涉及:天文地质奇观探源,无线电“静默区”生存体验,天文营地观星拍星和射电天文科普馆,地球自转验证(洼地傅科摆),600年历史的牙舟陶、罗甸玉、千年水书等民间工艺传承,本地材质天文纪念品,都匀毛尖茶庄园、茶采摘与烘制体验等绿色产业,毛南族民居、民饰、民族节庆、民族风情与餐饮等少数民族文化展示,射电天文博物馆等。

形成国家产学研协作基地——天文地质公园和科普文化特色园或者科学城。推进并设立国家天文地质生态公园,形成地质奇观和生物多样性保护区。

基于克度镇、通州镇、塘边镇、董架乡和董当乡等地邻近FAST台址的区位优势和自然资源,打造罗甸奇石博物馆、玉石加工厂,平塘方解石造纸产品、天文旅游纪念品,天文营地、天文主题石雕园、科普观星台、星座广场、天文缘茶吧,标准化都匀毛尖茶庄园、茶和果蔬采摘家庭乐和情侣缘,少数民族农家旅店、民族餐饮街、会议度假部落、暗河出露区垂钓等,形成天文科普文化园,也相当于是对已有FAST贵州配套总体规划的具体细化。

我同时建议了时间节点:一年规划并完成实施方案,2—3年征地及基础配套设施建设和招商引资,3—5年项目基本落地及开园,6—7年形成投资百亿元的天地科学“野外”城。

随后,方案又有几次细化,包括应分管旅游的蒙启良副省长要求,在2015年10月提供了依托FAST带动贵州旅游发展建议的核心内容,是对此思考方案的更新。

鉴于美国波多黎各拥有世界第一大单天线阿雷西博1000英尺(305米)大射电望远镜迄今逾50年,贵州将拥有世界第一大单天线FAST(500米)主导未来半个世纪国际天文观测，我进一步建议：加强黔南州与阿雷西博市姊妹城市合作，助推贵州发展成为国际天文地质公园和高科技、高端科普与民族文化特区。初期建议启动2—3项有共同兴趣、一定特色及基础的实质性合作，包括教育、旅游和制药产业等。

其他建议还有：在四星级以上宾馆楼顶，设立认星座观星穹幕圆顶，邀请2011年诺贝尔物理学奖得主布莱恩·施密特(Brian Schmidt)来黔南，动员他将自酿葡萄酒厂“拓展”至贵州，建造天文葡萄酒国际庄园。基于“剑江”啤酒厂或创建“坝王河”酒业，生产天文鲜啤，作为国际游客本地“饮料”，这是为了满足20年来与合作外宾在贵州寻找饮品(啤酒、咖啡)的“刚需”。

怀念黔南州委书记龙长春

黔南州委书记龙长春、博士州长向红琼等见证了我们共同谋划、倾心打造的天文与地方特色发展新局面，FAST与黔南地方发展“命运共同体”的形成和共赢。不幸的是，后来任贵州省委常委兼遵义市委书记的龙长春，因积劳成疾，于2021年1月22日病逝，享年58岁。

惊悉他离世，我在痛惜中感叹：平塘星、黔南星双星闪耀有君托举，贵州人、中国人天眼成就与君共铸。权作在贵州奋斗的天文人缅怀龙长春的挽联。

请示新任国家天文台台长常进院士后，我飞赴贵州，代表天文台FAST团队参加龙长春同志遗体告别仪式，并敬送花圈。1月23日凌晨，结束了约7个小时中德低频引力波研讨会、美国十年规划天文评估咨询委员会两个国际视频会议，我在办公室沙发上对付了一觉，早晨回家换洗后，轻装赶上北京出发的最后一个飞贵阳的航班。那是在中午11点半，因新冠肺炎疫情严重，下午和晚上北京飞贵阳的航班均取消了。

24日上午的仪式十分隆重。习近平主席对优秀苗族省部级干部龙长春逝世发来唁电，多位党和国家领导人及贵州省领导都送了花圈或参加了遗体告别仪式。

(3) “天文小镇”大经济

2013年，贵州省文化产业办公室启动十大文化产业园规划，平塘射电天文国际文化产业园项目(即现在的天文小镇)孕育而生(图5.26)。

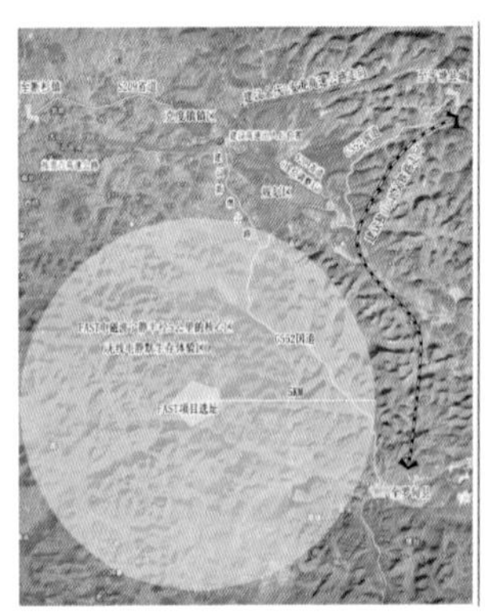

图5.26 FAST电磁波宁静区核心保护区(左)，以航龙为中心的天文小镇规划(右)

恰巧，我在黔南州挂职副州长，高龙在平塘县挂职副县长，承担了此规划的设计。贵州省文化产业办公室袁华主任紧紧地握着我的手说，现在对黔南州的文化产业园的事情心里算是踏实了。袁华同时明确，省文产办综合处孙涛副处长直接对接黔南州，提供及时支撑。

结合前期FAST贵州省配套规划(由贵州省发改委方廷伟、沙爽组织实施)，考虑天文基础科学属性，我建议将文化产业园“变通”为射电天文科普文化园。5个月前，黔南州承办的中国科协十五届年会FAST与地方发展论坛，为贵州十大文化产业园黔南规划储备了国内外专家们建言献策的基础“数据”。我们聘请了多位天文和文化旅游方面专家全程指导规划，主要包括：国家天文台原党委书记、国家天文杂志社社长兼总编辑刘晓群，北京天文馆副馆长景海荣，遥感地学专家朱博勤，贵州大学旅游学院院长张晓松，贵州省发改委吴晓军研究员等，由广州某公司来具体规划。平塘县文明办主任王国敏具体落实，县委宣传部黄俊旗部长、黔南州州委宣传部高扬科长衔接省州县。

我先后召集了省州县相关部门、专家和设计公司参加的三轮咨询与评审会，逐步推进、有序形成规划草稿。会议地点均在贵阳的冠洲宾馆，离省文产办（省委宣传部）近。然后，在黔南州和平塘、罗甸等县四家班子及相关部门广泛征求意见。规划基本符合我们的总体思路，自评可以打80分吧。

遗憾的是，房地产项目难以避免。在地方发展意愿强烈地多次输入下，人口规模还是偏高。

当时，黔南州政府纪检组组长段志华具体协助我工作，配合默契。段志华与州县相关部门主要领导和相关人员，包括州长向红琼、平塘县委书记严肃、平塘县县长臧侃、平塘县人大主任孟玉凤、平塘县政协主席张永锋等，为此规划均付出了大量心血。

天文科普文化园主要依托平塘县旅游资源，以宇宙探索、生命溯源为本底，天坑、天眼为景观，把自然风景与厚重文化相结合，打造融探秘、科普、探险于一体的大射电文化休闲旅游区。其总体定位是：世界天文科普旅游中心，地质奇观与乡村民俗复合、喀斯特生态体验旅游目的地，地质科考与户外探秘旅游目的地，集参与性、趣味性于一体的旅游景区。只是平塘基础设施薄弱，黔南州和平塘县财力有限，实施步履维艰。

黔南州州长向红琼先给我“戴了个高帽”：你给大射电望远镜起了个名，再为咱黔南的文化产业园起个名字嘛，一定要与大射电FAST匹配。我稍微想了一下，自然地回应向州长：大射电已经是世界第一了，与她相配、对比强烈的就是“小”了。天文小镇?！既可以是目前的核心区航龙村，也可以是航龙村所在克度镇。小镇，广义地还可以涵盖周边的通州镇、塘边镇等诸乡镇，甚至平塘、罗甸、惠水等黔南的县。红琼州长满意地笑了：好啊，就叫天文小镇(图5.27)！

2015—2017年，黔南州胡晓剑副州长作为州级指挥长，平塘县常务副县长曹礼鹏作为县级指挥长，州政协副主席刘延学(曾任州政府秘书长、州长助理)、克度镇党委书记田仁飞、现场指挥部办公室主任王国敏，先后挂职平塘县副县长的国家天文台高龙、(小)朱明等，为天文科普文化园即天文小镇规划的完善、实施贡献了智慧和辛劳，抒写了中国科学院国家天文台与贵州省黔南州和平塘县合作创新的地方发展特色篇章。

2016年FAST落成时，平塘县克度镇航龙村贫瘠的土地上，天文小镇上的第一家五星级宾馆——星辰天缘大酒店试营业，迎来第一批房客：发现脉冲双星并间接验证引力波存在的诺贝尔物理学奖得主约瑟夫·泰勒以及国

图5.27　夜色下的天文小镇：访客中心、体验馆(左侧)和星辰天缘酒店(右侧)

内外天文台台长、中国的院士学者们。他们齐聚星辰酒店，开启了首届国际射电天文论坛。

天文小镇助力扶贫，效力凸显！以星辰天缘大酒店为例，宾馆招收工作人员带动就业约100人(图5.28)。这些本地就业人员接待国内外访客的同时，扩展了人生视野、极大提升了农民的整体素质，还鼓起了个人钱包。我从宾馆的谈文琴总经理处打听到，他们员工的基本薪金在4000元至12 000元人民币不等。谈文琴总经理还帮扶了克度镇落翁布依寨接待游客3000多人次。落翁布依寨是一个有700多年历史的古老布依族村寨，各时期建筑样式在寨子里“代际呈现”，成为民居演进的区域性“微缩版”。

图5.28　贵州省平塘县天文小镇上的星辰天缘大酒店幸福大家庭

从宾馆的名称“星辰天缘大酒店”，我们就可以看到、感受到天文知识的传播效应，此外，日常美食被冠以“天文猪蹄王”品牌，村镇的小旅馆也被冠以“星缘旅馆”之名，真的是天文元素无处不在(图5.29)。

天文小镇以日均1000人即年均30万名访客估计，若人均消费1000元，将产生3亿元人民币经济效益。如参照贵州安顺市黄果树风景区年均约100万名访客计算，则经济效益可达10亿元人民币。

图5.29　天文小镇上的天文元素无处不在

天文科普旅游已惠及社会，成为地方经济发展的新引擎。据不完全统计，2017年造访天文体验馆的游客逾20万名，2018年逾40万名！

无论是贵州省发改委主持编制的FAST项目贵州省配套规划，还是若干年后落地的平塘天文科普文化园即天文小镇，小手牵大手的科普创新理念已经落地生根。

一个例子是，2020年12月21日晚，我收到贵州省发改委沙爽发来的微信图片，不仅有他朋友孩子罗曼文（贵阳市实验小学学生）的学习研究报告《中国天眼（FAST）VS太空之眼（HST）》（文中居然关注了近期FAST望远镜成果新闻发布会），还有罗曼文一家人自制的FAST模型，是一个精巧的手艺DIY，与FAST馈源支撑清华大学2米木制模型有得一拼（图5.30）。

今天，当人们徜徉在天文小镇，昔日的贫瘠土地上，映入眼帘的是：破旧的农舍焕然一新，梦中的乡村幼儿园、亲子民宿拔地而起，旅馆饭店从无到有（图5.31）。

大科学工程FAST项目贵州配套规划在天文小镇硕果满街，FAST助力地方发展的实践已经完美呈现给世界：山地脱贫、乡村振兴。

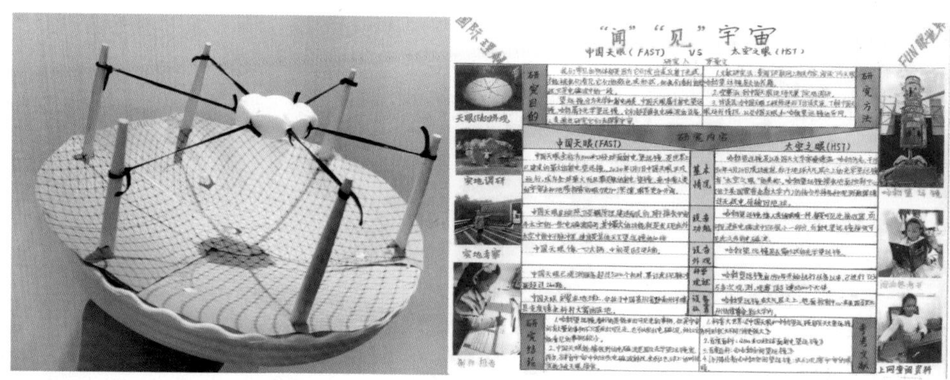

图5.30　小手牵大手:FAST自制模型和中国天眼VS太空之眼报告

图5.31　天文小镇上的新农村住房、新乡村幼儿园与新农村大街

FAST不仅成了科学设备的世界老大,还成了一道独特的科学风景(图5.32)。FAST成就了大科学工程与社会进步、大射电望远镜与地方发展命运共同体!

图5.32　晨雾"眷恋"的大射电望远镜FAST

6. 大射电开启贵州国际化

在平方公里阵列SKA与500米口径球面射电望远镜FAST选址的13年中，国际专家"鬼子"(外宾昵称)进村(县城及村镇)十余次，每次都受到当地群众的热烈欢迎，经常被老百姓特别是孩子们当成"稀罕物"围观。

其中，第一个进村的"外星人"，当数荷兰射电天文台NFRA(现ASTRON)的天文学家理查德·斯特罗姆，他被贵州人称为"理查德"或者直接叫"老李"。他是唯一全程参与FAST酝酿、预研究、立项和建设的外宾，也是到访贵州频次最多、会见省县领导最多、与当地人畅饮"贵州水"最多的外宾。

在贵州，因为大射电(SKA和FAST)项目，"进村鬼子"逐渐增多，并呈现出批量化趋势。例如，1995年入住花溪宾馆参加LTWG-3暨球面望远镜研讨的外宾有13位。2000年在贵州饭店参加国际天文会议IAUC 182的外宾有30余位。"进村"停留时间最长的两位荷兰外宾罗伯特·米勒纳尔(昵称

“萝卜”)和博乌·席佩尔(昵称“包子”),2004年在黔南州平塘县克度镇和金科村竟然“宅居”了一个月！2005年在贵阳圣沣酒店(当时刚试运营的五星级宾馆)参加ISSC-13会议的外宾有20余人(图5.33),中国科学院常务副院长白春礼、中国科学院副秘书长兼国际合作局局长郭华东(中国科学院院士)也专程到黔参加。2014年在贵阳诺富特酒店参加SKA第15届董事会的外宾有20余位。2016年8月初在贵阳诺富特酒店参加SKA碟形天线工作包联盟国际会议的外宾有10位,等等。

2016年9月底诺贝尔奖得主约瑟夫·泰勒等10位外宾入住平塘天文小镇,2017年9月射电天文论坛RAF约40位外宾、2018年5月RAF系列活动约50位外宾等,他们同样受到当地老百姓欢迎。

这些年的变化是,围观者少了甚至没了。这也是贵州人视野宽了,经历多了,社会发展和进步了。我相信,未来会来更多批次的外宾,每年多次国际会议或合作是少不了的。

图5.33　2005年SKA第13次执委会ISSC-13会议现场

大射电国际大合作

FAST项目从发起、概念形成、关键技术研发，到立项和建设，都是通过长期的多学科合作、学术年会咨询与研讨，汇集了全国乃至全世界相关科研单位的智慧和力量，形成了集思广益、奋斗争先、风雨兼程的合作团队。长期稳定的国际合作，保证了FAST的科学前沿性与技术先进性。许多国际知名学者，都为FAST的建设作出了贡献。成就大射电，彰显大情怀！

1. 国际会议开到了贵州

FAST的研制历程，也是我国天文学界与国际交流更加紧密的历程。多次大型会议在贵州举办，给FAST带来了技术支持与科学合作。

(1) 贵州第一次大型国际会议

1995年10月2日至6日，国际大射电望远镜LT工作组(LTWG)第三次会议暨球面射电望远镜学术研讨会在贵阳召开。据说，这是贵州历史上第一次大型国际学术会议，可能是从参会者所在国家的数量角度上说的吧。

LTWG由澳、加、中、法、德、印、荷、俄、英、美等十国代表组成。在这次会议上，来自8个国家和地区的13名境外代表与40名国内代表首次相聚在“喀斯特王国”贵州，并在会后考察安顺地区普定县、黔南州平塘县的大射电望远镜LT即SKA候选台址(图6.1)。

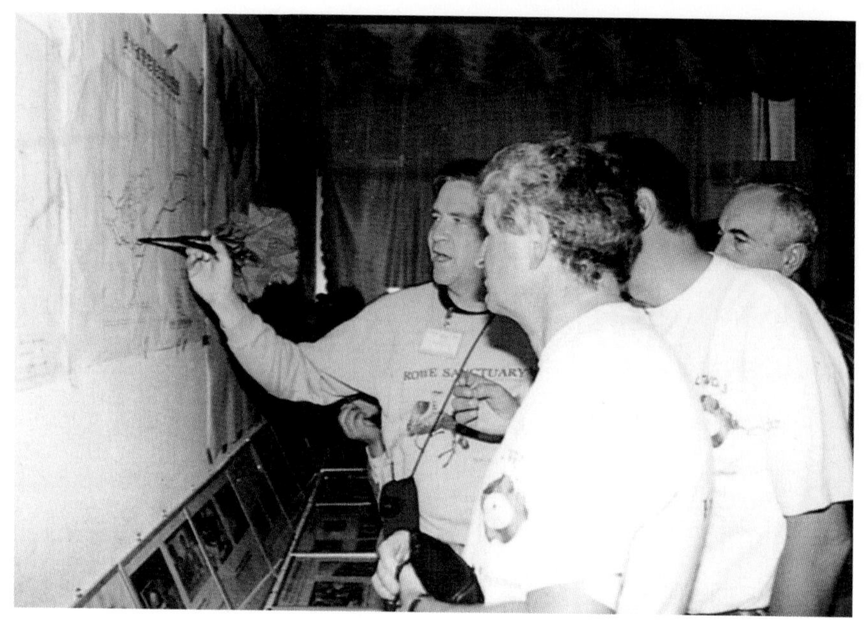

图6.1　1995年，LTWG-3国际研讨会代表在普定县考察交流

在会议上讨论LT中国技术方案（一年后明确为KARST）时，西安电子科技大学段宝岩博士等报告了阿雷西博望远镜改进型即馈源无平台支撑（悬索驱动馈源舱）设想，受到国内外专家广泛关注，被大会主席罗伯特·布劳恩博士评价为“大胆的创新”。该设想后来发展成为FAST馈源舱索支撑（先3塔、后6塔）技术方案。

本次会议结束后，出版了会议论文集，由理查德·斯特罗姆、彭勃和南仁东主编。

贵州省对此会高度重视。贵州由龚贤永副省长担任会务组组长，北京天文台由我担任会务组组长。龚副省长和我们共商会务、选择会议地点。贵州省科委巫怒安副主任、李纪福处长，省公安厅、省政府接待处相关负责人何伟等人，与我共同确定考察路线和实施方案。贵州省委书记、省长会见和宴请组委会主要成员。

会议的会场和食宿安排在花溪宾馆，据说是接待国家元首的地方。花溪宾馆与闹市区有一定距离，相对隔离，有花溪河相伴，喀斯特山地环绕，如同仙境。国内外天文学家有幸体验了一把。

花溪宾馆的房间特别宽敞。LTWG主席、加拿大籍荷兰天文学家罗伯特·布劳恩在花溪宾馆的接待大厅注册后，拿上钥匙去开房。不一会儿，他就面带疑惑地回到会务组，问省科委翻译石磊，房间是不是搞错了。石磊确认说没错，是安排给会议主席的。

我和罗伯特到房间察看：无论是客厅还是卧室、浴室都特别大。浴缸地上地下各一个。我告诉罗伯特，这是中国特色的"总统套间"，现在接待大望远镜工作组主席（在英文里"主席"与"总统"是一个词president）。罗伯特询问能否换一间，他还是有些不敢"独自"享用。但是，由于房间有限，我只好请他"屈就"两天。

花溪宾馆的服务员个个都是美女。闲暇与她们聊天时，有人好奇地问我拿多少工资。我请她们先猜猜看，答案在3000—7000元之间。我问：为什么会给这么多工资？她们七嘴八舌地说：你看上去像领导，与省长一起进出；又像翻译，与外国人侃侃而谈；还是科学家，在台上能够英文演讲。工资肯定多才对。

我很知足。在老百姓眼里，科学工作者是有价的！虽然那时我的工资比她们猜的要低10倍还多。

LTWG-3会议及考察的安保，需要明确级别定位。请示省委书记，回答是：那就参照政治局委员待遇吧。

离开花溪宾馆去候选台址，一路有三辆警车开道和殿后。省厅交警车在前领路，何崇远副秘书长在指挥车上同行。车队出了花溪区，在黔南州惠水县边界车队暂停了——是警车"换岗"。我们所有人也都下车，与迎候的惠水县领导打招呼、寒暄，然后再回到车上，继续前行。

一路基本是碎石路、土路。为节省时间，我用对讲机与何秘商量，以后在县界，会议代表们就不再下车了。何秘爽快地采纳了我的建议。每到交界处，车队只减速慢行，并向窗外迎候官员挥手致意。无论是进入普定县还是平塘县，老百姓们都在夹道欢迎，学生们手持鲜花，热烈欢迎神秘的天文学家(图6.2)。

图6.2　1995年LTWG-3会议代表赴台址考察。左：夹道欢迎；右：驻地献花

到黔南州平塘县，已经是傍晚了。接了献花，我们直接入住新改装的县委招待所。与以前选址入住时比，条件变化很大：房间粉刷了，配置了淋浴，还有两部专门安装的国际长途电话。

招待所门外是环抱城区的玉水河，县城中心四周环水，像座湖心岛。外宾们坐了一天的车，饭后到河边散步，上桥溜达。周围百姓关注、跟踪和围观这些不同肤色的人，就像审查“外星人”。

对于平塘和普定，这些都成了历史、成了记忆。

可以说，这是全世界天文学家受到过的最高礼遇。

这份厚爱，也把我们的心留在了这片贫瘠又质朴和期待的喀斯特石头地上。后来我时常碰到曾经到过贵州的外宾，他们总会提到这样的难忘经历。

贵州省长国际范儿

会议召开前一夜，贵州省委书记、省长在贵州饭店会见和宴请了南仁东一行，了解LT国内外进展，特别关注本次国际会议的重点内容。

省政府秘书长提出一个安排上的变化：省长因眼疾刚做完手术，不得不戴墨镜，是否可改由书记致欢迎辞？

南仁东对正在拍照的我喊：彭勃，你说说吧。

我稍微犹豫一下，说：还得是省长。这次国际学术会外宾人数不多，但代表广泛，大多第一次来中国，目的是全方位考察大射电望远镜LT候选地环境。除科学技术交流，还有人文和社会体验，建议先不要以政党领导人身份出面。

我还作了进一步补充：如果省长身体不方便，副省长也行。

书记马上拍板：科学会议按照国际惯例举办。尊重科学家意见，还是请省长演讲。

省长也积极响应：是个小手术。戴墨镜参会我没问题。

我说，戴墨镜的省长才酷。

大家一阵笑声，继续畅谈大射电望远镜LT和贵州未来发展。

在LTWG-3国际会议欢迎宴会上，省长发表了热情洋溢的演讲。他介绍了贵州的多民族聚居环境，代表3400万贵州人民欢迎国内外天文学家来黔访问交流，期待与国际朋友合作，在贵州共同建造世界最大射电望远镜，为人类探索宇宙贡献一份“贵州力量”。

省长5分钟的演讲，抑扬顿挫，没用讲稿！

会议主席罗伯特·布劳恩随后回应，简短介绍了大射电望远镜LT未来的宏伟计划。代表们随后同饮“贵州水”(贵州特产茅台酒)，对中国省长的演讲水平颇为赞赏,特别期待眼见为实,感受、体验"美丽的公园省"贵州。

这个效果有些出乎意料。为在贵州举办更多与SKA和FAST相关的国内外大型学术活动打下了良好的基础。

(2) 管天的人来了

正是在LTWG-3贵州会议上,我有了每5年在贵州"折腾"个大型会议的想法。后来,基本也是按此路线图进行的。

LTWG-3是以天文技术与方法为主题的。2000年举办什么主题的会呢? 考虑以科学为主、技术为辅,我就想试试国际天文学联合会(IAU)编号会议。与大家商定后,我联系老搭档理查德·斯特罗姆,共同酝酿、申请和筹备。主题最后确定为射电源与闪烁。

我同时联系了几位国外专家,包括王绶琯院士的老朋友、英国剑桥大学的鲍德温(J. Baldwin)教授,美国康奈尔大学的詹姆斯·科德斯教授,澳大利亚射电天文台的罗恩·艾克斯教授,俄罗斯射电天文学家、望远镜利文斯通线共同发现者尤里·帕里斯基教授等,邀请他们作为会议科学组织委员会委员。

FAST项目委员会首席科学家南仁东研究员、贵州省人民政府副秘书长何崇远担任地方组织委员会联合主席。从荷兰、德国留学归来的博士生金乘进为地方组织委员会秘书,侧重与外宾通信联系。但是邮件和传真等通信及接待大型国际会议的宾馆,条件十分有限。

2000年4月17—21日,IAUC 182国际学术会议"射电源与闪烁"如期在贵州举办,12个国家的80名代表参加会议。会议的主要日程有:在贵州饭店的开幕式,学术研讨,到普定县、平塘县实地考察候选喀斯特洼地(图6.3)。

图6.3　2000年国际天文学会IAUC 182会议代表在普定县尚家冲洼地

贵州省委书记、省长会见并且宴请了组委会主要成员。会议结束后，由斯特罗姆、彭勃、沃克尔（M. Walker）和南仁东主编出版了会议文集《射电源与闪烁：射电天文学中的折射和散射》（*Sources and Scintillations: Refraction and Scattering in Radio Astronomy*）。

会议举办之前两天，我赶到贵阳，随身携带了一台打印机。为省钱，我先入住与贵州饭店毗邻的云岩宾馆。会议的安保人员也同住在云岩宾馆，包了一层楼。我住一楼的套间，配置了台式电脑、传真机、打印机等设备，临时安装了可国际直拨的长途电话，客厅作为会务组办公场所兼会议室。

在食宿、会场（包括投影仪等设备）与通信配备等方面，省政府办公厅副处长丁凡与我配合，工作至凌晨。在会场内设立了若干台式电脑，通过电话拨号上网，茶歇期间可接收和发送邮件。省政府接待处的何伟与我随时联系，接送外宾和领导们。

在IAUC 182会务组办公室，有位美女记者（抱歉名字没记住）从下午就开始坐等，插空采访，但我直到晚上9点左右才有整小时时间。她思路清晰、问题明确，穷追不舍至半夜。后来，她发了一篇相当完整、客观准确的LT报道，不枉她对工作的那番热情和执着。

4月18日IAUC 182开幕式上，省委书记、省长到场。科技部基础司邵立勤副司长用英文致辞，展示了我国科技主管部门领导的国际风采。

学术研讨期间，科学家们的报告也非常顺利。贵州省省长钱运录设欢迎晚宴。随后，贵州电视台接聂跃平和我去新闻直播间接受现场采访。

宴会期间，接到夫人生日祝福手机电话，我才想起那天恰逢我生日，还是本命年！记者获悉后，临时在贵州电视台办公室为我举办了生日聚会(图6.4)。

深夜的生日聚会虽简单，但祝福来自新结识的媒体人，还有老战友聂跃平的陪伴，算是一份特殊的大爱，令我终生难忘。

图6.4　2000年4月18日，彭勃和聂跃平在贵州新闻直播间(左)，在电视台办公室临时举行的本命年庆生(右)

4月21日，会议代表考察完台址后回到贵阳，贵州省政府办公厅和省科委的领导们才松了口气：谢天谢地，这些天就怕下雨，那路上可就恼火了。

有人说：会议前一天还在下雨，会议开幕时雨停了，一直就没再下，还真有些奇怪。又有人回道：你也不看咱们开的是什么会？是天文大会。全世界的天文博士们都到贵州了，管天的人来了，天怎么还敢下雨？

一片欢声笑语，是调侃，也是真言。

其实，贵州“天无三日晴，地无三尺平”。我们是通过气象历史大数据，选定了4月里少雨的日子来举办这次国际会议的。

后面5年一次的大型会议还有：

2005年，SKA执行委员会第13次会议ISSC-13。

2010年，首届中国射电天文与技术研讨会CRAT。研讨会由中国天文学会射电天文分会、中国电子学会射电天文专业委员会、中国科学院射电天文重点实验室联合举办，将每年需各自举办的学术活动合并为一，此后轮流主办。

2014年，SKA董事会第15次会议SKA BD15，并且考察工程过半的FAST建设现场。

当然，影响最大的还要数2016年FAST落成当天，我们在天文小镇启动的射电天文论坛，主题是大射电望远镜。

(3) SKA第13次执委会贵州主场

2005年3月16—21日，经过国家天文台与贵州省科技厅（大射电望远镜贵州地方协调组办公室）的努力筹备，平方公里阵SKA第13次执委会ISSC-13会议在贵州举办。代表来自十余个国家，约40人，包括国际天文学联合会主席、澳大利亚科学院院士罗恩·艾克斯，SKA执委会主席、英国MERLIN天文台台长菲利普·戴蒙德，SKA项目办公室主任、欧洲VLBI联合研究所创始所长理查德·斯基利奇，SKA台址评估与遴选委员会（Site Evaluation and Selection Committee，SESC）主席、美国康奈尔大学教授耶范特·特奇安（Yervant Terzian）等天文学家。

那时，SKA是国际经济合作组织OECD大科学论坛MSF协调的大型国际合作计划，投资估算逾10亿欧元。SKA台址5个候选国是：澳大利亚、南非（联合非洲8个国家）、美国、阿根廷（联合巴西）和中国。ISSC执委会成员和台址评估与遴选委员会成员们对前两国台址已进行了考察。

ISSC-13的一项重要议程是考察SKA贵州候选台址，这对中国参与

2006年SKA台址选择(可以说相当于体育比赛的半决赛)无疑将产生重大影响。

SKA候选台址考察得到贵州省委省政府、安顺市委市政府、普定县委县政府大力支持,在候选洼地现场布置了中国选址相关图片与文字展览、无线电干扰长期监测设备车等,使外宾们身临其境地体验贵州独特的地貌,感受中国选址全过程。

像其他台址申请国一样,我们邀请中国科学院路甬祥院长和贵州省石秀诗省长与会,以示中国科技界和贵州省政府对中国参与合作建造国际大射电望远镜SKA、提供SKA台址的支持。

受路甬祥院长委托,中国科学院常务副院长白春礼专程赶到贵阳,中国科学院副秘书长兼国际合作局局长郭华东、基础科学局局长张杰、国家天文台副台长赵刚、基础科学局数学力学天文处处长郝晋新等也来到贵州。3月18日,与会代表考察了SKA普定县尚家冲洼地,并与贵州省领导就大科学工程建设合作进行了会谈(图6.5)。

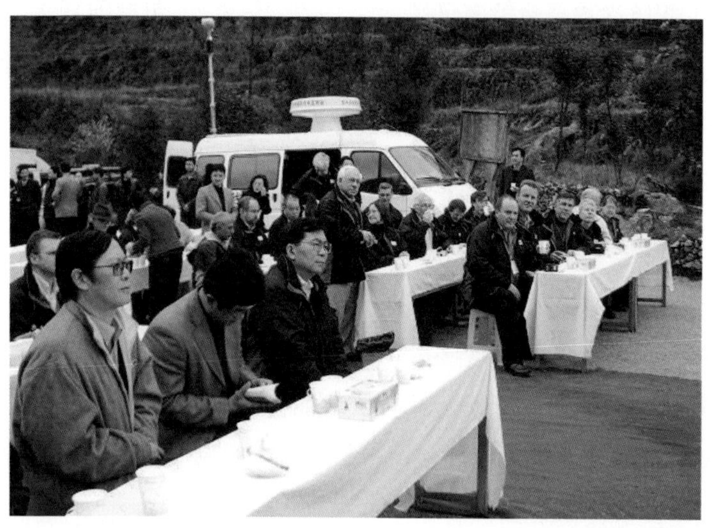

图6.5　2005年ISSC-13会议考察普定候选台址,左二为安顺市市长慕德贵,左三为白春礼

在尚家冲洼地野外考察时，安顺市市长慕德贵叮嘱工作人员，午餐盒饭不要放辣椒，周到地关照外宾和省外专家。

同样地，遇到管天的人，会议期间，天公也作美，没敢下雨。

3月19日，贵州省委书记钱运录、省长石秀诗、副省长张群山会见并宴请了全体与会代表。钱运录祝贺会议顺利召开，并表示，贵州在地形地貌环境特征、电磁环境、电力资源、水资源、通信设施及技术、人才等方面，都具有建造SKA和FAST工程的优越条件。贵州愿意为全人类科技事业的进步、为天文学事业的发展作出应有的贡献。

石秀诗省长在致辞中指出，贵州地处云贵高原东部，是一个山川秀丽、气候宜人、资源丰富、人民勤劳、发展潜力巨大的多民族省份。素有"喀斯特王国"之称。众多的喀斯特洼地群及良好的电波环境，为建设巨型射电望远镜提供了良好条件。贵州省将尽最大努力继续做好有关准备，争取SKA台址选在贵州。

(4) SKA第15次董事会黔南记忆

SKA计划由澳大利亚、加拿大、中国、德国、印度、意大利、荷兰、新西兰、南非、瑞典、英国等11个成员国联合建造，计划于2021年启动建设。

2021年2月4日成立的政府间国际组织——SKA天文台，是SKAO的领导机构，其前身先后有1993年URSI(国际无线电科学联合会)大射电望远镜工作组LTWG、2000年国际SKA指导委员会ISSC、2008年SKA科学与工程委员会SSEC、2011年组建的SKA董事会等。

1995年的LTWG第三次会议、2005年的ISSC第13次会议都在贵阳举行，均在贵州进行了SKA中国候选台址考察。我国500米口径球面射电望远镜FAST正是在SKA国际合作中酝酿和发展的。可以感受到，无论是贵州，还是SKA的先导FAST项目，均与国际SKA一路同行。

2014年10月15—16日，SKA第15次董事会在贵阳召开，由科技部和国家天文台承办，贵州省科技厅、黔南州天文局和平塘县政府协办。科技部国际合作司蔡嘉宁参赞和我作为中国代表（董事会成员），参加SKA第15次董事会活动。本次会议除各成员国董事及SKA国际组织（SKAO）主要成员外，还有欧洲南方天文台（ESO）、法国和日本等国代表以观察员身份参加。

10月15日，SKA董事会主席约翰·沃默斯利（John Womersley）接受媒体采访时表示：作为未来最大射电望远镜，SKA有助于人类了解：宇宙由什么构成？我们来自哪里？许多国家还把SKA视为科技发展和人才培养的重要机遇，将对科技产业产生巨大影响。尤其会在推动高性能计算和无线电探测等高技术方面极大地造福社会。中国、南非、欧洲、澳大利亚等在SKA项目通力合作显得尤为重要。沃默斯利认为，FAST项目规模宏伟，令人印象深刻。FAST与SKA科学目标相似，也有互补性，二者合作潜力巨大。

10月17日，参会代表赴黔南州平塘县参观考察。在FAST台址，总工程师兼首席科学家南仁东介绍了工程进展，SKA董事会代表们实地考察了建设现场。

在FAST工程现场接受媒体采访时，SKAO总干事菲利普·戴蒙德表示，FAST建成后，将成为世界上口径最大的单天线望远镜。SKA和FAST都是不可思议的伟大工程，将帮助人类揭示宇宙的奥秘，探索宇宙生命的起源，实现更大科学突破。他认为，FAST将带给世界科技领域合作和交流机会，对中国社会经济发展有着不可估量的影响和促进作用。

随后，代表们来到平塘县卡蒲毛南族乡，参观了乡博物馆，体验毛南族风情及其独特文化，受到黔南州常务副州长罗桂荣、平塘县县长高晓韵等州县领导的热情接待。

受向红琼州长委托，罗桂荣副州长向SKA董事会代表们致欢迎辞。SKAO科学干事罗伯特·布劳恩兴奋地回应道：正好20年前，我到中国参加了LTWG-3会议,考察SKA候选台址时来过平塘。我深深感受到这里美丽的自然风光、浓郁的民族文化。让我最难忘也最感动的,是热情好客的人民,就像今天这场面。布劳恩表示,待FAST建成后,一定带着家人、朋友再来平塘。

2. 德国100米望远镜总设计师心系FAST

1997年下半年,我第二次访问德国马普射电天文研究所(MPIfR)。马普射电天文研究所是马普学会(相当于中国科学院)为建造世界第一大单天线——埃费尔斯贝格100米天线——专门组建的研究单位。事实上,无论是美国305米阿雷西博射电望远镜还是100米绿岸望远镜,都是因为天文大科学装置而带动了研究所(天文台)的建立和演化,这是值得中国科研体制在与国际接轨时借鉴的。

我在马普射电天文研究所申请到埃费尔斯贝格100米望远镜时间,进行一个星期的天变源(Intra-Day Variability,IDV)观测。天变源是指在一天尺度里"亮度"发生变化的天体。我的合作者正是天变源现象的发现者阿诺·威策尔(Arno Witzel)。

威策尔曾与埃费尔斯贝格100米天线总设计师冯·赫尔纳谈到过我和推进建造的500米大射电望远镜项目。冯·赫尔纳主动发来邮件,邀请我顺访。

冯·赫尔纳建议、设计了100米口径抛物面射电望远镜,其天线是世界最大的全可动单天线。由此,他发明了大型望远镜结构保型技术。我曾跟波恩的射电天文界老人们探讨和咨询,他们均明确认可冯·赫尔纳为"100米之父"之一(one of the founders),这样的表述客观、准确。成大事者,一般都是由几位核心成员发起,再组建志同道合的团队,逐步发展、壮大和新陈代谢。

能有机会与国际天线设计大师探讨刚命名的FAST项目，我当然高兴。但我只能有些难为情地回复了他的邀请，表示无法报销火车票和旅馆费用。没想到他第二天就回复我，改为他来波恩“访问”。作为高级顾问，马普射电天文研究所会为他提供相应的差旅费。

在波恩市中心的一家山东餐馆，我请冯·赫尔纳老先生共用中餐。我向他介绍了FAST的基本概念和面临的一些技术困难，主要是馈源舱索驱动指向与跟踪这个创新设想，以及尚存争议的主动变形反射面初步设想。

冯·赫尔纳对大射电望远镜FAST表现出浓厚兴趣，对巨型反射面的结构特别是主动反射面刚性、柔性支撑提出了经验性的建议。他还主动提出，要去中国，到北京与LT课题组交流，再到贵州考察台址。

冯·赫尔纳还跟我讲述了他自己的经历以及人生感悟。他的一句话尤其令我敬佩——“我一生以建世界第一大望远镜为职业。”他还告诫我，再穷也要远离军方。与军方合作，虽然可以获得所需要的经费，但也会带来限制和麻烦。我们实际上也接受了他的这个忠告。

冯·赫尔纳对美国阿雷西博305米望远镜了如指掌，是305米望远镜三次反射面系统改造的设计者。由于身体原因，他每年只出一次远门。一般是去美国（他是美国国立射电天文台的高级顾问）。

冯·赫尔纳对我说，1998年那趟远门就定去中国了，如果你邀请我的话。“中国有一个项目吸引我——未来的世界第一大射电望远镜FAST。”

那家中餐馆是一对山东夫妇经营的，一般给予常客优惠价。那次，我支付了一大张100马克，餐费91马克，其余算作小费了。这是一顿非常“划算”的晚餐，同时也经历了一次难忘的世纪对话、忘年之交的畅谈。

波恩山东餐馆餐叙后不到一年，1998年5月19日至6月4日，宝刀未老、激情依旧的老前辈冯·赫尔纳，来到北京天文台新本部与我们并肩作战，为FAST项目提供了建造大射电望远镜的经验，为我们团队的创新性工作出谋划策(图6.6)。平劲松和徐祥分别作为冯·赫尔纳的工作和行程联系人。

1998年春节前,北京天文台从北京中关村总部搬迁到北沙滩。米波天文与大射电望远镜课题组集中在天文台A座二楼东侧半层,半层中部北侧的一个大房间作为射电天文公用机房,也是研究生和访问学者的办公室。在那里,冯·赫尔纳带来自己常用的分析程序软盘,指导平劲松,尝试使用阿雷西博望远镜双反射面光程设计,探讨应用于大射电望远镜FAST仿真的可能性。他还与我们讨论了主动反射面技术的可行性,包括其刚性和柔性结构以及馈源舱索驱动技术创新实现等。

图6.6　冯·赫尔纳与段宝岩在颐和园

79岁高龄的冯·赫尔纳不久前刚做过心脏手术,还带着起搏器。由于感觉身体疲劳,他造访贵州台址的计划未能如愿。他说,下次再专程去趟贵州。

虽然冯·赫尔纳最终未能履行第二次中国行的约定,但他对FAST项目的钟爱,回到德国后依然延续。在与我们交流的基础上,他整理形成了5篇FAST技术备忘录。涉及FAST主动反射面技术、索驱动馈源指向结构、宽带馈源设计诸方面，特别分析了主动反射面可能的刚性结构、柔性索网结构等技术，为FAST预研究、立项和工程建设提供了宝贵经验和技术咨询。

FAST人感谢他、怀念他，这位只来过一次中国、喜欢中餐的天线设计大师！

遗梦波恩

1997年圣诞节至1998年新年，我是在埃费尔斯贝格村里与世界第一大全可动100米射电望远镜守望中度过的。大约10分钟，切换一次望远镜指向和频率，阿诺·威策尔的博士生阿利克斯·克劳斯(Alex Kraus)与我轮流值守。难熬的是半夜交接，一般在凌晨2点。由于每天只能睡大约4小时，我把闹钟设为两响，间隔10分钟，生怕一次叫不醒。可是，闹钟响时，真不情愿起床！

现在回想起来，还是有一种冲动、一份幸福感：世界最大的单口径全可动射电望远镜归我和克劳斯掌控一周，每天24小时观测啊！

在天变源观测尾声，1998年元月2号，我在埃费尔斯贝格100米望远镜观测控制室接受了德国电视台对外国留学人员的采访，谈论中国德国科技合作、在德国工作的感受。我对能使用100米望远镜观测钟爱的星星一周最是满足。

这个圣诞节和新年是不平凡的，一生唯一的一次！世界最大全可动单口径望远镜昼夜完全掌控在我的手指间、键盘下，像神兽，如宇宙征服者般霸气、惬意！

同时，我表达了一个愿景：中国新提出的FAST项目将在10年后建成。届时希望中德天文学家，也像今天这样——但是去贵州——自如地使用世界最大单口径射电望远镜，从事领先的天文观测，特别是在中国新年春节期间。我将此比作20世纪的波恩托梦给21世纪的贵州，这是一个21世纪的待圆之梦！

对我们中国天文人这种开放、豪气的理想主义，德国电视台记者非常欣赏。

那时的中德交流无疑为通向未来的合作架设了桥梁，阿利克斯·克劳斯现已是埃费尔斯贝格天文台台长了。

2016年9月FAST落成之日，我情不自禁地回想起了这个1998年元旦的波恩遗梦。虽然10年未如愿，用了18年来圆梦，但能在贵州做成FAST，一生一事足矣！

3. FAST项目“曼联队”

在FAST研制过程中，英国射电天文界也给我们提供了许多帮助。尤其是由曼彻斯特大学焦德雷班克天文台天文学家与工程师组成的FAST项目“曼联队”，与大射电实验室密切协作，在馈源接收机的设计建造和天文前沿科学布局方面发挥了重要作用。

1998年10月5—10日，在粒子物理与天体物理研究理事会PPARC和英国驻华大使馆支持下，英国射电天文代表团访华，参加中英FAST项目学术研讨会暨FAST项目委员会第二次会议。代表团成员包括：PPARC天文部主任保罗·默丁、焦德雷班克天文台台长安德鲁·莱恩、英国MERLIN天文台台长彼得·威尔金森、焦德雷班克天文台总工程师安东尼·巴蒂拉纳（Anthony Battilana）四人（图6.7）。

会议重点讨论了FAST项目委员会提出的主动反射面方案，特别是其背架、促动器以及之间连接机构，促动器类型（电动、液压）、球面分块，反射面单元间隙对天线方向图影响、天线漏损、散射、频率覆盖范围（50兆赫兹—8吉赫兹），馈源、多波束技术、电波干扰及对策、电磁兼容等专题。会议还讨

图6.7　1998年10月，FAST中英合作研讨会议代表聚餐，左起：南仁东、安东尼·巴蒂拉纳、彼得·威尔金森、保罗·默丁、彭勃、邵立勤、汲培文、徐祥

论了王绶琯院士提出的增大FAST天区方案（“FAST的优势是接收面积大，还在于看到比阿雷西博望远镜大的天区”），并建议可以考虑偏照实现60°更大的天顶角。吴盛殷做了几何光学分析报告。

徐祥和我陪同英国代表团访问并参观了清华大学精仪系。在实验室交流中，我第一次听到英方提及数学控制模型、实验研究阶段的Stewart平台机构。这个偶然的交流有些关键信息，如：上下平台尺寸比为1∶2时，机构稳定。这也是FAST馈源支撑二次调整Stewart平台实际采用的比例（FAST望远镜的Stewart下平台铰链点直径是1.96米，上平台铰链点直径是4米）。

中英天文交流过程中还有一件“百万英镑”的趣事。在我再三鼓动下，保罗·默丁原则同意以PPARC名义，表明英国愿资助100万英镑，支持中英双方合作交流，用途是为FAST研制先进馈源、多波束接收机，以及数据传输与通信方面电子设备。

对FAST预研究来说，“百万英镑”无疑是一笔珍贵的外援。这个消息公开，给国内外合作者们提供了巨大的驱动力。虽然由于各种因素，这笔资金最终没有变成直接的“现金”贡献，但也基本上实现了中英合作的初衷。

1998年12月，曼彻斯特大学焦德雷班克天文台总工程师安东尼·巴蒂拉纳应邀访问北京和西安，考察、交流并指导大射电望远镜的馈源支撑模型建设。

1999年7月，中英签署FAST合作备忘录。

2000年8月，清华大学工程力学系任革学博士、电子工程系李国定教授，国家天文观测中心邱育海和我访问英国焦德雷班克天文台，交流馈源支撑特别是二次精调平台控制、馈源舱停靠检修、波段优化配置以减轻馈源平台重量等技术问题。研讨会由巴蒂拉纳和我联合主持。

11月，焦德雷班克天文台总工程师巴蒂拉纳，电子、机械和制冷高级工程师内尔·罗迪斯(Neil Roddis)、科林·贝恩斯(Colin Baines)和约翰·基钦(John Kitching)四人，应FAST项目委员会邀请访华。显然，中英天文合作进入密切时期。

在国家天文观测中心，我们把437会议室(现国家天文台A座457)租用了一个星期，作为临时办公室，开展中英馈源接收机联合设计(图6.8)。FAST项目委员会参与人员有国家天文观测中心朴廷彝、陈宏升、吴盛殷、徐

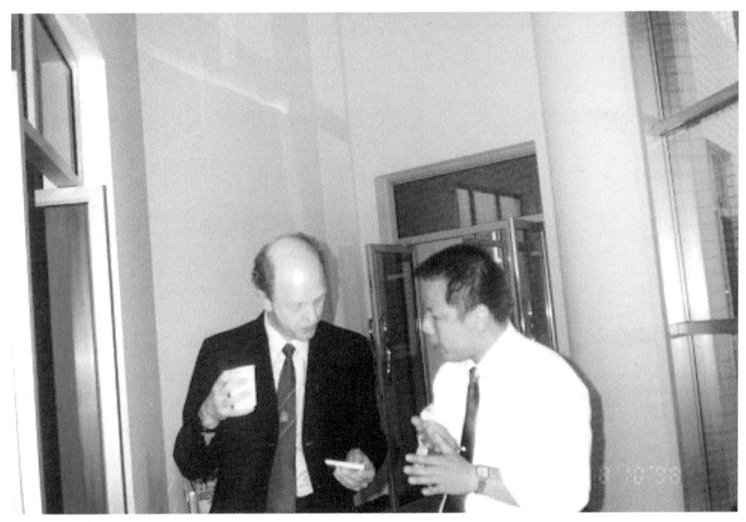

图6.8　安东尼·巴蒂拉纳与彭勃在437会议室外

祥、邱育海、南仁东、金乘进和我，还有清华大学的李国定教授等人。研讨期间，黔南州州长兰天权来访，意外地"闯入"会场，我们的议程临时变更为与贵州地方官的"国际"交流。

FAST项目"曼联队"对馈源与接收机情况充分分析、研究未来趋势，与我们共同拟定了FAST馈源工作频率和带宽、接收机总体框架，准备了第一版FAST接收机初步设计文本，特别提出了13波束(后来扩展至19波束)的初步规划。

通过邮件交流和人员互访，中英双方共同对FAST馈源接收机Layout进行技术交流和设计讨论，2001年2月形成"Receivers for FAST"概要设计完整版本。

2004年，FAST项目第一个博士研究生苏彦赴曼彻斯特大学焦德雷班克天文台进行联合培养。苏彦未负师愿，在英国学习和研究非常出色，特别是在内尔·罗迪斯具体指导下完成OMT设计，并应用到英国eMERLIN综合口径望远镜的升级改造中。

2005年9月20日，PPARC与英国驻华使馆在香山举办英中天文学战略研讨会。PPARC介绍了英国天文进展和组织，两国天文学家就未来大科学装置的科学和技术问题进行了广泛深入探讨。大射电望远镜实验室再次与英国焦德雷班克天文台和PPARC相关人员共展未来FAST科技合作蓝图，特别商议了FAST立项后焦德雷班克天文台如何与FAST具体合作。

2006年，双方联系人金乘进、安东尼·巴蒂拉纳合作，与时俱进地对FAST接收机进行了更新。中英关于大射电望远镜FAST馈源接收机的联合设计方案，纳入了我们上报的FAST立项建议书(图6.9)。

通过双边合作，FAST立项建议书中接收机部分内容更加现实和充实，采用国际最先进、成熟的技术，跟踪前沿科学。后来，FAST中英合作拓展至中、英和澳大利亚三方合作，13波束也演变为19波束。最终19波束接收机

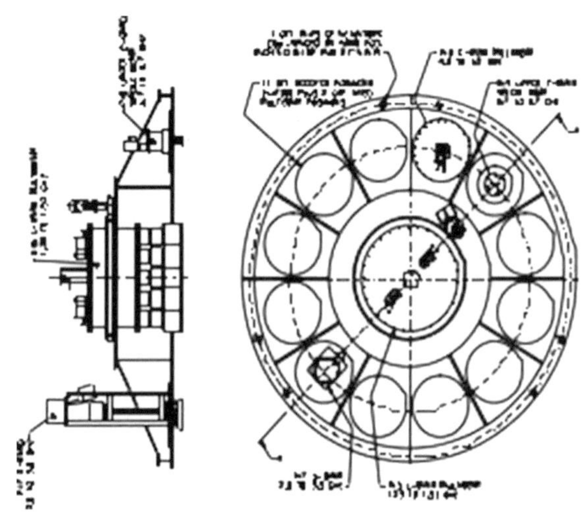

图6.9　中国与英国FAST接收机联合设计方案

研制实际是由澳大利亚国立射电天文台CASS承担的，在2017年6月成功安装到FAST望远镜上（图6.10）。

图6.10　FAST馈源舱配置中-澳联合研制的19波束馈源接收机在澳大利亚验收（左），安装在FAST馈源舱接收机平台上（右）

值得一提的是，2016年，中国SKA 3名联合培养博士生中的2名进入FAST项目“曼联队”，开展脉冲星计时和分子谱线科学合作。

更多的国际科学研究合作未来可期。

FAST何时称世界老大?

1999年底,即将结束在波恩的合作研究时,我接到南仁东从北京打来的电话,让我安排接待一个中国科学院和财政部的跨部门组团,访问欧洲几个天文台。

2000年2月,国家天文观测中心怀柔观测站站长李威和我陪同代表团往返北京和欧洲,考察了法国、德国、意大利、西班牙等国射电和光学望远镜的运行情况和科学成果。

当年3月,SPIE大会将在德国慕尼黑召开,考虑到近期在北京欧洲往返两趟了,我打算放弃参加德国的SPIE会议。回国后,碰到将赴德国参加SPIE会议的同事,聊天时,他对我不参加慕尼黑会议感到遗憾,因为我提交的报告《世界最大单口径天线FAST》(*The world's largest single dish*,*FAST*)被组委会遴选为特邀报告,还是中国唯一的大会邀请报告。

LAMOST(又名"郭守敬望远镜")项目总经理赵永恒研究员对我说,你不会穷到没路费吧?需要的话,我可以赞助你,机会难得!

我犹豫了一下,最后还是在3月份再返德国,在SPIE会议上做了特邀报告(图6.11),头一回竖起了世界第一大的"虎旗"。

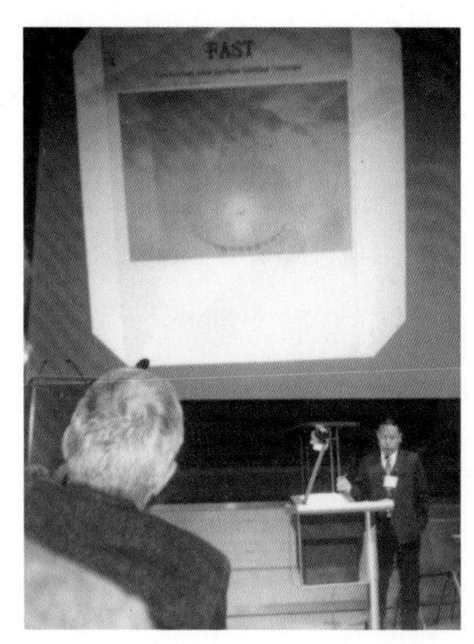

图6.11 慕尼黑SPIE特邀报告

南仁东曾无奈地说:看你小子嘚瑟吧。

记得我用胶片投影做完报告后,在回座位的走道上,有人对我伸了个大拇指。我轻声道了谢,但没看清是谁。

茶歇期间,一位神采奕奕的高个儿老者前来搭讪。我才知道,刚才是他给我的那个鼓励。他自我介绍是麻省理工学院的伯纳德·伯克(Bernard Burke)。我曾好奇他佩戴的领带,竟然还是个爵士标识。伯克教授是《射电天文导论》一书的主编。2020年他出版了该书第四版,我向其讲述新设备的章节提供了FAST照片。

茶歇时,英国、荷兰和澳大利亚的朋友也过来寒暄,询问了些FAST计划的细节,预祝世界望远镜新老大FAST成功!

同时得到美国和欧洲同行的欣赏,表明FAST号称世界第一大是国际认可的。这个第一大的旗号,也是支撑我们FAST团队20多年追梦的动力!

世界老大的梦,一诺千金。需要FAST团队执着追求,需要合作者志同道合、风雨兼程来兑现!

4. 无线电环境国际“大考”

FAST从无到有的过程,也一直是我国天文学家争取国际大射电望远镜SKA落地中国的历程。电磁波环境是射电望远镜的生存环境,也是SKA选址的重要指标之一。

2005年,大射电望远镜SKA四个台址候选国(澳大利亚+新西兰、阿根廷+巴西、中国、南非+8个非洲国家)投入了大量的人力、物力和财力,除了在各国选出3000公里范围台址布阵之外,重点在大射电望远镜台址的中心候选区,开展为期至少一年的无线电干扰环境监测。SKA项目办公室组建并派出无线电干扰国际校准观测小组,赴各国开展为期6周的校准监测,以比对各SKA台址的无线电“宁静”程度。

2005年6—7月,SKA国际无线电频率干扰校准小组来华,执行为期6个星期的无线电干扰观测,频率覆盖50兆赫兹—22吉赫兹。小组成员是两个荷兰外宾:罗伯特·米勒纳尔和博乌·席佩尔。6月27日,校准小组抵达贵阳。国家天文台大射电望远镜实验室邱育海同行，朴廷彝因为探月任务测试而推迟到黔。荷兰外宾在贵阳期间，由贵州省无线电管理局负责其工作和生活。

一个意外发生了：国际海运设备于6月20日到达上海后，进出海关手续繁琐。嘉里大通物流有限公司贵州分公司对国际运输的经验有些不足，各种手续办理比计划晚了8天！

6月26日，大射电望远镜实验室朱文白赶赴上海，在上海天文台相关工作人员帮助下，与上海大通公司人员在上海海关办理海关保证金事务，并确保清关后上海海关把保证金退还上海天文台，督促、监督嘉里大通物流有限公司上海分公司将无线电干扰设备启运，发往贵阳。7月4日，设备运抵贵州省黔南州平塘县。

在FAST台址大窝凼洼地现场，除了贵州省无线电管理局孙建民、李德航、李家强、雷磊，黔南无线电管理局罗涛，以及电子工程师李建斌（当时在国家无线电监测中心所属公司任技术总监），还有中国科学院国家天文台的朴廷彝高级工程师和邱育海研究员。

7月5日，在FAST台址的设备安装出师不利，主要原因是现场偏远、条件有限。军人出身的贵州无线电管理局局长夏跃兵带头爬上FAST老观测室房顶，用"土法"架设设备。几乎所有临时配件在克度镇都买不到。夏局长就派雷磊到邻近的罗甸县城、黔南州府都匀市寻找，但最后还是不得不回贵阳购置。

就这样，贵州、国家天文台与荷兰联合工作组，克服种种困难，日夜兼程地完成了国内外专业监测设备的安装调试。国内外的"长枪大炮"监测设备终于架在了FAST老观测室楼顶和楼南侧的平地上（图6.12）。

7月6日，荷兰和中国在FAST台址大窝凼的观测开始。头两天的工作情况有些记录，大致摘记如下：

图6.12　2005年国际无线电干扰校准监测队在老观测室外，左起：雷磊、罗伯特·米勒纳尔、李家强、罗滔、邱育海、朴廷彝、夏跃兵、博乌·席佩尔、地方保障2人及孙建民等

7月6日上午9:00，到达FAST台址，先进行荷兰监测设备调试，查看各频段情况，寻找信号异常原因。发现电话交换机和网络设备开机时，对低频段噪声底值有抬高。关闭相关电源后噪底下降，但仍比其他频段高。决定在低频段1吉赫兹以下测试时暂关其电源。中午开始测试队列任务（8—16吉赫兹频段），约24小时。自动监测正常，17点多，外宾“包子”（博乌·席佩尔的外号）和“萝卜”（罗伯特·米勒纳尔的外号）回通州镇驻地。贵州省无线电管理局孙建民等人继续留在大窝凼现场，准备贵州监测设备，包括天线、控制电缆、前端放大器及开关等，至20点多才回到通州镇。

7月7日上午8:15，离开克度镇去FAST台址。先讨论了一些出现的问题。11点左右，前一天提交的任务8—16吉赫兹频段测试结束。11:40左右提交了新的队列任务，在3.6—5.1吉赫兹、960—1400兆赫兹高速采样，18.26—18.44吉赫兹频段测试采样。预计8日下午14:40左右结束。荷兰方面指出，贵州省的监测设备从屏蔽室出来的电缆外皮应和屏蔽室接地，避免电缆成辐射天线。当朴廷彝、邱育海和荷兰外宾回驻地时，孙建民等人开始安装贵州的天线系统，调试、控制天线和前放与软件。下午14点左右，夏跃兵局长从贵阳赶到大窝凼。晚上，贵州省无线电管理局的设备已基本安装调试完成。夏跃兵安排罗涛等人8号当天往返贵阳，购买相关材料，快速解决了屏蔽接地问题。9号开始国内外双方设备的监测校准。

俗话说：日出而作，日落而息。大射电望远镜台址的电波环境监测，却需要24小时不间断进行。白天在FAST台址监测，包括检查前一天数据质量。晚上启动自动观测模式，回到通州镇旅馆，交流、总结和联系国内外。

当时只有农业电网，“农电”电压不稳，加上雷电容易损坏我们的放大器和备件，我们不得不临时配置了一台甚至N台稳压电源和不间断电源，应对时常出现的短暂停电。

为维修和重启观测，需要有人在大射电候选台址值守。时任国家无线电监测中心某公司技术总监的李建斌，在FAST台址值守时间最多。他是一位对无线电监测设备软硬件均通、“没脾气”的高级电子工程师，研制了国内第一套国际标准的射电台址监测设备。

通过那次合作，李建斌喜欢上了天文人，喜欢上了天文技术及国际氛围。一年后，李建斌主动要求加盟，调入了大射电望远镜实验室工作。2007年秋，我安排李建斌到荷兰射电天文研究所（ASTRON）工作学习，主要针对FAST建设中可能遇到的EMC问题与专家讨论学习，如电机干扰、布线要求、屏蔽、接地和机房安排等，涉及无线电干扰进行长期监测和所使用的设备、软件、程序文件，WSRT和ASTRON射频研发部门人员构成，使用FPGA技术消除无线电干扰，提高望远镜观测质量等。

在无线电监测期间，天文学家与地方干部群众之间的对接与联系（包括平塘境内的后勤保障），由平塘县大射电办公室主任（平塘县科技局局长）张林协调。他办事雷厉风行，像个军人。他和副手孙亚平（后任平塘县天文与科技局局长）曾长期全天坚守在FAST台址现场和通州镇。

克度镇太穷，当时没有一家旅馆。30公里外的通州镇也就只有两家小旅馆，最好的是个三层小楼。一层是门厅、厨房及储物间，三层是旅馆主人休息和晾晒衣物的阳台，二层是客房，共六七间，全被我们包租，用于住宿办公。平塘县电信局为这间小旅馆接通了国际长途电话专线，提供拨号上网邮件服务。当时条件有限，但也能满足基本通信需求。

平塘县供电局对SKA选址国际联测提供保障，以满足24小时连续不间断联测。平塘县是国家级贫困县，使用的大多是农电。平塘县对大射电望远镜选址工作的供电保障实属不易！

平塘县城离开克度约90公里，基本上是盘山碎石路，单程一般需要两个多小时车程。国内外专家到达平塘县开展测试工作以来，县委书记左润华、县长唐官莹多次到FAST台址和住宿点看望专家，及时解决存在的实际困难。从县委招待所抽调厨师，中西餐结合，为联合监测工作组提供周到的餐饮。县卫生监督所抽调专人，负责食品卫生监督与检查。早晚餐安排在通州镇，以西餐为主。中餐安排在FAST台址大窝凼，以中餐为主。

张智勇副县长经常往返县城、通州镇和克度镇金科村大窝凼FAST台址，与外宾们努力地用中英文混合交流。（2013年，张智勇作为平塘县常务副县长，随贵州代表团考察了美属波多黎各阿雷西博305米大射电望远镜。2014年9月，张智勇被遴选为新创建的黔南州天文局首任局长，显然有他与天文界长期接触、合作的因素考量。）

在平塘县FAST台址进行电波环境监测时，因电压过高不能及时调整，损失了10小时；此外，因雷击坏了一个放大器，损失11小时，共损失一个有效工作日。外宾原定的返程机票是7月23日，不得不改期。

最终，在贵州FAST台址的无线电干扰国际监测于7月31日结束。8月1日，国际设备打包运输，国内设备继续监测。2日，罗伯特·米勒纳尔和博乌·席佩尔将经北京回荷兰。晚上，贵州省副省长张群山会见并宴请外宾，代表贵州省人民政府祝贺国际监测组完成了使命，赞扬他们在贵州工作1个月零1周，克服条件艰苦、语言困难等与发达国家的差距。他慰问并感谢罗伯特·米勒纳尔接到母亲病危通知后，仍然坚持在贵州工作，使中国无线电干扰数据最终能够与其他候选国家的情况比较。

国际联合监测者贵州名号

在贵州，大射电望远镜电波环境国际无线电干扰监测联队大约10人。每人差不多都有个本地“名号”。

SKA校准监测组组长罗伯特·米勒纳尔的昵称是“萝卜”，来自其名的音译。他酷爱摄影和登山，差不多每天会爬个洼地，金科村的洼地他大都爬过、翻越过。在他的个人网站上，可看到记录着SKA望远镜各国选址包括贵州喀斯特洼地的美丽照片。他还出版过SKA选址摄影册，据说还挺“挣钱”的。

博乌·席佩尔的昵称是“包子”，在荷兰ASTRON，他曾是“萝卜”的上司。不过，在贵州那次无线电环境监测任务中，“包子”是配角，与“萝卜”基本上形影相随（图6.13）。

“萝卜”和“包子”经常会被“偶遇”的村民们邀请到家中，喝茶、吸烟，从而学会了一些中文词和短语，例如“茶”“我不吸烟”。

国家天文台高级工程师朴廷彝，昵称“朴客”，是电子工程和射电天文信号分析的超人。同时，“朴客”的饭量和人缘更算“超人”。

国家天文台研究员邱育海，昵称“邱客”，自称“上知天文、下晓地理”，实际表现也算得上“名副其实”，通晓政治、社会科学，计算机、历史，明星和艺人也任他调侃。我给他的英文雅号是“Lazy Boy”（懒汉）、“Smart Guy”（神人）。

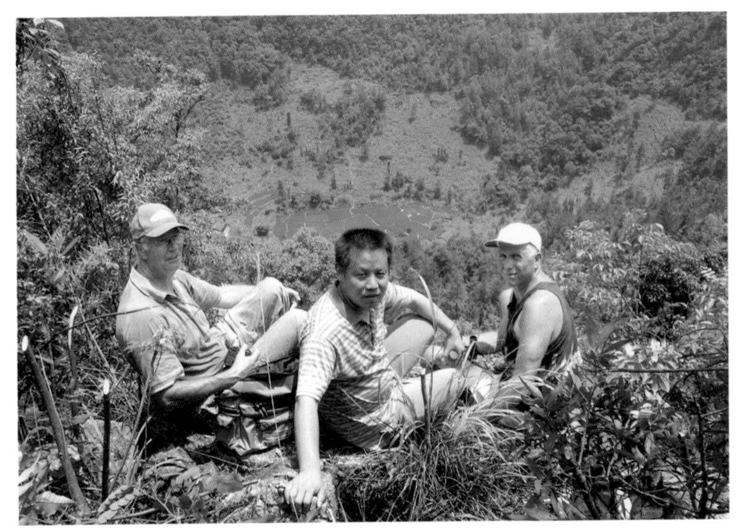

图6.13　2005年FAST台址无线电环境监测小憩，从左至右分别是：博乌·席佩尔、彭勃和罗伯特·米勒纳尔

2006年7月2—6日，贵州省无线电管理局局长夏跃兵与大射电望远镜实验室邱育海、金乘进和张承民，组成中国SKA台址申请代表团，在剑桥大学参加SKA候选台址国际专家评审会。张承民做了中国SKA台址申请报告，金乘进、邱育海和夏跃兵参与答辩和现场质询。

国际大射电望远镜候选台址评估委员会打分结果，中国SK台址电波环境是四个候选国中最好的（图6.14）。感谢贵州省州县大射电人同心协力，功夫不负有心人，实至名归！

然而，即便有贵州省省长、国家无线电管理局局长的书面承诺，国际大射电望远镜台址评估委员会仍对在50年时间里维持上百公里范围的电波宁静环境持怀疑态度。理由很简单：一个10亿人口的发展中大国，每人一部手机，相当多人配置了小灵通（一种大众化、经济实用的“区域”移动电话），在半个世纪的时间跨度里要保护好无线电环境，难以置信！

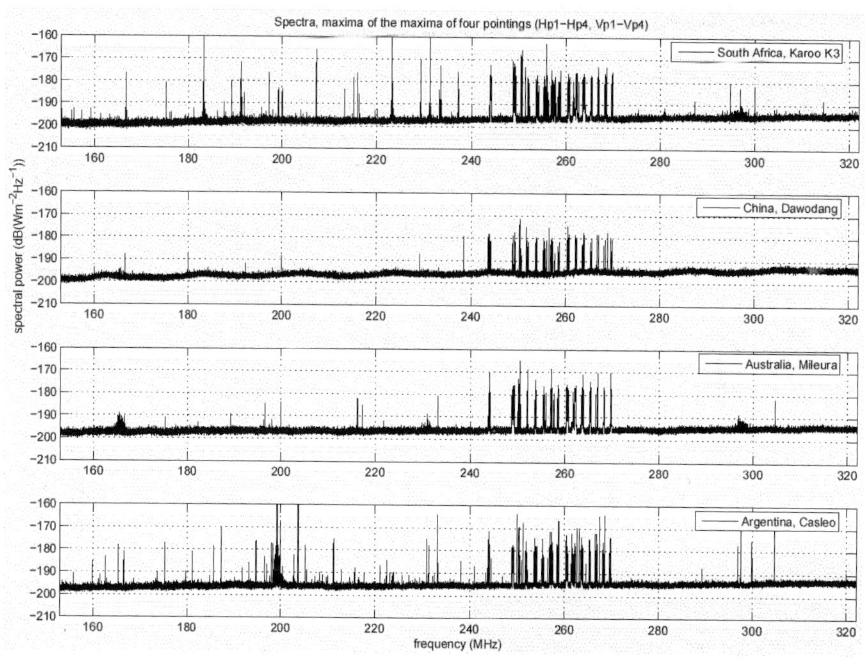

图6.14 南非、中国、澳大利亚和阿根廷大射电核心选区电磁波频谱结果

同时，因为天文学家们的科学"贪欲"膨胀，SKA大射电望远镜台址范围由最初300公里扩展至3000公里，扩大了10倍，在贵州省境内是不够了。我不得不"拼凑"若干边远台址，把中国所有射电天文台观测站均纳入，包括新疆乌鲁木齐天文站、紫金山天文台青海德令哈毫米波观测站、上海佘山25米射电望远镜观测基地、北京密云射电天文观测站。贵州省无线电管理局与我们天文人一起，对新疆、北京的候选台址也分别进行了6个星期的电波环境监测。经过这般努力，2006年SKA大射电望远镜台址遴选结论是，包括中国在内的候选国台址均满足SKA需求，中国SKA台址综合排名第三。最终优选出两名——南非（联合非洲8个国家）和澳大利亚（联合新西兰）——开展高投入的后续细致选址，中国台址在SKA竞争中不幸出局。

FAST台址"小咬"有天敌

在无线电干扰国际联测的后半场，我在从北京赶到贵州FAST台址之前，曾询问需要带些什么补给。朴客让我带些风油精，多多益善，说那是救命的药，对付现场的"小咬"特别需要。他身上基本都是"小咬"留下的遗迹——被小咬偷袭后形成的成片肿包，奇痒难忍！

考虑到FAST台址现场有十多个人，我从国家天文台医务室陆勤大夫那儿预定了两箱风油精，随飞机托运到了贵阳。

在FAST台址，虽然胳膊和手上涂抹了风油精，其余部分是被长裤和衬衣全覆盖，我也是在劫难逃！

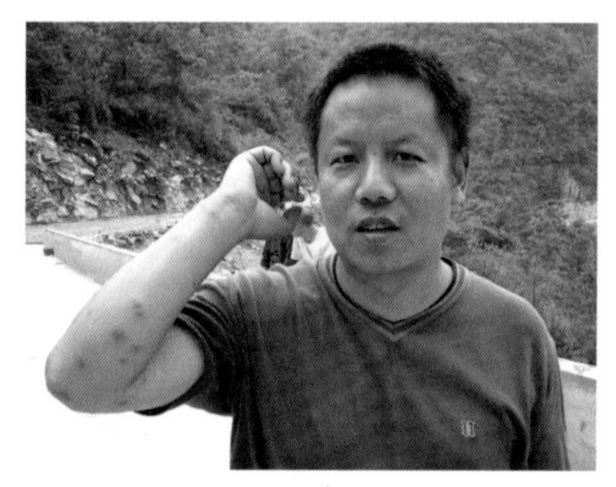

图6.15　大窝凼"小咬"欺生

第一天，我左右手腕处有些痒，找到几个小咬偷袭的包，但没见到"肇事者"。第二天，20多个包，比翻番还多，范围扩展至脖子、耳根。第三天，肿包已难以计数，估计有50个。没几天，包括被衣服覆盖的部位，全身均有小咬留下的痕迹，上百个是有了(图6.15)！

贵州省无线电管理局人员、荷兰外宾均被小咬偷袭。为认知宇宙不辞万里来到中国的荷兰"鬼子"，虽然皮糙毛厚，也难敌小咬侵扰。北京来的李建斌、朴廷彝和我更被小咬们"青睐"，在FAST大窝凼无情小咬的日常围攻下，大都遍体鳞伤。

但是，当地的村民身上没有小咬光顾，包括经常到我们观测室来歇脚的老太太。更奇怪的是，邱客居然毫发无损，成为唯一幸存者。

现场"专家分析研讨"给出的结论是：大窝凼的小咬优待省县来人、水土相近的“乡亲”。外宾是国际友人，加上皮肤上毛茸茸的防护层坚硬，还有特殊体味（就像我们喝不惯洋酒“威士忌”、外宾喝不惯北京“二锅头”一样），被咬程度有限。北京来客被小咬“欺生”极为严重！

“贵宾”邱育海虽来自北京，因是职业烟民，每天抽两包烟。还经常效仿丘吉尔（Winston Churchill）整天叼个英国“舶来”的大烟斗，抽散烟配“洋烟丝”。他的血对小咬就相当于“毒药”。若是哪只“口馋”的小咬贸然进攻邱客，那就是不自量力了，中毒身亡的肯定是贪嘴的小咬！邱客成了FAST台址大窝凼小咬们的“天敌”。

故事还在延续：执行完国际联测后，我回到家中，全身的包几个月都难以消散。辛劳、孤独的“苦行僧”，在人迹罕至的大山深处，守望无线电宁静的天空，却被地球上自然界的小咬蚕食，留下数月痕迹。特别是，一个小咬也没抓住，甚至不知它的模样儿，可谓是“苦大仇深怨男”！

5. 诺贝尔奖得主们的FAST情缘

在20多年FAST项目筹备与研制进程中，我们与四位天文界的诺贝尔物理学奖得主有过不同程度的直接交流。

第一位是英国剑桥大学安东尼·休伊什教授。1967年，他与研究生乔斯林·贝尔利用剑桥大学射电望远镜观测发现了脉冲星，休伊什因此获得1974年诺贝尔物理学奖。

1998年3月，我们在剑桥大学介绍了新近提出的巨型射电望远镜FAST方案。休伊什教授当天全程陪同，与我们进行了充分交流（图6.16）。我们恳请休伊什教授审阅FAST主动反射面论文，他欣然应允。两个月后，他寄来了经他细心修订的文稿，帮助大射电望远镜LT主动反射面创新论文在国际期刊发表。

图6.16　1998年3月，在卡文迪什实验室，左起：理查德·希尔斯、邱育海，安东尼·休伊什、彭勃、大卫·格林

第二位是澳大利亚国立大学校长布莱恩·施密特教授。他与亚当·里斯(Adam Riess)领导高红移超新星搜索、超新星宇宙学计划团队，长期利用十米凯克光学望远镜观测遥远星系里Ia型超新星爆发，于1998年发现了宇宙加速膨胀现象，被美国《科学》期刊誉为年度重要发现，与萨尔·珀尔马特(Saul Perlmutter)和亚当·里斯共同获得2011年诺贝尔物理学奖。为了解释宇宙加速膨胀现象，天文学家引入“暗能量”的概念，暗能量会抵抗引力，使宇宙加速膨胀。在当前的宇宙学标准模型中，暗能量约占73%。除非暗能量消失，否则宇宙将继续越来越快地膨胀，最终会走向消散。

2012年8月下旬，在澳大利亚驻华使馆的一次中澳科技合作庆祝活动上，我与施密特教授第一次握手。我简短介绍了FAST，祝贺他23日下午在北京101中学的精彩演讲，特别是转达了听众之一、我的爱子冠辰对他的敬意。

再与施密特见面，是在中国科学院国家天文台。2015年9月17日上午9点，在国家天文台A601会议室，举行了中国—澳大利亚天文联合研究中心成立仪式暨第一次工作会议。施密特出任联合中心澳方主任，紫金山天文台的“千人计划”入选者王力帆任中方主任，双方共同规划天文学合作蓝图。下午会议结束后，我们在中国科学院天地科学园区、奥林匹克公园散步，并在鸟巢和水立方前合影（图6.17）。一小时后，我们在国奥村酒楼共进晚餐。我带来了珍藏多年的茅台酒，中澳天文联合中心13人中，善饮者不过半数。施密特对“贵州水”赞赏有加。不经意间，两瓶“贵州水”竟然被几位酒神（包括两位主任）畅饮殆尽。

施密特还是位酿酒大师，他和夫人打造的葡萄酒需提前一年才能预订到。我曾经希望能够在黔南打造一个诺贝尔奖得主葡萄酒庄园，但贵州气候和地貌不太适宜种植葡萄。

第三位是美国加州大学伯克利分校的乔治·斯穆特（George Smoot）教授。他与约翰·马瑟（John Mather）共同领导了于1974年提出设想并于1989年成功发射的宇宙背景探测器COBE卫星，全面、精确地探测到宇宙微波背景辐射黑体形式和各向异性，两人因此分享了2006年诺贝尔物理学奖。COBE使宇宙学进入精确科学时代。斯穆特主要负责测量背景辐射中温度

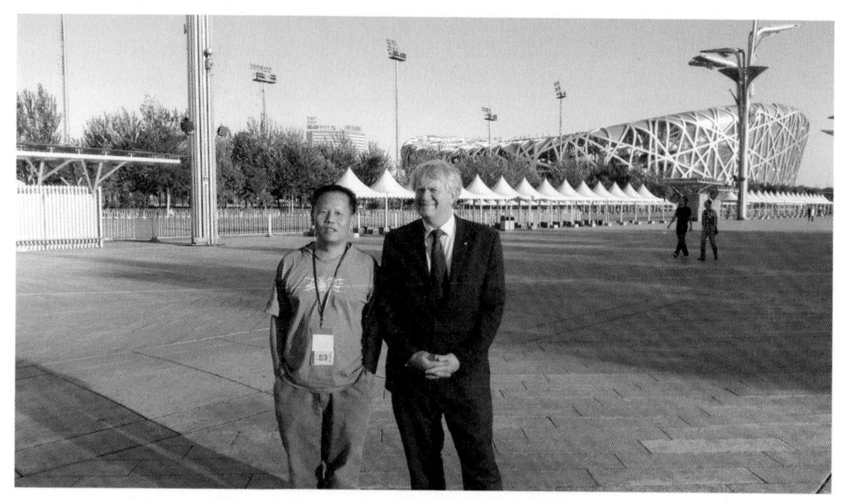

图6.17　2015年彭勃与施密特在北京奥林匹克公园

的微弱变化。

2014年6月15日傍晚，斯穆特在FAST接收机与终端系统总工程师金乘进陪同下抵达贵阳，受到贵州省分管外事的副省长蒙启良接见和宴请。16日上午，金乘进和我陪同斯穆特由贵阳驱车去黔南州平塘县。在FAST台址，斯穆特在圈梁、窝凼底部、馈源支撑塔等处详细考察，不断询问了解这个奇怪的望远镜（图6.18）。此后，在现场指挥部会议室，我们用投影仪进行了全面交流。

在从台址出来去平塘县城的途中，我们参观了有600年历史的牙舟陶工艺生产过程。斯穆特选购了两件极品，精心包装后带回国珍藏。夜宿平塘县城，斯穆特领略了亮丽的“玉水金盆”美景。平塘县城被碧绿如玉的河水从南、北、西三面环绕，从高处俯瞰宛如盆景，故有“玉水金盆”之称（图6.19）。后来我发现，它与建成后的FAST有惊人的相似之处！

图6.18　2014年6月16日在FAST台址，左起：金乘进、潘高峰、乔治·斯穆特、彭勃、杨清阁

图6.19　媲美FAST的平塘县城“玉水金盆”美景

17日上午9点，斯穆特专程为黔南大中学生作讲座。黔南州领导及近千名师生座无虚席、踊跃提问。会后大家分批与诺奖得主合影。午餐虽简短，但气氛热烈和谐。黔南州委书记龙长春、州人大主任罗毅、组织部部长黄伟等以及黔南民族师范学院石培新书记、石云辉校长等与斯穆特小酌话别。

无论在去平塘还是去机场的车上，斯穆特、金乘进和我一路畅谈。

虽然行程紧张，但离开中国约1个月，斯穆特写了篇FAST科学论文并发表，也真快!

第四位诺贝尔奖得主是普林斯顿大学约瑟夫·泰勒教授。1974年，约瑟夫·泰勒和罗素·赫尔斯(Russell Hulse)用美国阿雷西博305米口径射电望远镜发现脉冲星双星系统PSR 1913+16，并用来检验爱因斯坦广义相对论以及引力波预言，间接证实了引力波的存在。泰勒和赫尔斯因此获得1993年诺贝尔物理学奖。脉冲星PSR 1913+16由两颗中子星组成，双星绕转轨道运动时会辐射出引力波，导致能量和角动量损失，双星轨道收缩。这个效应很小，每天大约衰减1厘米。这样的引力波效应无法在太阳系测到，但在脉冲星双星系统被成功地观测到，观测到的轨道周期变率与爱因斯坦理论预言符合精度小于1%！

2000年，泰勒就任美国新千年天文学十年规划委员会主席。他一直致力于推动国际引力波探测研究，包括美国激光干涉引力波天文台LIGO建设、国际引力波脉冲星阵列以及平方公里阵SKA。

我与泰勒相识于他获诺奖后顺访荷兰之时，当时我在荷兰德温厄洛从事博士后科研。身高2米的他与我在荷兰天文研究基金会二楼楼道上擦肩而过，仅是一声相互问候。午餐时，我俩坐在餐桌的斜对面。他主动通名报姓，我吃惊地说，新获诺贝尔物理学奖的也叫泰勒。他笑答，就是我。我本能地回应：如果在中国，国家主席会接见你的。泰勒有些惊讶，笑道：真的？现在你作为代表，接见我了。

这是我们之间的第一次握手，就是这样偶然相遇、开心相识。

2016年3月，全国人大和政协两会期间，黔南州委书记龙长春、黔南州州长向红琼等专门造访国家天文台总部。国家天文台台长严俊、党委书记赵刚、副台长郑晓年，以及FAST团队南仁东和我等参与座谈。龙长春书记转达说，作为FAST共建部门，贵州省政府希望联合为FAST落成举办一个高端庆典。贵州省和中国科学院将邀请国家领导人到会，希望国家天文台邀请诺贝尔奖得主、国际射电天文台台长们和国内天文机构领导与会。

与南仁东商议了国际外宾邀请候选人后，具体联系和发邀请的活儿就落到我身上。难度在于如何能够邀请到诺贝尔奖得主。只有半年时间，我们先后联系了3位诺贝尔奖得主（包括李菂联系的一位），最终成功“绑架”、邀请到了约瑟夫·泰勒。

在邮件中我动情地“忽悠”他：阿雷西博305米望远镜因为你的脉冲双星发现而精彩，FAST 500米望远镜需要你来开光。他答应邀请后，我立刻与他约定航班并出票（FAST出不起头等舱机票，只能委屈他坐商务舱），以锁定"诺贝尔奖得主"这个关键少数!

2016年9月21—27日,泰勒访华,到贵州专程参加FAST落成庆典。我让FAST科学部的岳友岭在北京机场迎候、协助转机,并且全程陪同。

9月23日下午,在贵州省科协组织下,泰勒到贵阳一中演讲,与贵州中学生面对面交流。泰勒的演讲约半小时,没用PPT,只是找我借了一张FAST照片作背景投影。会场鸦雀无声,同学们聚精会神倾听大师演讲。

在提问和讨论环节,学生们纷纷用流利的英语踊跃提问,有个别学生卡壳,急中生智地中英文混合提问,但还是能够被泰勒理解。

贵州中学生不需要翻译!省科协准备的美女翻译、FAST团队岳友岭博士都很快进入了"失业"状态。

报告与交流结束后,同学们纷纷围到主席台,找泰勒签名和合影,形成了"追星"场面(图6.20)。很高兴地看到,这里的明星是科学大师!

我不由得想起与向红琼州长谈的一个设想:尽量邀请一些诺贝尔奖得主到贵州访问,直到FAST产生自己的诺贝尔奖得主。向红琼州长开心地充满期待。

图6.20　诺贝尔奖得主泰勒在贵阳一中交流

2017年10月18日，诺贝尔奖获得者杨振宁、美国加州大学圣巴巴拉分校校长杨祖佑、美国加州大学圣克鲁斯分校林潮教授等专家赴FAST工程现场参观交流。中国科学院副院长王恩哥、国家天文台副台长薛随建、FAST工程副经理彭勃、FAST工程副总工程师李菂、平塘县副县长朱明等陪同调研。

杨振宁先生1949年与著名物理学家恩里科·费米(Enrico Fermi)合作，提出基本粒子第一个复合模型。1954年，杨振宁和已故的米尔斯(R. Mills)合作，提出非阿贝尔规范场理论结构。1956年，他与李政道合作提出“弱相互作用中宇称不守恒理论”，并共同获得1957年诺贝尔物理学奖。

杨振宁先生一行依次前往FAST望远镜底部、反射面圈梁和总控室，并在贵州第一次大型国际会议论文集上签名(图6.21)。他们还详细了解了望远镜反射面、馈源舱的工作原理和技术细节。

随后，杨振宁一行听取了李菂介绍FAST工程建设进展，并就如何更好利用FAST进行科学研究，进行了广泛探讨并提出相关建议。杨振宁特别勉励FAST现场青年科技骨干，珍惜参与国家大科学装置工作机会，持之以恒、团结协作，期待FAST早出重大成果。

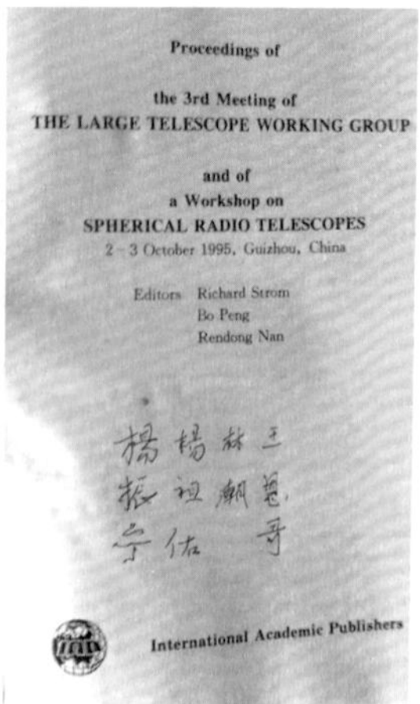
Proceedings of
the 3rd Meeting of
THE LARGE TELESCOPE WORKING GROUP
and of
a Workshop on
SPHERICAL RADIO TELESCOPES
2 - 3 October 1995, Guizhou, China

Editors Richard Strom
Bo Peng
Rendong Nan

International Academic Publishers

图6.21　诺贝尔奖得主杨振宁一行在FAST总控室，并在贵州第一次大型国际会议论文集上签名

6. FAST外交桥梁

FAST不仅吸引了一批批天文学家造访中国,更成为国际上的中国名片,构建了中国科技外交桥梁。

(1) 政治家关注大射电

中国和澳大利亚在射电天文领域的合作持续了半个多世纪,比两国正式建交还早了10年。

1963年,澳大利亚射电天文学家克里斯琴森教授访问中国,结识北京天文台王绶琯院士。20世纪70年代,他们共同在北京建造密云射电干涉仪,80年代更新为密云综合孔径射电望远镜MSRT,是中国研制出的第一台综合孔径射电望远镜。

1993年,中澳两国成为平方公里阵SKA国际大科学工程计划发起国、核心成员,并在大射电望远镜FAST核心接收机19波束研制紧密合作,续写了中国和澳大利亚天文合作的新篇章。

作为SKA国际组织中国代表(投票董事、科学董事),我多次应邀参加过中澳科技合作交流活动。例如,2011年底,我和中国科学院詹文龙副院长、国家天文台严俊台长等应邀到澳大利亚驻华大使官邸赴宴,共商射电天文特别是SKA项目上两国之间的合作,那是我第一次进入和体验大使官邸。2013年,在中国—澳大利亚政府建交40周年纪念活动期间,我有幸向澳大利亚女总理吉拉德赠送了自制的"FAST效果图"水晶摆台,并邀请她考察正在贵州建设的"中国天眼"。她愉快地接受了邀请。

2015年3月30日,澳大利亚新任总督彼得·科斯格罗夫爵士(Sir Peter Cosgrove)参加博鳌亚洲论坛。在澳大利亚驻华大使官邸,他与中澳科技及教育界人士会面。他敏锐地注意到了我的领带,那是条星空图案领带——有着天文元素的领带。这个寻找"新奇"的秘密是总督自己告诉我的。我有幸向总督介绍了大射电望远镜FAST与SKA的关系，由于他兴趣浓厚，我们之间交谈的时间，比他跟其他所有人加起来还要多(图6.22)。

2016年4月15日，在北京古观象台，我和北京天文馆馆长朱进以及澳大利亚国立大学校长布莱恩·施密特教授分别作为两国科学家代表，共同接待澳大利亚新总理马尔科姆·特恩布尔(Malcolm Turnbull)夫妇一行。

施密特告诉我讲，他昨晚在酒吧与马尔科姆邂逅小酌过。马尔科姆说，他很高兴在此见证了中西方文明的千年交融。对于中澳天文交流，特别是FAST和SKA方面的合作表示满意、充满期待。

2017年4月5日，泰王国诗琳通公主殿下莅临贵州省大窝凼，参观500米口径球面射电望远镜FAST。诗琳通公主、泰方皇家秘书事务办公室助理泰差耶蓬(Pairash Thajchayapong)和中国科学院国际合作局亚非处处长张世专上台，见证了中国科学院国家天文台(NAOC)与泰国国家天文研究所(NARIT)合作谅解备忘录的签署仪式。签署仪式由国家天文台副台长薛随建主持。贵州省政协副主席蔡志君、中国原驻泰特命全权大使管木、贵州省外事办主任陈力、黔南州州长吴胜华(2020年10月起任贵州省副省长)、国

图6.22　2013年3月在澳大利亚驻华使馆，彭勃与新任总督交流FAST和SKA

家天文台副台长郑晓年和纪委书记石硕出席了签署仪式。

诗琳通公主饶有兴致地听取了FAST首席科学家李菂研究员关于FAST建设的报告，参观了望远镜底部馈源舱入港平台和望远镜圈梁，与陪同人员合影留念（图6.23）。在圈梁上，公主殿下还主动邀请中国女警卫单独合影。

在FAST台址综合楼贵宾接待室，诗琳通公主用毛笔为FAST亲笔写下“天人合一”的题词。国家天文台台长严俊向诗琳通公主赠送了FAST望远镜模型，期待在诗琳通公主的关心和大力支持下，中泰天文合作取得更加丰硕的成果。

图6.23　诗琳通公主、郑晓年、严俊、彭勃、李菂和张蜀新在FAST望远镜圈梁合影留念

（2）大射电电磁波宁静区“王子服法”

2018年5月25日，应中国科学院院长白春礼邀请，英国约克公爵安德鲁王子一行赴贵州省黔南州平塘县克度镇大窝凼，参观、访问500米口径球面射电望远镜FAST和观测基地。

中国科学院副院长、中国科学院大学校长李树深专程赶赴FAST台址，代表中国科学院欢迎安德鲁王子一行。全国人大外事委员会副主任委员傅莹、贵州省副省长卢雍政、中国科学院国际合作局王振宇副局长、国家天文台台长严俊和副台长薛随建，以及在国家天文台工作并获得中国科学院国际人才计划支持的英籍学者等陪同访问。

安德鲁王子听取了我对FAST工程总体情况的介绍，然后观看FAST团队自己拍摄的工程建设视频，参观望远镜总控室（图6.24）和FAST望远镜本体。

从照片质量不难判断，这些照片来自胶片相机！这么重要的外事活动为什么不用数码相机或手机呢？

原来，按照贵州省《FAST电磁波宁静区保护办法》，严禁访客未经允许携带电子产品进入FAST电磁波宁静区核心区，即距离FAST望远镜半径5公里以内的区域。虽然安德鲁王子一行事先被告知了这一法规，但是王子作为国宾来访，我们会短暂停止望远镜运行吗？

结论是显然易见的：毫无例外！俗话说，王子犯法与庶民同罪。另外，还有一个重要工作必须分秒必争进行。中–澳联合研制的19波束馈源接收机正在进行最后的联合调试。25日那天是澳大利亚国立射电天文台CASS工程

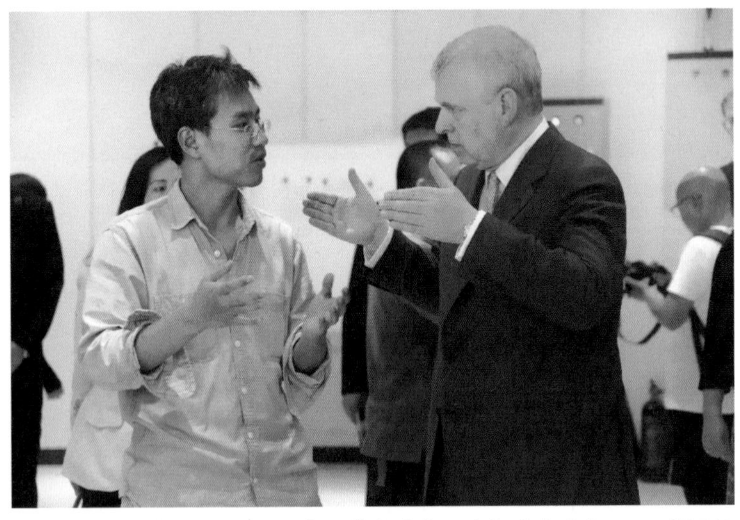

图6.24　2018年5月25日，约克公爵安德鲁王子与岳友岭在FAST望远镜总控制室

师海曼(Douglas Hayman)、劳什(Peter Roush)和邓宁(Alex Dunning)在FAST台址的最后一个工作日,第二天,澳方人员就将撤离FAST台址回国。

完全按照电磁波宁静区保护管理的常规,安德鲁王子的车队在平塘县天文小镇存放了电子产品。我们事先联系了天眼景区三天公司,调来2台机械式相机,方便贵宾们考察望远镜时留下照片。

在FAST综合楼前迎候王子,引导贵宾们到D201报告厅的路上,我向安德鲁王子追加了不能使用电子相机拍照的说明——FAST望远镜虽处于调试期,但今天要完成与澳大利亚工程师最后的多波束接收机调试对接。

在综合楼大厅外合影时,我对安德鲁王子讲,在FAST望远镜基地使用机械式相机为重要访客(VIP)拍照,还是第一次,相机是从旅游公司特别租借的。他表示惊讶并致谢。

在去望远镜本体考察路上,我补充道,今天特别调整了望远镜调试日程。您的汽车可短暂进入望远镜本体区域,当然只允许有限的2台小型车辆。

在大窝凼底部FAST馈源舱,FAST接收机与终端系统的工程师范瑾博士向安德鲁王子做了现场介绍(图6.25)。碰到澳大利亚工程师时,王子与他们进行了简短交流后,便开始滔滔不绝,对FAST台址周到的安排表示非

图6.25　范瑾(左三)在凼底给王子(左二)介绍FAST馈源舱(机械相机拍摄)

常满意。

王子的兴趣十分浓厚。参观中，他对射电望远镜观测原理、过程、研究目标等时常提问和追问：FAST为什么要去跟踪脉冲星？FAST对单个天体能跟踪多久？

考察望远镜本体时，他询问：如此巨大的反射面是怎么拼成的？听到FAST用45万块三角形面板拼出4450块反射面板单元，再拼接出30个足球场大的球冠形反射面时，王子又追问三角形边长是多少、每块三角形面板能否自己转动及其控制原理等。

王子对FAST的创新设计、工程建设赞不绝口："太壮观了！""太震撼了！"他对FAST科学目标及已经取得的成果表示由衷赞叹，"我对FAST很感兴趣"，并祝愿"中国天眼"会产出更多科学成果。

访问考察FAST望远镜后，安德鲁王子在接受采访时说：浩瀚的宇宙中，很多东西都是未知的。他希望FAST不仅可以探测到我们计划找寻的天体和现象，也能探索能够提高人类天体物理知识的那些未知。

结束了对FAST望远镜的参观后，安德鲁王子来到平塘县克度镇的民族风情街，观看当地少数民族妇女制作刺绣、蜡染等。

中美“天眼”有亲情

FAST与美国阿雷西博望远镜是世界最大的单天线射电望远镜，并称观测宇宙的“天眼”。阿雷西博望远镜建于20世纪60年代，是大射电望远镜前辈，为FAST提供了宝贵的经验。自1996年FAST团队首次造访阿雷西博天文台以来，双方开展了密切和卓有成效的合作交流。中国科技和政府部门代表团10多次赴波多黎各考察，学习阿雷西博望远镜建造、运行和管理经验，为FAST望远镜的建造和运行取经。

1. 阿雷西博望远镜简介

1963年建成的美国阿雷西博望远镜，依托波多黎各自由邦的喀斯特洼地，形成口径达1000英尺（305米）的球冠状反射面。球冠状反射面形成线聚焦，因此阿雷西博望远镜最初的馈源系统为工作频率430兆赫兹（波长70厘米）的长达27米的馈送缆线。这个线馈源由“西瓜瓣”（跨度约百米的钢制弧形臂）悬挂在水平三角形架下，可以在圆环轨道上转动，支撑其完成俯仰和水平运动，实现望远镜馈源的指向与跟踪（图7.1）。阿雷西博射电望远镜建设工期三年，建设经费930万美元。

阿雷西博望远镜一生经历了2次大型升级改造。

1973—1974年主反射面升级，由网状改造为打孔铝面板，铺设了340种曲率不同的1米×2米单元面板，共38778块；新的线馈源工作波长为21和13厘米；增加了S波段雷达发射装置，以便更好地开展行星科学探索。

图7.1　美国阿雷西博望远镜馈源支撑平台

1997年第二次升级改造，主要增加了馈源舱即双反射面系统（重约百吨，通过额外两次反射进行球差改正），实现由“线聚焦”到“点聚焦”，指向精度5角秒；并在固定式球面反射面边缘铺设“屏蔽墙”，以减少周边山体的电磁反射对望远镜形成干扰；同时S波段2.38吉赫兹雷达发射功率升级到1兆瓦；主反射面面型精度调整到1.5毫米，使工作频率提升至10吉赫兹；新建了访客中心。总花费约2500万美元。

这次改造使得“线馈源”成为“点馈源”，观测带宽大大增加。但在某些工作状态如雷达模式仍需使用“线馈源”。

第二次升级改造前，阿雷西博望远镜“桥梁”架构支撑平台重约600吨。改造为二次反射面馈源接收系统后，支撑平台重达900吨。

2004年，新添置了7波束接收机，打造可以在13角分视场范围以3.5角分的分辨率快速成图的射电“照相机”。

这样，阿雷西博305米射电望远镜建设总投资约4330万美元。在当今物价水平下，建造相当规模的望远镜估计需要超2亿美元。阿雷西博望远镜由美国国家科学基金会支持，由康奈尔大学负责运行至2011年。后因经费缺乏，两次易手。近50年来，运行维护人员约140人，研究及管理支撑人员30人。

阿雷西博望远镜功能强大，建成不久就旗开得胜，之后更是惊喜连连。

1964年重新测量并确定了水星自转周期为59天，而非此前的88天。

1968年发现周期33毫秒的蟹状星云脉冲星，为中子星的起源提供了首个确凿证据。

1974年，阿雷西博望远镜发现了第一例脉冲双星系统，发现其轨道每天收缩约1厘米，间接验证爱因斯坦广义相对论对引力波辐射的预言。20年后，此研究成果斩获1993年诺贝尔物理学奖。

1974年，向武仙座球状星团M13发射了二进制码信息，又称“阿雷西博信息”，包括地球的位置、人口、人类DNA分子结构及阿雷西博望远镜结构等。如果M13中的地外文明能够收到并且“破译”出来，5万年后，我们就能接收到M13“居民”反馈给地球的信息。

1981年完成了第一幅金星表面雷达图，1982年发现了第一颗毫秒脉冲星，1989年对小行星第一次进行了直接成像。

1991年发现毫秒脉冲星PSR1257+12及其周边三行星体系，是人类首次发现太阳系外行星。

1994年获得了火星两极冰的分布图。2008年对星爆星系Arp 220的射电谱线观测发现了生命起源相关分子甲亚胺和氰化氢。

另外，阿雷西博望远镜不仅测量了地球电离层组成、对地球构成潜在威胁的小行星轨道和特征，还是两部好莱坞大片《007之黄金眼》和《接触》的取景地。后者的女主角乃是以女科学家吉尔·塔特(Jill Tarter)为原型。吉尔·塔特一生以SETI(搜寻地外理性生命)为目标，曾任凤凰计划首席科学家、美国地外生命研究所所长、SETI国际联盟主席、SKA执行委员会首任主席等。

2019年,阿雷西博望远镜完成了对银河系外快速射电暴(重复暴)第一次定位！在新前沿领域表现非凡,宝刀未老。

2. 阿雷西博天文台“取经”

1996年10月,阿雷西博天文台前台长哈格福什(Tor Hagfors)、澳大利亚国立射电天文台总工程师韦林顿(Kelvin Wellington)访问北京天文台,考察了贵州大射电望远镜洼地台址。11月,大射电望远镜中国推进委员会南仁东、邱育海和徐祥三人组团赴美,先后访问加州地外智慧生物搜寻(SETI)研究所、阿雷西博天文台(图7.2)和美国国立射电天文台,考察和寻求大射电望远镜项目合作。

1999年,在赴德国从事合作研究前,我联系并计划与西电段宝岩博士、中国科学院遥感所聂跃平博士、清华大学任革学博士访问阿雷西博天文台。因从德国去美国手续繁琐,包括签证、往返机票报销等事宜,我不想太花精力,最终未能赴美。

图7.2　1996年11月,南仁东(右二)、邱育海(左一)和徐祥(左二)考察美国阿雷西博305米望远镜,在其馈源支撑平台合影

在波多黎各，段宝岩和任革学主要考察了阿雷西博望远镜结构，特别是馈源支撑体系。聂跃平重点考察台址地形地貌，特别是其工程地质和水文地质情况。他们还向阿雷西博天文台相关工程师咨询了望远镜整体以及台址环境情况。

段宝岩、聂跃平、任革学三人通过这次访问，对FAST望远镜馈源支撑系统的机械与结构设计、反射面索网结构、台址地学和无线电环境等，有了直观和深度理解，也为清华大学任革学团组2003年前后开展索网主动反射面仿真研究奠定了基础。因为，阿雷西博望远镜采用的正是索网支撑反射面，只是其反射面不是主动变形的。

“美国天眼之父”的来信

2002年9月2日，我收到署名“美国天眼之父”比尔·戈登(Bill Gordon)的一封邮件(图7.3)。虽素昧平生，也没能当面交流，戈登教授对新一代阿雷西博型望远镜FAST概念的理解不够完全，但我们收到了他对中国“天眼”的关注、寄语和期待。

戈登教授阅读的2002年《无线电科学通讯》论文，是FAST团队的第一篇杂志封面文章，全面介绍了FAST的概念设计及关键技术试验初步进展。它源自2000年初，我在德国慕尼黑SPIE大会的一个邀请报告，也是FAST项目第一次官宣将成为世界第一大单口径射电望远镜。一年后，我收到《无线电科学通讯》杂志主编的邀文，次年3月论文被正式发表。

戈登教授邮件全文翻译如下，权作中国、美国两大“天眼”知识传承的见证。

彭勃、南仁东，

我很高兴拜读了你们2002年3月在《无线电科学通讯》(RADIO

SCIENCE BULLETIN)杂志发表的论文,“世界最大的单天线”这一桂冠目前是由阿雷西博望远镜戴着的。我祝你们好运,能够实现(FAST)。

在URSI马斯特里赫特会议上,我本打算现场聆听你们的报告,与你们会面。但是,当我按照会议日程到会场时,发现你们的报告已经结束了,我就去了别的分会场。非常遗憾,没能和你们现场交流。对于你们在《无线电科学通讯》杂志上发表的文章,我有一些建议和提醒,谨供你们参考。

1958年在为阿雷西博望远镜选址时,我们发现喀斯特地貌还是常见的。中国西南地区拥有的喀斯特地貌,不是独一无二的。

阿雷西博望远镜因加装格里高利副反射面,使得配置“标准的馈源”成为可能,从而具有很宽的频段和全偏振功能。

如果你们能实现预期的设计,就能真正获得更大的天区覆盖。但请注意,你们的300米有效口径之外的部分天线,是能被馈源“照射到”的,进而会影响接收的信号。那可能导致信号减弱和波束变形。

“FAST将会成为世界上接收面积最大的望远镜”。这儿有个问题,接收面积是相对于波长的平方或者天线增益而言的。阿雷西博望远镜在波长6厘米时工作状态良好,而你们的FAST望远镜300米有效口径在波长15厘米左右时,天线增益较小。当然,真正的答案还是要到实际运行时才知道。

通过三根缆索固定馈源舱的设计,是阿雷西博望远镜能成功的关键所在。据我理解,你们也会采用这一方案。

无论能否达到预期的目标,你们都将拥有一台有价值的设备。我祝你们的项目好运!

比尔·戈登

“阿雷西博望远镜之父”

Peng Bo

发件人: Bill Gordon <bgordon@spacsun.rice.edu>
收件人: <pb@bao.ac.cn>
抄送: <71221.621@compuserve.com>
发送时间: 2002年9月2日 0:06
主题: FAST and your paper at the URSI Assembl

B. Peng and R.Nan,

I was pleased to read your paper in the March 2002 RADIO SCIENCE BULLETIN ABOUT "THE WORLD'S LARGEST SINGLE DISH", a title that the Arecibo Telescope currently holds. I wish you good luck in your efforts.
At the Maastricht URSI Assembly I wanted to hear your talk and meet you but when I arrived at the room and time scheduled in the meeting program I found that your paper had already been given, so I went to a different session. Sorry to have missed you.
With regard to your paper in the BULLETIN I have a few comments and some words of caution.
Karst areas are quite common as we discovered when in 1958 we were looking for a site for what became the Arecibo Dish. They are not "unique" to southwest China.
The Arecibo dish has achieved wide bandwidth and full polarization capability by adding a Gregorian sub-reflector that permits the use of "standard feed designs".
If you achieve your design goal you will indeed have a larger sky coverage. Be careful, however, of the portion of your dish that is outside of the intended 300 meter useful area. That portion will be visible to the feed and contribute something to the signal. The contribution could be out of phase and reduce the signal and alter the beam shape.

"The FAST will achieve the largest collecting area in the world". The quantity that matters is the collecting area measured in square wavelengths, or the gain of the dish. Arecibo works well at 6 cm. Your dish at about 15 cm with a 300 meter usable aperture has a smaller gain, but the real answer will come when you are operating.

The scheme of holding a point in the structure fixed by three cables in tension is the key element in the successful design for Arecibo. As I understand your suspension system you are using that scheme.

Whether you meet your design goals or not you should have a valuable instrument. best of luck with your project,
Bill Gordon, "The father of Arecibo"

图7.3　2002年9月2日，“美国天眼之父”戈登给彭勃发来的邮件全文

2006年春，FAST立项建议书基本完成，FAST项目委员会同时转入下一步的可行性研究。针对一些设计和工程技术问题，5月22—27日，我们再次组团访问阿雷西博天文台。出行人员包括：加入FAST主动反射面研究两年的哈尔滨工业大学范峰博士、国家天文台王启明博士、由天文转入技术的金乘进和朱文白博士，我是代表团团长。

那次专访，我们先在国内充分准备了问题讨论清单，大约3页A4纸。我事先发邮件给阿雷西博天文台。时任副台长坎贝尔（Donald B. Campbell）约好了相关技术专家，为我们在阿雷西博天文台停留期间提供现场咨询、深度探讨。那应该是阿雷西博天文台与中国大射电望远镜实验室合作最富有成果的一周“密切接触”。

白天，我们考察望远镜各个组分，包括馈源支撑塔结构、材料、备索、卷索机构、减震器，反射面索网、反射面单元及材料、反射面单元网孔、主索、副索、下拉索及相关测量、挡风墙、馈源舱索道、线馈源、双反射面馈源、雷达装置、接收机、信号传输与电缆光缆、控制室、电子实验室、望远镜维修车间、道路、用电量，还了解了温度变化对结构和望远镜性能的影响，甚至天文台人员配置及管理结构（例如电子部25人，计算机5人）等，与美方全面、深入、针对性地进行咨询交流。晚上，我们在阿雷西博天文台招待所写见闻和结论，汇总后发回北京，接受在国内的南仁东、邱育海、朱丽春等人的及时反馈，以便第二天继续深入探讨。

此行，为FAST立项建议书深化，特别是为可行性研究报告编写、详细设计、工程建设、科学运行和设备管理，采集了宝贵经验。

阿雷西博爬塔之旅

访问期间有一个小插曲。不记得是谁提议：咱们应该爬一个塔。

金乘进向布朗(Robert Brown)台长提出此诉求,回答是“需要协调一下”。据说除维修人员外,没有任何人,特别是访客,攀爬过阿雷西博望远镜的高塔。

访问结束前,5月25日中午,我们在馈源塔维护工程师约西(Josi)陪同下,攀爬了阿雷西博望远镜三个塔之一,靠近访客中心的那个T12,高度约80米(现在贵州FAST望远镜有6座钢结构馈源支撑塔,高度在约112米至173米之间)。

约西首先为大家讲解了安全带使用方法,并配发了安全帽头盔。那是我一生中一次充满挑战的恐怖之旅!

阿雷西博望远镜是水泥塔,我们要攀登的是一节节方形铁梯,连接我们和铁梯的只有安全带。周围虽然有圆筒形铁环护栏,但毕竟是空心的,而且只是半圈。我跟着大部队,表面上看我是在殿后。爬了20米高,我就有些后悔,可又进退两难,不得不跟随大家,继续攀爬“高高的”水泥塔。

无论是团员还是团长,什么时候都不能“脱团”!

越往上爬越心慌、腿软,可能有些恐高,至少有心理作用,但又毫无退路。想到自己一生中,遇事从来没有半途而废过,爬山就一定会到峰顶!那就必须继续攀登!最后,我还是爬上了阿雷西博望远镜的水泥塔。虽然比其他成员晚了几分钟,我毕竟还是登上了塔顶,FAST代表团成员一个都没少地“会师了”,这就是团队的精神力量(图7.4)。

在一次偶然的机会,与康奈尔大学教授、老朋友特奇安聊到阿雷西博望远镜。得知在康奈尔大学读博士期间,他曾爬过阿雷西博馈源支撑塔,虽然记不得是哪座了。他没听说谁还爬过阿雷西博望远镜的塔,貌似高不可攀。

我得意地告诉他,我爬过了。真的?!我们情不自禁地拥抱了一下,因为我们都经历过:站在塔顶,看得更远,感触更多。

看来,我们FAST团队是第二批爬上阿雷西博望远镜水泥高塔的科技人,肯登攀者!

图7.4　2006年5月,FAST项目科技代表团在阿雷西博望远镜的塔顶。左起:金乘进、朱文白、范峰、彭勃、王启明

美国加州大学伯克利分校沃西默(Dan Werthimer)曾对金乘进提到,那次他也在阿雷西博天文台,他看到我们爬塔了。

现在FAST人大都爬过自己的馈源支撑钢塔,那似乎是不成文的约定,必须的!

3. FAST与阿雷西博100小时"密接"

下面这份日志基于2006年FAST项目代表团五位成员访问阿雷西博天文台的工作报告,稍加整理而成,记录了王启明、范峰、金乘进、朱文白和我在阿雷西博天文台4个工作日100小时的行程。下面分享给大家,回放、追忆FAST人与阿雷西博天文人之间的友好交流,致谢有50年探索与收获的美国"天眼"前辈传经解惑,让中国"天眼"FAST工程建设受益匪浅。

2006年
5月22日
星期一，晴

凌晨，我们5人平安到达波多黎各圣胡安酒店，当地时间夜里1点。

10:00，我们向阿雷西博天文台出发。阿雷西博天文台派来的司机名叫Danny Pilda，非常友善，是波多黎各当地人，西班牙裔。

波多黎各自由邦总人口500万，60%为西班牙裔。从地图上看，波多黎各很像一头健壮的牛，但没有四条腿。我们沿着牛背向西行驶，窗外一片热带植物，景色优美。

阿雷西博天文台在山顶，司机对地形非常熟，汽车沿着盘山道速度飞快地行驶。11:30左右，我们到达天文台。办完入住手续，领取了一台“丰田”轿车，方便出行。

回到房间匆匆放下行李，就到主楼与台长Brown会面，确认这几天的日程。他带我们在天文台办公楼参观，去食堂吃午饭。

下午1:50，我们到天文台图书室，准备作报告。

2点，大约20人已经陆续到位，报告正式开始。我与王启明、范峰、朱文白、金乘进依次介绍了FAST项目现状及台址、主动反射面及模型建造、FAST反射面的索网结构、馈源支撑系统、接收机和测量与控制等内容。针对我们的报告，阿雷西博天文台同事提了不少问题，研讨气氛很活跃。

两小时后，下午4:15—6:00，康奈尔大学Donald Campbell作报告，简要介绍了阿雷西博望远镜历史、机械概念和功能。

1959年望远镜设计，一年时间就决定了许多技术问题和做出选择。如从固定抛物面变成了固定球面，是非常正确的决策。

1960年至1963年,建造完成了索网球反射面雷达望远镜。其工作频率是600兆赫兹。三组(一组两根,共六根)拉索以平衡馈源支撑平台。

1973年至1975年,阿雷西博望远镜进行了第一次升级改造。建造38778个打孔铝板,每块面板1×2平方米。

1996年启动第二次更新改造。主要是建造了三次反射面馈源,约415片形成22米的二次反射面,约48片形成8米的3次反射面。馈源支撑系统改造加强(600至900吨),以支撑新增加的重量约99吨的馈源舱。

对巨型反射面的照相测量,布置了约40 000个靶标,一台相机,面板精度由12毫米调整至1.3毫米。整个反射面测量的周期历时三个多月,包括贴靶片三个月,照相三天,数据处理三周,总造价200万美元。

6:30左右,结束讨论去吃晚饭。

晚饭用了半小时,我们一起到望远镜现场进行了第一次简短“亲近”。

天色很快就暗下来了。近距离接触到了美国“天眼”,涌现出很多问题,计划明天与阿雷西博同事进一步讨论。

沿着大射电望远镜走了一圈后,我们就开车返回天文台招待所。晚上8:00—10:00,我们代表团五人分别整理相关日记。

问题思考:

阿雷西博天文台的一个系统工程师,一个月前刚退休,是否能邀请他到FAST工作或当顾问?

晚上去望远镜周围走一圈,发现些目的不明的钢缆(在反射面底部,好像与什么都不连着)。第三天我们下到反射面底部参观时,确认了与反射面不连的细钢索是用来支撑缆车的,在维修和调整反射面单元时使用。

阿雷西博望远镜相关信息:

中频传输:目前阿雷西博望远镜用模拟传输,数字化和处理在机房进行。有未来在馈源舱数字化光纤传输的计划。

雷达:430兆赫兹发射机在地面有两台,信号同相叠加,用波导送上去。S波段发射机在馈源舱内,发射机的供电由自带的柴油发电机提供。

控制室屏蔽:部分屏蔽,好像只是接收机终端室的数字电路部分进行了屏蔽。

天线控制和实验室:阿雷西博天文台有控制室、接收机终端及电子实验室、小型机械加工室等。

反射面测量: Lynn Baker是阿雷西博天文台反射面测量负责人。

望远镜性能测量: Phil负责进行指向校准、波束测量和系统温度测量等。当对一块天区进行OTF成图观测时,需要天线扫描速度比对天体的跟踪速度高。FAST目前好像对此没有留余地。

讨论交流:

Phil:反射面面板单元间对天线的偏振性能有影响,在与面板缝隙平行和垂直时性能不一样。

激光测量:如果有雾对红外激光的影响很大。激光跟踪仪干涉测量(数条纹),如果有鸟飞过挡了一下光,就会丢失绝对位置信息,影响测量。对API的新的ADM功能虽然测量精度稍低,但是不存在丢失靶标的问题,不影响位置测量。

Phil:校准指向时需要对天体目标扫描观测。FAST也许可通过Stewart平台实现这种运动。

稳定索:每一个拉力大约60吨。温差会造成支撑索长变化,稳定索主要用来调整由此导致的三角平台位置误差。进行跟踪观测时,馈源舱运行时会造成三角平台倾斜,由此导致的舱的定位误差,将通过在导轨上加薄垫片来改正。

弧形臂:长约100米。

线状馈源:有一个窄带的线馈照明整个反射面,联系人是Lynn Baker。

猫道:用独立索系悬挂。

反射面面板单元:在边缘看到,单元间只是压在一起,形成了一个小台阶,大约1毫米。天线反射面一个区域面板锈蚀较明显。

选址:在波多黎各有6个台址,为什么选定阿雷西博市的这个?考虑无线电干扰的现在和将来。

洪水:阿雷西博发洪水,最深曾经达4米深,用强力水泵抽到相邻的河里面。

防噪墙的建造周期及造价:耗时15个月,造价150万美元。

馈源平台及索的遮挡:0.3分贝,L波段损失约10%。

馈源舱的一次吊装时间:6小时。

阿雷西博天文台方面提问:

密云模型面板是否有间隙,间隙多大? 有间隙,大约4—5厘米;

4米/秒的工作风速是如何确定的? 依据当地气象统计资料确定的。

如何应对索及促动器的失效问题? 要设置结构健康监测系统,来发现部件的失效并提前预警。

如何确定下拉索不松弛? 设计时,下拉索必需有一定应力储备,储备值根据工作态模拟确定。

FAST项目代表团方面提问:

阿雷西博望远镜工作风速是多少,是什么位置的风速? 90%时间风速25英里/小时,相当于11米/秒,是望远镜顶部的风速。

温度变化的影响? 馈源支撑索在升温时会伸长,平台会下降30厘米左右,但对反射面的影响没有具体结论,感觉比较小。

反射面建造前是否进行了风洞试验? 做过风洞试验,具体时间记不清了。

5月23日
星期二,晴

8:30—13:00,参观阿雷西博望远镜馈源支撑平台。

我们与陪同人员每4人一组,使用缆车到阿雷西博望远镜馈源支撑平台参观(图7.5)。

图7.5 在阿雷西博望远镜馈源支撑平台上。左起:金乘进、朱文白、彭勃、王启明和范峰

Michael带上金乘进、朱文白和范峰先行,我与Phil、Jone、王启明乘索道车后上平台。从手表计时发现,用了不到3分钟。约一个半小时后,Phil去参加Brown的会议,2小时左右,Felipe Soberal加入,之后Ganenas来加入相关问题讨论。

下午2:00—6:30,两个报告及研讨:

Felipe Soberal介绍系统的机械运行和望远镜维修,Phil介绍了望远镜性能包括增益、指向、聚焦和稳定索问题。

晚上8:00—10:00,五人分别整理日记,内容庞杂,难以归纳完整。

望远镜工作车辆有多少? 5+3+10=18部,主要是吉普车(大都是开始运行后使用至今)和工具车(大多较新)。长期使用柴油但污染大,最近转为用汽油,但必须通过无线电干扰条件检测。柴油车无线电干扰很小,建议FAST使用柴油车。但现代柴油车装有微机，也会产生无线电干扰，不建议直接购置就使用。

另外，柴油存储和运输是个问题，容易引起泄露和污染。

因为火花塞打火，汽油车产生较大无线电干扰。自行采取屏蔽措施很难奏效。要么屏蔽不好，要么会使汽车内部电磁环境恶化，导致一些微机工作异常，使汽车根本开不动。

通常地，屏蔽的汽油车只供特殊用户(如军方)使用，阿雷西博天文台与丰田公司谈过，但是没有相应的购买许可。

阿雷西博天文台做法是，尽量用柴油车。望远镜观测时，避免开动汽油车。

道路情况？ 建设工程时是土路，运行开始是柏油路，路面宽度约4米，单行线。在有条件的地方(如洼地较宽处)错车和调头。道路允许4米高的部件运输。

测量情况？ 1958年，在周围山顶分布架设了13台测量设备，进行建设工程测绘。当时的测绘公司就是现在的徕卡公司。

直升飞机场的建造目的？ 接待州长、国家元首等政治活动，以及紧急救援。

支持塔的地基深度？ 三个馈源平台支持塔的地基约5米深。

制冷机可倾斜多少度？振动是否有影响？ 倾斜可以至8度，阿雷西博在压缩机里多加了些油，使压缩机可倾斜到10度。高频振动没有大影响，低频振动影响较大。后来采用了常平架(无论如何倾斜、颠簸,这个仪器都能保持在水平的状态。后被用于航海时测量经纬度,大大提高了欧洲船只的航程。现代陀螺仪也是以此为基础发展来的),问题得到圆满解决,我们拍了摄像。

日夜温度差:一般不到10摄氏度;平均值约5摄氏度。日最高温度95华氏度。

馈源重量和接收机用电量? 格里高利双反射面总体重量99吨,线状馈源40吨,平衡重量25吨。明确电子部主任、印度人Ganase可提供图,给出重量和耗电量等。

S波段发射机功率、重量、尺度和安置? 2兆瓦,2个500公斤,每个长2米、直径约40公分。Ganase可以提供图。发射状态时,所有高频馈源需要盖上屏蔽罩,我们拍了照片。

避雷针情况? 平台上有球形针,馈源塔上是单针,还有一个圆片上有一堆针。

雷雨? 夏天几乎每天下雨,打雷频次在2—3天,而且主要是下午打雷。

电子部人员多少? 22—25个永久职位,答应会提供人员具体分工。

为什么同时2个发射机? 一个发射机功率1兆瓦,但效率只有50%。

用电量? 答应提供发射、接收及生活用电的分配。

洼地绿化? 很快就会自然生成。反射面下面的树、或者顺下拉索爬上去的植物藤,有些要经常剪断。反射面下面的植被和外面的显著不同,Brown说是阳光不充足的结果。

球半径? 265米。

反射面之间缝隙对望远镜性能的影响？ 4片反射面之间都存在大缝隙，但影响实际很小。

反射面的网孔如何打的？ 在工厂制造完成有孔面板和曲面背架，过程不知道；在现场相邻的一个洼地实施安装。

索的直径？ 馈源平台支撑主索74.2毫米，反射面主索25毫米、副索8.2毫米，1800根下拉索9.5毫米。

索力分布？ 100牛至11千牛。

红外测量仪器工作失败的原因？ 下雨天，全站仪的镜头防护窗，以及全站仪无线电干扰防护网上面的雨水造成，太阳在全站仪方向束范围时也失效。备注：阿雷西博望远镜使用徕卡公司Wild品牌的激光测距仪，测量原理与全站仪相同，飞鸟等的短时间遮挡不会造成靶标丢失，不影响测量。

温度差对反射面形状的影响？ 通过观测强(>12 Jy)点源得到望远镜的方向图，通过对其栅环计算是有影响的，沿球面径向最大位移约1毫米。

5月24日
星期三，晴

参观三个塔和反射面下的洼地，听三个报告，今天大家精神都不错。

6:00，出发去阿雷西博望远镜的T12和T4两个馈源塔；这些塔的编号依据时钟指示，参观靠近访客中心的T12塔，在正北方向。这个塔编号方式，FAST承继了，除了内涵明确，还有方位信息。

8:10，返回吃早饭。

8:40，Brown和Campbell分别开吉普车带上我们；参观反射面暨台址洼地底部(图7.6)和T8馈源塔。我们向Brown提出登塔顶看顶部连接细节的要求,他说需要协调,估计有可能安排。

图7.6　2006年5月考察阿雷西博望远镜底部。左起:台长布朗、朱文白、金乘近、副台长坎贝尔、彭勃和王启明。感谢范峰为中美"天眼"天文台成员留下合照

馈源塔及访客中心:

下午1:30开始,安排了三个技术与运行情况报告。

Gananes介绍了望远镜电子系统,Arun介绍了计算和数据管理,Michael在望远镜主控制室介绍望远镜控制系统。

晚上6:20,晚饭。

T12馈源塔:步行到12号塔,发现它就在阿雷西博天文台访客中心附近,我们考察了塔结构、主索、背索、索的高压气注入装置。

阿雷西博天文台访客中心:我们对访客中心的位置、规

模等进行了考察，在那里能够对阿雷西博望远镜整体有非常好的视角。特别关注了反射面修复使用的蛙人鞋、对反射面主索段原型的简介。

T4馈源塔：我们驱车赶到4号塔，顺路考察了道路分布结构，通向塔的路与通向反射面环路有2处交叉。在4号塔有一个老警卫室，我们还爬了第一层塔，第二层开始就有锁了。其他与12号塔相同。

反射面边缘：

反射面及主索和副索：Brown与金乘进、朱文白同乘一台越野吉普车，Campbell与范峰、王启明和我同乘一台车。先在反射面边缘对主索(2.5厘米)、副索(1厘米)、单元块面板的厚度(小于1毫米)、材料(镀锌钢，出于事后防锈、维护等遇到的困难原因，建议FAST主副索使用不锈钢)，在1976、1986和1997年对反射面维护和测量，几乎每10年进行一次，每次维护约需2年时间，分别得到约3.1、2.3、1.3毫米的精度。对反射面测量的靶标，对反射面调整与维护车的索道及其工作原理、方式等进行考察、咨询。每次需要调整的副索约占其数量的10%。测光测量对反射面主索的参考精度在1—2毫米。

反射面暨台址洼地底部：

Brown与金乘进、朱文白同乘一台越野吉普车，Campbell与范峰、王启明和我驱车下到洼地底部(忘记计时，估计约3分钟)，对下拉索(约1800根，0.8毫米)、三对下拉索及其对应的基础墩等进行考察、咨询。Brown赶回去开会，又派了一位陪同。洼地底部的周边南面有一条人工河及其水泵,在洼地中部某处还有通往人工河的人造漏水洞。反射面顶点附近30×18米方圆有可以拆卸的天窗反射面。

馈源塔T8:

Arratia与金乘进、朱文白同乘一台越野吉普车,Campbell与范峰、王启明和我驱车下到洼地底部。通过现场提问,对Campbell报告有进一步认识。他估计馈源平台与馈源塔之间300米、馈源塔与地锚之间索长400米,共约700米。

报告中提问:

接收机平台的大小与重量?大小以后提供,ALFA馈源约1000公斤,其他馈源约200公斤。

无线电干扰长期监测开始的时间? 干扰数据是否用于抗干扰? 7年,尚没有,正在考虑。

阿雷西博望远镜用于VLBI的时间每年有多少? 正常观测与维修时间各是多少? 不清楚(Bob后来给出了一个时间分配表)。

光纤和供电电缆是埋、悬挂? 主要是悬挂。

总用电量? 1500千瓦。

馈源支撑系统:塔和平台。

23日上午参观了平台,24日早晨6点参观了T12和T4两个80米的塔和地锚点,8点早饭,上午Campbell和Brown引领我们参观了反射面和T8(120米,建筑高度)塔和地锚。至此,关于馈源支撑的三个塔和平台都看过了。

总体印象,馈源平台比原来通过图片了解和想象的要壮观许多,反射面相对来说比想象的小一些。在防噪墙下快步绕行一圈，时间30分钟就够了。

馈源信号和动力通道即猫道，存在一个与平台独立的支撑点，支撑点位于三角框架某一边的上方，支撑点引出3根索分别连接三个塔顶。另外，限乘5人缆车的索道同样是连接在此处。优点在于，猫道和缆车索道振动可以被有效地隔离。

为支撑中心大平台，每个塔顶引向平台6根索，直径74.2毫米。4根平行连接在三角框架下平面的顶点上，另外2根角度张开，分别连接在下平面的边上。连接点距此方向顶点的距离为2/3边长。还可以看到，平台上平面各顶点放射状延伸出悬臂，端点连接两根向下的稳定索，直径50毫米，实时控制以保持平台稳定。总体来看，馈源平台用24根索连接在刚性桁架来实现稳定定位。

每个塔顶各引一索，交会于中心附近的一点，来支撑猫道。前面提过，这3根索不参与平台支撑。稳定索，实时控制，以保持平台稳定。

每个塔背面斜下方向与地锚连接有7根索，中间5根平行下拉，边沿两根角度略有分开，是90年代升级改造后，平台重量600吨增加至900吨后添置的。所有塔基都有良好的道路可以方便抵达。注意，中间一根索曾断过被换了。

在每根支撑索和背拉索两端，距离连接点6米左右的地方，每端添加了6个阻尼器，我们照了图片。悬索上使用了标准的桥梁阻尼器。

馈源平台上有6个靶标，是普通圆棱镜，每个顶点两个。下方反射面边缘有6个激光测距仪，60年代徕卡产品，品牌是Wild，徕卡测量的前身。馈源平台的测量定位原理与Stewart平台6腿相同。激光测距没有跟踪功能，激光的光束在平台处约40厘米直径，通常平台移动范围不大，不会跑出激光光束。

馈源支撑平台的圆形轨道内壁安装有宽2厘米的齿弧，用来测量地平方位角，我们照了图片。臂上驱动用的齿弧兼用于地平高度角的测量。

三次反射面是一个5根驱动腿的并联机构，类似Stewart平台。调整精度在亚毫米。观测前花几分钟，做相位中心定位调整，通过13参数的数学模型归算调整，最终定位在4毫米。当然，包括平台定位水平、俯仰和三次反射面的5自由度驱动。

馈源舱内的骨架是铝合金材料，截面约100毫米×200毫米，壁厚1毫米左右，非常结实，蒙皮也是铝合金。整体上满足高刚度、重量轻、防锈蚀。

反射面相关信息：

温度变化范围在65—95华氏度。最大工作风速25英里/小时，是在空中测量的，平台上有风速仪实时测量并记录，95%时间的风速都很小。

温度对反射面板的热效应很小，其影响忽略不计。由于挡风墙及风速值很小，风荷载对反射面的精度影响也可以忽略。

馈源支撑三角形桁架端点是实时测量的，并通过稳定索进行调节，频率为2秒一次，精度很高，稳定索相连的索端部有驱动器相连，距离变化范围60厘米。

由于面板及背架均为铝材，很轻，约8公斤/块，而且跨度小，没有对背架进行同源设计。反射面主索及副索材质均为标准索材，无特殊之处。

空中平台上的栏杆扶手和爬梯等附属构件，基本都是铝材，用不锈钢螺栓或铆钉连接。

馈源支撑主索应力比为0.5，而反射面中索的应力比非常小。

所有的索都刷防腐涂料，支撑主索还采用了自动补充干空气的方式挤出水来防腐。其他钢材构件都进行镀锌防腐处理。

反射面调整螺栓注油脂防腐。

每块反射面背架由四个调整螺栓连接，其中2个点固定，2个点为滑动点，这样可以防止上人后的塑性变形。滑动点处，背架与节点连接板间加塑料滑动垫片（白色圆形），背架、节点间的连接孔都为长条孔，方向交叉。

节点中心的调整螺栓高出反射面面板一个螺母的高度。

整个反射面系统大约10年进行一次全面维护，每次时间为两年，花费100万美元。测量两次，第一次测量后，对1800个下拉索连接点进行调整，再对面板所有节点（每块面板1个靶标）进行调整，共花一年。之后第2次测量，重复刚才的程序，再次调整（对前次结果进行校核）再花一年。

反射面精度是依据面板上的靶标进行统计的，1976年更新后精度2.3毫米。在反射面底部，Campbell说起下拉索地锚：主要有方形和圆形两种形状的地锚，分别对应60年代刚建造和70年代反射面升级时候的地锚。地锚由水泥墩实现，大小不等。尺寸主要由承受的张力大小决定。地面下方不具有厚重、深埋的地基。对应不同形状的地锚，地面上分别挖了方形和圆形的孔，直接把水泥墩放进去。因此，在垂直方向上如果力够大，会把水泥墩拔离地面的安装孔，甚至是拔出地面。在坡地上平整一小块地坪，之后打细石混凝土垫层，垫层上再搁置配重。若开挖用于打垫层的话，也是不深的，垫层通常10厘米左右厚，这与基础开挖是两个不同的概念。调节馈源三角平台的下拉索连接到的大墩子放在地面上的钢架上。对于FAST，情况有些不同，径向拉力好像比阿雷西博大得多。

下拉索一般为垂直下拉，间距7.5米×6米，下拉索连接在主索上。当反射面下面遇到路、水沟等地貌不能建立地锚时，下拉索从相邻的地锚墩连接到主索。反射面下拉索在中央处比较松弛，下拉索在边缘处比底部中央处张拉得紧，由于阿雷西博望远镜的反射面为被动反射面，主要由面板背架等结构自重来成形球面，下拉索仅作为辅助手段，来调整反射面形状，在中央处体现得更明显。在边缘处，自重在反射面切线方向的分量对反射面形状有不利影响，需下拉索起更重要作用。

反射面总重量（面板、背架和索）约370吨。

阿雷西博望远镜反射面尺寸参数包括：

面板孔径：6毫米，透孔率60%；面板单元1米×2米，厚度1毫米，材质是铝；现场加工打孔铝面板，耗费铝材270吨；面板背架0.91×1.82米（3×6英尺），材质是铝。

面板背架高度:115毫米;面板背架之间的缝隙约60毫米;面板背架为Z形件,厚度小于1毫米,材质为铝;面板及背架重量(约8千克/块,共38778块,全反射面合计300吨)。

主索直径25毫米,总长8公里,重量31吨;副索直径6毫米,总长40公里,重量约9吨;下拉索估计总重量约5吨;支撑节点和下拉节点总重量约25吨。

施工过程:

场地整理、道路整修、馈源支撑主索地锚施工、支撑塔施工、三角桁架地面制作、塔上安装临时施工索、吊装三角桁架、安装圆形轨道及支撑臂、猫道安装、挡风墙施工、安装反射面主索和副索。

接收机相关信息:

ALFA是澳大利亚ATNF天文台研制的,与PARKES望远镜的13-波束系统类似。他们没有很强的重量限制,我们FAST可以想办法把重量减轻。

从照片(图7.7)上看,ALFA的一些结构件做得很结实,如馈源、极化器等;并且有些电子设备部分,如放大器电源等,都直接连在杜瓦上。结构件应该可以通过打一些孔,或选择轻一些的材料(如杜瓦,目前ALFA用的是不锈钢,用铝就轻多了)等方式减重。

有些电子设备也可以放在FAST的一次平台上。需要放在下平台上的主要包括:馈源、极化器、放大器、杜瓦瓶、冷头等主要部分。ALFA的7波束和PARKES望远镜的13-波束应该有很大减重空间。这个问题,我们跟英国JBO或者澳大利亚ATNF天文台仔细讨论,应该可以很好地解决。

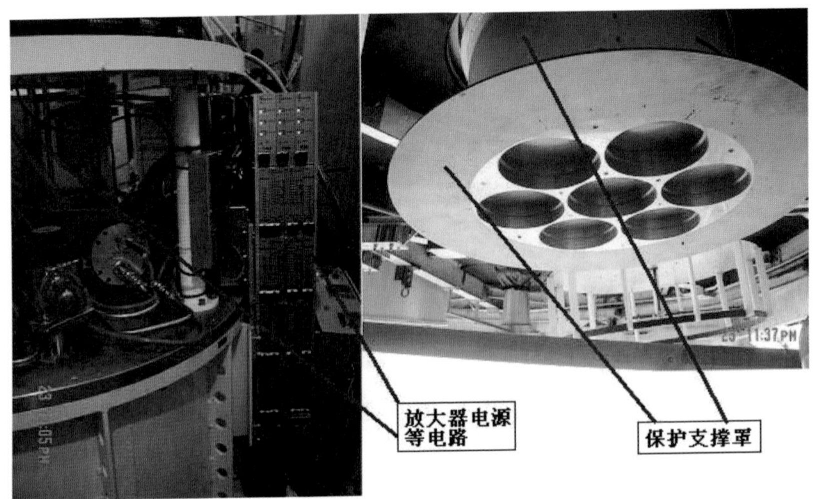

图7.7 阿雷西博望远镜ALFA的一些结构件(如馈源、极化器等)很结实,电子设备如放大器电源等直接连在杜瓦上

其他问题答案:

反射面面板单元:在边缘看到,单元间只是压在了一起,形成了一个小台阶,大约1毫米左右。天线反射面有些区域面板锈蚀较明显,锈蚀区域下植物一般离反射面板较近,水汽较多,造成锈蚀相对明显。

反射面上的垃圾没有想象的多。另外反射面较薄,当有东西从馈源舱掉下来时可能在上面砸穿一个洞。

阿雷西博望远镜早期的照明设计主要关心的是如何获得尽可能高的灵敏度,因此,对望远镜旁瓣抑制的要求并不高。对于大射电FAST的照明优化问题,他们没有给出确定的建议。

和Lynn Baker,Donald Campbell聊了对FAST的500米口径用线馈照明的问题。他们的建议是:如果做一个和阿雷西博望远镜类似的波导线馈,会更长,更重,并且带宽窄。

可以考虑用阵子天线在球面焦线上排列，在每个阵子的输出连接低噪声放大器，对从每个低噪声放大器输出的信号进行相应的延迟处理，这同时也可以实现宽带观测。

在馈源舱上看到了使用常平架的压缩机安装架。和我们2001年FAST中-英联合设计中的常平架类似，但只有一个旋转轴，用来补偿馈源舱在馈源支撑臂上的运动所造成的倾斜。

阿雷西博望远镜馈源舱中馈源的定位精度在4毫米左右。

反射面下面的植被和外面山坡上的很不同，Brown说是由于下面日照不充足造成的，这些植物的种子由飞鸟带来（种子来源也许是Brown的猜测）。反射面下面和观测站周围的植被是自然发育出来的。

反射面下面的洼地底部挖了一个水渠，反射面下的山坡上也挖了些导水槽，所有这些水可通过一个由柴油发动机驱动的水泵，把水抽到洼地外面河中。

反射面单元是四边形，四块面板单元交点处由一个支撑与反射面副索相连。相连的接头是两松两紧。

阿雷西博望远镜的反射面索网由南北向的粗索和东西向的副索组成。成型时，先通过下拉索把索网粗略成型为球面，再沿径向调整各反射面单元的位置，使反射面成为一个球面。我们FAST望远镜是否借鉴这种方式，设计一个简洁、重量轻的主动反射面？比如，在11米单元上也使用2×1米或1×1米的小单元，通过调节成型。

阿雷西博望远镜的机械部分，大约一到二个月进行一次检查,以便及时发现和处理锈蚀、金属断裂等问题。在轨道滚轮等运动部分上足够的机油。紧固件有的地方用聚硫化物密封剂来密封。

阿雷西博望远镜的电子实验室负责接收机的维护工作。同时进行有关电磁兼容的测试,如新购置设备的无线电干扰情况。需要的话就进行屏蔽。

反射面测量,每个靶标2.5美元。反射面测量买了一个相机。二次和三次反射面测量是租用的相机,每周5000美元。反射面测量最终结果是:测量点的误差1.8毫米,结合反射面面板单元,整体反射面的误差约2.3毫米。

5月25日
星期四,
晴转阴
多云

攀登T12塔,两个报告,晚上宴会。

上午8:30—11:00,Brown与Mike分别介绍阿雷西博望远镜的运行、雷达科学。

上午11:30—12:30,爬T12塔,Josi开(建站以来的)吉普车,给我们配带上安全带、头盔,告诉我们如何正确使用后,大家随他爬上了塔,上塔忘了看表,下来约10分钟。据说Josi每月爬一次塔,他5分钟能够上到塔顶。

晚上6:00,Brown在天文台附近餐馆招待我们。大部分在站工作人员约30人参加。我们每个人都被要求讲了话。气氛相当活跃。

报告中的提问:

望远镜时间分配? 每年科学观测约6000小时,维护时间约500小时,软件和硬件测试与发展约1000小时,失败约250小时。

申请和项目委员会情况？ 每年大约执行300个项目，先送给6个评委，由项目委员会4个成员（全是阿雷西博天文台的）根据评委的打分给申请排序，由专人负责安排观测。

阿雷西博天文台人员构成？ Brown给出了130人的部门属性，没有包括在康奈尔大学的20人。

阿雷西博天文台输电情况？ 115千伏（悬空）高压线在离望远镜5公里外变压成13千伏，再变成480伏特（埋地）三相电。13千伏变到480伏特是在阿雷西博天文台实验楼边上变的。其柴油发电能力是1500千伏安，平均使用商业电750千伏安。

运行费用？ 应该是建设经费的10%，实际只能达到5%—6%，其中人员费用占75%（即750万美元）。

阿雷西博天文台的无线电干扰主要来源？ 机场雷达、军事雷达、天文台自己设备和人员带来的干扰以及电视信号等。

如果阿雷西博重新建设，办公室是否选择离望远镜远些？ 当然。

S波段雷达造价多少？ 约1500万美元。

阿雷西博天文台占地面积多大？ 购买了150公顷，由政府强制购买，但是使得居民满意。

与当地居民的关系？ 像离天文台很近的餐馆、学校等需要让当地居民受益。

阿雷西博天文台是否用围墙？ 通常利用自然屏障，每个路口加了门，早期有门卫及岗亭，现在完全是摄像头管理。

5月26日 星期五，晴间多云

7:00，王启明和金乘进去反射面下的洼地拣石头，带回国，方便与贵州的FAST台址区的地质条件进行比较。

8:00，金乘进、朱文白与Lynn Baker讨论了微波透明的绳索材料。

9:00，我找Brown台长"讨要"一个小物件儿。从库房剪取一小片阿雷西博望远镜反射面面板，可随身携带的。王启明如获至宝，拿它作为FAST设计参考。

FAST代表团告别阿雷西博天文台。

中午到波多黎各首府圣胡安入住酒店，下午观光老城区、城堡、大学和海滩，了解不一样的历史与文化。

4. 中美"天眼"建设与运维交流

2009年，FAST可行性研究报告批复前，为了让大科学装置主管部门领导对天文，特别是大射电望远镜及其科学成就有直观认识，我陪同国家发改委高新司王欣、袁军，贵州省发改委高新处方廷伟一行访问美国。

访美第一站，造访了夏威夷10米口径凯克光学望远镜，和麦克斯韦亚毫米波望远镜(JCMT)。在那里，我结识了(大)朱明。他作为加拿大雇员，长期负责JCMT时间分配和望远镜的观测运行。不久，朱明作为中国科学院百人计划，引进到FAST团队，出任FAST工程科学部主任。朱明领导的科学部中的两员干将——北京大学毕业的博士岳友岭、钱磊(因为没有人员编制，我先以博士后岗位"收留"了他们)，为FAST工程竣工后的科学"开光"及调试观测等做了大量基础性准备工作。

随后，我们从夏威夷飞赴波多黎各，也是我们的主要目的地，参观考察阿雷西博天文台。由于出国天数限制，在阿雷西博天文台的两天短暂而忙碌(图7.8)。除参观阿雷西博望远镜本体和访客中心，还进行了两次双边讨论。一次是我介绍FAST项目进展和需进一步咨询的问题。另一次，坎贝尔介绍阿雷西博望远镜建设过程以及取得的科学成就。我用中英文两种语言，相当于同声翻译了。

发改委系统同志英文表达能力虽有限，但是兴趣浓厚，不断地打断和提问，问题涉及经费、建设情况、时间节点、成果和管理方面。搞得我这个临时翻译很疲劳，最后竟然失声了！这是我这辈子唯一的一次失声。我的嘴在不停地说，大家却听不见。当我被叫停时还没明白怎么回事。方廷伟让我先喝点水，润下嗓子，休息一下。他告诉我，你失声了！以前我听说过但是没有关注失声这个词，并不知道什么是失声。这次，我亲历了。

傍晚，阿雷西博天文台领导在加勒比海海边的一家餐馆宴请中国代表团。我们在靠海一侧的露天长桌围坐，点了本地鱼。贵州人拿出两瓶“土酒”。瓶盖打开后，还没怎么享用，餐馆老板就闻香而至，打听是什么酒。

图7.8　2009年5月发改委代表团考察阿雷西博望远镜，左起袁军、方廷伟、彭勃、王欣

他说，打扰了，但是餐馆里客人都闻到了，太香了！受其他客人委托，专门打听一下这是什么特殊酒。

我就给他倒了一点，也就是自带的小玻璃酒杯半杯。他先闻后饮，赞不绝口，却不知，自己的脸已变红了。

阿雷西博天文台的"鬼子们"都很善饮，也开始喜欢中国白酒。离开餐馆前，我们把一个空酒瓶留给餐馆老板，那是老板主动讨要的，他高兴地收藏了。还有一个，被阿雷西博天文台工程师菲利普(Philip)收藏。

真可谓：贵州酒香大西洋，空瓶伫留加勒比。美酒，是地球人共同的爱好啊！

后来，我再访阿雷西博市时，基本会去同一个海边餐馆。那个瓶子一直摆在餐馆吧台，夸张些说，还能隐隐闻到遗留的酒香哦。

5. 大射电"WiFi"中美姊妹城

2011年2月，美国国家科学基金会(NSF)对阿雷西博天文台管理运行机构进行重组。由康奈尔大学运行49年后，阿雷西博望远镜改由美国斯坦福研究所(SRI)与波多黎各当地安娜门德斯大学(AGMUS)共同运行。

坎贝尔博士是最后一任来自康奈尔大学的阿雷西博天文台台长。通过邮件，他把我介绍给新任台长克尔(Bob Kerr)博士，以延续中国国家天文台FAST团队与阿雷西博天文台之间的长期合作。

为重新衔接国家天文台与阿雷西博天文台之间的合作，加强贵州省有关部门、各级领导对国家天文台承担的大科学工程项目——大射电望远镜的直观了解，2011年12月5—7日，国家天文台与贵州省联合代表团访问了阿雷西博天文台，成员包括我、王宜、张晓萍、李微、李月成和张智勇共6人。

我们抵达阿雷西博天文台是下午5点左右，先在招待所安顿下来。6点赶到天文台食堂，参加新一届台领导欢迎中国代表团的宴会(图7.9)。

图7.9　2012年在阿雷西博天文台，左起：张智勇、张晓萍、王宜、李月成、克尔、厨师、亨里克·艾尔基奇(Henrick M. Ierkic)教授、李微、阿拉蒂亚

无论是学术会议代表、还是特殊访客，这样的安排是少有的。

这得到食堂厨师的确认。其中年轻点儿的厨师喜欢集币，我掏出随身的中国纸币硬币给他。虽然不成套，他却高兴得像个孩子，因为他从来没拥有过中国钱。

第二天，克尔台长与阿拉蒂亚副台长等人全程陪同中国代表团参观。代表团考察了阿雷西博天文台技术实验室、望远镜总控室、馈源支撑平台、馈源舱及接收机系统、主反射面结构、激光雷达、内部通信系统、柴油发电厂、生活水源、食宿、图书馆、天文馆和首都大学城(UMET)等。

我应邀在访客中心做了40分钟讲座，介绍中国射电天文情况及FAST项目2011年进展，回答了对方提问。双方交流了巨型球面望远镜建造与运行经验，包括无线电波宁静区的设立和立法保护、望远镜防雷、与大学和政府之间关系等问题。

由阿雷西博天文台牵线，中国代表团还专程访问了当地政府(图7.10)。中方除了国家天文台王宜副台长和我之外，其余均来自贵州。

当晚，阿雷西博天文台领导们邀请我们到加勒比海边，在涛声中，东西

图7.10 2012年天文台台长克尔陪同贵州代表团李微、张晓萍、李月成、张智勇等拜访阿雷西博市政厅

文化交融。大家频频举杯，畅饮“贵州水”，大口吃海鱼烧烤。

离开阿雷西博天文台那天早上，大约6点多，天刚放亮，一身运动装的克尔台长和西服革履的阿拉蒂亚先后赶到招待所亲切话别。这也是前所未有的礼遇。没想到的是，司机竟然是冈萨雷斯(Sixto González)前台长，由他开车送我们去圣胡安机场。

冈萨雷斯是雷达天文专家。一路上，我们滔滔不绝地畅谈。他自豪地介绍阿雷西博望远镜雷达天文的历史和未来，提议阿雷西博望远镜与FAST可能的雷达天文合作等。我在副驾驶座位上，与他交流的同时，继续当翻译官。

李微事后评论，这个老外太能侃了。声音洪亮、手舞足蹈。手还不时地离开方向盘，她一直担着心。半路停车，我们吃了一顿波多黎各的本地早餐，阿拉蒂亚埋单。

在此次访问中，阿雷西博天文台新台长克尔博士、副台长及巴塞洛内塔市市长等，热情接待了FAST工程及贵州省共建单位代表团一行。他们明确表达了继续其前任与中国合作的意愿。这也应验了克尔的话：我们之间的合作应该比我的前任们更加紧密。

贵州省州县相关领导对在喀斯特洼地台址建造大型射电望远镜及配套基础设施，有了切身体验和认识。美国阿雷西博天文台及地方政府领导对他们感兴趣的问题都一一做了解答。通过双方交流，感受到新的发展机遇和挑战，愿意相互支持。为此，我们启动了在科研、教育及地方政府等三方面合作的准备工作。2012年，在互访基础上，我们完成3个合作备忘录的起草、修订和签署。

鉴于美国属地波多黎各拥有世界第一大单天线阿雷西博1000英尺(305米口径)望远镜逾50年，贵州将拥有世界第一大单天线FAST主宰未来半个世纪射电天文观测，我建议黔南州与阿雷西博市可结为姊妹城市，助推黔南发展成国际天文地质公园和高端科普文化园。

2013年9月，美国阿拉蒂亚博士、瓜斯普(Wilfredo Guasp)博士赴黔南企业考察，探讨波多黎各与黔南州在医药方面的合作。美国安娜门德斯大学、东方大学和荷兰阿姆斯特丹大学等的专家出席了黔南“周日科研讲坛”开班式并授课。从“周日科研讲坛”评选出黔南州中学及大学优秀学员，安排赴欧美相关高校短期学习。

2014年2月，黔南州政府代表团访美。不巧阿雷西博市政府正在换届，便只与波多黎各自由邦(阿雷西博毗邻)巴塞洛内塔市建立合作关系(图7.11)。向红琼州长与卡洛斯·莫里纳市长共同签订了两地友好城市合作备忘录，双方同意开展教、科、文、工、商及旅游合作，巴塞洛内塔市媒体对此进行了全面报道。

2015年，双方开始人员互访，包括黔南师院两名老师到波多黎各访学半年，波多黎各的一位女研究生到黔南师院访学一年。

畅想在延伸：黔南向波多黎各推荐特色资源(都匀毛尖、苗绣等)，双方启动2—3项实质性友好城市合作项目，如教育、旅游和制药产业等。借助

图7.11　2014年2月，向红琼州长与巴塞洛内塔市莫里纳市长签署两地合作备忘录，左起：莫里纳、石雅镠、向红琼、林小峰和彭勃

波多黎各的生物制药特色产业，打造黔南少数民族制药走向产业化、规模化和国际化。在姊妹城市基础上，贵州继续与波多黎各更多城市和企业建立合作关系，为建立省级姊妹伙伴关系打下良好基础。以黔南为中心，集成贵州全省资源，成就世界天文科学产业省。

6.“美国天眼”悲壮谢幕

2020年，305米阿雷西博望远镜水泥塔的辅钢缆、主钢缆先后在8月和11月出现断裂，并造成其反射面不同程度的损坏。经专家评估，其近千吨的馈源支撑平台也面临坍塌风险。

因难以在保证安全的前提下开展修复工作，阿雷西博望远镜“被迫”永久性关闭，并将予以拆除。美国国家科学基金会数学和物理科学局局长肖恩·琼斯(Sean Jones)表示：“下这个决定并非易事，但安全因素排在第一位。”

2020年12月1日，阿雷西博望远镜重达900吨的馈源舱及其支撑平台不幸坠落，造成巨型反射面严重损毁(图7.12和图7.13)。

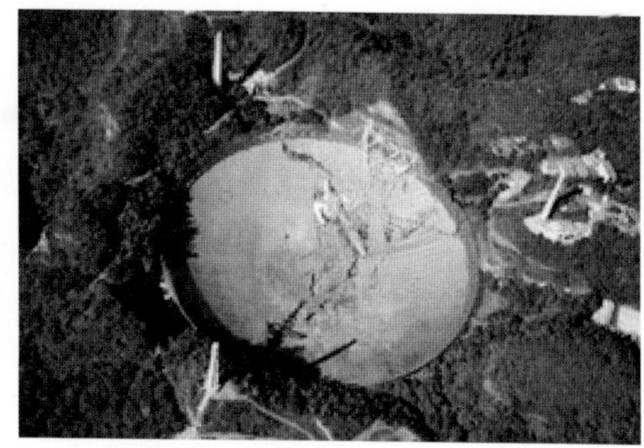

图7.12　波多黎各阿雷西博望远镜馈源舱坠落坍塌前后

图7.13　2020年8月至12月，阿雷西博望远镜馈源支撑钢缆断裂2根，损坏其下巨型反射面；最终千吨平台坠落，望远镜损毁。

阿雷西博大射电望远镜，功成身退！

我访问过阿雷西博望远镜十来次，看到此情此景，震惊、伤感！心情沉痛，难以平复。

阿雷西博望远镜历经无数次飓风和地震袭扰，屹立于世"年满"57载，在大气科学、引力波和行星探测等领域作出了重大贡献。

我们感谢这位20世纪的世界老大，凤凰涅槃的射电天文望远镜"王者"！深情缅怀它对认识人类环境、推动自然科学发展作出的巨大贡献。中国"天眼"FAST将接过阿雷西博的重任，为射电天文学、为人类认知宇宙做出新成果。

大射电事业传承

中国的射电天文起步于中国—苏联在海南岛的日环食联合观测。从借用苏联太阳望远镜到拥有自主研制的500米口径球面射电望远镜FAST,经历了60多年三代天文人的奋斗。从北京天文台的射电天文组、射电天文研究室(北京沙河太阳射电观测站、北京密云射电天文观测站)、米波天文与LT课题组,到知识创新工程中组建国家天文观测中心(国家天文台)大射电望远镜技术实验室、国家天文台FAST工程经理部等,孕育、提出和领导了中国射电天文设备从模仿到领先的跨越。

大射电望远镜组织机构有官方和自发组织("自封")两条线,形成了"小核心大外围"的中国大科学项目的发展模式。官方机构是"小核心",由项目需求方、发起者形成总体组。自发组织是"大外围",是由交叉学科、工业界等相关专业单位形成的民间自愿合作联盟。按时间演化顺序,官方机构先后有:

北京天文台LT项目课题组,是1994年北京天文台设立的机构,规模3—5人。

国家天文台大射电望远镜技术实验室,是1999年中国科学院知识创新工程设立的机构,5—10人,是对现有天文台体系改革而组建的七大实验室之一。

FAST工程经理部,2008年由中国科学院和贵州省人民政府联合文件任命,规模大约80人。

贵州射电天文台，是2012年贵州省编办批准的独立法人事业单位，由中国科学院国家天文台和贵州省科技厅共建。

中国科学院FAST重点实验室，2018年正式组建，规模约80人。

自发组织机构是从LT中国推进委员会（1995年北京天文台LT项目课题组发起、创建，约100人），到FAST项目委员会（1998年由LT中国推进委员会重组而成，约100人），涉及全国约20家相关科研院所和企事业单位。

1. 国家天文台射电天文暨密云站简史

我国射电天文起步于1958年。根据北京天文台大事记，1958年2月国务院批准“北京天文台筹建计划”，成立北京天文台筹备处，从法国回来的实测天体物理学家程茂兰为筹备处主任。4月19日，中苏海南岛日环食进行了联合观测。日食观测阶段，中国科学院电子研究所和北京天文台（筹备处）合作，由陈芳允、王绶琯主持。按照中国科学院吴有训副院长指示，我们向苏方学习、引进射电天文技术，并在北京配置射电望远镜。日食观测后，苏方留借两台厘米波射电望远镜，运到北京天文台的沙河站，开始了对太阳的观测（1959年）和射电望远镜的仿制。

1959年组建北京天文台射电天文组，组长王绶琯、副组长吴怀玮，启动射电天文望远镜选址。台址要求地势平坦、开阔，电波干扰少。由王绶琯、傅其骏、吕五经、郑怡嘉、张纯璐等人组成选址组，先后到河北阜平、三河、密云水库至古北口一带实地勘测，历时四年，选定密云水库北岸的开阔地带为射电天文基地。

北京天文台密云射电天文观测站占地约51 000平方米，包括科研观测区（南区）、生活配套区（北区）。观测区建有观测室、实验室、计算机室、配电房及厂房等十余间。由于要对观测设备进行实时控制、对大量观测数据进行处理，在计算机室配备了体型庞大、当时最先进的NOVA 3D电子计算机。

观测站生活配套区建有十余间职工宿舍,外宾招待所二层小楼,以及车库、食堂、图书室、浴室、灯光球场等辅助设施。为保证观测不受停电影响,专门配备了两套发电机组。

密云射电天文观测站的主力设备是密云综合孔径射电望远镜,工作在232兆赫,最长基线1164米,是中国科学院“七五”重点科研项目之一。其研制得到澳大利亚悉尼大学克里斯琴森教授大力帮助,密云射电人亲热地称他“老克”。他于1965年、1969年来北京,直接参与密云综合孔径射电望远镜规划与调试。

密云综合孔径射电望远镜主要用于低频射电源巡天(形成宇宙天体“户口本”)、超新星遗迹、低频变源及星系团等课题观测与研究。先后培养了南仁东、汪景琇、施浒立、金声震、魏名智、柴燕、彭勃、韩金林、蔡正东、王豫敏、马冠一和朱江等研究生,形成了射电大家庭四世同堂(图8.1)。

看到这些照片,我感慨万千!恩师王绶琯与夫人林治焕不仅仅是专业的引路人,也是我与太太“庐山恋”婚礼的证婚人,证婚人还有南仁东与夫人郭家珍。

王绶琯院士与学生关系如父子。记得在河北兴隆观测期间,我走夜路意外从2米多高的水泥台子跌落,头颈受伤,险些致瘫。正值春节期间,80岁高龄的王绶琯夫妇赶到太平路我父母的家中,专程探望、抚慰卧床不起的

图8.1　左起:王豫敏、蔡正东、王绶琯、韩金林、马冠一和彭勃(左图);1993年彭勃博士论文答辩合影,左起:吴福虹、王绶琯、南仁东、彭勃、吴鑫基、张喜镇、胡景跃和李宗伟(中图);左起:王绶琯、苏彦、彭勃、尹其丰和郑怡嘉(右图)

学生。

1990年，在北京天文台密云观测站基本建成一台15米口径天线，但需要手动调整，只能当中星仪使用。北京大学天体物理专业吴鑫基教授和北京天文台金声震博士组建了脉冲星小组，北大天文本科生黄茂海为15米射电望远镜研制了单通道采集板卡、编写了观测与数据处理软件。密云望远镜观测到两颗（已知的）脉冲星，是基于我国自研设备的第一次脉冲星观测，结果发表在北京天文台台刊。那时，国际上发现的脉冲星约400颗。

由于密云射电天文观测基地电磁干扰问题，15米口径小望远镜信噪比较差，能观测的脉冲星很少。5年后，北京大学、北京天文台和乌鲁木齐天文站通力合作，乌鲁木齐天文站25米射电望远镜成功观测到约10颗脉冲星。（参考吴鑫基教授《中国脉冲星观测往事》之“在密云观测站进行的脉冲星观测实验”）

密云射电天文观测站基本情况从图8.2可以一目了然。它汇集了中国射电天文历史的三代设备，俗称射电望远镜“三世”，包括1984年建成的密云综合孔径射电望远镜代表“过去”，2005年建成的50米口径单天线（王绶琯院士2001年4月建议的专用脉冲星计时阵，长期监测脉冲星的到达时间，进行引力波探测，最终由探月工程出资并且应用）代表“现在”，2006年建成

图8.2　徐祥在密云综合孔径望远镜前（左图）；密云50米天线吊装和密云FAST整体模型MyFAST馈源塔（右图）

的密云FAST整体模型MyFAST代表“未来”。

国家天文台射电天文暨密云观测站大事记可以简述如下：

1964年，北京市密云县不老屯村被遴选为北京天文台密云射电天文观测站。

1967年，建造完成密云射电天文观测站的第一架射电望远镜，研制成功16面直径6米的太阳多天线干涉仪，在146兆赫兹开展了对太阳I型射电爆发和“噪爆”样本的收集观测。

1973年，射电组改为射电天文研究室。由王绶琯任主任，吴怀玮、程家钧、韩文焌、钱善瑎等任副主任。

1974年，调试成功2×16太阳射电复合干涉仪。在450兆赫兹投入第20周太阳活动峰年的观测。

1983年，研制完成28面直径9米抛物面天线组成的密云米波综合孔径射电望远镜，包括28路数字延时跟踪、192路数字互相关器、条纹跟踪数据实时采集处理及成图计算机系统。这是中国最早引进的两项数字化技术设备。密云米波综合孔径射电望远镜在232兆赫兹成功获得了第一张密云天图。

1985年，射电天文研究室由陈宏升任主任，张国权任副主任。

1988年，北京天文台撤销研究室建制，形成米波天文研究课题组，张喜镇任组长。

1990年，研制了密云15米口径射电望远镜，由北京天文台和北京大学合作，在频率232兆赫兹开展脉冲星观测实验。

1991年密云15米天线成为国内第一个脉冲星观测系统，1996年被移植到乌鲁木齐观测站(现在新疆天文台)25米天线上。

1993年，发展了16×12双频(232兆赫兹和327兆赫兹)复合干涉仪模式相加系统，其接收面积相当于47米口径单天线，用于行星际闪烁和脉冲星等观测研究。

1994年，组建LT课题组，彭勃任组长。

1995年，在密云射电天文站召开大射电LT中国推进首次专家咨询研讨会。

1999年，组建大射电望远镜技术实验室，密云射电南仁东、彭勃先后任主任。

2001年，王绶琯建议在密云建造一台50米口径的引力波探测望远镜。

2002—2006年，建造完成密云50米口径射电望远镜，服务于探月工程。

2006年，建成密云FAST整体30米口径索网模型MyFAST，成为贵州500米口径球面射电望远镜FAST的先导样机。

2007年，FAST项目建议书获得国家发改委批复。

另外，从密云射电天文团队走出的颜毅华博士，领导团队在内蒙古开疆拓土，研制了内蒙古明安图的太阳日像仪。是由100面小天线（包括40面4.5米和60面2米天线）在分米波厘米波组成综合孔径射电望远镜，三条悬臂基线分布在10平方公里范围，基线长3000米，实现了高空间、高时间和高频率分辨率太阳爆发观测，以探索太阳剧烈活动的起源。

2. 射电天文重点实验室

中国科学院射电天文重点实验室，英文简称KLRA，由中国科学院下属4个天文台的射电天文专业人员集合而成，迄今已逾30年历史。

KLRA总部设在南京的紫金山天文台，涵盖紫金山天文台毫米波分部、上海天文台甚长基线干涉VLBI分部、新疆天文台天体物理分部、国家天文台米波天文分部等。每年举办一次学术委员会暨实验室工作年会，交流实验室科学研究及设备研制的年度进展，规划新一年的重点工作。

米波分部学术秘书是张海燕研究员，主任是我。一般地，米波分部年度总结由张海燕汇总国家天文台米波分部相关团组情况，经南仁东和我修改、完善，由我在中国科学院射电重点实验室年会上汇报。

2007年FAST立项后，新增加FAST工程专题，由南仁东汇报进展。另外，全国射电天文频率保护工作及进展由张海燕汇报。

2013年4月，中国科学院射电天文重点实验室(KLRA)学术委员会暨工作会议在南京举行。时任KLRA实验室主任、紫金山天文台台长杨戟主持会议。由于SKA正式进入了建设准备阶段，国务院授权科技部代表中国政府参加，牵头组建五部委SKA协调机构并全面推进，我临时被要求做了SKA进展专题的报告。接下来，我又做了FAST工程建设进展报告。

杨戟点评道：彭大将军了得，左手SKA，右手FAST！

我笑答：一切行动听指挥。需要干啥我就干啥。会场气氛顿时活跃起来。

经过数十年射电天文大家庭合作，中国射电天文得到协调发展，特别是甚长基线干涉仪VLBI在探月工程得到成功应用、射电频率保护在全国各台站统筹规划和保护、上海天文台65米射电望远镜建成等。2016年9月，更是迎来了FAST工程竣工。

2017年，中国科学院射电天文重点实验室学术年会竟然是我们米波分部参加的最后一次“家庭聚会”。是年底，我们米波分部独立出来了。2018年1月，获批为中国科学院FAST重点实验室KLFAST，依托世界最大单口径射电望远镜FAST，致力于低频射电天文研究与技术方法发展，开展相关设备研发，探索科研与技术有机结合新模式。杨戟被任命为中国科学院FAST重点实验室学术委员会主任，我为中国科学院FAST重点实验室主任，韩金林、李菂、李建斌和张海燕为KLFAST副主任(图8.3)。事实上，我们与KLRA是“藕断丝连”！相信有一天，我们“再会”合二为一，成为射电天文领域的国家(重点)实验室。

图8.3　2018年5月，贵州省王世杰副省长、省科技厅廖飞厅长、中科院前沿局王颖副局长、紫金山天文台杨戟台长、国家天文台郝晋新副台长、薛随建副台长等在FAST台址参加KLFAST揭牌仪式

3. 大射电望远镜实验室"凤凰涅槃"

1998年，中国科学院知识创新工程获国务院批准。中国科学院基础科学局数学力学天文处处长王宜、紫金山天文台杨戟、上海天文台黄珹、云南天文台张伯荣和李炎、北京天文台汪景琇（后当选中国科学院院士）和我作为天文筹备组成员，艾国祥院士为筹备组组长，将中国科学院各天文台组建成国家天文观测中心（2001年更名为国家天文台）。

国家天文观测中心筹备组办公室设在北京天文台北郊新本部四楼。一个外间为小会议室，里间是王宜办公室的套间（现在的A433），其对面是贵宾接待室。

我们几乎每天都研讨方案：起初计划统筹全国天文台望远镜及相关设备、实验室，后来延伸至前沿基础研究。天文学虽以观测为主，但设备和技术离不开科学驱动。

国家天文观测中心方案的修订版本每天都在更新，以时间至分钟为文档后缀来编号。更新版在中国科学院基础局、国家天文观测中心筹备组之间邮件往来。大家可以想象、感受到当年改革方案修订的频繁程度与高效。

我们逐步明确了国家天文观测中心科研、技术人员准入标准等。技术准入标准实际是采纳了我的提议。由起初与科研统一的标准，也就是科学和技术都只进博士学位和副高级职称以上人员，最终放松为对实验室和观测基地技术人员要求硕士或中级职称以上，但是均需通过竞聘才能上岗！

中国科学院批准了国家天文观测中心由观测设备(基地)、技术实验室和科学研究团组组成的体系，更全面、更完整，也更加符合天文学科实际发展。

知识创新工程启动后，国家天文观测中心在全国天文台系统设立七大实验室，大射电望远镜技术实验室是其中之一。

我跟当时的LT课题组成员们征求拟组建创新单元的名字，诸如米波天文技术实验室、低频射电实验室、射电天文(技术)实验室等，不是工作定位太宽泛，就是没有特色，都不太满意。最后还是回到原来的名字——大射电望远镜，更符合我们的研究方向，而且在国内外已小有名气。

1999年，经过全国天文界的首席科学家(即望远镜基地主任、实验室主任、团组首席研究员的统称)竞聘，已卸任北京天文台副台长的南仁东被聘为大射电望远镜技术实验室首任主任。当时只有创新岗位4个编制，包括邱育海、朱文白、朱丽春和我。

2005年创新单元首席科学家再次竞聘，南仁东延迟退休，我接任大射电望远镜实验室主任，兼任密云站射电天文首席科学家。

在密云站，我连续8年主讲密云射电天文研究及射电望远镜的科普知识，包括接待了杭州高级中学林岚老师带领的中学天文爱好者，何香涛老师带领和推荐的北京师范大学师生，石雅镠(由国家天文台太阳空间望远镜转至大射电望远镜技术实验室）牵线组织的地质大学（北京）若干批跨学科大学生实习团队等，石雅镠还与我一起两次到地质大学讲课。

我们的创新人员编制扩展为8个，大射电望远镜实验室先后入编的有金乘进、张海燕、王启明和张承民。

那年，中国科学院白春礼常务副院长应邀到贵州参加大射电国际会议，陪同白院长考察台址时，我趁机“讨要”人员编制，一旁的国家天文台副台长赵刚插话：彭勃随时都找资源啊。我说，关键诉求只能找院长嘛。

2008年4月，中国科学院和贵州省人民政府联合发文，组建FAST工程经理部和团队，团队核心成员大都是大射电望远镜实验室在编人员。

2010年初，大射电望远镜技术（FAST）实验室演化为FAST工程、射电天文技术实验室（JLRAT）两部分，分别聚焦FAST工程建设和SKA国际合作持续推进。

历时10年的大射电望远镜技术实验室，从FAST关键技术实验研究（图8.4），走向立项和开工，承上启下，“凤凰涅槃”。

2017年度中国科学院杰出科技成就奖获奖名单

序号	个人/集体名称	所在单位	研究集体成员	
			突出贡献者	主要完成者
1	500米口径球面射电望远镜（FAST）工程研究集体	国家天文台	南仁东 严　俊 郑晓年	彭　勃、段宝岩、李　菂、张蜀新、杨世模、李　颀、王启明、朱博勤、朱文白、孙才红、朱丽春、金乘进、朱　明、张海燕、聂跃平、殷跃平、仇原鹰

图8.4　FAST工程研究集体荣获中国科学院2017年度杰出科技成就奖

4. FAST工程经理部

2008年4月18日，中国科学院和贵州省人民政府联合发文，组建并任命FAST院省领导小组及工程经理部成员（图8.5）。

中国科学院
贵州省人民政府 文件

科发计字〔2008〕115号

**中国科学院 贵州省人民政府
关于成立"500米口径球面射电望远镜"
工程建设有关机构的通知**

各有关单位：

为了顺利实施国家重大科技基础设施－500米口径球面射电望远镜（FAST）的建设项目，经中国科学院与贵州省人民政府共同协商，决定成立工程建设领导小组及办公室和工程经理部，其组成人员如下：

一、工程建设领导小组

组　长：詹文龙　中国科学院副院长

副组长：王晓东　贵州省人民政府常务副省长

成　员：李志刚　中国科学院秘书长

郝晋新　中国科学院基础科学局天文力学空间科学处处长

任小庄　中国科学院基本建设局规划与房地产处处长

彭　勃　中国科学院国家天文台大射电望远镜技术实验室主任

三、工程经理部

经　理：严　俊

副经理：王　宜、彭　勃

总工程师：南仁东

总工艺师：杨世模

总经济师：李　颀

图8.5　FAST工程经理部任命文件

国家天文台台长严俊出任FAST工程经理部经理，王宜（国家天文台常务副台长）和我（大射电望远镜实验室主任）被任命为FAST工程副经理。FAST工程"三总师"分别是：总工程师南仁东，总工艺师杨世模（曾任空间太阳望远镜实验室主任），总经济师李颀（曾任郭守敬望远镜LAMOST工程总经济师，是唯一一位参与了两个国家重大科技基础设施建设、经验丰富的天文大工程核心成员）。

半年后，中国科学院国家天文台任命FAST工程六大系统的总工程师：台址勘察与开挖系统总工程师聂跃平，主动反射面系统联合总工程师王启明、范峰（哈尔滨工业大学），馈源支撑系统联合总工程师朱文白、唐晓强（清华大学），测量与控制系统联合总工程师朱丽春、郑勇（解放军信息工程大学），接收机系统总工程师金乘进，观测基地系统总工程师殷跃平（国家地质调查局），工程办公室主任张蜀新，总工程师助理、工程办公室副主任张海燕等。

随着工程建设全面铺开，任命张海燕担任电磁兼容工作组组长，曹淑蕴担任总经济师助理，杨丽担任总工艺师助理。

2014年杨世模退休。是年底，FAST工程经理部任命李菂为副总工程师，王启明、孙才红为副总工艺师。

2015年，台址勘察与开挖、观测基地两大系统整合，朱博勤被任命为台址与基地系统总工程师。王启明出任总工艺师。王宜退休后，FAST工程经理部增补张蜀新、李菂为副经理。

2017年初，FAST经理部组建调试组，任命调试组核心组正副组长姜鹏、岳友岭，分别负责技术和科学。7月，中国科学院院长办公会议同意支持120个事业编制，先从中国科学院内部调剂一半即60个；同意贵州射电天文台为二级法人机构，由中国科学院人事局联系上报中央编制办公室。

9月，经理部讨论贵州射电天文台构架模式，建议参考云南天文台和新疆天文台模式，同时保持与国家天文台从属关系。增补姜鹏作为经理部成员。同时申请组建中国科学院FAST重点实验室，获中国科学院批准，正式任命是在翌年1月。任命我为FAST重点实验室主任，韩金林、李菂、李建斌和张海燕为FAST重点实验室副主任，杨戟出任FAST重点实验室学术委员会主任。

11月，经理部原则同意修订后的贵州射电天文框架讨论稿，上报国家天文台台务会，还对贵州射电天文台建筑（三个）设计方案进行了讨论，建议优先考虑第二种方案，并进行深化设计。

2018年3月，经理部同意组建FAST科学观测管理组，李菂负责，成员包括我、朱明和张海燕，负责科学观测方案的制定和审核。同意由调试组负责望远镜工艺验收组的对接，授予调试组2万元及以下合同审批权。同意FAST调试组副组长、专业组长及组长助理与系统副总工同等待遇。FAST

后续招聘按照贵州射电天文台需求统筹考虑。

6月，经理部提名李菂担任FAST工程首席科学家，姜鹏任FAST工程总工程师，由国家天文台提请中国科学院审批。对贵州射电天文台岗位设置及职责进行深入讨论，并提交国家天文台台务会审议。建议贵州射电天文台在职称评定和薪酬方面，结合当地情况确定相应规则。提出贵州射电天文台要建立相应的考核评估制度，可进可出，积极申请增加编制。

经理部原则同意FAST核心团队人员，包括经理部：南仁东、严俊、郑晓年、彭勃、李菂、张蜀新、李颀、王启明、姜鹏，系统总工：孙才红、朱博勤、朱文白、朱丽春、金乘进、朱明，系统副总工：张海燕、古学东、潘高峰、李辉、刘鸿飞、周爱英、岳友岭、宋立强、甘恒谦、孙京海、于东俊、钱磊，现场办副主任：李奇生、冯利、钱惠、高龙，首席科学家助理、总经济师助理和总工艺师助理：张承民、曹淑蕴、杨丽，其他：杨世模、王宜、王弘、石雅镠。

其他FAST团队成员按职称及参加FAST年限排列，需满足在FAST落成前参与建设或在FAST工程工作3年以上。不久，应聘贵州射电天文台副台长的盘军，被任命为FAST工程副经理。经理部聘请欧阳自远院士为FAST顾问。

2018年9月，经理部增补朱岩、姚蕊为FAST核心团队人员。任命甘恒谦担任调试核心组副组长，配合组长负责技术方面的工作。赵保庆为FAST工程现场办公室副主任。成立贵州贵天天文服务有限公司管理委员会，由经理部成员及国家天文台代表组成，报上级公司批准。11月，经理部成立电磁环境保护中心，为方便与贵州地方政府协调，可同时挂靠贵州射电天文台，任命张海燕为电磁环境保护中心主任。为加强FAST工程验收工作，同意任命宋立强担任FAST工程办副主任，潘高峰兼任FAST工程办副主任。

在FAST工程经理部领导下：2019年1—5月，先后通过了由中国科学院组织的FAST工艺、设备、档案、建安和财务五大专业组分项验收。2020年1

月11日，FAST工程顺利通过国家验收，由工程建设转入设备运行。

5. 贵州射电天文台

2007年4月16日，白春礼院长考察密云FAST模型时表示："FAST不在北京，远在贵州，会更加艰难。""国家天文台人员编制上要充实，注意加强体制机制研究管理。"11月，为落实白春礼院长的指示，国家天文台与贵州大学FAST项目合作意向书中明确，在中国科学院与贵州省FAST工程领导小组及其办公室领导之下，共同推进贵州大学天文教育和中科院贵州射电天文台的建设。

随后，国家天文台与贵州省科技厅签署了共建贵州射电天文台协议。贵州省科技厅2011[63]文件报贵州省编制办公室，批准成为挂靠贵州省科技厅、由国家天文台负责管理的，不核定人员编制、不确定机构规格、自筹运行经费的事业法人单位，俗称"三无"机构。

2018年7月，FAST工程经理部召开扩大会议，除经理部成员，邀请各系统和部门负责人，专题研究并明确了贵州射电天文台的主要职责和组织机构。

贵州射电天文台主要职责：负责500米口径球面射电望远镜(FAST)的调试和试运行；负责FAST的运行和维护，实施天文观测计划，开展天文观测；负责管理FAST基地，建设和运行数据中心和实验室等相关平台；负责FAST产生的数据存储、处理分析、管理和发布等；开展与FAST相关的科学和技术研究，及相关拓展研究；开展国内外学术交流，培养和集聚高端天文及应用人才，建设国际一流的天文研究中心；开展天文科普教育，协调与地方的相关合作等。

贵州射电天文台岗位设置(200人)和职责如下(图8.6)：

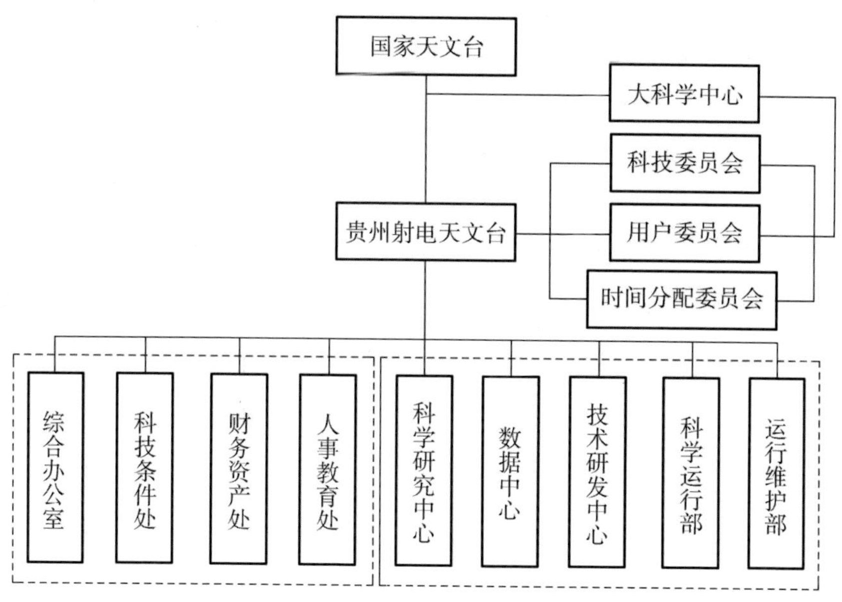

图8.6　贵州射电天文台组织机构图

台领导：岗位设置8人，台长、书记、副台长、首席科学家、总工程师、总会计师。全面负责贵州射电天文台管理；全面负责FAST望远镜的运行、维护和发展。

综合办公室：岗位设置14人，包括主任、副主任、文书档案、信息宣传、党工群、基建、后勤。负责贵州射电天文台综合事务管理、贵州及现场党团工群工作、档案管理、信息宣传、基建后勤。下设基地办公室，负责基地电子设备管理、财务资产、后勤保障及综合事务、观测基地文书档案、信息宣传与科普。负责望远镜基地综合事务和生活条件保障（与科技条件处形成人才矩阵）。

科技条件处：岗位设置12人，包括处长、副处长、运维计划及用户委员会办公室、科研计划、科研档案、国际合作、质量管理、项目管理、宁静区协调、科普。科研计划和观测计划的组织实施、用户管理委员会办公室支撑、质量与项目管理、宁静区协调与科普工作（与综合办公室形成人才矩阵）。

财务资产处：岗位设置6人，包括处长、副处长、财务与资产。财务资产管理、物资采购（与综合办公室形成人才矩阵）。

人事教育处：岗位设置6人，包括处长、副处长，人事和教育。人力资源规划、人员聘用、人事合同、人事档案、岗位评聘、职工薪酬及社会保险、研究生管理（与综合办公室形成人才矩阵）。

科学研究中心：岗位设置20人，包括主任、副主任、脉冲星及快速射电暴团组、中性氢成图及谱线、甚长基线VLBI、行星科学、应用科学等团组。跟踪国际天文学发展前沿，组织FAST核心研究观测课题；科学数据处理和分析（与数据中心、科学运行中心形成人才矩阵）。

数据中心：岗位设置11人，包括主任、副主任、数据中心运行和管理。FAST数据中心、观测基地和北京节点数据和网络维护（与科学运行中心形成人才矩阵）。

技术研发中心：岗位设置28人，包括主任、副主任、机电与结构实验室、测控、电子、数字终端、综合技术等实验室。跟踪、研究射电天文高新前沿技术，FAST望远镜关键技术研发，为FAST运维和升级提供支撑（与运行维护部、科学运行中心和数据中心形成人才矩阵）。

科学运行部：岗位设置10人，包括主任、副主任、数据中心运行和管理。负责望远镜用户的管理，协助用户开展科学观测与数据处理；编制、执行望远镜观测计划，指派项目驻站科学家（与科学研究中心、技术发展中心、运行维护部形成人才矩阵）。

运行维护部：岗位设置85人，包括主任、副主任、结构与工程力学组、机械与结构组、电气、测量、控制、电子学、电磁兼容、台址、数字终端组、观测助手组。负责FAST望远镜运行维护（与技术发展部、科学运行中心形成人才矩阵）。

（摘自FAST工程经理部2018年7月扩大会议纪要）

九

大射电人大情怀

FAST工程,凝聚着无数科技人员的智慧和心血,凝聚着全国各地尤其是贵州省广大干部群众的付出和汗水,也离不开国际天文学界友人提供的咨询和帮助! FAST工程拥有三大创新,涵盖五大关键技术,选址、馈源舱索驱动和主动反射面技术三大方面军中的"先遣队""特战队""纵队"或"舰队"成员们发挥了巨大作用,而国家天文台团队(图9.1)更是其中的"主力军"。在大射电由概念变为现实的过程中,FAST团队(图9.2)攻坚克难,用2011天完成了这项"不可能的工程"。他们的贡献,值得永远铭记!

下面,按照FAST项目发展时序、技术研发演变,简单记录各大"方面军"

图9.1　FAST工程建设国家天文台团队全家福

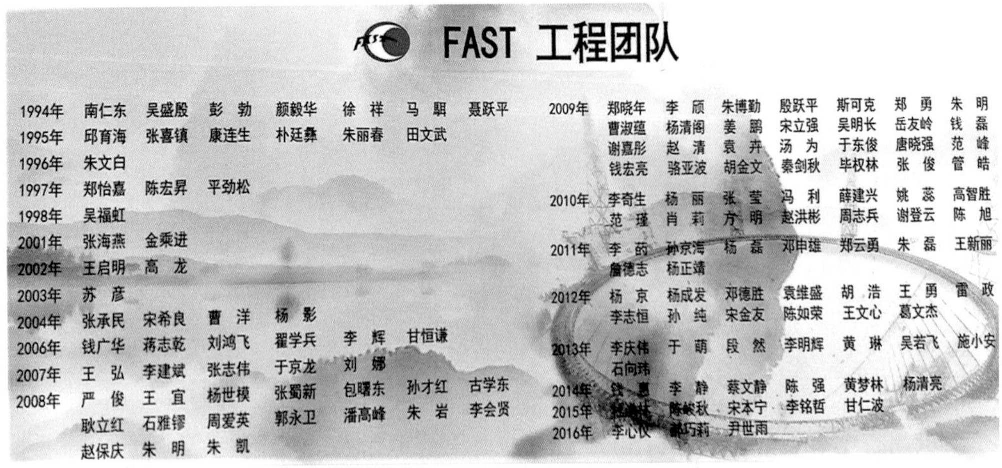

图9.2 贵州省黔南州平塘县克度镇FAST台址综合楼大厅工程团队墙报

20多年风雨兼程追梦足迹中的难忘的那些人、那些事。个人记忆难免有遗漏，是为抛砖引玉，请FAST亲历者们斧正、及时补充和完善。

1. FAST工程团队“核心成员”

FAST工程团队核心成员摘编自2007年的FAST立项建议书“现有人才队伍”(内容减半)，包括17人的简单介绍，他们的情况分别是：

严俊：FAST项目总经理。理学博士，紫金山天文台研究员，博士生导师。1958年出生。1982年本科毕业于南京大学天文系天体物理专业。1986年和1994年分别获中国科学院紫金山天文台天体物理专业硕士学位和博士学位。1996—2000年任中国科学院紫金山天文台副台长，1999—2001年任国家天文观测中心副主任，1999—2005年任华东天文与天体物理中心首席科学家。2000年11月起任紫金山天文台台长。2001—2005年兼任国家天文台副台长，2005年8月起兼任国家天文台常务副台长。主要从事天体物理研究工作，在星际分子云和恒星形成研究方面，特别是在赫比格-哈罗(HH)天体观测和理论研究方面,有较深造诣。

南仁东:FAST项目首席科学家、总工程师。博士,国家天文台研究员、博士生导师。1945年出生。负责国家大科学装置立项以及大射电望远镜实验室的科学技术工作。国际天文学联合会(IAU)射电专业委员会主席,兼职北京大学和中国科学院研究生院教授。1968年毕业于清华大学电子工程系。1968—1978年工作于大中型国有企业通化无线电厂。1978年考入中国科学院研究生院,1987年获天体物理学博士学位,一直任职国家天文台,从事射电天文技术方法和射电天体物理学研究工作。1994年开始,主持大射电望远镜计划的中国推进工作。1999—2001年任中国科学院创新工程重大项目"FAST预研究"首席科学家。

王宜:FAST项目副总经理。中国科学院国家天文台研究员、副台长。1949年出生。1977年本科毕业于吉林大学物理系理论物理专业。1978—1999年先后在中国科学院二局数理学部、中国科学院数理化局、中国科学院基础局工作,负责中国科学院天文学科的管理工作,曾任副处长、处长、工程师、高级工程师等。1999年任中国科学院国家天文观测中心常务副主任,兼中国科学院基础局局长助理,2001年任国家天文台副台长。主要社会兼职中国天文学会第十届理事会副理事长。先后参与组织国家攀登计划项目两项,专家组成员,973项目"21世纪重大天体物理问题:星系形成与演化"的专家组成员。

彭勃:FAST项目副总经理。博士,国家天文台研究员。生于1964年。1987年北京大学天体物理专业毕业,1993年北京天文台获天体物理博士学位,2000年成为国家天文台研究员。2005年任国家天文台大射电望远镜实验室主任。1993—1994在荷兰天文研究基金会、1997—2000年在德国马普射电天文研究所从事博士后研究。1994年起参与大射电望远镜计划筹备。1995年共同组织大射电望远镜工作组第三次国际会议,主编LTWG-3会议录。2000年提议并成功申办国际天文学联合会第182次学术会议，主编IAUC 182会议录。1999年起任国际平方公里阵SKA执委。主持科技部国际科技合作重点项目计划“一平方公里阵SKA国际合作”。

殷跃平：FAST项目土木子系统负责人。中国地质调查局水文地质环境地质部主任，研究员，博导。1960年出生。1982年毕业于贵州工学院水文地质工程地质系，获学士学位；1990年毕业于中国地质科学院，获博士学位。工程地质和地质灾害防治知名专家。全国首批特许注册土木工程（岩土）工程师。长期从事地质灾害防治和重大工程选址区域地壳稳定性评价工作。在生产实践、科研、技术管理等领域做出了显著成绩。多次参加国家重大地质灾害应急处理和防治。负责国家“八五”“九五”科技攻关课题研究，主持了长江三峡库区地质灾害防治和研究等几十项国家重大项目。三峡工程地质灾害防治专家组成员。

聂跃平：FAST项目台址勘察子系统负责人。中国科学院遥感应用研究所研究员。1958年出生。1980年毕业于贵州工学院地质系水文地质工程地质专业（现贵州大学资环学院），1993年获博士学位。主要从事工程地质遥感研究。1980—1988年在贵州省地质局科研所工作，主要从事岩溶（karst）地区水文地质工程地质研究。主要研究方向：参加大射电望远镜FAST/SKA选址和FAST初勘工作、土地评估工作；任中国科学院、教育部、国家文物局遥感考古联合实验室副主任，从事遥感考古研究。所作的“黔南岩溶研究”获地矿部科技二等奖；“石阡热矿田研究”获贵州省科技进步二等奖。

范峰：FAST项目结构子系统负责人。博士，教授，博士生导师，国家一级注册结构工程师。研究方向为大跨空间结构、轻钢结构、结构CAD软件研发。1971年出生。1993年哈尔滨工业大学工业与民用建筑专业毕业，获学士学位；1999年哈尔滨建筑大学结构工程专业毕业，获博士学位。哈尔滨工业大学空间结构研究中心主任、土木工程学院钢结构及木结构学科组副主任；东北空间结构协会秘书长，国际薄壳及空间结构协会IASS第八工作组委员，国际薄壳及空间结构协会IASS会员，美国土木工程师协会ASCE会员。主要针对网壳结构抗震设计理论及抗震设计方法、网壳结构的振动控制方法和应用等方面进行研究。

朱文白：FAST项目结构子系统学术骨干。博士，国家天文台高级工程师。生于1970年。1993年毕业于北京师范大学天体物理专业，2006年于国家天文台获理学博士学位。2001年任国家天文台高级工程师。1997年赴西藏大学"援藏支教"。从事500米口径球面射电望远镜天文规划、测量和馈源支撑关键技术的研究。曾经参加FAST项目上海主动反射面试验模型(2001)、西安馈源支撑50米试验模型(2001—2002)、北京清华大学馈源支撑50米耦合试验模型(2002—2003)、北京密云FAST整体模型(2004—2006)等的建造和实验工作。简化了主动反射面成型运动数学描述，提出使用激光全站仪自动扫描获得反射面形状的创新方案等。

段广洪：FAST项目机电子系统负责人，分管方案决策。清华大学精仪系制造工程研究所教授，博士生导师。1946年出生。1970年毕业于清华大学，获学士学位。曾任清华大学精仪系制造工程研究所副所长，CIMS/ERC制造系统实验室主任，国家CIMS工程技术研究中心副主任。清华至卓绿色制造研发中心主任。中国机械工程学会高级会员、生产工程学会机床专业委员会委员、中国机械制造工艺协会理事、《制造技术与机床》杂志编委会编委。主要从事基于环境的绿色设计和绿色制造、计算机辅助制造、精密加工、制造装备、制造系统与模式等方面的科学研究工作。获国家发明四等奖、国家科技进步二等奖等。

王启明：FAST项目机电子系统负责人，分管工程实施。博士，研究员。1982年获吉林工业大学工学学士学位，1995年和2000年分别获东北大学硕士学位和博士学位,2002年清华大学博士后。2002年9月,调入中国科学院国家天文台工作。主要研究方向为机械制造、串并联机器人、多体系统动力学、机械结构动态特性分析等。2000—2002年完成了FAST馈源精调Stewart平台的样机研制工作,建立了基于柔性基底的Stewart平台运动学和动力学模型。2002年9月起负责FAST主动反射面研究工作,完成了刚性分块的反射面模型运动学分析。2004年负责了清华大学馈源支撑模型的搬迁及在北京密云站建造馈源支撑塔等工作。

唐晓强:FAST项目机电子系统骨干。博士,清华大学副教授。1973年出生。1995年毕业于哈尔滨理工大学,获学士学位;2001年毕业于清华大学精密仪器与机械学系,获工学博士学位。从事的研究领域为:并联机构设计及控制,复杂机构设计,数控技术等。主要学术成果:FAST项目关键技术研究,包括馈源接收二次精调平台分析与研制,索网主动反射面促动器研制,刚性支撑主动反射驱动机构阵列研究。并联机构基础设计理论方面,设计了4种全新的少自由度、高速、高刚度并联机构,分别获得中国和美国共4项发明专利权,并在3台并联机床上得到应用。主持国家863项目,研制了一套可重构并联装置等。

郑勇:FAST项目测量与控制子系统负责人,分管测量。博士,解放军信息工程大学测绘学院测量与定位工程系教授、博士生导师,中国宇航学会航天测控专业委员会和中国测绘学会大地测量专业委员会委员。1963年出生。1984年毕业于解放军测绘学院大地测量系;1992年在中国科学院上海天文台获理学博士学位;1993—1995年在南京大学从事天文学博士后研究。长期从事甚长基线射电干涉测量(VLBI)技术及其大地测量和天体测量应用研究。1997年开始参加FAST工程研究,主要负责FAST测量关键技术、FAST西安50米模型馈源实时动态测量系统以及FAST密云30米模型测量技术的研究。

肖定国:FAST项目测量与控制子系统负责人,分管控制。北京理工大学副教授。1959年出生。1982年毕业于东北重型机械学院,获工学学士学位;1984年毕业于北京理工大学,获工学硕士学位。研究方向为机械制造与自动化。熟悉机械系统设计与制造技术、机电测量传感器技术、机械系统及机器运动控制技术、基于微处理器的测试仪器及控制器设计技术。构建了机电一体化的知识结构,形成了机电系统检测与控制技术业务专长。研究工作包括:声发射法切削刀具磨、破损监测技术研究及传感器和监控仪开发,直线度测量技术研究及测量仪开发,超声法弹性模量测量技术研究,Stewart并联机构运动控制系统研究等。

朱丽春:FAST项目测量与控制子系统学术骨干。博士,国家天文台高级工程师。1964年出生。1986年毕业于北京邮电学院(现北京邮电大学),获工学学士学位;2006年获博士学位。研究方向为FAST测量与控制。1995年开始,参加大射电望远镜计划的中国推进工作。参加完成中国科学院创新工程首批重大项目"FAST预研究",完成"FAST主动反射面分块方案模型实验"自控系统研发,包括方案设计、软硬件开发及现场联调等。在清华"50米索支撑模型实验"中,负责协调测量工作,在实验中,研究开发了多种测量技术的融合并取得突破性进展。参加FAST密云50米模型研制,建立了密云模型的基准网。

金乘进:FAST项目接收机和终端子系统负责人。博士,副研究员。1972年出生。1995年毕业于北京大学物理系,获理学学士学位;2001年毕业于中国科学院国家天文台,获博士学位。研究方向为天体物理、射电天文方法、射电天文接收机技术等。参加国家863项目"空间目标射电干涉测量技术研究",任副组长。提出利用FAST作接收站,与小口径非相干散射雷达组成双站系统,利用多波束系统探测大气电离层二维分布的方法。主持中科院创新方向性项目"脉冲星接收机研制及相关技术研究",为我国单天线

50米射电望远镜研制L波段脉冲星接收机，开展脉冲星监测及天体物理研究。参与了FAST接收机系统方案预研。

李药：FAST项目科学家。美国喷气推进实验室/加州理工学院天文学家。1995年毕业于北京大学，获学士学位；2002年毕业于美国康奈尔大学，获博士学位，博士期间的工作是在阿雷西博射电望远镜上进行的。毕业后在哈佛-史密森天体物理中心工作，就职于美国喷气推进实验室，所涉足的天文课题领域广泛，包括HI、分子谱线、河外星系以及脉冲星等。通过发展独特的观测和数学方法，使得能更好地测量恒星形成、星际介质、星系演化和行星形成等过程中的重要参量，以取得对其物理和化学原理的基本了解。参与了FAST科学目标中的河外超脉泽以及邻近宇宙中性氢部分的交流。

张海燕：FAST项目学术骨干。博士，中国科学院国家天文台副研究员。1973年出生。1996年毕业于北京师范大学天文系，获理学学士学位。2001年获理学博士学位，到国家天文台大射电望远镜实验室工作。2000年以来多次访问欧洲VLBI联合实验室，从事活动星系核的VLBI合作研究。主要工作方向是关于活动星系核的VLBI偏振观测和研究，参与FAST项目研究和中国射电天文频率保护的工作。主要开展用射电源的偏振性质，分析研究河外致密射电源的基本结构和动力学性质；参与FAST接收机研究，证实了在FAST的馈源设计上采用新型相位阵馈源在扩大FAST视场、扩大天区覆盖和降低对反射面精度要求的可行性。

2.“天眼巨匠”南仁东

FAST从提出到建成的历程中，南仁东全程领导参与，呕心沥血，深入一线，贡献了极大的力量，被国家嘉奖为“时代楷模”，惜于2017年因病去世。在这里谨以下述文字纪念我的同事、战友南仁东。

(1) 南仁东其人

南仁东，FAST工程总工程师兼首席科学家。

1968年毕业于清华大学电子工程系。在通化无线电厂工作十年，后期任技术总管，在微波、通信、机械设计与计算机技术等领域都有丰富经验。1978年考入中国科学院研究生院，1987年获天体物理学博士学位，导师是中国射电天文奠基人王绶琯院士。此后一直任职于北京天文台（国家天文台），从事射电天文技术方法和射电天体物理研究。发表学术论文约200篇。

1985—1987年为荷兰德云格勒天文台访问学者，取得国际最高动态范围混合图像；首次在国际上应用VLBI“快照”模式，观测致密陡谱源样本，认证了7个射电源的核。1990—1991年、1996—1997年两次受邀为日本国立天文台客座教授。曾先后在美国国立射电天文台等多个国际天文台进行学术交流与访问。

任北京天文学会理事长期间，他首次召集全国高等教育天文选修课研讨会。还通过百家讲坛“寻找地外生命”，用科学思想影响公众与媒体对太空生命和地外文明的认识。

1994年开始，南仁东主持大射电望远镜计划的中国推进工作。1999—2001年，任中国科学院创新工程重大项目“FAST预研究”首席科学家；2002—2005年，主持中国科学院知识创新工程重要方向项目“FAST关键技术优化研究”；2004—2008年，主持国家自然科学基金委重点项目“FAST的总体设计与关键技术研究”。负责FAST关键技术研究、指导模型试验。

2017年9月15日，南仁东因癌症医治无效去世。

我与南仁东都师承中国科学院王绶琯院士，南仁东不仅是我的学长，也是我的良师益友。南仁东与夫人郭家珍，同王绶琯、林治焕夫妇一样，都是

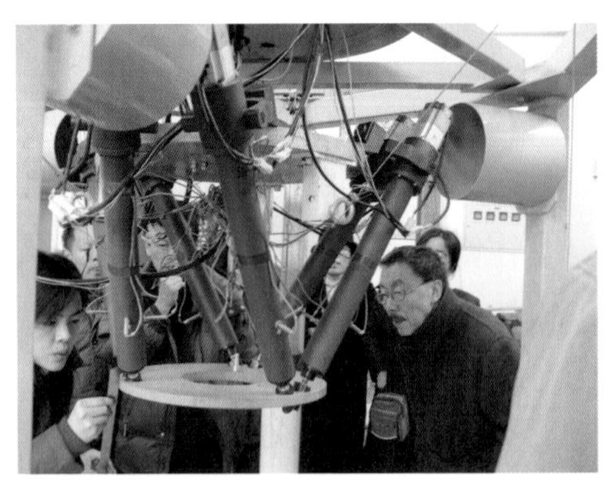

图9.3 验收专家组组长南仁东等与彭勃、朱文白、朱丽春、李辉、李建斌等人在实验室考察和测试“精仪特战队”Stewart平台

我的证婚人。南仁东请外宾朋友到家做客，我常作陪。他的好朋友——荷兰的威廉·布劳、理查德·斯基利奇，日本的井上允（Makato Inoue）等，与他年龄相仿，也都成了我的好朋友。

南仁东是到过我家次数最多的领导和朋友。

在中关村北京天文台本部，一次食堂晚餐后，我去涮碗，一脚踩空，跌倒在下水道竖井中。处于维修状态的地下管网，竟然没有示警、没有井盖！造成了我右腿韧带撕裂。伤筋动骨100天，当时我住在西苑静养。除了电话联系，南仁东常到我家探望，共商大射电望远镜事业。那是个夏天，我父母到现在还时常提起那个穿着个大裤衩、骑自行车的南仁东。他留着小胡子，有时穿花格衬衫、有时穿圆领T恤衫，自行车就停在我家平房小院里。

斯人已去，往事在目！“南仁东星”在宇宙中永恒。

（2）追忆“时代楷模”

2017年12月8日，中共中央宣传部、中国科学院和贵州省人民政府联合组织的“时代楷模”南仁东先进事迹报告会在人民大会堂举行。报告团成员5人：郑晓年以FAST工程经理部常务副经理、领导身份，我以与南仁东全程共事、师弟身份，杨清阁以下属、学生身份，还有黔南州代表张智勇以及采访过南仁东的记者张素。

我的报告名为“科学魂浇筑大国重器”，谨录于此，以此追忆南仁东先生。

尊敬的各位领导,同志们:

大家好!我叫彭勃,是FAST工程副经理。我报告的题目是:科学魂浇筑大国重器。

我和南仁东老师都是王绶琯老院士的学生,又因FAST成了22年的工作搭档。9月16日,我正在机场转机,手机收到一串儿短信。同事告诉我,南老师走了。我呆呆地站在机场的大厅,心里空荡荡的。我不敢相信,与我并肩奋斗了20多年的"老南",我那无话不谈的好朋友、同甘共苦的好战友、亲密无间的好兄长,就这样离我而去。

老百姓喜欢把FAST比喻成一口大锅。如果这么讲,那它就是世界上最大,也是最难造的那口大锅!我们算过,如果用这口大锅煮粥,全世界75亿人每人都能分到两碗。

FAST直径500米,足足有30个足球场那么大。整个工程分成五大系统,每项工作都是千头万绪。

FAST各大系统都安排了总工程师。南老师作为首席科学家,本不必什么事都亲自把关。可实际上,我们设计的每一张图纸,他都详细地审核过,给出了许多有见地的指导意见。

他这样事必躬亲,是信不过我们吗?不是的!是他肩上的责任太重了!对于"中国天眼",我们期盼了太久太久!如果设计不亲自过目、图纸不亲自审定,他心里就不踏实。南老师曾经说过:"如果FAST有一点瑕疵,我怎么对得起国家投资这么多钱?怎么对得起贵州政府的支持?又怎么对得起跟我们干了几十年的团队?"

南老师对工作精益求精。记得工程伊始,需要建一个水窖。施工方送来设计图纸,他迅速标出几处错误,打了回去。对方惊讶极了:这个搞天文的怎么还懂土建？后来大家才知道，南老师是以“战术型老工人”自居的。不懂岩土工程的他，仅用了一个月的时间学习相关知识，啃下了一个又一个“硬骨头”。

20多年为FAST奔忙的日日夜夜，南老师始终保持着为国家打磨好一座大望远镜的初心。正是这份初心，也将他打磨成了名副其实的“天眼”巨匠。

熟悉南老师的人都知道，他有个性、有棱角，更有股不服输的劲儿。2010年，FAST经历了一场近乎灾难性的风险，那就是索网的疲劳问题。从远处看FAST像一口大锅，实际上，它是由4000多块镜片精密拼接成的一个整体反射面。控制镜片的，就是兜在镜面下方的钢索网。为此，我们设计了世界上跨度最大、精度最高的索网结构。与一般索网不同，FAST的这个“大网兜”，不但需要承受1600吨的重量，还需要像弹簧一样来回伸缩，带动镜片灵活移动，精确地追踪天体。

这样一来，无论是抗拉强度，还是使用寿命，FAST所需要的钢索，都远远超出了国家工业标准。我们从不同厂家购买了十几种钢索，但没有一种能满足望远镜的需求；我们查遍了国内外相关论文资料，就算是最好的实验数据，也只能达到我们要求的百分之五十……

然而，台址开挖已经开始，设备基础建设迫在眉睫。如果钢索做不出来，整个工程就要全面搁浅！

那段时间，南老师的焦虑几乎上升到了顶点。他整晚睡不着觉，有时候脸都顾不上洗。每天都在念叨着钢索、钢索。

在辗转反侧中，南老师意识到，超越性的技术是等不来的，更是买不来的。他毅然决定：没有现成的，我们就自己搞！

一场艰苦卓绝的技术攻关开始了。南老师带着我们绞尽脑汁地设计方案，咨询了国内几乎所有相关领域的专家。他亲自上阵、日夜奋战，天天与技术人员沟通,想方设法在工艺、材料等方面寻找出路,一个星期又一个星期地泡在车间。

失败了,重来,又失败了,再重来……700多天难熬的日子,仿佛空气都凝固了一样,令人窒息。但只要南老师不说放弃,我们也一定能咬牙坚持!经历了近百次失败后,在南老师主导下,我们改进了钢索的制作工艺,成功通过了抗疲劳实验,终于研制出了满足FAST工程要求的钢索!

这种世界上独一无二的钢索,让FAST有了坚固又灵活的“骨架”;这种自主创新的技术,还成功应用到港珠澳大桥等重大工程中,让国家和人民受了益。

对于“中国天眼”,南老师爱得那么深沉,爱得那么专注,爱得那么痴迷。为了与各系统专家无障碍对话,他时时刻刻都在学习,渐渐把自己练成了通才。他的眼里容不下“沙子”,每个技术细节,他都要做到百分之百的确定,任何瑕疵都不会放过。

为了给祖国留下仰望星空的“天眼”,古稀之年的他,还拼了命地往工地上跑;100多米高的支撑塔,他都要第一个爬上去,直到为大射电望远镜事业奋斗到生命的最后一刻……

他不得不这样逼自己。建设“中国天眼”是前无古人的浩大工程,绝非一帆风顺。22年,对南老师来说就是一段长征,期间的艰难曲折,风风雨雨,常人难以想象。

还记得在FAST概念酝酿期,我们提出了一种“主动变形反射面”的技术。能让不会动的望远镜动起来,让FAST更加灵活地观测宇宙。这无疑会极大增加整个工程的复杂程度。我把关于这项技术方案的四院士推荐信拿给南老师看,他说:“彭勃啊,你给我找了一个‘大麻烦’,把我逼得毫无退路了。”

后来,我才理解南老师那种矛盾又复杂的心情。当时,FAST已经设计了许多新技术,还要在8个鸟巢那么大的洼坑里,铺满这样精巧的镜片,每一片都要能动,难度之大,风险之高,可见一斑。为了把FAST建成世界最好的望远镜,南老师还是承担下了这个“大麻烦”,并使这个“大麻烦”成了FAST三大创新之一。

我常常在想,那时的南老师,一定经历了痛苦的心理挣扎和自我革命。我也常常感到愧疚,如果我们不这么“折腾”他,是不是师兄也不会走得这么早?

这个“大麻烦”,让南老师成了FAST团队里最勤奋的人,也是最累的那个人。一年多前的一次组会上,他嘶哑着嗓子说了一番话,便不得不提前离开了。那是南老师患癌症后,参加的最后一次组会。

那像是告别一样的场景令我至今难忘。每周一下午一点半的组会,我们坚持开了20多年。“周一下午见!”这是我们与南老师心照不宣的约定。而如今,天人永别,隔空相望!

22年前,南老师和我们一起惹的这个“大麻烦”,成了FAST工程的核心技术,也让FAST成为了中国乃至世界的科学地标。

22年来,他从壮年走到暮年,把一个朴素的想法变成了国之重器,成就了一个国家的骄傲。

22年后,“中国天眼”已敏锐地捕捉到了9颗新的脉冲星,实现了中国望远镜“零”的突破。

我想,他的梦想已经实现,他的人生是充实的,他的事业是伟大的!这段时间,我经常想起南老师。我给自己的微信起了一个昵称叫做Trouble-Maker——惹麻烦的人。我想用这个名字纪念南老师,也激励自己,像南老师那样,踏过平庸,追求卓越,引领射电天文新时代。

努力早出成果、多出成果、出好成果、出大成果。把FAST人的科学魂,浇筑在祖国广袤无垠的大地上!

3. 与大射电风雨同舟27年的"老李"

自1991年第一次访华以来，理查德·斯特罗姆与中国科学院及我国相关高校开展科技合作30年，是唯一一位全程参与FAST项目的外籍专家，与FAST团队风雨同舟20多年。他不仅合作发表第一篇FAST科学目标论文，还对FAST的三大创新均有贡献，荣获中国科学院2019年度国际合作奖。

1993年5月，斯特罗姆到西安参加国际天文学联合会IAUC 145会议，顺访北京天文台。由其合作者马骓研究员陪同到王绶琯院士家拜访(图9.4)，讨论密云综合孔径射电望远镜后续发展，并介绍了国际上正在酝酿的大射电望远镜LT(Large Telescope)计划。

图9.4　理查德·斯特罗姆在王绶琯院士家

大射电选址初期，我们缺乏专业的射电天文选址设备。1994年，斯特罗姆从荷兰带来便携式接收机，共同开启了中国大射电望远镜专业性选址(图9.5)。斯特罗姆连续13年参与FAST电磁环境监测，联合发表了大射电望远镜第一篇选址文章及相关系列论文，共同主编以FAST台址为核心的大射电

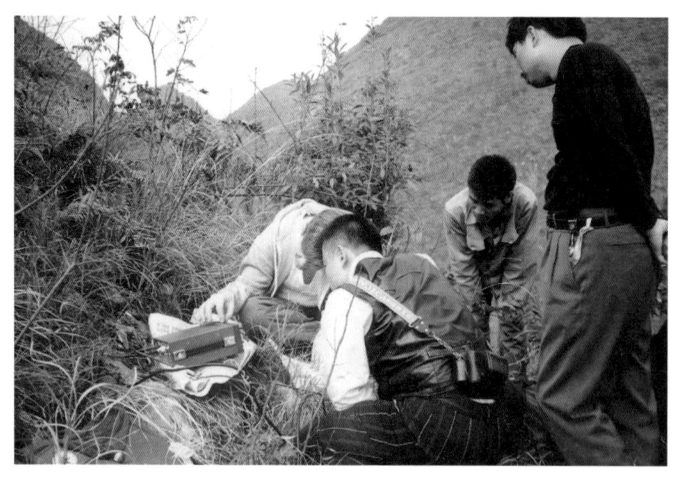

图9.5　1994年，斯特罗姆和彭勃等在贵州大射电望远镜候选台址进行首次干扰监测

望远镜选址技术报告。

1995年，斯特罗姆协助主办贵州第一次大型国际会议——大射电望远镜工作组第三次会议（LTWG-3）暨球面射电望远镜国际研讨会。会议期间，西电正式提出了馈源轻型索拖动的创新思想。斯特罗姆一直密切关注、支持和参与讨论该创新概念，并多次访问西电，介绍射电天文望远镜知识，参与了西电LT课题组LT 50米室外模型试验。

斯特罗姆还访问清华大学工程力学系（高山索道式馈源支撑方案）、清华大学精密仪器系（二次精调模型试验），参与了集成三大创新、功能完整的密云30米整体模型MyFAST试验，对密云模型接收机关键技术研发和天文观测提供咨询和指导。

2000年，斯特罗姆作为联合主席，在贵州饭店举办了国际天文学联合会IAUC 182会议，向世界展示FAST科学和技术阶段性成果。他还共同主编并发表了1995年和2000年在贵州举办的两次国际射电天文交流活动学术论文集（图9.6）。

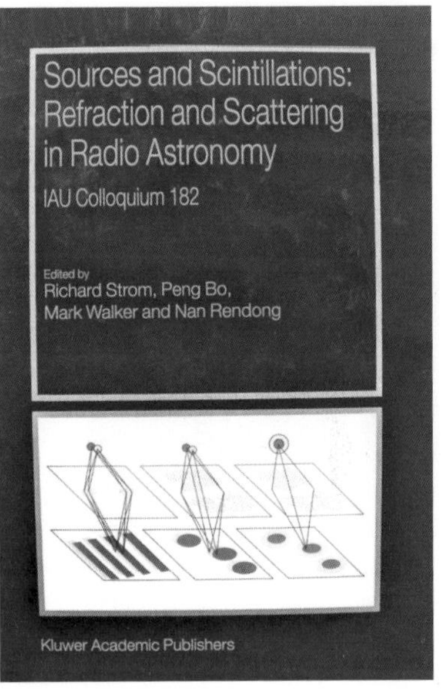

图9.6　贵州1995年大射电望远镜工作组及2000年国际天文学联合会IAUC 182会议文集

斯特罗姆不仅参与平方公里阵SKA中国选址工作，还参与了长达300页的SKA中国台址申请书英文撰写和主编工作。

值得一提的是，在2005年12月31日截止日当天，斯特罗姆从北京起飞，同日抵达当时总部位于荷兰的SKA项目办公室，“快递”了SKA台址的中国申请书及以FAST为核心区的电波监测报告（图9.7），被称为“打飞的”的“快递员”。2006年3月，他以特邀专家身份深度参与了FAST国际评估与咨询会议，此评估意见作为重要立项依据，协助走完了FAST立项建议书提交至国家发改委前的“最后一公里”。

2012年，当FAST工程建设遭遇反射面索疲劳强度困难时，作为国际咨询专家组组长，斯特罗姆以专业的担当，与国际专家一起，终结了外界对FAST三大创新之一的主动反射面技术索疲劳的质疑，为工程建设如期竣工铺平了技术道路。

斯特罗姆与FAST团队风雨同舟27年，为FAST项目的酝酿、选址、预

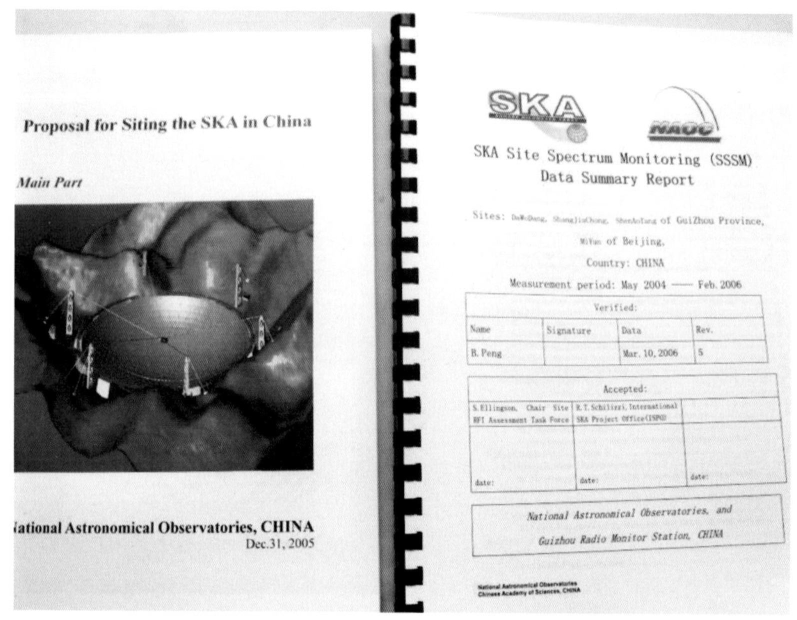

图9.7　SKA中国选址申请报告(左)及以FAST为核心区的电波监测报告(右)

研、立项和建设作出了突出贡献,为中国射电天文跨越式发展发挥了重要作用。

斯特罗姆与黔南民族师范学院长期合作,与中国科学院国家天文台、美国阿雷西博天文台和AGMUS大学等共同创办周日研究班SRA,亲临现场授课、扶智拓宽视野。这些无疑支撑了我国科教融合战略。

斯特罗姆每次来中国都会去贵州。他与贵州省科技厅、贵州省无线电管理局、黔南州平塘县、安顺市普定县和黔南民族师范学院等合作者们打成一片,多年来为地方发展、科普、教育献智献力,被大家亲切地称为“理查德博士”“理查德”,甚至直呼“老李(理)”。

2014年,斯特罗姆专门到平塘老城,与第一次访问平塘时的时任县委书记、县长们20年后再聚首,畅饮贵州土酒,畅叙淳朴情谊。

作为全程参与FAST项目的唯一外籍专家,斯特罗姆荣获2019年度的中国科学院国际合作奖。2020年1月16日,斯特罗姆夫妇应邀专程到怀柔出席了颁奖典礼(图9.8),再次与中国科学院院长白春礼握手。

图9.8　2020年1月16日白春礼院长授予斯特罗姆中国科学院国际合作奖

4. 王绶琯托举“中国天眼”

FAST一路走来,受到了许多院士的关注与推荐,其中王绶琯院士更是典型代表。

1993年6月,王绶琯先生提议由南仁东负责大射电望远镜LT中国推进工作,并长期关心、指导和参与500米口径球面射电望远镜FAST项目创新与研制,曾经在74岁、77岁高龄两次考察大射电望远镜贵州台址、力推主动反射面方案、追求大天顶角观测模式等。

1997年夏,王先生主笔起草四院士推荐信,一年后又给国家自然科学基金委主任、国家科委主任和中国科学院院长等写长信,介绍FAST创新方案,极力支持FAST(图9.9),为FAST项目成为创新工程首批重大项目和国家立项等“背书”。

王绶琯先生长期热心天文教育和青少年科普事业,打造了中国射电天文从无到有、从北京到贵州持续发展的人才梯队。2010年,王先生手书名称

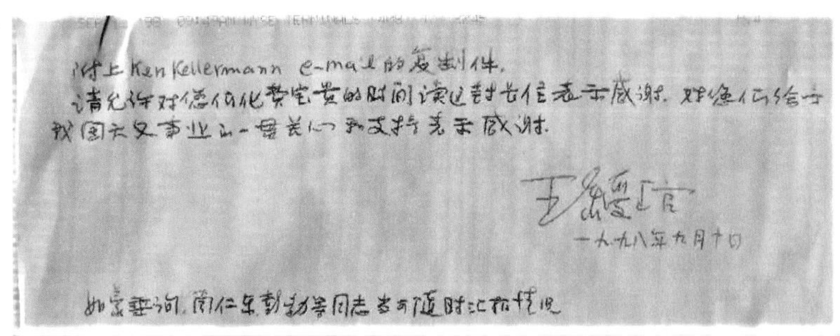
附上Ken Kellermann e-mail的复制件。
请允许对您们化费宝贵的时间读这封长信表示感谢。对您们给予我国天文事业的一贯关心和支持表示感谢。

王绶琯
一九九八年九月十日

如需要询问，南仁东、彭勃等同志当可随时汇报情况

图9.9　1998年9月，王绶琯院士在写给国家自然科学基金委、国家科委和中国科学院领导的长信中介绍FAST创新的结语部分，极力支持FAST项目

的“射电天文暑期学校”在贵州大学开办，从中走出了一批批射电天文青年工作者。

2002年1月15日、2013年10月15日，北京（国家）天文台射电天文大家庭为王绶琯先生庆祝八十、九十岁生日（图9.10）。

我曾经与王绶琯先生及林师母商量，适当时候再回平塘，故地重游，特别到平塘台址看在建的FAST。遗憾的是，他眼睛因为黄斑水肿病变，已经看不见了。

2013年，中国科协主办的“FAST与地方发展”论坛在贵州举办，会上还正式将一颗小行星命名为“平塘星”。为了中国射电天文从北京起步、向贵州FAST国际领先传承，我不得不“忍心恳请”王先生盲写“平塘星”。

到王绶琯先生家取字的时候，王先生的女儿王荧不无责怪地说：我爸都这样了，你还给他派活儿啊。虽然只有三个字，但他折腾了好多遍，包括字的大小、字的齐整，老爷子都非常上心。

我深表歉意，心存感激地说：辛苦了！包括你哦。也只有这样，才能完整链接、传承延续王先生们开拓的中国射电天文事业，无缝衔接地走向世界。

2021年1月28日夜，恩师王绶琯院士仙逝，享年98岁。作为学生，我悲痛生感言：绶琯先生启华夏射电，哺育天文人；综合孔径牵中国天眼，手书平塘星。

图9.10　射电天文大家庭。左图:2002年1月15日王绶琯先生80岁生日聚会,第一排左起:吴福虹、彭勃,第二排左起:吴盛殷、林治焕、王绶琯、徐祥,第三排左起:金声震、田文武、吴江华、张喜镇、邱育海、陈宏升、康连生、郑怡嘉、唐思成、朴廷彝、张国权、颜毅华、杨以培、王弘、王新民。右图:2012年10月15日王绶琯先生90岁生日庆祝活动,前排左起:王绶琯、林治焕,后排左起:彭勃、薛随建、韩金林、施浒立、马冠一、魏名智、汪景琇、吴盛殷

一颗巨星(1993年10月紫金山天文台将第3171号小行星命名为"王绶琯星")升上天际,2021年1月28日起与"平塘星"为伴,照耀追星人的征途。

王绶琯先生千古!

5. 两名贵州青年为大射电献身

1995年3月30日,普定县候选台址考察任务基本结束返程途中,岩溶站两位年轻人李维星、罗罡遭遇车祸,不幸罹难捐躯!

那是无线电环境监测的第25天。选址组小伙们早上8点驱车离开普定县城,两个多小时后抵达了坪上九龙坡洼地,熟练地架好天线,开始了持续7小时的电磁环境监测。这是此轮监测的最后一天。他们使用频谱仪手动、自动来搜寻无线电信号,在本子上用笔记录信号频率和强度。

完成数据采集之后,小伙们兴高采烈地把设备"打包",谈笑风生地回

到选址车，驱车行进在蜿蜒崎岖、坑洼不平的碎石路上。18点30分左右，在一个大约70°的陡坡处，选址组汽车意外地翻入了木狼河河谷，惨剧发生了。

普定县委书记张义刚听到噩耗，指示：先救活人！并立刻成立了救助指挥部，由普定县医院派出救护车、做好抢救准备。普定县常务副县长何志习、副县长李德华赶到事故现场，县长付京等人在普定县医院分别组织抢救工作。

当救援人员赶到时，发现李维星身体侧卧，右臂紧紧地抱住、护卫着监测设备，他的肋骨全部断裂、内脏大出血，罗罡蜷卧在不远处的乱石丛中，脑浆迸裂，已经献出了宝贵的生命，两人当时只有22岁。躺在血泊中的汪文富昏迷不醒，被救护车送往县医院抢救。而挂在半山腰灌木树上的幸幼安幸无大碍。

李维星，男，1973年9月16日出生，1994年贵州省民族学院毕业，进入普定岩溶试验站工作。李维星的父亲回忆道：星儿每天一回到家，就嘱咐大家不能碰包里的仪器，说这是从荷兰借来的，全中国只有这一台，它可比我生命还贵重。

罗罡，男，1973年生于普定，1994年贵州财经学院毕业，分配到普定岩溶试验站工作。罗罡遗物中有一盒磁带，那是他与女友珍爱的世界吉他名曲，里面有他们喜欢的《爱的罗曼史》《雨滴》等。

汪文富，出生在屯堡人家，1990年保送贵州师范大学地理系，1994年毕业后到普定岩溶试验站工作。大射电望远镜电磁环境监测资料的初始英文就出自他之手。

3月31日，贵州省科委副主任巫怒安、工业计划处处长李纪福赶到普定县，将了解的普定情况通报给北京天文台副台长南仁东。南仁东当晚打我电话，通知一早开会。4月1日，南仁东代表中国科学院北京天文台、郭华东代表中国科学院遥感应用研究所分别发出唁电，致普定岩溶试验站幸访明站长，向逝者亲属表示最深沉的慰问，向普定岩溶试验站全体职工表示真诚的问候。

不久，南仁东、聂跃平专程赶赴贵州，在普定县祭奠了为大射电望远镜选址献身的李维星、罗罡同志(图9.11)。

图9.11　1995年4月，南仁东、聂跃平等在普定祭奠李维星、罗罡两位22岁贵州选址人

6. 大射电家族600人

FAST项目由中国科学院北京天文台发起和牵头，通过中国科学院和贵州省的20多年合作，贵州省科委(现省科技厅)和贵州省发改委先后作为大射电望远镜地方协调领导小组办公室单位，工程参研单位众多。

按时间顺序，立项前主要有：中国科学院遥感应用研究所、西安电子科技大学、航天工业总公司23所、荷兰射电天文台、英国曼彻斯特焦德雷班克射电天文台、贵州省地矿局、普定县喀斯特岩溶试验站、北京大学、南京大学、北京师范大学、中国科学院南京天文仪器中心(现南京天文光学技术研究所、南京天仪公司)、贵州省无线电管理局、同济大学、清华大学、北京理工大学、中国科学院力学所、中国科学院数学与系统科学所、中科院地球物理研究所、中科院自动化研究所、中科院沈阳自动化研究所、电子工业部14所、电子工业部22所、电子工业部39所、中国空间技术研究院、中科院理化技术研究所、东北大学、国家地质调查局、中国环境地质监测院、南京理工大学、郑州解放军信息工程大学、贵州(工业)大学、贵州气象局山地气候所、贵州地质工程勘察设计院、贵州省建筑工程勘察设计院、美国阿雷西博天文台、德国MT公司和TUD大学、北京航空航天大学、美国国立射电天文台、澳大利亚联邦科学工业组织、美国精密仪器API公司、哈尔滨工业大学等。

FAST工程建设期间,主要有:贵州地质工程勘察设计院、贵州省建筑工程勘察设计院、中铁十一局、柳州欧维姆公司、中国电科54研究所、东南网架、武船重工、大连华锐重工集团股份有限公司、青岛东方公司、武汉烽火集团、中建二局、澳大利亚联邦科学工业组织CSIRO、美国加州理工学院、天津URUNAS、中国中元国际工程、北京中城建等30家企业和研究机构的上千名建设者。

大射电望远镜由"关键少数"发起,联合不同行业和领域的专家、政府领导、支持和贡献者组成的大家族,成员包括(但不限于)下表中列出的600多人。

单位	人员(按时间顺序)	内容(时序)
国家天文台	**立项前:** 王绶琯、南仁东、吴盛殷、彭勃、颜毅华、徐祥、马珥、蔡正东、邱育海、张喜镇、康连生、朴廷彝、朱丽春、田文武、朱文白、郑怡嘉、陈宏升、平劲松、吴福虹、胡北萍、张海燕、金乘进、吴江华、王启明、高龙、苏彦、张承民、宋希良、曹洋、杨影、钱广华、蒋志乾、刘鸿飞、翟学兵、李辉、甘恒谦、王弘、李建斌、张志伟、于京龙、刘娜、严俊和王宜 **立项后:** 杨世模、张蜀新、包曙东、孙才红、古学东、耿立红、石雅镠、周爱英、郭永卫、潘高峰、朱岩、李会贤、赵保庆、(大)朱明、朱凯、郑晓年、李颀、朱博勤、(小)朱明、曹淑蕴、杨清阁、姜鹏、宋立强、吴明长、岳友岭、钱磊、谢嘉彤、赵清、袁卉、汤为、于东俊、胡京文、秦剑秋、毕权林、张俊、管浩、李奇生、杨丽、张莹、冯利、薛建兴、姚蕊、高智胜、范瑾、肖莉、方明、	总体,选址,科学目标,接收机,馈源支撑,主动反射面,测量与控制,观测基地

（续表）

单位	人员（按时间顺序）	内容（时序）
	赵洪彬、周志兵、谢登云、陈旭、李药、孙京海、杨磊、邓申雄、郑云勇、朱磊、王新丽、詹德志、杨正靖、杨京、杨成发、邓德胜、袁维盛、胡浩、王勇、雷政、李志恒、孙纯、宋金友、陈如荣、王文心、葛文杰、李庆伟、于萌、段然、李明辉、黄琳、吴若飞、施小安、石向玮、钱惠、李静、蔡文静、陈强、黄梦琳、杨清亮、杜洪林、陈峻秋、宋本宁、李铭哲、甘仁波、李心仪、郝巧莉、尹世雨、王培、潘之辰、张博、张馨心等	
中科院遥感应用研究所	郭华东、聂跃平、魏成阶、田国良等	选址
西安电子科技大学	段宝岩、茅於宽、王家礼、徐国华、叶尚辉、龚书喜、张福顺、仇原鹰、赵克、陈光达、苏玉鑫、王文利、保宏、段学超、刘宏、陈杰、邱金波、赵泽、杜敬利、米建伟、邱杨、陈建军、郝娟	光机电一体化索驱动，宽带馈源，精调平台，反射面结构
航天工业总公司23所	熊继衮、谢胜斌、申伯勇、张志衡	混合馈源与焦场分析
清华大学工程力学系、精密仪器系、电子工程系、土木工程系、电机系	徐秉业、翟建祥、郭彦林、任革学、路英杰、陆秋海、段广洪、张辉、王广致、刘辛军、綦麟、周潜、周舟、吴少波、汪劲松、过静珺、李国定、石长生、冯正和、唐晓强、朱铁军、孔军	移动小车索驱动，主动反射面，精调平台，超宽带梳阵列、分段透镜馈电
北京理工大学	丁洪生、肖定国、郝娟、史长虹、张建民、刘惠林、盛新庆、李斌	精调平台，测量控制，反射面缝隙对电性能的影响

（续表）

单位	人员（按时间顺序）	内容（时序）
同济大学	李国强、罗永峰、邓长根、乌建忠、汪小鸿、徐鸣谦、王玉新、潘国荣、沈黎元等	主动反射面
中科院力学研究所	申仲瀚、李世海、郑哲敏、刘玉标等	舱索驱动（力学）
中科院数学与系统科学研究所	韩京清、石赫、黄一等	舱索驱动（控制）
中科院自动化研究所	许可康、景奉水	控制
中科院地球物理研究所	刘洪臣	选址
南京天文光学技术所	吕韵翎、屈元根、陈忆、王家宁、杨德华	主动反射面
解放军信息工程大学	郑勇、夏治国、骆亚波、张超、柴洪洲、李爱光、封延昌、崔岳等	测量
北京航空航天大学	陆震、吕善伟、刘涓	主动反射面，相位阵馈源
中科院沈阳自动化所	赵明扬、董再励	测量与控制
哈尔滨工业大学	沈世钊、范峰、钱宏亮、金晓飞、王大庆、牛爽等	主动反射面
贵州省无线电管理局	夏跃兵、孙建民、罗涛、李德航、雷磊、李家强、徐文刚、张庆等	无线电环境监测
贵州大学	宋建波、刘宏、王文俊、向喜琼、高云河、叶明亮、丁坚平、雷建海等； 陈叔平、杨刚、杨林、唐延林、张立云、吴忠祖、张志彬等	喀斯特洼地选址；天文联合研究中心

（续表）

单位	人员(按时间顺序)	内容(时序)
贵州省山地环境气候研究所/气象台/气象装备中心	吴战平、莫建国、宋国强、帅士章、于俊伟、孙纳卡、万和华等	洼地小气候选址
普定喀斯特岩溶试验站	幸访明、陈邦宇、李维星、罗罡、汪文富、幸幼安等	台址踏勘
贵州省科技厅	朱奕庆、李正辉、巫怒安、李纪福、苟渝新、潘洁、石磊、陈和筑、于杰、俞建等	选址及贵州地方协调
电子工业部39所	沈泉	天线与馈源
电子工业部14所	郭燕昌、杜耀维、华海根、苗萌	振子阵线馈相控阵馈源
电子工业部22所	吴健、甄卫民、黄昌理	雷达
电子工业部20所	王均阳、史小鸣、赵荣康	反射面、天线
国防科工委	陈芳允	院士/LT顾问
上海天文台	叶叔华	
国家天文台	陈建生	
中科院电子所	吕保维	
航天部五院	胡海昌	
中科院地球化学所	欧阳自远	
大连理工大学	钱令希	
中国系统工程公司	宋笑亭	
贵州国营4191厂	邹秋丁、戴作平等	天线
中国空间技术研究院	杨嘉墀、童铠、余玉材	深空探测
北京大学	吴鑫基、乔国俊、吴月芳	科学目标

（续表）

单位	人员（按时间顺序）	内容（时序）
北京师范大学	孙锦、孙艳春	科学目标
南京大学	郑兴武、杨光	科学目标
上海天文台	蒋栋荣、钱志翰、梁世光等	射电天文
紫金山天文台	曾琴、韩傅	射电天文
云南天文台	苏步美、包梦闲	射电天文
中国地质调查局	殷跃平	地质勘查与地灾治理
贵州省地矿局、贵州地质工程勘察院和贵州省建筑工程考察院	廖铁钧、王明章、罗湘干、胡中、严召进、朱彦、白文胜、席意明、杨忠、杨志刚、禹建强、简德超、刘林、苏宁、程宇、罗应盛、谢朝贵、刘鹏飞、杨洪、刘忠贵、李卫民等	工程、水文环境地质
中国环境地质监测院	曲兴元	地质勘查与地灾治理
中国科学院理化技术研究所	张亮、刘立强、彭楠	真空制冷技术咨询与指导，宽带馈源合作
东北大学	史家顺、沙玉太	促动器研制
南京理工大学	车文荃、何山红	19波束接收机前端研制
黔南民族师范学院	梁光华、石培新、石云辉、韦煜、杨再波、林小峰、朱慧敏、孟胜昆	学科建设与科普
中国冶金设计总院	斯柯克	控制

（续表）

单位	人员（按时间顺序）	内容（时序）
中元国际工程公司	孙放、颜力源、董晓家、张同亿、陈景来、陈丹、刘辉、田蓉等	立项、可行性研究、初步设计
荷兰射电天文台NFRA	Richard Strom, Titus Spoelstra, Rob Millenaar, Bou Schipper, Arnold van Ardenne, Ger de Bruyn, Jan Noordam, Richard Schilizzi, Robert Braun, Jaap Bregman, Harvey Butcher, Wim Brouw, Lenoid Gurvits	选址，科学目标，总体
英国曼彻斯特大学焦德雷班克天文台，剑桥大学，英国PPARC，英驻华使馆	Andrew Lyne, John Anthony Battilana, Neil Noddis, Colin Baines, G. Kitching, Bruno Maffei, Michael Kramer, Antony Hewish, Paul Murdin, Peter Fletcher, Paul Wusteman	科学目标，接收机，总体
澳大利亚国立射电天文台（ATNF）	Ron Ekers, Richard Manchester, Kelvin Wellington, Dave Jauncey, Peter Hall, Douglas Hayman, Peter Roush, Alex Dunning	科学目标，接收机
美国阿雷西博天文台/美国天文与电离层中心，美国国立射电天文台（NRAO）	Tor Hagfors, Paul Goldsmith, Riccardo Giovanelli, Miachel Davis, Daniel Altschuler, Donald Campbell, Robert Kerr, Juan Arratia; James Condon, Dennis Egan, Fred Lo, Ken Kellerman, Jingquan Cheng, King Lee	科学目标，接收机，工程建设
加拿大自治领射电天文台DRAO/SKA	Lloyd Higgs, Tom Landecker, Peter Dewdney, Russ Taylor	科学目标，工程建设
德国MPIfR、MT和达姆施塔特技术大学（TUD）	Sebastian von Hoerner, Hans Karcher, Francis Fomi, Simon Kern, Markus Lazanowski, Bruno Strah	初步设计

（续表）

单位	人员（按时间顺序）	内容（时序）
瑞典查尔姆斯理工大学	Per-Simon Kildal	
俄罗斯特殊天体物理台（SAO）	Yuri Parijskij, Lenoid Matveenko	射电天文
乌克兰射电天文台	L. N. Litvinenko	
法国默东天文台	Francois Viallefond	
波兰哥白尼大学	Andrzej Kus	
贵州博伟科技测绘有限公司	刘春江、吴丁三元	地形测绘
贵州正业工程技术投资有限公司	沈志平、杨振杰、陈德茂、余永康	岩土工程设计
科技部	徐冠华、邵立勤、彭以琪、周文能	关注与支持
国家自然科学基金委	张存浩、杨卫、刘才全、汲培文、董国轩	
国家发改委	张晓强、林念修、刘艳荣、任之武、沈竹林、王欣、袁军	
中国科学院	路甬祥、白春礼、许智宏、李志刚、钱文藻、程尔晋、葛明义、梁增勇、金铎、都静莹、查莲芳、詹文龙、李定、李和娣、郝晋新、侯宏飞、黄敏	
贵州省及其直属部门	刘方仁、陈士能、吴亦侠、钱运录、石秀诗、林树森、龚贤永、何崇远、张佩良、马文俊、陈大卫、张群山、蒙启良、慕德贵、何力、谢晓尧、王世杰、丁凡、何伟、卢达昌、张应伟、张晓萍、方廷伟、李微、沙爽、袁华、孙涛、廖小罕、苏庆、田维民	关注与支持，地方发展

（续表）

单位	人员(按时间顺序)	内容(时序)
黔南州及其直属部门	蓝天权、潘朝显、黄家培、李月成、夏庆丰、龙长春、向红琼、罗毅、吴胜华、魏明禄、蒋映生、罗桂荣、向忠雄、黄伟、胡晓剑、吴俊、张全毅、刘建民、陈有德、刘延学、陈飞、林平、刘良、李茂国、周志龙、郑红军、段志华、韩尚平、赵天恒、袁明、黄光兴、范子华、高扬、逄焕东、李室权、王潇、瓦标龙、文永生	
黔南州天文局	张智勇、罗登军、徐文斌、罗莉琪、安雪、张宇、郭平、覃春悦、徐超文、赵瑞娟、丁诗源、覃乐、邓无恙	地方发展
黔南州平塘县、安顺市普定县	吴秀全、谭文忠、王立松、王佐培、刘长江、管跃敏、黄河新、郑传福、杨朝明、杨朝礼、杨朝福、杨天信、杨天觉、杨天学、杨天顺、焦爱平、张林、孙亚平、韦义红、石蕾、张义刚、傅京、鲁红卫、徐天成、何志习、左润华、毛有智、唐官莹、严肃、孟玉凤、胡国栋、张永锋、张建海、臧侃、王登辉、王国敏、韦文堂、宋恩贵、莫君锋、曹礼鹏、田仁飞、郑国富、杨眉、莫卫武、杨本环、倪伟强、冉孟刚、杨春芳	关注与支持，地方发展
中国天文界	李启斌、苏洪均、胡景跃、邹振隆、李竞、李宗伟、何香涛、苏定强、李惕培、朱能鸿、崔向群、艾国祥、刘晓群、赵永恒、袁为民、周旭、朱进、景海荣、李炎、李国平、杨戟、洪晓瑜、沈志强、王娜、史生才	关注与支持

结束语

二十余年大射电望远镜长征，成就世界地标——“中国天眼”FAST。这段征程是我国天文学研究走向世界之旅，是科学人追梦之旅，是向世界展现中国科技力量之旅。依托FAST，未来我国将取得更多的天文学成果。参照FAST，我国也将有更多大科学项目建设成功，整体提升中国的科技力量。

2005年，理查德·斯基利奇、南仁东和彭勃，在贵州候选台址尚家冲洼地电波干扰监测车前

我愿借用南仁东先生最好的国际朋友、SKA筹建办公室创始主任理查德·斯基利奇参加FAST落成典礼，离开平塘回国途中发来的邮件，权作本书的结束语。

彭勃，

这是一次精彩的展示，也是对你们和南仁东一起、为这个对中国和世界都具有里程碑意义的项目所付出努力的一次恰当庆祝……

理查德

Dear Bo,

It was a splendid show and a fitting celebration of all the work you and Nan have put into this landmark project for China and the world...

Richard

大射电望远镜LT/FAST大事记

1993年

5月 荷兰理查德·斯特罗姆(Richard Strom)拜访王绶琯院士,通报国际大射电望远镜LT酝酿情况。王绶琯明确中国参与,并提议南仁东牵头LT中国推进。

8月 在日本京都第24届国际无线电科学联合会(URSI)大会上,包括中国(北京天文台吴盛殷)在内的十国射电天文学家联合倡议建造大射电望远镜LT,并共同创建URSI大射电望远镜工作组LTWG。

1994年

3月21—22日 北京天文台吴盛殷在英国焦德雷班克天文台,参加大射电望远镜工作组第一次会议(LTWG-1),并提交LT中国台址报告。

LTWG-1探讨LT科学技术方案,各国贡献及投资,技术先进性,经济可行性。

6月 北京天文台组建大射电望远镜课题组(LT课题组);与中科院遥感所开展LT选址合作。遥感所聂跃平赴贵州进行大射电望远镜第一次台址踏勘。

8月21日 参加荷兰海牙大射电望远镜工作组第二次会议(LTWG-2),北京天文台颜毅华报告大球面射电望远镜阵贵州地形初步结果。LTWG-2交流印度巨型米波射电望远镜(GMRT)低价天线建造经验,澳大利亚低价低噪音放大器经验,喇叭阵、“瓦片”天线阵等。

9月22日 南仁东、吴盛殷、彭勃和聂跃平考察贵州14个洼地。

10月 在乌鲁木齐第三届亚太望远镜(APT)国际会议上,展示大射电望远镜LT中国选址地图、照片、播放录像带等。

11月 彭勃、聂跃平和斯特罗姆考察贵州平塘、普定两县8个喀斯特洼地,并进行大射电望远镜LT首次无线电频率干扰测试。

1995年

2月	北京天文台LT课题组获准主办URSI的LTWG－3会议。
7月4—6日	在北京天文台密云站举办LT工程方案微波及天线专家研讨会，西安电子科技大学提出索驱动馈源支撑方案。
7月22日	日本东京第三届东亚天文学会议上，彭勃提交贵州选址、电波检测初步考察报告。
8月	在北京香山举办无线电科学国际会议（ICRS'95），吴盛殷和彭勃分别提交贵州选址、电波检测报告。
10月2—6日	北京天文台和贵州省科委联合主办的LTWG-3在贵州召开。
11月	大射电望远镜LT中国推进委员会成立暨第一次学术年会。 大射电LT课题组织全国“关于加强射电天文频率保护”研讨会，欧洲射电天文频率委员会（CRAF）负责人施珀尔斯特拉（Titus Spoelstra）介绍欧美有关工作。
11月17日	美国《科学》杂志（*Science*）首次关注并报道中国LT推进，南仁东、彭勃接受访谈。
12月	彭勃在澳大利亚悉尼参加第四届亚太望远镜国际会议，提交中国LT推进进展。

1996年

1月	建立洼地数据库；彭勃和吴盛殷参加英国高灵敏度射电天文会议及LTWG-4：提交《LT中国深度选址报告》（*Further site surveying for the LT in China*）。
2月	彭勃和吴盛殷访问德国马普射电天文所，彭勃访问欧州空间研究与技术中心（ESTEC），参加大天线会议：报告并发表球反射面及其馈源研究。
7月	LTWG－3&W-SRT国际会议论文集正式出版。
8月	美国巴尔的摩国际天文学会（IAU S179）上，彭勃报告SKA中国方案KARST。
9月	加拿大射电天体物理台（DRAO）台长兰德克尔（Tom Landecker）访问北京天文台； 彭勃、颜毅华参加法国里尔的LTWG－5；段宝岩提交光机电一体化馈源驱动方案。
10月	澳大利亚国家天文台（ATNF）首席工程师韦林顿（K. Wellington）、美国阿雷西博天文台前台长哈格福什（T. Hagfors）访问北京天文台大

射电LT课题组，南仁东陪同外宾赴贵州、西安考察。

美国天文学会理事长徐遐生(Frank Shu)院士、台湾天体物理所所长鲁国镛(Fred Lo)访问北京天文台，与大射电望远镜LT课题组南仁东和彭勃交流，提议在贵州启动两面LT先导单元，形成干涉仪。

南仁东在北京参加第47届国际宇航论坛IAF会议，提交SKA中国概念论文。

11月 LT课题组南仁东、邱育海、徐祥访问搜寻地外文明研究所(SETI)，考察美国阿雷西博天文台，顺访美国国家射电天文台(NRAO)。

12月 六国八所LT工程预研究合作备忘录正式签署；

举办LT中国推进委员第二次学术年会，正式确立六个LT中国工程预研究组，展开对反射面结构、宽带馈源、近焦场理论分析、线馈端射口、馈源的无平台驱动、计算机控制、二次反射面及相应馈源等技术的研究。

1997年

1月 南仁东等访问中国电子科技集团公司第五十四研究所。

4月 瑞典查尔莫斯工学院电子工程系希达尔(P. Kildal)教授来访，访问南京、北京、西安，并探讨FAST双反射面馈源系统研究。

5—6月 王绶琯、叶叔华、陈建生、吴盛殷、聂跃平和彭勃考察贵州省大射电望远镜候选洼地台址。

6—9月 北京天文台邱育海提出主动反射面初步概念；

起草陈芳允、杨嘉墀、王绶琯、陈建生四院士推荐信。

1998年

2月26日 路甬祥批复陈芳允、杨嘉墀、王绶琯、陈建生四院士对FAST推荐信，支持FAST作为国家“十五”大科学工程候选项目。

3月 彭勃、邱育海、邵立勤和汲培文组团访英，应邀在皇家天文学会月会介绍FAST，将FAST完整概念公之于世，还在剑桥大学、曼彻斯特大学交流考察。

4月7—9日 LT推进委员会第三次学术年会暨FAST项目委员会第一次学术会议召开，在国内首次确认和介绍FAST完整概念，首次提出多次调整馈源索支撑的方案。推选南仁东为FAST项目委员会首席科学家，彭勃为主任。

5月9日 中国科学院基础局金铎局长在北京天文台主持专家讨论会，支持

	FAST预研究。
5月19日—6月4日	天线保形技术发明人、德国埃费尔斯贝格100米口径射电望远镜主要设计师冯·赫尔纳(Sebastian von Hoerner)应邀访问FAST项目委员会,对馈源、主动反射面结构、馈源支撑结构及工程建设等进行广泛交流,指导FAST项目委员会天线创新技术。
7月9日	FAST项目委员会京区第一次委员会议。
8月7日	*Science*专版报道FAST进展,南仁东、彭勃接受访谈。
8月31日	FAST项目委员会京区第二次委员会议。
9月	荷兰射电天文台斯特罗姆,美国国立射电天文台康登(J. Condon)、尹其丰先后来访, 开展FAST项目咨询。
10月5—9日	中英FAST合作暨FAST项目委员会第二次学术会议。 默丁(P. Murdin, PPARC)、莱恩(A. Lyne, JBO)、威尔金森(P. Wilkinson, MERLIN)、巴蒂拉纳(J. A. Battilana, JBO)在清华大学精密仪器系参观,探讨Stewart平台以调整馈源索支撑方案。
12月26日	俄罗斯、乌克兰专家来访,探讨与FAST合作。
12月	巴蒂拉纳访问西电三周。

1999年

3月2日	创新工程首批重大项目FAST预研究立项论证会举办,王绶琯、郑哲敏、陈建生、艾国祥四院士参加。
3月10日	FAST预研究立项合同签订; 科技部朱丽兰部长会见贵州钱运录省长和南仁东等; FAST第二次组团,西电段宝岩、中科院遥感所聂跃平和清华大学任革学联合访美,开展与波多黎各阿雷西博望远镜合作。
3月24日	中科院创新工程重大项目首批250万元(含科技部100万元)经费到位。
4月	荷兰射电天文愿景会议上,彭勃报告FAST科学目标、技术路线;
4月6—8日	大射电望远镜LT第四届学术年会暨FAST第三次学术年会举办。确定各关键技术研究团组、合同、经费等。
5月9日	FAST预研究项目"馈源支撑"论证会召开。
7月	彭勃参加奥地利的IAU S196会议,提交射电天文望远镜台址保护报告; FAST组团合作访问俄罗斯、亚美尼亚。
8月	南仁东参加美国夏威夷 SETI大会; 南仁东参加加拿大多伦多第26届URSI大会。

9月	中、荷FAST科学目标合作北京研讨会。
10月	中、英签订FAST合作备忘录。 国际平方公里大射电望远镜SKA执行委员会(ISSC)成立,彭勃作为中国代表参加。
11月	南仁东、彭勃参加印度浦那IAU S199低频宇宙会议; FAST馈源支撑西电团组合作访问英国焦德雷班克天文台。

2000年

3月	彭勃在德国慕尼黑SPIE 2000大会上作题为“世界第一大单天线FAST”的特邀报告,官宣FAST将成为世界第一大单天线望远镜。
4月17—21日	在贵州饭店主办国际天文学会议IAUC 182,主题为“射电源与闪烁:射电天文中的折射与散射”(Sources and Scintillations: refraction and scattering in radio astronomy),12个国家90名代表参加会议。
7—8月	西电LT团组段宝岩访问阿雷西博天文台。
8月	彭勃、邱育海以及清华大学的李国定和任革学组团参加英国曼彻斯特召开的国际天文学联合会大会等系列活动中SKA技术路线研讨和SKA国际执委会会议,参加中英FAST技术交流会。
8—9月	美国国立射电天文台程景全(Jingquan Cheng)工作访问南京、上海、北京,进行FAST望远镜机械结构讨论。
9月	FAST主动反射面实验在上海开始。
12月10—14日	英国焦德雷班克天文台代表团访问北京天文台FAST课题组, 合作完成馈源舱及接收机系统总体设计。

2001年

2月12日	上海“FAST主动反射面缩尺模型实验”专家验收会举办,叶尚辉教授为专家委员会主席。
5月22日	北京“大射电望远镜移动小车馈源支撑20米模型”验收会举办,郑哲敏院士为专家委员会主席。
7月	北京“FAST台址评估”专家验收会举办,南仁东研究员为专家委员会主席。 FAST组团赴美参加“SKA:定义未来”(SKA: Defining the future)会议。
8月	彭勃在日本东京亚太无线电科学会AP-RASC’01作邀请报告。

10月　创新工程首批重大项目"FAST预研究"总体验收。

2002年

2月　西安"FAST馈源索支撑50米模型"专家验收会，专家委员会主席为韩京清研究员。

5月29日　向国家计委提交大科学工程建议意向"500米口径球面射电望远镜——FAST"。

8月　彭勃在荷兰格罗宁根参加SKA ISSC第二次协调会议。

12月　中国科学院重要方向项目"FAST关键技术优化研究"启动，南仁东主持。

2003年

5月　FAST实验室组织申请国家自然科学基金交叉重点，项目为"巨型射电天文望远镜总体设计与关键技术研究"。

7月　南仁东、彭勃参加SKA研讨会ISSC-10，并考察澳大利亚SKA候选台址。

8月　上海"FAST分块式主动反射面缩尺模型改进实验"专家验收，专家委员会主席为周勤之院士。

10月　SKA项目筹建办公室主任理查德·斯基利奇(R. T. Schilizzi)教授夫妇访问北京、西安、贵州，南仁东陪同考察贵州，彭勃陪同考察西安。

"FAST移动小车—馈源稳定平台耦合系统50米模型"验收，专家委员会主席为黄琳院士。

2004年

1月　南仁东、彭勃参加ISSC－11会议，考察南非SKA候选台址。

2月　FAST关键技术研究入选2003年全国十大天文进展。

3月　FAST申请国家自然科学基金交叉重点，项目为"巨型射电天文望远镜总体设计与关键技术研究"。

在贵州省科技厅召开贵州洼地、无线电干扰国际标准监测、洼地气候及对流层研究方面3个小组工作协调会。

4月　FAST申请国家973计划，项目为"巨型射电天文望远镜新模式"。

5月8日　向中国科学院提交"十一五"国家大科学工程建议——500米口径球面射电望远镜FAST。

5月11日　FAST项目入选中国科学院向国家发展和改革委员会(简称国家发

改委)提交的五项大科学工程建议。

5月13日　向国家自然科学基金委提交“十一五”国家大科学工程建议:500米口径球面射电望远镜FAST。

5月17日　向科技部正式提交“十一五”国家大科学工程建议:500米口径球面射电望远镜FAST。

5月19日　南仁东在中关村作“十一五”国家大科学工程建议的报告:500米口径球面射电望远镜FAST。

7月21—24日　彭勃参加加拿大彭蒂克顿的SKA研讨会和ISSC-12。

11月　在郑州举行FAST动态测量关键技术研究专家验收会。

2005年

1月　国家自然科学基金委交叉重点项目“巨型射电天文望远镜的新模式”启动,南仁东主持。

3月1日　国家天文台密云FAST总体模型(MyFAST)开建。

3月17—20日　国家天文台与贵州省科委成功举办SKA ISSC-13会议。

7月　索网反射面缩尺模型下拉索促动器验收。

7—8月　荷兰射电天文研究所(ASTRON)的工程师在SKA/FAST候选台址进行无线电干扰定标。

9月23日　苏定强院士等19位专家对中科院国家科技重大基础设施“FAST建议书”进行评审。

10月底　彭勃在印度浦那参加SKA ISSC-14。

11月4日　中科院院长办公会召开,原则批准推荐FAST作为国家重大科学装置报国家发改委,表明FAST国家立项正式启动。中科院特批了人员指标和千万元的经费,国家天文台正式成立FAST项目指挥筹备组。

12月6日　MyFAST主体(索网主动反射面)建造完成。

12月31日　大射电望远镜FAST实验室代表中国向国际SKA项目办公室提交SKA中国台址申请报告。

2006年

1月12日　国家天文台主持“FAST候选台址勘探专家评估与咨询会”,遴选了以大窝凼为首的17个优选洼地。

2月8—15日　彭勃、聂跃平、朱博勤等在大窝凼台址进行工程踏勘;
南仁东访问英、荷、德三国,筹备FAST国际评估会议。

2月27日　国家天文台在中关村主持“FAST候选台址勘探项目议标会”。

3月10日	大射电望远镜实验室代表中国向SKA项目办公室提交SKA中国台址无线电干扰监测报告。
3月15日	FAST候选台址综合工程地质初勘项目实施； 彭勃在美国新墨西哥州甚大阵(VLA)参加ISSC-15会议。
3月29日—4月1日	中科院基础局在北京友谊宾馆召开“FAST项目国际评估会”；来自美、英、德、荷、加、日、澳的11位外宾，及国内7位专家对FAST科学目标、总体指标、技术方案、可行性研究成果、经费预算、人员队伍、管理及运行等进行了全面评估。
4月29日	FAST立项建议书征求意见稿提交中科院综合计划局、基础科学局。
5月22—27日	彭勃、王启明、朱文白、金乘进和范峰再访阿雷西博天文台，为可行性研究报告中科学技术与建设运行取经。
6月	FAST候选台址综合工程地质初勘报告提交。
7月3—5日	张承民、邱育海和金乘进在英国剑桥大学，代表中国参加SKA台址申请答辩。得分排序为南非、澳大利亚、中国和阿根廷。
8月14—31日	南仁东在捷克参加IAU大会； 彭勃在德国参加SKA ISSC-16会议。
8月31日	中国科学院与贵州省人民政府签署FAST共建协议。
9月6日	MyFAST成功检测到银河系中性氢辐射。
9月29日	FAST立项建议书由中国科学院正式上报给国家发改委。
10月12—13日	创新工程重要方向项目“500米口径球面射电望远镜(FAST)关键技术优化研究”通过中科院基础科学局验收。
11月15—17日	FAST立项评估贵州筹备会召开。
11月22—23日	中咨公司在中工大厦组织对FAST立项建议书的专家评估会，南仁东、彭勃分别负责工程建设和建安财务分会场的答辩反馈。

2007年

1月和5月	张海燕组织FAST用户调查会。
4月29日	修改后的立项建议书提交到国家发改委。
5月	由中国科学院射电天文联合开放实验室协调，举办了FAST项目用户调查会。
7月10日	国家发改委原则批复FAST立项建议书(发改高技[2007]1538号)。
10月19日	FAST可行性研究报告编写交流会在密云射电天文观测站举行。中元国际工程公司考察MyFAST。
10月29日—11月2日	FAST可行性研究报告编写组主要成员赴黔考察。

2—11月　合作完成中-德FAST馈源支撑全程仿真(李辉、孙京海等)。

2008年

1月1日　创新工程重要方向项目"FAST关键技术的试验研究"启动。

3月20—21日　中咨公司对FAST项目可行性研究报告进行专家评估。

4月27日　FAST工程建设领导小组第一次工作会议在贵阳召开。

6月　中美大型射电望远镜科学技术研讨会在国家天文台召开。美国国家天文和电离层研究中心主任唐纳德·坎贝尔(Donald Campbell)、国际天文学联合会副主席玛莎·海恩斯(Martha Haynes)教授等,和以FAST项目为主的国内射电天文同行参会。

7月4日　贵州大学陈叔平校长、宋宝安副校长、贵州省发改委方廷伟处长在国家天文台就双方合作事宜会谈。严俊和陈叔平签署双方联合培养研究生的协议。

8月20日　大射电望远镜实验室在平塘县召开FAST台址详勘和土石方开挖工作专家咨询会。

9月10日　FAST机械结构及防腐蚀国际咨询会在国家天文台召开。哈尔滨工业大学沈世钊院士、美国国立射电天文台绿岸望远镜结构总工程师金宜忠、高级工程师丹尼斯·伊根(Dennis Egan)、加拿大自治领射电天体物理台的高级工程师布鲁斯·法伊特(Bruce Veidt)博士及国内多家合作单位参加。

10月31日　国家发改委批复FAST项目可行性研究报告(发改高技[2008] 2878号),并将FAST项目列入国家高技术产业发展项目计划。

12月26日　FAST工程在大窝凼台址举行奠基典礼。

12月27日　FAST工程建设领导小组第二次工作会议在贵阳召开。

2009年

2月4日　中科院和贵州省人民政府联合批复FAST项目初步设计及概算。

平塘县人民政府实施对FAST台址大窝凼洼地中12户居民的搬迁。

3月13日　国家自然科学基金重点项目"巨型射电天文望远镜(FAST)总体设计与关键技术研究"结题验收。

8月6日　FAST工程台址岩土工程详勘开工。

8月19日　FAST工程建设领导小组办公室第一次工作会议在贵阳召开。

10月1日　中、澳签署L波段19波束馈源和极化器可行性研究合同。

10月22日　与美国自动精密工程公司(API)合作框架协议在京签署。

11月24日　FAST结构设计和实验研讨国际咨询会在京召开。

12月9日　FAST工程台址详勘外业现场验收。

2010年

1月26日　FAST工程台址岩土工程详勘报告在贵阳通过专家评审。

2月4日　北京起重运输机械设计研究院承担的“500米口径球面射电天文望远镜(FAST)索驱动支撑机构方案优化设计”通过验收。

5月5日　国土资源部批复FAST工程建设用地需求。

5月25日　FAST工程台址新测1∶1000高精度地形图完成。

5月27日　贵州建筑工程勘察院“FAST锚杆施工及测试试验”合同验收。

6月7日　与北京理工大学签订“FAST天顶角超26.4度时回照方式研究合同”。

6月18日　与贵州正业工程技术投资有限公司签订FAST工程台址开挖施工图设计合同。

6月26日　创新工程重要方向性项目“FAST关键技术的试验研究”验收。

7月15日　FAST台址岩土工程危岩与崩塌堆积体专项勘察完成。

7月20—31日　严俊、郑晓年、南仁东、杨世模、朱丽春访美国国立射电天文台、美国天文与电离层研究中心阿雷西博天文台、自动精密工程公司，并与美国国立射电天文台签署合作备忘录。

8月10日　荷兰科学研究组织代表一行五人访问国家天文台。

8月19—21日　国家天文台和中国电子科技集团公司第五十四研究所成立的射电天文技术联合实验室(JLRAT)在石家庄举行FAST专题情况交流会。JLRAT主任彭勃和梁赞明分别主持，就FAST相关问题研讨，并考察五十四所研发基地。

10月8日　科技部副部长曹健林考察FAST工程贵州大窝凼台址，酝酿“射电波段的前沿天体物理课题及FAST早期科学研究”973项目。

11月7日　在北京召开反射面实时测量方案研讨会。

11月11日　FAST工程台址开挖施工图设计通过质检。

11月12日　与中国中元国际工程公司签署《500米口径球面射电望远镜(FAST)项目管理合同》。

11月16日　FAST工程反射面加工工艺咨询会在北京召开。

11月23日　华北电力设计院工程有限公司承接“FAST馈源支撑塔方案设计与优化”合同验收。

12月23日　FAST工程台址开挖施工开标。

2011年

1月23日	台址开挖工程开工仪式在贵州大窝凼洼地举行。
1月26日	与中铁十一局集团有限公司签订台址开挖工程施工合同。
3月25日	中科院和贵州省下发“关于国家重大科技基础设施500米口径球面射电望远镜建设项目开工建设的批复”(科发建复字[2011]32号),FAST台址开挖工程正式开工。
	中咨公司实施FAST贵州配套设施建设总体规划。
4月12日	FAST工程建设领导小组第三次工作会议在贵阳召开。
5月11日	FAST工程建设领导小组办公室召开“FAST工程建设用地问题”专题会议。
8月23日	“射电波段的前沿天体物理课题及FAST早期科学研究”(973)项目获科技部批准。
8月27日	完整的FAST馈源支撑机构缩尺模型研究合同验收。
9月1日	FAST工程向国家发展改革委高技术司领导汇报工程建设进展。
9月15日	“FAST馈源舱方案设计研究”合同在北京通过专家验收。
9月23日	FAST进场道路施工。
9月27日	望远镜底部排水隧道施工。
9月28日	主动反射面整网控制实验研究验收与咨询会议召开。
11月23日	FAST工程科学技术委员会第一次工作会议在北京召开。
11月30日	“FAST工程馈源支撑塔施工图设计”合同在北京签署。

2012年

1月20日	贵州省机构编制委员会办公室正式批复成立贵州射电天文台。
2月14日	973项目“射电波段的前沿天体物理课题及FAST早期科学研究”在北京召开启动会。
2月23日	馈源舱方案优化设计通过验收。
4月19日	地锚、圈梁及索网结构启动施工图设计。
5月31日	主反射面实时动态测量系统样机研制成功。
7月6日	与大连华锐重工集团股份有限公司签订“FAST工程馈源支撑系统索驱动设计、制造及安装施工总承包”合同。
7月23日	国家天文台·贵州大学天文联合研究中心学术委员会第一次会议在贵州大学召开。
7月24日	中国科学院国家天文台与贵州省科技厅签署共建贵州射电天文台合作协议。

8月7日　大窝凼底部排水隧道贯通。

8月9日　委托中国中元国际工程公司进行FAST观测基地规划设计。

9月1日　“FAST工程反射面地锚施工图设计”通过验收。

10月8日　委托中建工业设备安装有限公司开展综合布线设计。

10月17日　FAST工程向国家发改委高技术司领导汇报工程建设进展。

10月31日　与北京万云科技开发有限公司签订了《500米口径球面射电望远镜(FAST)防雷工作长期合作框架协议》。

11月29日　委托中国电科第五十四研究所开展“FAST工程馈源支撑系统馈源舱设计、制造、安装与调试总承包”合同北京签字仪式。

12月4日　与华北电力设计院工程有限公司组织“FAST工程馈源支撑塔施工图设计”合同验收。

12月19日　北京市建筑设计研究院有限公司负责的“FAST工程圈梁索网施工图设计”合同验收。

12月26日　与江苏沪宁钢机股份有限公司签“FAST圈梁制造和安装工程”合同。

12月30日　FAST台址开挖与边坡治理工程通过验收。

2013年

3月27日　国家档案局组织专家到大窝凼进行FAST工程档案检查。

3月30日　“FAST索网制造与安装工程”合同签字仪式在柳州举行。

4月26日　FAST工程科学技术委员会第二次工作会议在北京召开。

5月22日　中国科学技术协会2013年会部分中外专家考察FAST工程大窝凼现场。

5月23日　“平塘星”命名仪式在平塘县举行。

5月24日　中国科协第15届年会“500米口径球面射电望远镜与地方发展”论坛在黔南州首府都匀举行。

6月16日　FAST工程监理合同签字仪式在北京举行。

6月28日　贵州省政府常务会议原则同意《贵州省500米口径球面射电望远镜电磁波宁静区保护办法》草案。

7月8日　光缆模拟工况试验通过验收。

9月24日　完成舱停靠平台详细设计。

10月1日　《贵州省500米口径球面射电望远镜电磁波宁静区保护办法》正式施行。

11月19日　索驱动完成设备出厂检查。

11月30日　设备基础工程(包括反射面圈梁支撑柱基础、FAST馈源支撑塔基础)通过五方验收。

12月25日　中国科学院大科学工程监理组到大窝凼施工现场进行监理。

12月30日　FAST工程年终总结暨工程1000天倒计时动员会在北京召开。

12月31日　反射面圈梁合龙,这是FAST工程第一个工艺系统建设里程碑。

2014年

1月10日　青岛东方公司完成馈源支撑塔设备层试组装。

3月1日　贵州·北京大数据产业发展推介会在京举行。严俊签署《共同支持贵州大数据产业发展人才培养计划战略合作框架协议》和《贵州射电天文台及FAST数据处理中心合作合同》。

4月22日　FAST工程台址开挖工程档案验收会在北京举行。

4月29日　中国科学院国家天文台500米口径射电望远镜(FAST)工程团队获得中央国家机关五一劳动奖状。

5月6日　馈源舱详细设计工作完成。

5月22—23日　中科院组织专家在大窝凼和北京对"500米口径球面射电望远镜国家重大科技基础设施建设项目"进行基建专项巡视检查。

6月15—17日　诺贝尔奖得主斯穆特(George Smoot)访问台址,在都匀作科普报告。

7月17日　索网制造和安装工程正式实施。

9月11日　500米反射面圈梁制造和安装工程验收。

11月　FAST馈源支撑塔制造和安装工程竣工验收。

12月10日　索驱动1H设备成功托运。

2015年

2月4日　索网制造和安装工程顺利完成。

2月6日　反射面单元设计与制造项目合同签订。

2月10日　FAST第一根馈源支撑索成功挂起。

5月29日　完成索驱动、馈源舱和舱停靠平台防雷详细设计。

7月　主动反射面液压促动器全部安装到位。

8月2日　FAST反射面第一块面板单元成功吊装。

11月21日　FAST馈源舱(替代舱)首次升舱成功。

11月30日　舱停靠平台通过专家验收。

2016年

1月14日	FAST馈源舱出厂检查。
3月	中科院贵州省政府联合批复FAST工程调整初步设计及概算。
6月	FAST综合布线工程验收； 频段140—280兆赫兹接收机完成安装。
6月8日	FAST反射面单元基本铺设完毕(除中心5块)。
7月3日	FAST反射面单元最后一吊，标志着FAST主体工程完工。
8月8日	黔南建州60年，国家天文台在都匀命名“黔南星”。
9月	宽带单波束馈源安装调试。 黔南州FAST电磁波宁静区环境保护条例正式实施。
9月25日	FAST工程竣工。习近平主席发来贺信，刘延东副总理出席落成庆典。诺贝尔奖得主约瑟夫·泰勒(Joseph Taylor)和SKA总干事菲利普·戴蒙德(Philip Diamond)等嘉宾在场同庆，开启射电天文论坛。
10月	FAST工程主动反射面控制系统工程验收。
11月	FAST工程反射面节点测量系统研发与实施项目验收； FAST工程馈源支撑整体控制系统验收； FAST索驱动制造和安装工程验收； FAST望远镜总控系统验收。

2017年

2月	在澳大利亚进行19波束接收机的组装和调试。
4月	FAST工程经理部正式组建望远镜调试组； 促动器验收。
5月	在澳大利亚进行19波束接收机的性能验收测试和交底。
6月	园林和景观工程(一期)验收。
8月22日	FAST望远镜观测到新脉冲星PSR J1859-01，被澳大利亚帕克斯64米望远镜验证，其自转周期1.83秒，距离地球约1.6万光年，实现了中国射电望远镜脉冲星发现零的突破。
8月27日	FAST首次对类星体跟踪观测30分钟，实现FAST功能性验证。
9月23日	FAST中性氢吸收线跟踪观测1.4小时与阿雷西博望远镜累积观测10小时结果相当，验证了FAST具备科学观测能力。
10月10日	FAST首批科学成果发布。
12月1日	19波束接收机运抵贵州大窝凼台址； FAST馈源舱验收。

12月31日	FAST共发现39颗脉冲星高质量候选体,其中9颗得到国际验证。

2018年

2月	FAST首次观测到毫秒脉冲星。
5月	19波束接收机在贵州大窝凼台址安装和调试。
9月	FAST完成功能性调试。
12月	组建调试阶段时间分配委员会,沈志强为主任。
12月31日	FAST累计发现70颗脉冲星高质量候选体,其中53颗得到验证。

2019年

1月24日	FAST与上海65米天马望远镜首次VLBI观测获干涉条纹。
1月	《贵州省500米口径球面射电望远镜电磁波宁静区保护办法》发布。
4月18日	启动FAST调试阶段风险共担观测项目。
4月22日	FAST工程通过中国科学院组织的工艺专业验收。
5月24日	FAST工程通过中国科学院组织的设备专业验收。
5月27日	FAST工程通过中国科学院组织的档案专业验收。
5月30日	FAST工程通过中国科学院组织的建安和财务专业验收。
	《中国科学》发表利用FAST调试数据产生的科学成果专刊。
6月	FAST科学委员会成立,共17位专家,武向平为主任。
	FAST时间分配委员会成立,共21位专家,邱科平为主任。
	“十三五”项目“FAST科学研究和数据处理中心”可行性研究评估完成。
11月22日	完成FAST电磁环境评估。
12月	FAST科学委员会遴选出5个FAST优先和重大项目。
12月31日	FAST累计发现146颗脉冲星高质量候选体,其中102颗得到验证。

2020年

1月11日	FAST工程通过国家验收,转入常规运行阶段。
2月	FAST优先和重大项目启动观测。
3月	国家天文台博士研究生王琳及导师彭勃等人利用FAST对武仙座球状星团(M13)观测发现了毫秒脉冲双星M13F;认证M13E为“黑寡妇”掩食双星;获得M13现有脉冲星最好计时结果。
	国家天文台潘之辰、王琳等人利用FAST观测数据在球状星团M92

中首次探测到脉冲星PSR J1717+4308A(M92A)。

4月 国家天文台朱炜玮、李菂等人结合深度学习人工智能,对海量FAST巡天数据进行快速搜索,发现新的快速射电暴(FRB),是已知色散量最大的信号之一,展示了FAST在盲搜发现遥远FRB方面的优势。

国家天文台博士研究生张志嵩对高分辨率地外文明搜索(SETI)后端进行安装测试;对FAST漂移扫描数据分析处理,实现频率分辨率4赫兹,并成功去除大部分无线电干扰,筛选出多组窄带候选信号。

5月 FAST望远镜对国内用户开放,征求观测申请。

6月 国家天文台中智天文联合研究中心程诚等人,利用FAST在五分钟时间内探测到三个低红移恒星形成星系的中性氢发射线。

8月 国内用户开放项目观测启动。

11月4日 在北京国际会议中心举行FAST运行成果新闻发布会。基于FAST望远镜观测快速射电暴,一周时间连发两篇《自然》论文,实现了习近平总书记期望的“出好成果”目标。

12月15日 FAST累计发现新脉冲星数超过240颗。

《自然》公布2020年十大科学发现。“中国天眼”FAST望远镜关于快速射电暴的研究成果入选,这是天文学家第一次观测到位于银河系内的快速射电暴。

2021年

3月31日 FAST望远镜对国内外开放观测申请,其中10%对国际开放。

5月6日 国家天文台李菂、朱炜玮研究团组的姚菊枚博士,基于FAST观测,首次找到了脉冲星三维速度与自转轴共线的证据,标志着FAST深度研究脉冲星的开始。

5月 国家天文台韩金林研究团队,利用FAST开展银道面脉冲星巡天,新发现201颗脉冲星,作为封面文章发表在中国天文学国际期刊《天文和天体物理学研究》(英文简称RAA)上。

国家天文台博士生刘丽佳及导师彭勃等,利用FAST望远镜首次开展行星际闪烁观测研究,仅需20秒观测时间就可分析得出太阳风速信息,比常规望远镜时间需求降低一个数量级。

主要参考文献

[1] Yun M.S., Ho P.T., Lo K.Y. A High Resolution Image of Atomic Hydrogen of the M81 Group of Galaxies[J]. Nature, 1994, 378: 8.

[2] Peng B., Strom R.G., Nan R., et al. Site Monitoring at Some Locations for the Next Generation Large Radio Telescope[J]. Astrophysics Repors, 1995, 26: 68–73.

[3] Duan B., Zhao Y., Wang J., et al. Study of the Feed System for a Large Radio Telescope from the Viewpoint of Mechanical and Structural Engineering [C]// Eds., Strom R., Peng B., Nan R. Proc. of LTWG-3 & W-SRT, IAP, 1996.

[4] Nie Y., Nan R., Peng B. A Study on Selecting the LT Site in Guizhou Province [C]// Eds., Strom R., Peng B., Nan R., Proc. of LTWG-3 & W-SRT, IAP, 1996.

[5] Peng B., Nan R., Qiu Y., et al. Further Site Survey for the Next Generation Large Radio Telescope in Guizhou[C]// Eds.: N. Jackson and R. J. Davis. High Sensitivity Radio Astronomy, Cambridge Uni. Press, 1996: 278–281.

[6] Peng B., Nan R. Kilometer-Square Area Radio Synthesis Telescope KARST Project [C]// IAUS. 179, Kluwer Academic Publishers, 1998: 93.

[7] 邱育海.具有主动反射面的巨型球面射电望远镜 [J].天体物理学报,1998,18: 222.

[8] Qiu Y. A Novel Design for a Giant Arecibo-type Spherical Radio Telescope with an Active Main Reflector[J]. MNRAS, 1998, 301: 827.

[9] Peng B., Qiu Y. FAST Prototype for the KARST Project. Royal Astronomical Society Monthly Meeting, The Observatory, 1998, 118: 261.

[10] Peng B., Strom R., Nan R., et al. Science with FAST[C]//Perspectives on Radio Astronomy: Science with Large Antenna Arrays, 2000: 25.

[11] Strom, Peng, Walker & Nan. Sources and Scintillations: Refraction and Scattering

in Radio Astronomy[C]//IAUC 182, Kluwer Academic Publishers, 2001.

[12] Li G., Nan R., Peng B. Extending the Observable Zenith Angle of FAST Using an Offset Feed. IAUC 182, 2001: 255-259.

[13] 吴盛殷,南仁东,彭勃,等.FAST计划的现状和期望 [C]//中国电子学会第七届学术年会论文集, 2001:7-12.

[14] Peng B., Nan R. Modeling FAST, The World's Largest Single Dish [J]. Radio Science Bulletin, 2002: 300.

[15] 彭勃,南仁东.通过国际合作,促进FAST自主创新 [J]. 中国科学院院刊, 2004,19(4):308-311.

[16] Peng B., Sun J., Zhang H., et al. RFI Test Observations at a Candidate SKA Site in China [J]. Experimental Astronomy, 2004, 17: 423.

[17] Ren G., Lu Q., Hu N., et al. On Vibration Control with Stewart Parallel Mechanism, Mechatronics, 2004, 14:1-13.

[18] 贾正宁,蒙卜,帅昕.来自喀斯特洼地的报告——普定县国际天文射电望远镜选址纪实[J]. 2005,15:6-31.

[19] Peng B., Jin C., Wang Q., et al. Preparatory Study for Constructing FAST, The World's Largest Single Dish[J]. Proc. of IEEE, 2009, 1391, 97: 8.

[20] 彭勃.地球的耳朵:500米口径球面射电望远镜FAST [M]//"10000个科学难题"天文学编委会.10000个科学难题-天文学卷.北京:科学出版社,2010:900.

[21] 彭勃. 500米口径球面射电望远镜FAST的十三年立项历程 [J]. 科研工程, 2010,67:21.

[22] 彭勃,等.持续参与世界最大综合孔径望远镜SKA国际合作 [J]. 中国科学, 2012, 42 (12):1292-1307.

[23] 彭勃,周爱英,高龙,等. 500米口径球面射电望远镜与地方发展论坛文集[C], 2013.

本书在写作中还参考了FAST预研究总结报告,500米口径球面射电望远镜(FAST)项目建议书、可行性研究报告、初步设计报告、设计变化及投资调整报告,FAST工作动态、工程例会及大射电望远镜技术实验室周会纪要等内部参考资料或文档,谨此说明。

附　录

逝去的记忆·FAST图集

① 1994年,乌鲁木齐25米望远镜落成暨亚太望远镜国际会议期间合影,左起:彭勃、吴盛殷、王绶琯、南仁东、颜毅华

② 1994年11月,在普定县喀斯特洼地开展国际首次大射电望远镜LT电波干扰检测

③ 1994年11月，理查德·斯特罗姆(前左三)与巫怒安(前左一)、李纪福(后左三)、潘洁(后左一)、陈和筑(后左二)、聂跃平(后左四)和彭勃(前右三)以及吴秀全(中间)、王立松(前左二)、王佐培(前右二)等人，在平塘县玉水河畔合影留念

④ 1995年7月，北京天文台密云射电天文观测站LT工程方案预备会议。前排左起：熊继衮、茅於宽、郭彦昌、彭勃；二排右一颜毅华、右三吴盛殷；三排左起：朴廷彝、康连生、段宝岩、右一王家礼；四排左一邱育海；后排左一陈宏升、左二焦永昌

⑤ 1995年10月，贵州花溪宾馆LTWG-3会议开幕式现场，前排左起：罗伯特·布劳恩、欧阳自远、龚贤永、张佩良和朱奕庆

⑥ LTWG-3会议代表考察贵州台址，前排右起：李纪福、邱育海、聂跃平、吴盛殷、里卡尔多·焦瓦内利、茅於宽和颜毅华；后排可见右起：吕韵翎、田国良、南仁东等

⑦ LTWG-3会议代表考察黔南州平塘县,前排左二起:徐祥、吴秀全、彭勃、罗伯特·布劳恩、蓝天权、南仁东和吴鑫基

⑧ 1995年11月,北京天文台中关村报告厅,LT中国推进委员会成立暨第一次学术年会成功举办,(左起)钱文藻、李启斌、汲培文、王绶琯、宋笑亭、巫恕安、徐冠华等出席

⑨ 欧洲频谱管委会秘书长蒂图斯·施珀尔斯特拉参加LT中国推进委员会第一届年会

⑩ 1996年，县长、书记与“天”“地”博士在平塘县，左起：吴秀全、彭勃（天文）、聂跃平（地学）、谭文忠

⑪ 1997年6月，黔南州委领导陪同王绶琯、叶叔华、陈建生三院士考察台址，前排左起：张英峰、彭勃、聂跃平、叶叔华、吴盛殷、王绶琯、陈建生、吴秀全

⑫ 三院士平塘县台址考察，前排左起：谢锡坤、黎光武、叶叔华和彭勃

⑬ 王绶琯、叶叔华和彭勃在FAST候选洼地

⑭ 1998年，中国射电天文奠基外籍合作者威尔伯·诺曼·克里斯琴森与任革学、吴盛殷等人在国家天文台新园区外聚会，左起：张国权、威尔伯·诺曼·克里斯琴森、朴廷彝、任革学、陈宏升、吴盛殷、南仁东和庞雷

⑮ 在平塘县冒雨考察，左起：王佐培、朱丽春、谭文忠、南仁东

⑯ 1998年10月，FAST中英合作研讨会上彼得·威尔金森和彭勃准备报告投影

⑰ 1998年，在聂跃平陪同下，中国科学院遥感应用研究所所长郭华东（右一）在贵州台址考察

⑱ 2000年，IAUC 182会议期间在平塘县考察尚家冲洼地，右起：王绶琯、王娜、迪克·曼彻斯特和韩金林

⑲ 2000年8月，在英国曼彻斯特焦德雷班克天文台，彭勃、邱育海与任革学、李国定、托尼·巴蒂拉纳、尼尔·诺尔迪斯、约翰·基钦、科林·贝恩斯等进行FAST接收机和馈源索驱动专题研讨

⑳ 2001年3月30日，清华大学工程力学系统任革学指导的学生路英杰硕士毕业

㉑ 2002—2005年选址三博士(左),左起:宋建波、彭勃和王文俊;2021年5月26日,大射电望远镜选址四博士15年后在贵州大学重逢(右),左起:向喜琼、刘宏、彭勃和王文俊

㉒ 2005年,普定县尚家冲洼地候选台址开心一刻,左起:邱育海、南仁东、彭勃

㉓ 2005年，贵州省科技厅与国家天文台同事相聚在黄果树，左起：南仁东、郝晋新、于杰、彭勃和潘洁

㉔ 2005年7月，朴廷彝在大窝凼FAST台址“老观测室”无线电环境监测现场午间小憩

㉕ 2005年,FAST台址大窝凼洼地底部的居民家

㉖ 2006年,在贵州FAST洼地台址进行综合勘察工作:世上本无路,走的人多了便有了路

㉗ FAST基地内部进场道路至台址老观测室

㉘ FAST台址附近绿水村水源污染

㉙ 2006年3月，在北京友谊宾馆召开FAST立项建议书国际咨询与评估会。联合主席：美国国立射电天文台台长鲁国镛(第二排左6)、上海天文台叶叔华院士(第二排左5)，沈世钊(第二排左3)、罗恩·埃克斯和理查德·曼彻斯特等国内外院士；大射电FAST项目成员：南仁东、彭勃、邱育海、段宝岩、仇原鹰、郑勇、范峰、王启明、金乘进、朱文白、朱丽春、张海燕、张承民、高龙、杨影、钱广华等

㉚ 2006年7月，在英国剑桥大学，金乘进(靠窗)、张承民、邱育海和夏跃兵代表中国参加SKA台址遴选评审会

㉛ 西电新校区LT50米模型，左起：段宝岩、汉斯·卡歇尔、叶尚辉、仇原鹰

㉜ 2007年，贵州省科技厅厅长于杰(中)、副厅长苟渝新(左)考察密云MyFAST整体模型

㉝ 2008年4月，在贵阳举办FAST工程建设领导小组第一次会议

㉞ 2008年4月，FAST老观测室作为贵州地质工程勘察院大射电项目工程指挥部

㉟ 2008年6月16日，中美天眼FAST/Arecibo望远镜合作研讨会议在国家天文台A601会议室召开。第一排左起：郑怡嘉、南仁东、道格拉斯·海恩斯、唐纳德·坎贝尔、詹姆斯·科德斯、彭勃、楼宇庆、邱育海、乔国俊、李菂

㊱ 2008年12月26日，黔南州平塘县克度镇FAST台址举办大射电FAST工程奠基典礼，左起：聂跃平、彭勃、张海燕、包曙东、李会贤、高龙、张蜀新、刘娜、杨刚、郑菲菲、朱丽春和金乘进

㊲ 2008年12月26日，平塘县原领导在FAST工程奠基现场，左起：彭勃、南仁东、吴秀全、聂跃平、谭文忠和严福先

㊳ 2009年1月，FAST工程2008年度工作总结会合影

㊴ 2009年9月,荷兰射电天文台蒂图斯·施珀尔斯特拉(老T)坐轮椅来华访友寻(中)医,偕夫人与吴盛殷、陈宏升、南仁东、王新民、张喜镇、张国权、王弘、彭勃、杨以培等(逆时针)北京天文台射电人再聚

㊵ 2009年11月FAST台址详勘:南仁东(右一)、朱博勤(右二)、聂跃平(左一)等

㊶ 2010年1月,FAST工程2009年度工作总结会议合影

㊷ 2010年,中国代表(左起)彭勃、南仁东、叶叔华、崔向群、王力帆、薛随建等人在上海世博会期间,参加中-澳天文合作上海圆桌会

㊸ 2010年,SKA天线联盟访问北京,右起:金乘进、郑元鹏、彭勃、南仁东、尼尔·诺尔迪斯(英国)、郝晋新、美国友人、王枫、卡萝尔·杰克逊(澳大利亚)、卢雨、梁赞明

㊹ 2010年8月,FAST工程年会在明安图基地举行,左起:彭勃、南仁东、郑晓年、正镶白旗人大常委会主任阿拉腾花、严俊、颜毅华、杨世模和包曙东(左图);赵保庆、彭勃、赵清和朱明等FAST工程人(右图)

㊺ 2011年7月，FAST工程代表团考察阿雷西博射电望远镜，右起：南仁东、严俊、唐纳德·坎贝尔、朱丽春、朱明、郑晓年和杨世模

㊻ 2011年11月，彭勃在韩国首尔SKA东亚天文区域会议开幕式致辞

㊼ 2011年12月，贵州省州县代表团在阿雷西博天文台图书馆，左起：张智勇、王宜、李月成、胡安·阿拉蒂亚、罗伯特·布朗、张晓萍、彭勃和李微

㊽ 2012年，国家天文台与阿雷西博天文台在中国科学院国家天文台A308会议室签署合作协议，右起：赵冰、彭勃、胡安·阿拉蒂亚、薛随建、严俊、王启明、（大）朱明、朱丽春、孙才红和周爱英

㊾ 2013年5月，黔南州领导向红琼、彭勃、龙长春、向忠雄在“500米口径球面射电望远镜与地方发展”论坛外讨论

㊿ 2013年5月，“平塘星”命名仪式上的国际嘉宾们

(51) 2013年9月，（小）朱明、大射电FAST接收机联合设计者尼尔·诺尔迪斯、彭勃和罗莉琪在FAST工程建设现场

(52) 2013年，澳大利亚总理朱莉娅·吉拉德接收FAST效果图

(53) 2013年11月29日，天文科普文化园（天文小镇）规划初稿评审会现场，正面前排左起：吴晓军、景海荣、袁华、彭勃、朱博勤、张晓松

(54) 2013年12月31日，大射电望远镜FAST工程圈梁合龙

⑤⑤ 2014年2月，黔南州政府代表团访问波多黎各阿雷西博市：向红琼(前左二)、刘长江(后右二)、潘朝显(后左一)、林小峰(后左二)和袁先顺(后左四)

⑤⑥ 2014年，平塘县副县长石蕾、彭勃、王立松、理查德·斯特罗姆、吴秀全、聂跃平和刘长江在平塘县20年再聚首

(57) 2014年5月,黔南代表团(上图左起:彭勃、向红琼、刘建民、刘良)携FAST模型(下图)参加深圳文博会,为天文小镇招商引资

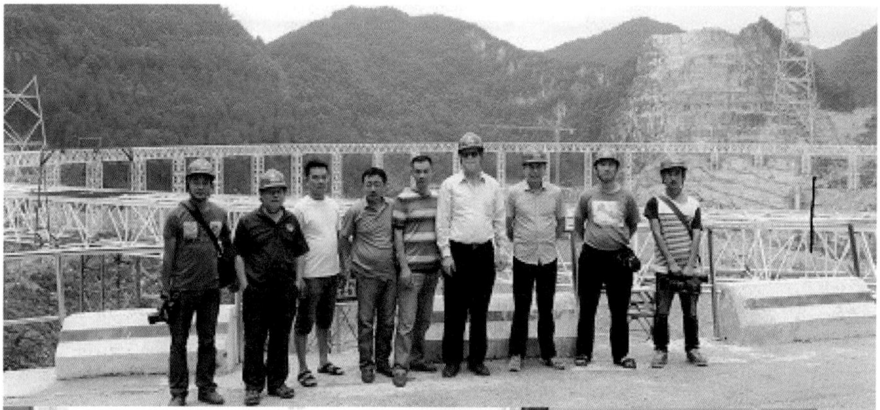

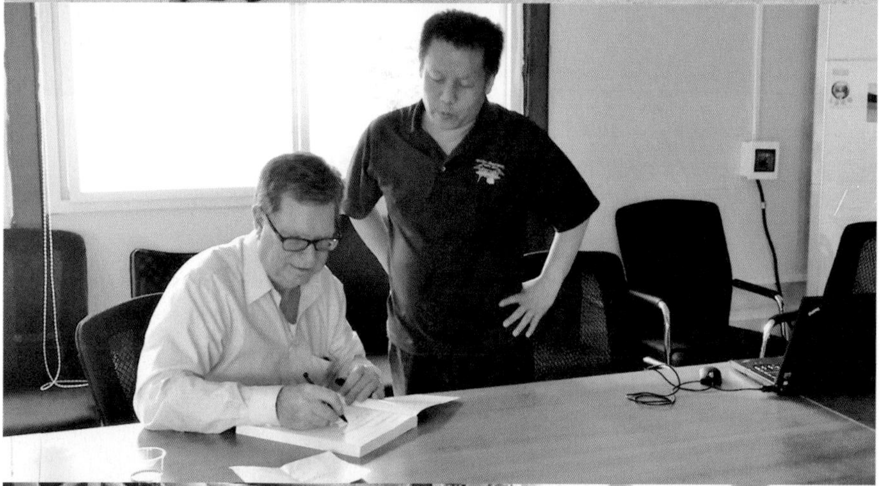

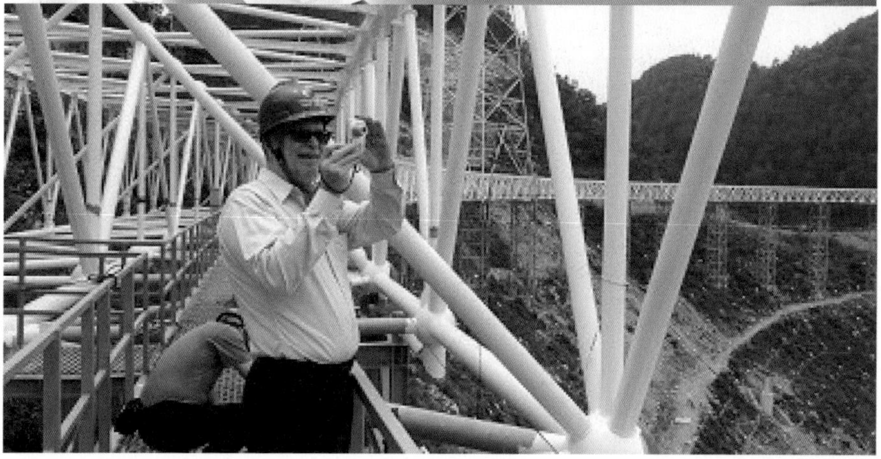

(58) 2014年6月，金乘进、潘高峰、诺贝尔物理学奖得主乔治·斯穆特和彭勃等人在FAST建设现场

(59) 2015年9月，中澳天文联合中心ACAMAR正式组建，诺贝尔奖得主布莱恩·施密特与千人计划入选者王力帆任联合主任

(60) 2016年3月17日，博士生王琳、喻业钊在FAST测量基墩（左）；2018年12月2日博士生喻业钊、博士后卢吉光、博士生姜金辰和博士后寇菲菲在FAST台址（右）

⑥① 2016年8月,阴和俊(左3)与SKA天线工作包国际联盟主要成员在FAST工程台址

⑥② 2016年9月24日,10位国际特邀嘉宾在黔南州平塘县FAST望远镜底部。左起:景益鹏、张海燕、约瑟夫·泰勒、理查德·斯基利奇、安德鲁·莱恩、彼得·威尔金森、彭勃、托尼·比斯利、威廉·布劳、道格拉斯·博克、胡安·阿拉蒂亚和理查德·斯特罗姆夫妇

⑥③ 2016年9月24日下午，威廉·布劳、彼得·威尔金森、道格拉斯·博克、理查德·斯基利奇、胡安·阿拉蒂亚、彭勃、约瑟夫·泰勒、安德鲁·莱恩和岳友岭在FAST总控室

⑥④ 2016年9月25日，安德鲁·莱恩、约瑟夫·泰勒、向红琼、郝晋新、威廉·布劳、刘建民、臧侃、张海燕等在星辰天缘酒店大厅

⑥⑤ 2016年9月25日下午，在天文小镇首届射电天文论坛：国家天文台台长严俊主持(左)，贵州省副省长何力致开幕辞(右)

⑥⑥ SKAO国际组织总干事菲利普·戴蒙德教授，演讲题目“天文大数据风暴：平方公里阵列与21世纪天文台”

⑥⑦ 曼彻斯特大学彼得·威尔金森教授，演讲题目“FAST望远镜带给全球射电天文的独特机遇”

(68) 国家天文台武向平院士，演讲题目“低频射电望远镜”

(69) 上海交通大学景益鹏院士，演讲题目“探测星系形成和暗物质的重器FAST”

(70) 国家天文台彭勃，演讲题目“FAST追梦者的长征”

(71) 2017年4月13日，FAST观测基地综合楼前，FAST台址大窝凼移民10周年回望者合影

(72) 2017年11月26日，中德引力波合作项目组在黔南州平塘县FAST望远镜综合楼前合影

(73) 2018年2月26日,1994年贵州省科委时任领导和同事再聚会。前排左起:李纪福、朱奕庆、巫怒安、李正辉;后排左起:陈和筑、李平、彭勃、苏庆、陈积

(74) 2018年4月27日,北京理工大学丁洪生教授(中)与赵冰(右)、彭勃(左)在FAST望远镜前

⑦⑤ 2018年8月，彭勃（右）与贵州省原省长石秀诗（左）在FAST望远镜圈梁再携手

⑦⑥ 射电天文论坛RAF2018：中国-南非FAST-SKA探路者协作会议论文集出版

(77) 2000年,SKA代表合影图,右起:菲利普·戴蒙德、彭勃、戈维德·斯瓦鲁普、彼得·威尔金森、罗恩·埃克斯、伯纳德·伯克、彼得·迪尤德尼、鲁斯·泰勒等人

(78) 2019年,与上图相同地点——76米洛弗尔射电望远镜前,SKA部分代表再聚首时"故地重拍",记录年轮下的大射电追梦者足迹

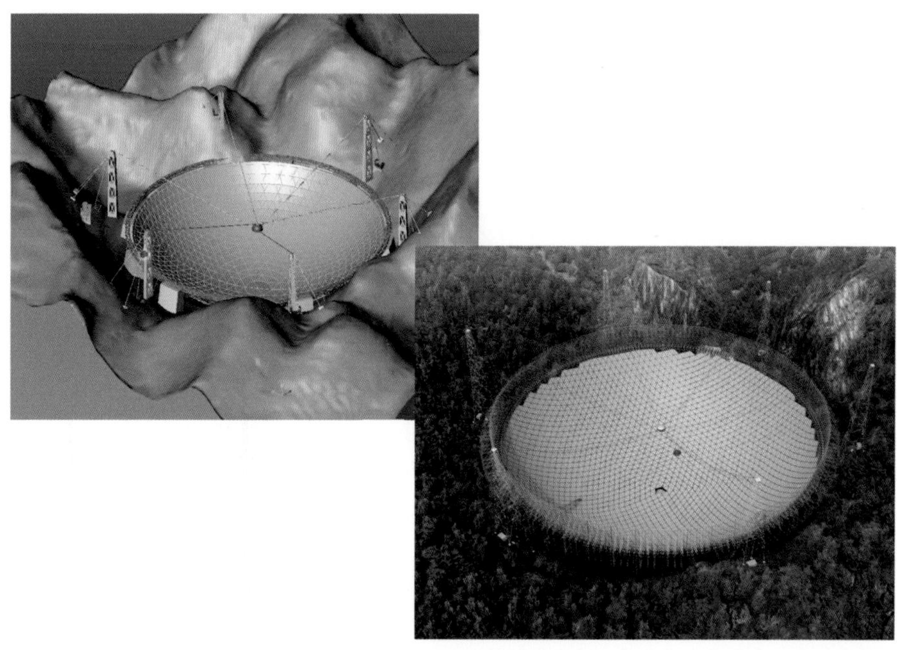

⑦⑨ 大射电FAST效果图2004年版本(左)和2010年版本(右)

⑧⓪ 天眼出东方——美丽的科学风景

图片来源

封面图:黄琳

推荐语图:马冠一

图1.1:Yun, Ho & Lo,1994

图1.2左:德国马普射电天文研究所

图1.2右、7.1、7.12:美国阿雷西博天文台

图1.4、2.1、2.3、2.4、2.8、2.9、2.11、2.12、2.13、2.15、2.16、2.17、2.19、2.20、2.21、2.22、2.23、2.24、2.25、2.26、2.27、3.2、3.4、3.10、3.11、3.17、3.18、3.20、3.23、3.25、3.26、3.34、3.39、3.44、3.45、4.2、4.3、4.6、4.16、4.18、4.26、5.1、5.2、5.3、5.5、5.6、5.7、5.9、5.15、5.16、5.17、5.18、5.19、5.20、5.22、5.24、5.26、5.29、5.31、5.33、6.1、6.2、6.4、6.5、6.7、6.8、6.11、6.12、6.13、6.15、6.16、6.17、6.18、6.20、6.22、6.24、7.2、7.3、7.4、7.5、7.8、7.9、7.11、9.2、9.4、9.5、结束语图、附录图②、③、⑤、⑥、⑦、⑧、⑨、⑩、⑬、⑭、⑯、⑲、㉒、㉓、㉕、㉖、㉗、㉜、㉞、㉟、㊴、㊷、㊸、㊻、㊼、㊽、㊾、㊿、51、52、55、56、57、59、60、64、73、74、77、78:彭勃

图2.14:邵立勤

图3.5、3.12、5.4、附录图㉑:王文俊

图3.6、附录图㊵:朱博勤

图3.14、3.15、附录图㉔:孙建民

图3.21、3.22、6.6、附录图㉛:段宝岩

图3.30:孙京海

图3.41、3.42、4.15、附录图㉚:金乘进

图4.17:张海燕

图4.20、4.22、4.24、4.30、4.31、9.8,附录图62、63、65、66、67、68、69、70:陈如荣

图4.21:国家天文台

图5.25、5.27:(小)朱明

图5.28:谈文琴

图5.30:沙爽

图6.14:SKAO

图7.6:范峰

图7.10:王宜

图7.13:阿雷西博天文台、中佛罗里达大学

附录图①、④:颜毅华

附录图⑱:韩金林

附录图⑳:骆亚波

附录图53:王国敏